煤矿主要负责人和安全管理人员安全培训系列教材

煤矿安全生产管理人员
安全培训教材

主编　卢卫永　刘海南

中国矿业大学出版社

内 容 提 要

本书是与《煤矿安全生产管理人员安全生产培训大纲及考核要求》（AQ标准）和国家新版考试题库配套的教材。本书主要包括：煤矿安全生产形势和法律法规、煤矿安全生产管理、煤矿地质与安全、煤矿开采安全、煤矿"一通三防"安全管理、煤矿爆破安全、煤矿机电运输提升安全、煤矿事故应急管理、煤矿职业卫生等知识。

本书是煤矿安全监察机构、煤矿培训机构组织煤矿安全生产管理人员安全资格培训的教材，也可供煤矿主要负责人和工程技术人员参考使用。

图书在版编目（CIP）数据

煤矿安全生产管理人员安全培训教材/卢卫永，刘海南主编. —徐州：中国矿业大学出版社，2019.6

ISBN 978 - 7 - 5646 - 4476 - 5

Ⅰ.①煤… Ⅱ.①卢…②刘… Ⅲ.①煤矿—安全生产—管理人员—安全培训—教材 Ⅳ.①TD7

中国版本图书馆 CIP 数据核字（2019）第122350号

书　　名	煤矿安全生产管理人员安全培训教材
主　　编	卢卫永　刘海南
责任编辑	郭　玉　满建康
出版发行	中国矿业大学出版社有限责任公司
	（江苏省徐州市解放南路　邮编 221008）
营销热线	（0516）83885307　83884995
出版服务	（0516）83885767　83884920
网　　址	http://www.cumtp.com　E-mail：cumtpvip@cumtp.com
印　　刷	江苏淮阴新华印务有限公司
开　　本	787×1092　1/16　印张 22.75　字数 564 千字
版次印次	2019 年 6 月第 1 版　2019 年 6 月第 1 次印刷
定　　价	48.00 元

（图书出现印装质量问题，本社负责调换）

《煤矿安全生产管理人员安全培训教材》
编写委员会

主　　编：卢卫永　刘海南
副主编：张育磊　张宏升　杨成章　王国华　杨世模
　　　　王永湘　张士勇　焦方杰
参　　编：王明新　李建峰　汪　巍　罗宏森　王　雨
　　　　杨书召　衡玲燕　张　超　严　山　朱登兴
　　　　张海喜　井　铉　孙荣良　张志军　袁　力
　　　　吴　强　陈香虎　郝敬豪　杨　利　王　佐
　　　　王全明　高　伟　李　胜　郭罡业　李海英
　　　　赵文哲　王　皓　马　昂　李　鹏　苏富强

《煤矿安全生产管理人员安全培训教材》
审稿委员会

主　　任：杨世模　杨成章
副主任：焦方杰　李德海　王永湘
委　　员：杨相海　隆　泗　李寿昌　王　佐　谢耀社
　　　　张　超　汪　巍　谢保庆　刘爱华　王全明
　　　　肖藏岩　童建良　时文运　张金洲　高　伟
　　　　郅荣伟　宋国顺　张　洁
秘　　书：郭　玉

前　言

　　为了落实煤矿安全培训"教考分离、统一标准、统一题库、统一证书、分级负责"的原则,贯彻执行国家对煤矿培训的新规定,进一步做好煤矿安全生产管理人员安全资格培训考试工作,我们组织了全国煤矿安全监察部门和煤矿安全培训机构的专家和学者,共同编写了与国家题库相配套的《煤矿安全生产管理人员安全资格培训教材》。

　　在本书编写过程中,编写人员深入煤矿企业、培训机构进行了大量的调研,广泛征求了各方面的意见,认真研究了 2018 年版的《煤矿安全培训规定》,力图做到本教材与考核大纲、考试题库、实际培训授课的有机统一和融合。本书突出了煤矿安全生产管理人员岗位知识和技能,具有很强的权威性、针对性和实用性。本书主要有以下特点:

　　(1) 按照最新培训大纲和考核要求编写。本书以《煤矿安全生产管理人员安全生产培训大纲及考核要求》(AQ 标准)为依据,贯彻了《煤矿安全培训规定》和《安全生产培训管理办法》对安全生产管理人员培训的新要求。

　　(2) 与国家题库无缝对接,有效融合。本书涵盖了《煤矿企业安全生产管理人员安全资格考试题库》的内容,但不是简单地把题库内容附在书后面,而是把题库进行分类整理,有效融合在书的内容中,便于读者系统全面地理解、学习。

　　(3) 内容新颖,先进性强。本书编写过程中严格按照最近几年颁布和修订的法律法规(如 2018 年的《职业病防治法》《煤矿防治水细则》《防治煤矿冲击地压细则》等),注重介绍当前煤矿生产中的新技术、新工艺、新材料、新设备和新方法,选取了最近几年发生的典型事故案例。

　　(4) 体例合理,便于讲授和学习。本书把《煤矿安全生产管理人员安全生产培训大纲及考核要求》(AQ 标准)规定的考核内容进行了适当调整,使知识点之间有效衔接,循序渐进,便于老师讲授,也便于读者由浅入深地进行学习和备考。

　　为了便于学员更好地应对考试,我们也组织有关专家编写了《煤矿安全生产管理人员安全考试题库解析》一书,该书对题库中所有试题进行了逐一解答。两本书可单独使用,配合使用效果更佳。

　　本书编审过程中得到了山东煤矿安全技术培训中心、四川矿山安全技术培训中心、甘肃煤炭工业学校安全培训中心、河南工程学院安全技术培训中心、宁夏煤矿安全技术培训中心、四川煤矿安全技术培训中心、峰峰集团教育培训中心、江苏煤矿安全技术培训中心、江西煤矿安全培训中心、安徽煤矿安全培训中心、新疆煤炭工业安全技术培训中心、乌鲁木齐煤矿技工学校培训中心、湘潭大学能源工程学院、湖南煤业集团湘煤大学、华润煤业培训中心、山西煤炭职业技术学院煤矿安全培训中心、河南理工大学安全培训学院、兰州资源环境职业技术学院安全技术培训中心、郑州煤业集团、河南煤化集团、晋城煤业集团、中国平煤神马集团、淮北矿业集团、皖北煤电集团、黑龙江鸡西矿业集团、开滦集团、阳煤集团、山东能源集团、吕梁学院等单位的大力支持,在此表示衷心感谢!

欢迎读者对本书提出批评和修正意见,以便以后修订提高。作者的电子邮箱为:tianyiwenhua111@126.com。

编　者

2019 年 4 月

目　录

第一章　煤矿安全生产形势和法律法规

第一节　我国煤矿安全生产形势

一、我国煤矿安全生产形势

改革开放40年来，全国煤矿安全生产形势持续稳定向好。1978年到2017年，全国煤炭年产量由6.18亿t增至35.2亿t，净增长4.7倍；煤矿百万吨死亡率由9.71降至0.106，下降98.9%；煤矿事故每年死亡人数由最多时7 000人左右降至375人，下降95%左右，特别重大事故由1997年最多的16起降至0起，下降100%。2018年煤矿百万吨死亡率进入"双零"时代，逐步接近中等发达国家水平。

1. 煤矿安全生产法律体系逐步健全

改革开放40年来，党中央、国务院高度重视煤炭行业和煤矿安全生产法制建设，相继颁布实施了《中华人民共和国矿产资源法》《中华人民共和国矿山安全法》《中华人民共和国劳动法》《中华人民共和国煤炭法》《中华人民共和国职业病防治法》《中华人民共和国安全生产法》等法律。特别是国家煤矿安全监察局成立后，推动出台了《煤矿安全监察条例》《国务院关于特大安全事故行政责任追究的规定》《安全生产许可证条例》《国务院关于预防煤矿生产安全事故的特别规定》《生产安全事故报告和调查处理条例》等行政法规，《煤矿安全监察行政处罚办法》《煤矿企业安全生产许可证实施办法》《煤矿安全规程》《安全生产违法行为行政处罚办法》《煤矿安全培训规定》《煤矿重大生产安全事故隐患判定标准》等部门规章。目前，初步形成了由15部法律法规、50多部部门规章、1500多项国家和行业标准组成的煤矿安全法律法规标准体系，为煤矿安全生产工作提供了强大的法治保障。

2. 煤矿安全科技水平持续提升

以改革开放初期从国外引进100套综采设备为起点，通过引进、消化、吸收、创新，我国煤矿综合机械化水平快速提升。特别是党的十八大以来，大力推进煤矿机械化、自动化、信息化、智能化建设，推广先进适用的技术装备，淘汰落后工艺设备，煤矿安全科技取得了积极进展。

（1）机械化方面。综采放顶煤技术日益成熟，电液控制阀关键技术结束了长期依赖进口，厚煤层大采高综采成套装备实现了国产化，深厚冲积层千米深井快速建井技术与成套装备、煤矿井下掘进设备制造水平大幅提升，年产1 000万t的综采设备、采煤机、液压支架和运输机全部达到世界先进水平。如国家能源集团神东上湾煤矿成功应用8.8 m一次采全高成套综采装备，正式投产后单井单面年产量将超1 600万t。国家能源集团神东大柳塔煤矿全断面快速掘进系统创单班进尺82 m、日单进158 m、月单进3 088 m的纪录。目前，全国煤矿采、掘机械化程度已分别达到78.5%、60.4%。

（2）自动化方面。大力推行无人值守和远程监控，全国很多矿井主要生产系统实现了地面远程集中控制，目前井下无人值守的机电岗位是 2016 年的 2.4 倍。如山西五大煤炭集团已有 153 个井下变电所、62 个水泵房实现了无人值守，45 部胶带运输机实现了远程控制。

（3）信息化方面。积极推进煤矿安全监控系统升级改造，大型矿井、煤与瓦斯突出矿井 2019 年完成安全监控系统升级改造任务，其他矿井 2020 年底前完成升级改造任务。监管监察部门通过安全监控、预报预警等信息化手段，实施远程执法，提高执法效能。

（4）智能化方面。综采智能化无人开采技术已广泛适用于大采高、中厚煤层、薄煤层以及放顶煤工作面，全国已经建成 70 多个智能化采煤工作面；井下机器人研发应用加快推进，国家能源集团、中煤集团和兖矿集团等大型煤炭企业正在研发采煤、掘进、运输、救援等 38 个岗位的机器人。

3. 煤矿安全基础更加坚实

"抓基础、强管理"是煤炭行业长期秉持的优良传统，是煤矿安全生产工作的永恒主题。20 世纪 90 年代，提出了"管理、装备、培训"并重原则，大力推进"质量标准化、安全创水平"，组织开展"六五四"活动（创建"六好区队"、"五好班组"和争当"四有职工"）。2006 年和 2007 年先后出台加强国有重点煤矿和小煤矿安全基础管理工作两个"指导意见"，狠抓安全质量标准化、安全培训、班组安全建设等工作。2010 年，召开全国煤矿班组安全建设推进会，2012 年召开全国煤矿安全生产经验交流现场会，国务院领导同志参加会议，对煤矿安全基础建设提出明确要求。2016 年 5 月，在皖北煤电集团召开全国煤矿推进安全基础建设现场会，着力推进系统优化、管理创新、素质提升、科技进步，实现"人、机、环、管"的协调发展。2018 年 7 月，在山西潞安集团召开全国煤矿安全基础建设推进大会，提出了坚持"管理、装备、素质、系统"四并重的新理念，着力打造新阶段煤矿安全基础建设"升级版"，推动煤炭行业由粗放型管理转向精细化管理，由劳动密集型转向技术创新型，由规模扩张转向结构优化升级，由高危行业转向安全行业，由高速度转向高质量发展。

（1）在安全生产标准化方面，1986 年原煤炭部部署开展"质量标准化、安全创水平"活动，在山东肥城矿务局召开了第一次全国煤矿质量标准化现场会。2003 年，为突出安全与质量的有机统一，将"质量标准化"拓展为"煤矿安全质量标准化"。2017 年，为深入贯彻落实习近平总书记关于构建风险分级管控和隐患排查治理双重预防性工作机制重要指示，在煤矿安全质量标准化实践基础上，融合安全风险分级管控、隐患排查治理双重预防机制内容，研究制定了风险分级管控、隐患排查治理和安全质量达标"三位一体"煤矿安全生产标准化体系，形成了《煤矿安全生产标准化考核定级办法（试行）》和《煤矿安全生产标准化基本要求及评分方法（试行）》等制度标准。2017 年以来，国家煤矿安全监察局等部门对一级标准化煤矿出台了 9 项激励政策，大大提高了煤矿企业达标创建工作的积极性。

（2）在班组安全建设方面，长期以来煤炭行业高度重视基层班组建设，特别是国家煤矿安全监察局成立以后，将班组建设摆在突出位置来抓，先后总结推广了"白国周班组管理法"、中煤塔山煤矿"人人都是班组长"等典型经验。2010 年，召开全国煤矿班组安全建设推进会，实施"万名班组长安全培训工程"，开展争创"三优"（优秀安全班组、优秀班组长和优秀群监员）活动，组织全国煤矿班组安全建设先进事迹巡回演讲和出国考察等活动，推动企业把安全生产责任落实到班组，把各项安全管理措施落实到班组，把安全防范技能落实到班组，把企业安全文化建设落实到班组，把党和政府对煤矿工人的关怀落实到班组。

（3）在人员素质提升方面,各地始终把人员素质提升作为一项重要基础工作来抓,初步建立了"企业自主培训、部门强化考核、执法与服务并重"的安全培训管理新机制,实现了由政府主导培训向企业自主培训转变,由注重知识考核向注重能力考核转变,由培训资质管理向培训执法转变。2012年至2017年,全国共培训煤矿企业主要负责人7.6万人次、安全生产管理人员97.8万人次、特种作业人员257.5万人次;煤矿从业人员中,具有大专及以上文化程度的由11%上升至15%,初中及以下文化程度的由60%下降到50.9%。2018年,国家煤矿安全监察局修订了《煤矿安全培训规定》,部署开展煤矿安全培训"六查六改",严格人员职业准入,加强培训和培养,推出淮北矿业集团安全培训"四化"、"四个转变"的典型经验,全面推进煤矿职工素质能力建设,努力打造知识型、技能型、创新型的煤矿职工队伍。

4. 煤矿安全生产面临的机遇和挑战

尽管近年来煤矿安全生产形势持续稳定好转,但煤矿安全生产形势依然严峻复杂,重特大事故时有发生,小煤矿数量多,煤矿灾害不断加重,企业主体责任不落实,安全欠账严重、抽掘采失调,煤矿安全风险管控和隐患排查治理不到位,安全基础仍不牢固,违法违规生产建设行为屡禁不止,监管监察执法还存在宽、松、软等问题。加之,煤炭市场供需平衡趋紧,个别区域、个别时段供给偏紧,易导致一些采掘失调的煤矿继续超强度、超能力组织生产,系统性安全风险不容忽视。

同时,煤矿安全生产工作也面临新的历史机遇。习近平新时代中国特色社会主义思想为做好煤矿安全生产工作指明了方向,党的十九大对安全生产重大部署为煤矿安全生产工作提供了根本遵循,煤炭行业供给侧结构性改革为煤矿安全发展提供了治本之机,经济发展已由高速增长阶段转向高质量发展阶段,为煤矿安全生产工作创造了有利环境,党和国家机构改革为推进煤矿安全生产形势持续稳定向好注入了强大动力。

下一步,全国煤矿安全生产工作要以习近平新时代中国特色社会主义思想为指导,深入贯彻落实习近平总书记关于应急管理和安全生产的重要论述,按照应急管理部和国家煤矿安全监察局工作部署,强化红线意识,坚持安全发展,以防范遏制煤矿重特大事故为重点,以推动企业主体责任落实为关键,坚持查大系统、控大风险、治大灾害、除大隐患、防大事故,坚持"管理、装备、素质、系统"并重,着力强化煤矿安全依法治理能力,着力推进科技进步,着力提升重大灾害治理水平,着力夯实煤矿安全基础,着力推动实现煤矿高质量发展,不断完善煤矿安全生产治理体系和提升治理能力,实现煤矿安全生产状况与全面建成小康社会目标相适应、达到中等发达国家安全水平,营造良好的煤矿安全生产环境。

二、世界主要产煤国安全生产现状与经验

世界主要产煤国包括美国、澳大利亚、德国这些发达国家的煤矿均经历过事故多发期。但自20世纪80年代以来,这些国家的煤矿安全生产状况都有了根本性改善,有些国家如美国、南非、德国和澳大利亚还成为了国际煤矿安全生产的典范。国际产煤大国提高煤矿安全生产的途径有其相似性,但也有或多或少的差异。德国煤矿安全管理突出细节,其主要经验可归结为:一是完备立法和严格执法;二是重视煤矿安全技术的研究与开发工作,采用先进的安全控制技术;三是对安全监督实行双轨制,一方面依靠行政力量实施监管与监察,另一方面借助社会和工伤事故保险联合会等商业监督力量;四是救护措施周全到位、安全责任层次分明、安全意识和预防为主的理念深入人心。

澳大利亚的煤矿安全生产保持着世界最好的水平,早在20世纪70年代初澳大利亚煤矿的百万吨死亡率就在 0.5 人以下(1980 年因特大事故而导致百万吨死亡率跃至 0.62 人),1995 年曾达到百万吨死亡率 0.02 人的新高度。澳大利亚的主要经验:一是拥有完善的法规与较高的权威执行力;二是先开采易开采的煤矿,其露天煤矿的产量比重约占 3/4;三是采用有针对性的煤矿安全管理措施与技术,尤其是针对澳大利亚大多数煤矿的瓦斯含量较高的特点,探索出有效的技术与措施;四是煤矿开采机械化程度高达 100%,大量减少劳动力,并以高居各行业之首的高工资吸引高素质劳动力。

南非的煤矿开采和安全技术在世界处于领先水平,在安全生产方面有很多成功之处,其主要经验为:一是管理科学,权责明确;二是法律法规非常完备;三是煤矿企业采用国际安全评审系统(ISRS)与矿山安全管理系统;四是国家职业安全协会定期对煤矿安全进行评审并打分,91~100 为最高分,即五星级;五是重视加强矿工培训;六是煤矿安全技术不断提高与安全防护设施不断完善;七是应急救援体系健全;八是对死亡矿工的补偿标准高。

印度提高煤矿安全生产水平的主要经验:一是产业高度集中,2010 年印度煤炭公司共生产煤炭 4.5 亿吨,约占印度煤炭总产量的 80%;二是以露天煤矿开采为主,其产量占总产量的 81%;三是煤矿安全法规详细,独立监察,严格执法;四是煤矿安全技术的针对性强。

美国煤矿安全生产水平的提高经历了较长的时期,目前其煤矿安全状况处于世界领先水平,杜绝了五大自然灾害事故中的水、火、瓦斯及煤尘事故,煤矿百万吨死亡率基本控制在 0.03 左右。纵观美国煤矿安全生产水平提高的历程可看出,美国通过综合治理的方式提高了煤矿安全生产水平,其主要经验:

(1)珍惜生命,立法先行,依法治矿,严格执法,专业服务。1891 年美国颁布第一个有关矿山安全的法律,此后在每次重大事故后都修订或重订,并于 1969 年颁布了新的《煤矿安全与保健法》,规定了世界上最严格的安全与保健标准。1977 年颁布了《联邦矿山安全与保健法》,并在此法的开章之初重申了国会的声明:煤矿和其他矿山至关重要的是其最珍贵的资源——矿工的健康与安全。美国煤矿企业遵守此法开采煤矿,而政府部门依法监察。

(2)持续提高煤矿装备技术水平,对煤矿安全科研工作投入大、产出多、推广快。美国在提高煤炭产量的同时提高煤矿安全生产水平的重要途径是发明与应用先进的煤矿装备,不断促进煤矿的技术进步,其重要表现之一是美国煤炭开采方式的持续改进,美国还通过立法的形式要求煤矿对煤炭生产进行高投入,要求采用现代化的采掘和安全设备,应用先进的采掘和安全技术,尤其强调运用数字新技术,确保煤矿的生产安全。

(3)通过扎扎实实的在职培训工作,不断提高矿工的素质与安全技能。美国法律规定,所有矿工在上岗之前要接受培训,上岗后每年还要接受再培训。美国联邦矿山监察局每年都对 48 个州的指定机构给予资金支持,以促进矿工培训工作的开展。

(4)产业集中度不断提高,实施优质煤矿先行开采战略。美国 1907 年共有各类大小煤矿 1.5 万个,经过百年的兼并重组与关闭,目前只有 1 400 个煤矿。20 世纪早期美国煤矿以井工矿为主,目前露天矿煤炭产量比重为 70%。与井工矿相比,露天矿易于开采且更安全。

(5)煤矿经营者重视煤矿安全工作,煤矿企业的安全生产自律性强,夯实了煤矿安全生产的微观基础。美国拥有良好安全记录或者安全记录在不断改善的煤矿,其负责安全生产的管理者都具有较强的安全责任感;在工伤率比较低的煤矿,管理层一般都很重视安全生产,并以各种形式承担着安全责任。

（6）煤矿开发前的严格审批尽可能杜绝安全隐患，先进的矿山救护体系有效减少了事故发生时的死伤人数。美国煤矿开发建设审批程序是比较复杂的，联邦、州和地方政府都对煤矿建设项目，特别是对其安全健康和环境保护等方面有着严格的审批制度，其申请一般要1年准备、6个月至2年才能获得签发。

（7）较高的收入吸引高素质员工，不断提高机械化程度和大量运用数字化技术减轻劳动强度和保障安全生产。美国煤矿工人的工资历来高于其他工业部门，近年来由于煤炭工业劳动生产率增长较快，工资增长幅度也高于其他行业。工资成本往往占据美国煤炭成本的第一或第二位。

（8）从重处罚与奖励先进，建立起有利于煤矿安全生产的激励与约束机制。

第二节　煤矿安全生产方针和法律法规体系

一、我国安全生产方针、政策

安全生产关系到人民群众生命财产安全，关系到改革开放、经济发展和社会稳定大局，关系到党和政府形象和声誉。安全为了生产、生产必须安全是现代工业的客观需要。而我国煤矿生产事故多发，危害了人民群众的生命安全，造成了企业和国家巨大的经济损失，严重地制约了我国煤炭企业的可持续发展。为此，我国确立了"安全发展"为安全生产的基本理念。煤矿企业各级管理人员都应该将此理念贯彻到企业的生产过程中，真正把安全作为生产的前提和原则。

1. 煤矿安全生产方针、政策

安全生产方针是指政府对安全生产工作的总体要求，是安全生产工作的方向。我国目前的安全生产方针是"安全第一，预防为主，综合治理"。作为安全生产管理人员，对其应该有深刻的理解。

安全第一，必须坚持以人为本，坚持安全是一切生产经营活动的基本条件的原则。要求企业在生产过程中，时时、处处、事事、人人都考虑安全，把安全放在第一重要的位置上，切实保护劳动者的生命安全和身体健康。

预防为主，体现了现代安全管理的思想。就是把安全生产工作的关口前移，超前防范，建立预测、预报、预警、预防的递进式、立体化事故隐患预防体系，改善安全状况，做到防微杜渐，防患于未然。

综合治理，是指适应我国安全生产形势的要求，自觉遵循安全生产规律，正视安全生产工作的长期性、艰巨性和复杂性，抓住安全生产工作中的主要矛盾和关键环节，综合运用经济、法律、行政等手段，人管、法治、技防多管齐下，并充分发挥社会、职工、舆论的监督作用，有效解决安全生产领域的问题。

2. 煤矿安全生产方针的贯彻落实

安全生产方针的精髓就在于重视人的生命价值，把它置于一切工作的最高地位。人类生产的目的是为了满足生存和发展的需要，而不是危害生命。不惜生命的代价，换取煤炭产量的提高，显然是本末倒置。每个人的生命都只有一次，是不可能靠财富的创造所能挽回的。只有真正意识到了生命的价值，才能在我们的生产和管理中自觉地贯彻和落实安全生产方针。

煤矿贯彻安全生产方针,就是要求各级管理人员,把安全放在一切工作的首位,正确处理安全与生产、安全与效益、安全与发展的关系;同时,要充分认识到安全生产工作的长期性、艰巨性和复杂性,有效解决安全生产中的各种问题。煤矿安全生产方针需要贯彻和落实到煤炭企业的每一位从业人员。

作为安全生产管理人员应该首先学习和领会,提高对安全生产方针的认识,始终坚持"管理、装备、培训"三并重的原则。"管理"体现了人的主观能动性,严格和科学的安全管理,可弥补装备上的不足,能减少事故,保障安全生产,是煤矿安全生产的重要保证;"装备"是实施安全作业、创造安全环境的工具,加大安全生产的投入,采用先进的技术装备可以提高工作效率,也可以创造良好的安全作业环境,避免事故的发生或减少事故损失。"培训"是提高职工安全技术素质的主要手段。许多事故的发生主要是法制观念和安全意识淡薄或缺乏安全生产专业技术知识造成的,只有高素质的人才,才能用好高技术的装备和进行高水平的管理,才能确保安全生产。因此,只有采用科学有效的管理,推行先进的技术装备和强化安全培训,才能真正落实好煤矿安全生产方针。

二、煤矿安全生产法律法规体系

按照《立法法》的规定,我国安全生产法律体系主要由以下6个部分组成:

(1)宪法。宪法规定,国家通过各种途径,加强劳动保护,改善劳动条件。

(2)法律。法律由全国人大或全国人大常委会制定,由国家主席签署主席令予以公布,如《安全生产法》《矿山安全法》《煤炭法》《劳动法》《职业病防治法》《道路交通安全法》《刑法》等。

(3)行政法规。行政法规是国务院根据宪法和法律制定的规范性文件,由总理签署国务院令公布,如《煤矿安全监察条例》《特别重大事故调查程序暂行规定》《国务院关于特大安全事故行政责任追究的规定》《企业职工伤亡事故报告和处理规定》《煤炭生产许可证管理办法》《安全生产许可证条例》等。

(4)地方性法规。地方性法规包括省、自治区、直辖市的地方性法规和较大的市的地方性法规。前者是由各省、自治区、直辖市人民代表大会及其常委会根据本行政区域的具体情况和实际需要在不与宪法、法律、行政法规相抵触的前提下制定的规范性文件;后者是由较大的市的人民代表大会及其常委会根据本市的具体情况和实际需要在不与宪法、法律、行政法规和本省、自治区的地方性法规相抵触的前提下制定的规范性文件。所谓较大的市是指省、自治区的人民政府所在地的市、经济特区所在地的市和经国务院批准的较大的市。地方性法规还包括民族自治区地方的自治条例和单行条例。

(5)规章。规章包括部门规章和地方政府规章。部门规章是国务院各部、各委员会、中国人民银行、审计署和具有行政管理职能的直属机构根据法律和行政法规,在本部门权限内发布的规范性文件,由部门首长签署命令予以公布。部门规章不能同宪法、法律、行政法规相抵触。地方政府规章是由省、自治区、直辖市和较大的市的人民政府根据法律、行政法规和本省、自治区、直辖市的地方性法规制定的规范性文件。

(6)标准规范。安全生产标准和技术规范是安全生产法律法规体系的重要组成部分,是安全生产法律法规贯彻实施的重要手段和技术支持。近年来,国家标准化管理委员会、国家安全生产监督管理总局共同编制和修订了一批煤矿安全生产标准和技术规范。

第三节　煤矿安全生产主要法律

一、中华人民共和国安全生产法

中华人民共和国第十二届全国人民代表大会常务委员会第十次会议通过了《全国人民代表大会常务委员会关于修改〈中华人民共和国安全生产法〉的决定》,修订后的《中华人民共和国安全生产法》(以下简称《安全生产法》)自 2014 年 12 月 1 日起施行。

(一)《安全生产法》的立法目的

(1)加强安全生产的监督管理

我国安全生产形势严峻,重大、特大生产安全事故时有发生,因此有必要根据我国安全生产的实际情况和国家安全生产监督管理体制的调整,加强对安全生产的监督管理,规范生产经营单位的安全生产行为。

(2)防止和减少生产安全事故,保障人民群众生命和财产安全

通过制定《安全生产法》,从法律制度上规范生产经营单位的安全生产行为,确立保障安全生产的法定措施。以国家强制力保障这些法律制度和措施得到严格贯彻执行,防止和减少生产安全事故的发生。

(3)促进经济发展

安全生产的最终目的是保证生产经营单位生产经营活动的正常进行,不是单纯为安全而安全。因此,制定《安全生产法》,防止和减少生产经营单位的生产安全事故,使生产经营活动安全、健康地进行,将会促进经济的发展。

(二)《安全生产法》的十大亮点

2014 年 8 月 31 日公布的《安全生产法》,认真贯彻落实习近平总书记关于安全生产工作一系列重要指示精神,从强化安全生产工作的摆位、进一步落实生产经营单位主体责任、政府安全监管定位和加强基层执法力量、强化安全生产责任追究等四个方面入手,着眼于安全生产的现实问题和发展要求,补充完善了相关法律制度规定,主要有十大亮点。

(1)坚持以人为本,推进安全发展

《安全生产法》提出安全生产工作应当以人为本,充分体现了习近平总书记等中央领导同志近一年来关于安全生产工作一系列重要指示精神,对于坚守发展决不能以牺牲人的生命为代价这条红线,牢固树立以人为本、生命至上的理念,正确处理重大险情和事故应急救援中"保财产"还是"保人命"的问题,具有重大意义。为强化安全生产工作的重要地位,明确安全生产在国民经济和社会发展中的重要地位,推进安全生产形势持续稳定好转,《安全生产法》将坚持安全发展写入了总则。

(2)建立完善安全生产方针和工作机制

《安全生产法》确立了"安全第一、预防为主、综合治理"的安全生产工作"十二字方针",明确了安全生产的重要地位、主体任务和实现安全生产的根本途径。"安全第一"要求从事生产经营活动必须把安全放在首位,不能以牺牲人的生命、健康为代价换取发展和效益。"预防为主"要求把安全生产工作的重心放在预防上,强化隐患排查治理,打非治违,从源头上控制、预防和减少生产安全事故。"综合治理"要求运用行政、经济、法治、科技等多种手段,充分发挥社会、职工、舆论监督各个方面的作用,抓好安全生产工作。坚持"十二字方

针"，总结实践经验，《安全生产法》明确要求建立生产经营单位负责、职工参与、政府监管、行业自律、社会监督的机制，进一步明确各方安全生产职责。做好安全生产工作，落实生产经营单位主体责任是根本，职工参与是基础，政府监管是关键，行业自律是发展方向，社会监督是实现预防和减少生产安全事故目标的保障。

（3）落实"三个必须"，明确安全监管部门执法地位

按照"三个必须"（管业务必须管安全、管行业必须管安全、管生产经营必须管安全）的要求，《安全生产法》一是规定国务院和县级以上地方人民政府应当建立健全安全生产工作协调机制，及时协调、解决安全生产监督管理中存在的重大问题。二是明确国务院和县级以上地方人民政府安全生产监督管理部门实施综合监督管理，有关部门在各自职责范围内对有关行业、领域的安全生产工作实施监督管理，并将其统称负有安全生产监督管理职责的部门。三是明确各级安全生产监督管理部门和其他负有安全生产监督管理职责的部门作为执法部门，依法开展安全生产行政执法工作，对生产经营单位执行法律、法规、国家标准或者行业标准的情况进行监督检查。

（4）明确乡镇人民政府以及街道办事处、开发区管理机构的安全生产职责

乡镇街道是安全生产工作的重要基础，有必要在立法层面明确其安全生产职责，同时，针对各地经济技术开发区、工业园区的安全监管体制不顺、监管人员配备不足、事故隐患集中、事故多发等突出问题，《安全生产法》明确：乡、镇人民政府以及街道办事处、开发区管理机构等地方人民政府的派出机关应当按照职责，加强对本行政区域内生产经营单位安全生产状况的监督检查，协助上级人民政府有关部门依法履行安全生产监督管理职责。

（5）进一步强化生产经营单位的安全生产主体责任

做好安全生产工作，落实生产经营单位主体责任是根本。《安全生产法》把明确安全责任、发挥生产经营单位安全生产管理机构和安全生产管理人员作用作为一项重要内容，作出四个方面的重要规定：一是明确委托规定的机构提供安全生产技术、管理服务的，保证安全生产的责任仍然由本单位负责；二是明确生产经营单位的安全生产责任制的内容，规定生产经营单位应当建立相应的机制，加强对安全生产责任制落实情况的监督考核；三是明确生产经营单位的安全生产管理机构以及安全生产管理人员履行的七项职责；四是规定矿山、金属冶炼建设项目和用于生产、储存危险物品的建设项目竣工投入生产或者使用前，由建设单位负责组织对安全设施进行验收。

（6）建立事故预防和应急救援制度

《安全生产法》把加强事前预防和事故应急救援作为一项重要内容：一是生产经营单位必须建立生产安全事故隐患排查治理制度，采取技术、管理措施及时发现并消除事故隐患，并向从业人员通报隐患排查治理情况的制度。二是政府有关部门要建立健全重大事故隐患治理督办制度，督促生产经营单位消除重大事故隐患。三是对未建立隐患排查治理制度、未采取有效措施消除事故隐患的行为，设定了严格的行政处罚。四是赋予负有安全监管职责的部门对拒不执行执法决定、有发生生产安全事故现实危险的生产经营单位依法采取停电、停供民用爆炸物品等措施，强制生产经营单位履行决定。五是国家建立应急救援基地和应急救援队伍，建立全国统一的应急救援信息系统。生产经营单位应当依法制定应急预案并定期演练。参与事故抢救的部门和单位要服从统一指挥，根据事故救援的需要组织采取告知、警戒、疏散等措施。

（7）建立安全生产标准化制度

安全生产标准化是在传统的安全质量标准化基础上，根据当前安全生产工作的要求、企业生产工艺特点，借鉴国外现代先进安全管理思想，形成的一套系统的、规范的、科学的安全管理体系。2010 年《国务院关于进一步加强企业安全生产工作的通知》（国发〔2010〕23 号）、2011 年《国务院关于坚持科学发展安全发展促进安全生产形势持续稳定好转的意见》（国发〔2011〕40 号）均对安全生产标准化工作提出了明确的要求。近年来矿山、危险化学品等高危行业企业安全生产标准化取得了显著成效，工贸行业领域的标准化工作正在全面推进，企业本质安全生产水平明显提高。结合多年的实践经验，《安全生产法》在总则部分明确提出推进安全生产标准化工作，这必将对强化安全生产基础建设，促进企业安全生产水平持续提升产生重大而深远的影响。

（8）推行注册安全工程师制度

为解决中小企业安全生产"无人管、不会管"的问题，促进安全生产管理人员队伍朝着专业化、职业化方向发展，国家自 2004 年以来连续 10 年实施了全国注册安全工程师执业资格统一考试，21.8 万人取得了资格证书。截至 2013 年 12 月，已有近 15 万人注册并在生产经营单位和安全生产中介服务机构执业。《安全生产法》确立了注册安全工程师制度，并从两个方面加以推进：一是危险物品的生产、储存单位以及矿山、金属冶炼单位应当有注册安全工程师从事安全生产管理工作，鼓励其他生产经营单位聘用注册安全工程师从事安全生产管理工作。二是建立注册安全工程师按专业分类管理制度，授权国务院有关部门制定具体实施办法。

（9）推进安全生产责任保险制度

《安全生产法》总结近年来的试点经验，通过引入保险机制，促进安全生产，规定国家鼓励生产经营单位投保安全生产责任保险。安全生产责任保险具有其他保险所不具备的特殊功能和优势：一是增加事故救援费用和第三人（事故单位从业人员以外的事故受害人）赔付的资金来源，有助于减轻政府负担，维护社会稳定。目前有的地区政府还提供了一部分资金作为对事故死亡人员家属的补偿。二是有利于现行安全生产经济政策的完善和发展。2005年起实施的高危行业风险抵押金制度存在缴存标准高、占用资金大、缺乏激励作用等不足，目前湖南、上海等省市已经通过地方立法允许企业自愿选择责任保险或者风险抵押金，受到企业的广泛欢迎。三是通过保险费率浮动、引进保险公司参与企业安全管理，可以有效促进企业加强安全生产工作。

（10）加大对安全生产违法行为的责任追究力度

一是规定了事故行政处罚和终身行业禁入。第一，将行政法规的规定上升为法律条文，按照两个责任主体、四个事故等级，设立了对生产经营单位及其主要负责人的八项罚款处罚明文。第二，大幅提高对事故责任单位的罚款金额：一般事故罚款 20 万至 50 万，较大事故 50 万至 100 万，重大事故 100 万至 500 万，特别重大事故 500 万至 1 000 万；特别重大事故的情节特别严重的，罚款 1 000 万至 2 000 万。第三，进一步明确主要负责人对重大、特别重大事故负有责任的，终身不得担任本行业生产经营单位的主要负责人。

二是加大罚款处罚力度。结合各地区经济发展水平、企业规模等实际，《安全生产法》维持罚款下限基本不变，将罚款上限提高了 2 至 5 倍，并且大多数罚则不再将限期整改作为前置条件。反映了"打非治违"、"重典治乱"的现实需要，强化了对安全生产违法行为的震慑力,也有利于降低执法成本、提高执法效能。

三是建立了严重违法行为公告和通报制度。要求负有安全生产监督管理部门建立安全生产违法行为信息库,如实记录生产经营单位的违法行为信息;对违法行为情节严重的生产经营单位,应当向社会公告,并通报行业主管部门、投资主管部门、国土资源主管部门、证券监督管理部门和有关金融机构。

二、中华人民共和国煤炭法

《中华人民共和国煤炭法》(以下简称《煤炭法》)是 1996 年 8 月 29 日第八届全国人民代表大会常务委员会第二十一次会议审议通过,自 1996 年 12 月 1 日起施行。2009 年、2011年、2013 年、2016 年进行了四次修订。这部法律为煤炭的生产、经营活动确立了基本规范。

(一)《煤炭法》的主要内容

《煤炭法》包括总则、煤炭生产开发规划与煤矿建设、煤炭生产与煤矿安全、煤炭经营、煤矿矿区保护、监督检查、法律责任、附则,共 8 章 81 条。

第一章总则主要内容涉及立法目的、适用范围、煤炭资源国家所有、煤炭开发方针、国家保护煤炭资源、禁止乱采滥挖、国家保障投资者合法权益、国家对乡镇煤矿的十字方针、安全生产方针、矿工劳动保护、煤矿科技政策、经营管理、矿区保护、环境保护及行业主管部门和监督部门等基本规定。

第二章煤炭生产开发规划与煤矿建设主要内容涉及开发规划和基本建设两个方面,如资源勘查、煤炭生产开发规划的编制和实施、煤炭工业的优惠政策、办矿条件、申办程序、土地征用、环境保护的"四同时"原则等内容。

第三章煤炭生产与煤矿安全主要内容涉及煤炭生产许可证的有关规定;煤矿生产的保护性开采、开采顺序、回采率、产品质量监督、越界越层开采、复垦、煤炭综合利用和煤矿的多种经营等有关煤矿生产的规定;煤矿安全监督、责任制、安全教育与安全培训、工会对安全的职责、劳动保护、安全器材及装备等有关煤矿安全的规定。

第四章煤炭经营主要内容涉及煤炭经营、销售资格、煤炭经营企业应具备的条件及审批程序、煤炭的直销和中介机构、煤质、供销运的约定及管理等。

第五章煤矿矿区保护主要内容涉及矿区电力、通讯、水源、资源及其他生产设施的保护,严禁扰乱矿区生产秩序和工作秩序,不得在矿区种植、养殖、取土和建筑等保护矿区的规定。

第六章监督检查主要内容涉及煤炭法律和法规的监督检查部门及对执法人员的基本要求,同时规定了监督检查人员的权利和义务。

第七章法律责任主要内容规定了 14 种违反《煤炭法》的行为要承担的法律责任,包括民事责任、行政责任和刑事责任。

第八章附则规定《煤炭法》自 1996 年 12 月 1 日起实施。

(二)《煤炭法》2013 年修订的新变化

2013 年 6 月 29 日,第十二届全国人民代表大会常务委员会第三次会议决定,对《中华人民共和国煤炭法》进行了修改。2013 年《煤炭法》修改后取消了煤炭生产许可证和煤炭经营许可证,对企业很有好处。过去,煤炭生产企业必须办理煤炭生产许可证才能生产,煤炭生产、经营企业必须办理煤炭经营许可证才能进行正常的煤炭经营。《煤炭法》修改后,结束了煤炭生产许可证和煤炭经营许可证制度,国家煤炭主管部门对于煤炭生产企业和煤炭经营企业的生产经营干预继续减少,煤炭生产企业不会因为没有煤炭生产许可证而无法生产,煤炭生产、经营企业也不会因为没有煤炭经营许可证而无法从事煤炭经营。生产企业只要安全通过验收达标,不需要办理煤炭生产许可证就可以生产;对于煤炭生产、经营企业不再需要办理煤炭经营许可证就可以从事煤炭经营。这无疑给煤炭生产企业松了绑,有利于煤炭生产经营企业轻装上阵,平等地参与煤炭生产和煤炭经营,平等地参与煤炭市场竞争。煤炭生产、交易的市场化程度进一步提高。

2016 年 11 月 7 日,第十二届全国人民代表大会常务委员会第二十四次会议决定,对《煤炭法》作出修改,删去第十八条、第十九条。

(三)《煤炭法》关于煤炭开发和开采的具体规定

第三条:"煤炭资源属于国家所有。地表或者地下的煤炭资源的国家所有权,不因其依附的土地的所有权或者使用权的不同而改变。"

第四条:"国家对煤炭开发实行统一规划、合理布局、综合利用的方针。"

第五条:"国家依法保护煤炭资源,禁止任何乱采、滥挖破坏煤炭资源的行为。"

第六条:"国家保护依法投资开发煤炭资源的投资者的合法权益。国家保障国有煤矿的健康发展。国家对乡镇煤矿采取扶持、改造、整顿、联合、提高的方针,实行正规合理开发和有序发展。"

第七条:"煤矿企业必须坚持安全第一、预防为主的安全生产方针,建立健全安全生产的责任制度和群防群治制度。"

第八条:"各级人民政府及其有关部门和煤矿企业必须采取措施加强劳动保护,保障煤矿职工的安全和健康。国家对煤矿井下作业的职工采取特殊保护措施。"

第十一条:"开发利用煤炭资源,应当遵守有关环境保护的法律、法规,防治污染和其他公害,保护生态环境。"

第二十条:"煤矿投入生产前,煤矿企业应当依照有关安全生产的法律、行政法规的规定取得安全生产许可证。未取得安全生产许可证的,不得从事煤炭生产。"

第二十二条:"开采煤炭资源必须符合煤矿开采规程,遵守合理的开采顺序,达到规定的煤炭资源回采率。煤炭资源回采率由国务院煤炭管理部门根据不同的资源和开采条件确定。国家鼓励煤矿企业进行复采或者开采边角残煤和极薄煤。"

第二十四条:"煤炭生产应当依法在批准的开采范围内进行,不得超越批准的开采范围越界、越层开采。采矿作业不得擅自开采保安煤柱,不得采用可能危及相邻煤矿生产安全的决水、爆破、贯通巷道等危险方法。"

第二十五条:"因开采煤炭压占土地或者造成地表土地塌陷、挖损,由采矿者负责进行复垦,恢复到可供利用的状态;造成他人损失的,应当依法给予补偿。"

第二十六条:"关闭煤矿和报废矿井,应当依照有关法律、法规和国务院煤炭管理部门的规定办理。"

第三十一条:"煤矿企业的安全生产管理,实行矿务局长、矿长负责制。"

第三十三条:"煤矿企业应当对职工进行安全生产教育、培训;未经安全生产教育、培训的,不得上岗作业。煤矿企业职工必须遵守有关安全生产的法律、法规、煤炭行业规章、规程和企业规章制度。"

第三十四条:"在煤矿井下作业中,出现危及职工生命安全并无法排除的紧急情况时,作业现场负责人或者安全管理人员应当立即组织职工撤离危险现场,并及时报告有关方面负责人。"

第三十五条:"煤矿企业工会发现企业行政方面违章指挥、强令职工冒险作业或者生产过程中发现明显重大事故隐患,可能危及职工生命安全的情况,有权提出解决问题的建议,煤矿企业行政方面必须及时作出处理决定。企业行政方面拒不处理的,工会有权提出批评、检举和控告。"

第三十六条:"煤矿企业必须为职工提供保障安全生产所需的劳动保护用品。"

第三十七条:"煤矿企业应当依法为职工参加工伤保险缴纳工伤保险费。鼓励企业为井下作业职工办理意外伤害保险,支付保险费。"

第四十条:"煤矿企业使用的设备、器材、火工产品和安全仪器,必须符合国家标准或者行业标准。"

(四)违反《煤炭法》的法律责任

《煤炭法》对煤矿企业、煤炭经营企业以及煤炭管理部门和有关部门违反《煤炭法》规定的义务分别设定了具体的法律责任,这些规定对于预防和打击煤炭领域的违法犯罪行为,保持煤炭工业的健康发展具有重要意义。违反《煤炭法》的法律责任可分为行政责任、民事责任和刑事责任。

1. 行政责任

在《煤炭法》设定的14条法律责任中,行政责任条款最多,其中有15类违法行为会引起行政法律责任。

(1)开采煤炭资源未达到国务院煤炭管理部门规定的资源回采率的违法行为;

(2)擅自开采保安煤柱或者采用危及相邻煤矿生产安全的危险方法进行采矿作业的违法行为;

(3)在煤炭中掺杂、掺假,以次充好的违法行为;

(4)未经煤矿企业同意,在煤矿企业依法取得土地使用权的有效期间内在该土地上修建建筑物、构筑物的违法行为;

(5)未经煤矿企业同意,占用煤矿企业的铁路专用线、专用道路、专用航道、专用码头、电力专用线、专用供水管路的违法行为;

(6)未经批准或者未采取安全措施,在煤矿采区范围内进行危及煤矿安全作业的违法行为;

(7)阻碍煤矿建设,致使煤矿建设不能正常进行的违法行为;

(8)故意损坏煤矿矿区电力通讯、水源、交通及其他生产设施的违法行为;

(9)扰乱煤矿矿区秩序,致使生产、工作不能正常进行的违法行为;

(10)拒绝、阻碍监督检查人员依法执行职务的违法行为;

(11)煤炭管理部门和有关单位的工作人员玩忽职守、徇私舞弊、滥用职权的违法行为。

对于上述行政违法行为,《煤炭法》规定了相应的行政责任和行政制裁,包括:责令限期改正、没收违法所得、罚款、责令停止生产或停止销售、停止作业、行政拘留等。

行政执法主体实施行政处罚必须遵守处罚法定原则和处罚相当原则两原则。处罚法定原则要求只在存在违反法定义务的行为并且法律明确规定对该行为应予处罚时,才能对其进行行政处罚。在进行处罚时,必须遵守法定的处罚条件、种类、幅度。处罚相当原则要求处罚措施必须与被处罚对象的过错一致,真正达到处罚目的。处罚的目的在于制裁违法行为、制止和预防违法,以维护良好的经济和社会秩序。

在行政处罚过程中,还应该注意以下几个问题:① 当事人的责任能力;② 对当事人的同一个违法行为,不得给予两次以上行政处罚;③ 违法行为构成犯罪的,必须将案件移送司法机关,依法追究刑事责任;④ 除法律另有规定外,违法行为自发生之日起两年内未被发现的,不得再给予行政处罚;⑤ 行政处罚必须遵守法定的程序。

2. 民事责任

《煤炭法》中涉及民事责任的条款只有 3 条,都是有关侵权的民事责任的规定。

《煤炭法》中规定的民事违法行为包括:

(1) 擅自开采保安煤柱或者采用危及相邻煤矿生产安全的危险方法进行采矿作业给对方造成损失的违法行为;

(2) 未经煤矿企业同意,占用煤矿企业的铁路专用线、专用道路、专用航道、专用码头、电力专用线、专用供水管给煤矿企业造成损失的违法行为;

(3) 未经批准或者未采取安全措施,在煤矿采区范围内进行危及煤矿安全作业给煤矿企业造成损失的违法行为。

承担民事法律责任的方式是依法承担赔偿责任。

3. 刑事责任

《煤炭法》中涉及刑事责任规定的条款有 7 条,所规定的犯罪行为包括:

(1) 擅自开采保安煤柱或者采用危及相邻煤矿生产安全的危险方法进行采矿作业构成犯罪的行为;

(2) 在煤炭产品中掺杂、掺假,以次充好构成犯罪的行为;

(3) 妨碍煤矿建设,致使煤矿建设不能正常进行构成犯罪的行为;

(4) 故意损坏煤矿矿区的电力、通讯、水源、交通及其他生产设施构成犯罪的行为;

(5) 扰乱煤矿矿区秩序,致使生产、工作不能正常进行构成犯罪的行为;

(6) 拒绝、阻碍监督检查人员依法执行职务构成犯罪的行为;

(7) 煤矿企业的管理人员违章指挥、强令职工冒险作业,发生重大伤亡事故的犯罪行为;

(8) 煤矿企业的管理人员对煤矿事故隐患不采取措施予以消除,发生重大伤亡事故的犯罪行为;

(9) 煤炭管理部门和有关部门工作人员玩忽职守、徇私舞弊、滥用职权构成犯罪的行为。

对于上述构成犯罪的行为,由司法机关依法追究刑事责任。

三、中华人民共和国矿山安全法

《中华人民共和国矿山安全法》(以下简称《矿山安全法》)1992 年 11 月 7 日第七届全国人民代表大会常务委员会第二十八次会议审议通过,由中华人民共和国主席令第 65 号公布,自 1993 年 5 月 1 日起施行。

(一)《矿山安全法》的立法目的

《矿山安全法》第一条指出:"为了保障矿山生产安全,防止矿山事故,保护矿山职工人身安全,促进采矿业的发展,制定本法。"

（二）《矿山安全法》的主要内容

（1）第一章总则。

（2）第二章矿山建设的安全保障。

（3）第三章矿山开采的安全保障。

（4）第四章矿山企业的安全管理。

（5）第五章矿山安全监督和管理。

（6）第六章矿山事故处理。

（7）第七章法律责任。

（8）第八章附则。

（三）与安全生产相关的具体规定

第三条："矿山企业必须具有保障安全生产的设施，建立、健全安全管理制度，采取有效措施改善职工劳动条件，加强矿山安全管理工作，保证安全生产。"

第七条："矿山建设工程的安全设施必须和主体工程同时设计、同时施工、同时投入生产和使用。"

第十条："每个矿井必须有两个以上能行人的安全出口，出口之间的直线水平距离必须符合矿山安全规程和行业技术规范。"

第十一条："矿山必须有与外界相通的、符合安全要求的运输和通讯设施。"

第十八条："矿山企业必须对下列危害安全的事故隐患采取预防措施：（一）冒顶、片邦、边坡滑落和地表塌陷；（二）瓦斯爆炸、煤尘爆炸；（三）冲击地压、瓦斯突出、井喷；（四）地面和井下的火灾、水害；（五）爆破器材和爆破作业发生的危害；（六）粉尘、有毒有害气体、放射性物质和其他有害物质引起的危害；（七）其他危害。"

第二十条："矿山企业必须建立、健全安全生产责任制。矿长对本企业的安全生产工作负责。"

第二十一条："矿长应当定期向职工代表大会或者职工大会报告安全生产工作，发挥职工代表大会的监督作用。"

第二十六条："矿山企业必须对职工进行安全教育、培训；未经安全教育、培训的，不得上岗作业。矿山企业安全生产的特种作业人员必须接受专门培训，经考核合格取得操作资格证书的，方可上岗作业。"

第二十七条："矿长必须经过考核，具备安全专业知识，具有领导安全生产和处理矿山事故的能力。矿山企业安全工作人员必须具备必要的安全专业知识和矿山安全工作经验。"

第三十二条："矿山企业必须从矿产品销售额中按照国家规定提取安全技术措施专项费用。安全技术措施专项费用必须全部用于改善矿山安全生产条件，不得挪作他用。"

（四）违反《矿山安全法》的法律责任

《矿山安全法》对矿山企业、矿山企业管理人员和矿山安全监督人员违反《矿山安全法》的规定分别设定了法律责任。

四、中华人民共和国矿产资源法

1986 年 3 月 19 日第六届全国人民代表大会常务委员会第十五次会议审议通过的《中华人民共和国矿产资源法》经过十年的实施，修正后的《中华人民共和国矿产资源法》（简称《矿产资源法》）于 1996 年 8 月 29 日，经第八届全国人民代表大会常务委员会第二十一次会议审议通过。

（一）《矿产资源法》立法宗旨

《矿产资源法》立法的基本指导思想是要体现宪法关于矿产资源属于国家所有，国家保障自然资源的合理开发利用的规定，体现国家关于"放开、搞活、管好"加速开发地下资源的总方针和国家对乡镇企业实行"积极扶持、合理规划、正确引导、加强管理"的方针，通过法律的保障，既调动国营、集体、个人勘查和开发资源的积极性，又使矿产资源得到合理的利用保护，以加强地质工作，振兴矿业，满足社会主义建设当前和长远对矿产资源的需求。

（二）《矿产资源法》的主要内容

《矿产资源法》的主要内容包括总则，矿产资源勘查的登记和开采的审批，矿产资源的勘查，矿产资源的开采，集体矿山企业和个体采矿，法律责任以及附则等共 7 章 53 条。主要规定了：矿产资源属国家所有；国家保障国营、集体和个人依法开发矿产资源的合法权益；对矿产资源实行有偿开发和对地质工作成果实行有偿使用。国家对矿产资源的地质勘查和开发利用实行统一管理。进行地质勘查、提交地质勘探报告、采矿、关闭矿山等都实行申请批准制度，并按照统一管理、分工负责的原则，对有关方面的职责作了规定。

（三）与煤矿开采和安全生产有关的规定

第三条："矿产资源属于国家所有，由国务院行使国家对矿产资源的所有权。地表或者地下的矿产资源的国家所有权，不因其所依附的土地的所有权或者使用权的不同而改变。国家保障矿产资源的合理开发利用。禁止任何组织或者个人用任何手段侵占或者破坏矿产资源。各级人民政府必须加强矿产资源的保护工作。勘查、开采矿产资源，必须依法分别申请、经批准取得探矿权、采矿权，并办理登记；但是，已经依法申请取得采矿权的矿山企业在划定的矿区范围内为本企业的生产而进行的勘查除外。国家保护探矿权和采矿权不受侵犯，保障矿区和勘查作业区的生产秩序、工作秩序不受影响和破坏。从事矿产资源勘查和开采的，必须符合规定的资质条件。"

第五条："国家实行探矿权、采矿权有偿取得的制度；但是，国家对探矿权、采矿权有偿取得的费用，可以根据不同情况规定予以减缴、免缴。具体办法和实施步骤由国务院规定。开采矿产资源，必须按照国家有关规定缴纳资源税和资源补偿费。"

第七条："国家对矿产资源的勘查、开发实行统一规划、合理布局、综合勘查、合理开采和综合利用的方针。"

第十七条："国家对国家规划矿区、对国民经济具有重要价值的矿区和国家规定实行保护性开采的特定矿种，实行有计划的开采；未经国务院有关主管部门批准，任何单位和个人不得开采。"

第二十条："非经国务院授权的有关主管部门同意，不得在下列地区开采矿产资源：（一）港口、机场、国防工程设施圈定地区以内；（二）重要工业区、大型水利工程设施、城镇市政工程设施附近一定距离以内；（三）铁路、重要公路两侧一定距离以内；（四）重要河流、堤坝两侧一定距离以内；（五）国家划定的自然保护区、重要风景区，国家重点保护的不能移动的历史文物和名胜古迹所在地；（六）国家规定不得开采矿产资源的其他地区。"

第二十九条："开采矿产资源，必须采取合理的开采顺序、开采方法和选矿工艺。矿山企业的开采回采率、采矿贫化率和选矿回收率应当达到设计要求。"

第三十一条："开采矿产资源，必须遵守国家劳动安全卫生规定，具备保障安全生产的必要条件。"

第三十二条："开采矿产资源,必须遵守有关环境保护的法律规定,防止污染环境。开采矿产资源,应当节约用地。耕地、草原、林地因采矿受到破坏的,矿山企业应当因地制宜地采取复垦利用、植树种草或者其他利用措施。开采矿产资源给他人生产、生活造成损失的,应当负责赔偿,并采取必要的补救措施。"

（四）违反《矿产资源法》的法律责任

《矿产资源法》第六章就无证开采、越界开采、出租、买卖及其他形式转让矿产资源,破坏矿产资源以及缴纳矿产资源补偿费用等方面的违法行为制定了11条法律责任。见《矿产资源法》第六章第三十九条至第四十九条。

五、中华人民共和国职业病防治法

《中华人民共和国职业病防治法》(简称《职业病防治法》),由2001年10月27日第九届全国人民代表大会常务委员会第二十四次会议通过,根据2018年12月29日第十三届全国人民代表大会常务委员会第七次会议《关于修改〈中华人民共和国劳动法〉等七部法律的决定》修正。这是一部为预防、控制和消除职业病危害、防治职业病、保护劳动者健康及相关权益而制定的专业技术性法律规范,是防治职业病、维护劳动者健康权益的重要法律依据。

（一）《职业病防治法》的立法目的

《职业病防治法》的立法目的是:为了预防、控制和消除职业病危害,防治职业病,保护劳动者健康及其相关权益,促进经济社会发展。

（二）《职业病防治法》的主要内容

《职业病防治法》以控制职业病,危害保护劳动者健康权为主旨,进一步明确了用人单位在职业病保护劳动者健康方面的法定责任,并对职业病患者在医疗和生活保障方面的权利以及违法者应承担的法律责任作了明确的规定。

六、《刑法》中有关安全生产的内容

2006年6月29日,全国人民代表大会常务委员会完成了对《刑法》的新一轮修订。新修订的《刑法》加大了对安全生产犯罪行为处理的力度。

新修订的《刑法》将关于强令工人违章冒险作业,情节特别恶劣的,"处3年以上7年以下有期徒刑"的规定,修改为"处5年以上有期徒刑"。这样的修改也就是说,最高刑可以判处15年有期徒刑。

新修订的《刑法》将原第134条修改为:

"在生产、作业中违反有关安全管理的规定,因而发生重大伤亡事故或者造成其他严重后果的,处3年以下有期徒刑或者拘役;情节特别恶劣的,处3年以上7年以下有期徒刑。强令他人违章冒险作业,因而发生重大伤亡事故或者造成其他严重后果的,处5年以下有期徒刑或者拘役;情节特别恶劣的,处5年以上有期徒刑。"

将原第135条修改为:

"安全生产设施或者安全生产条件不符合国家规定,因而发生重大伤亡事故或者造成其他严重后果的,对直接负责的主管人员和其他直接责任人员,处3年以下有期徒刑或者拘役;情节特别恶劣的,处3年以上7年以下有期徒刑。"

此外,还在原第139条后增加一条,作为第139条之一:

"在安全事故发生后,负有报告职责的人员不报或者谎报事故情况,贻误事故抢救,情节严重的,处 3 年以下有期徒刑或者拘役;情节特别严重的,处 3 年以上 7 年以下有期徒刑。"

七、其他相关法律

与煤矿安全生产相关的其他法律还比较多,如:《劳动法》《劳动合同法》《行政处罚法》《消防法》《防洪法》《突发事件应对法》等,这些法律中与安全生产相关的规定,也是煤矿企业必须遵守的。

第四节　煤矿安全生产主要法规、规章

一、煤矿安全监察条例

《煤矿安全监察条例》于 2000 年 11 月 7 日以国务院第 296 号令颁布,自 2000 年 12 月 1 日起施行。

1. 立法目的

制定《煤矿安全监察条例》的目的:为了保障煤矿安全,规范煤矿安全监察工作,保护煤矿职工人身安全和健康,促进煤矿健康发展。

2. 煤矿安全监察工作方针

煤矿安全监察工作的方针是:"以预防为主,及时发现和消除事故隐患,有效纠正影响煤矿安全的违法行为,实行安全监察与促进安全管理相结合、教育与惩处相结合"。

3. 煤矿安全监察的主要内容

煤矿安全监察机构对煤矿执行《煤炭法》、《矿山安全法》和其他有关煤矿安全的法律、法规以及国家安全标准、行业安全标准、《煤矿安全规程》和行业技术规范的情况实施监察。

4. 确立了煤矿安全监察法律制度

《煤矿安全监察条例》确立的法律制度主要有七项:

(1) 煤矿安全监察员管理制度。

规定了煤矿安全监察员的条件、任免程序、职责、权利、义务及其执法要求,并特别规定了对监察员进行监督、约束和对其违法行为的行政处罚等。

(2) 煤矿建设工程安全设计审查和验收制度。

规定了任何煤矿其安全设施设计在施工前必须经煤矿安全监察机构进行审查,不经审查或审查不合格的,不得施工。投产前,必须经煤矿安全监察机构进行验收,未经验收或验收不合格的,不得投入生产。

(3) 煤矿安全生产监督检查制度。

明确了监督检查的内容、程序以及监察主体与监察对象各自的责任和义务,对各种违法违规行为进行处理与处罚的办法与措施等。

(4) 煤矿事故报告与调查处理制度。

明确了事故报告的要求,调查处理的主体、程序,以及对隐瞒事故、干扰事故调查处理的处罚等。

(5) 煤矿安全监察信息与档案管理制度。

规定了监察机构应当对煤矿安全信息进行搜集、分析和定期发布,必须建立安全监察档案。

（6）煤矿安全监察监督约束制度。

明确将监察执法机构置于广大职工群众和社会的监督之下，约束其行为，体现了权利与义务相统一，监察主体与对象在法律上平等的规则。

（7）煤矿安全监察行政处罚制度。

明确规定了对各种违法行为如何处理与处罚，以及适用范围、处罚的种类与幅度。

二、煤矿企业安全生产许可证实施办法

新修订后的《煤矿企业安全生产许可证实施办法》已经 2015 年 12 月 22 日原国家安全生产监督管理总局局长办公会议审议通过，自 2016 年 4 月 1 日起施行。

1. 修订的必要性

国家对煤矿生产实行安全许可制度，是优化安全生产资源配置、规范煤炭生产秩序、提高煤矿本质安全化程度和安全保障能力、促进煤矿安全生产的有效手段。《煤矿企业安全生产许可证实施办法》（原国家安全生产监督管理总局令第 8 号，以下简称 8 号令）颁布施行十余年来，对严格煤矿安全许可，提升煤矿安全生产准入水平，遏制煤矿重特大事故发挥了重要作用。随着新《安全生产法》等法律法规和规章的修订出台，亟待对 8 号令进行修订。

2. 修订的总体思路

本次修订工作是在全面推进依法治国、依法行政、依法监察的大背景下进行的，立足于严格按照《安全生产法》等一系列法律法规要求办事，力求解决基层十多年来在安全许可工作中遇到的突出问题。

一是严格依法许可。全部条款均根据《安全生产法》《职业病防治法》《安全生产许可证条例》等一系列有关煤矿安全许可的法律法规进行了斟酌完善，很多条款根据最新的法律条文的表述和新《煤矿安全规程》的要求进行了修改。

二是解决突出问题。根据基层较为集中的建议，删除了对矿井动态安全条件审查和取证后动态监管的条款，发证只审查矿井静态安全生产条件，将矿井取证后持续保持安全生产条件的纳入煤矿安全监察机构日常的监察执法内容；简化了审查资料；删除了"征得煤矿企业所在地人民政府安全生产监督管理部门或者有关部门同意"的表述，发证不再征求地方政府意见等。

三是坚持与时俱进。当前的煤矿安全生产状况与 2004 年 8 号令颁布时发生了巨大变化，一些条款明显不合时宜，有的与上位法冲突，如《国务院关于预防煤矿生产安全事故的特别规定》等，有的涉及其他部门的职权，如地方监管部门、监察机关等。这些条款均作出了相应修订。

3. 修订的主要内容

（1）取消对企业发证。按照国务院关于深化行政体制改革、加快转变政府职能、取消和下放一批行政审批项目的要求，根据《安全生产许可证条例》的有关规定，取消了对管理煤矿的企业发证，在第三条中明确了"煤矿申请、省级发证、属地监管"的安全生产许可证颁发管理工作原则，并增加一款，明确煤矿以矿（井、露天坑）为单位申请办理安全生产许可证，一矿（井、露天坑）一证。对不具备独立法人资格的，由其具有法人资格的上级主管单位申请办理安全生产许可证。法规名称相应修改为《煤矿企业安全生产许可证实施办法》。

（2）修订审查内容。参照新《安全生产法》、即将出台的新版《煤矿安全规程》等法律法

规规章,对矿井安全生产条件的表述进行了修改完善。主要是,将"安全生产责任制"改为"安全生产与职业病危害防治责任制",将制定领导带班下井、井下劳动组织定员、隐患排查治理、隐蔽致灾因素普查制度,设置防治煤与瓦斯突出、防治水机构,装备井下安全避险"六大系统"等新规定新要求纳入了审查条件,在安全生产许可证直接延期条款中增加安全质量标准化达标要求等。

(3) 发证不再征求地方政府意见。原8号令第十七条规定,"安全生产许可证颁发管理机关应在征得煤矿企业所在地人民政府安全生产监督管理部门或者有关部门同意后,指派有关人员对申请材料和安全生产条件进行审查"。该条款增加了发证前置条件,不符合中央取消和下放行政审批事项的有关要求,予以删除。

(4) 简化审查资料。第九条中减少了部分申请材料,如将许可证申请书一式三份改为一份,各种安全生产责任制的复制件改为主要负责人安全生产责任制的复制件和其他岗位安全生产责任制目录清单等。

(5) 完善了延期和变更条款。一是在第十九条中明确"未因降低安全生产条件被暂扣过安全生产许可证"为直接发证的条件之一,并增加了"矿井瓦斯等级、煤层自燃倾向性、煤尘爆炸危险性、矿井水文地质类型、冲击地压等开采技术条件未发生变化"和"煤矿安全质量标准化等级达到三级及以上"两项,增强了直接延期的可操作性。二是在第二十条中增加了"变更经济类型"、"变更核定生产能力"和"矿井瓦斯等级、煤层自燃倾向性、煤尘爆炸危险性、矿井水文地质类型、冲击地压等开采技术条件发生变化"三种变更情形。

(6) 删除部分条款内容。一是原三十三条"煤矿安全监察分局及未设立煤矿安全监察机构的市级人民政府指定的负责煤矿安全监察工作的部门负责本行政区域内取得安全生产许可证的煤矿企业的日常监督检查,并将监督检查中发现的问题及时报告安全生产许可证颁发管理机关"。二是原三十八条"监察机关依照《中华人民共和国行政监察法》的规定,对安全生产许可证颁发管理机关及其工作人员履行《安全生产许可证条例》和本实施办法规定的职责实施监察"。三是原四十二条"取得安全生产许可证的煤矿企业不符合本实施办法第六条至第十二条规定的安全生产条件之一的,予以警告,责令整改,并处1万元以上3万元以下罚款",与《煤矿安全监察条例》、《国务院关于预防煤矿生产安全事故的特别规定》等法规不一致,予以删除。四是部分属于取证后需要动态检查的条款,如原第十三条中"瓦斯检测仪器定期校验并由有资质的检测机构鉴定","采取综合预防煤层自然发火的措施"等。

三、生产安全事故报告和调查处理条例

《生产安全事故报告和调查处理条例》于2007年3月28日国务院第172次常务会议通过,自2007年6月1日起施行。

1. 制定目的

条例的立法目的:规范生产安全事故的报告和调查处理,落实生产安全事故责任追究制度,防止和减少生产安全事故。

2. 条例体现的基本原则

(1) 贯彻落实"四不放过"原则。"四不放过"原则是事故调查处理工作的根本要求,《生产安全事故报告和调查处理条例》规定的主要制度和措施都体现了这一原则。

(2) 坚持"政府统一领导、分级负责"的原则。各级人民政府都负有加强对安全生产工作领导的职责,特别是地方各级人民政府对于本行政区域内的安全生产负总责。因此,生产安全事故报告和调查处理必须坚持政府统一领导、分级负责的原则。

（3）重在"完善程序，明确责任"的原则。规范生产安全事故的报告和调查处理，首先需要完善有关程序，为事故报告和调查处理工作提供明确的"操作规程"。同时，还必须明确政府及其有关部门、事故发生单位及其主要负责人以及其他单位和个人在事故报告和调查处理中所负的责任。

3. 事故等级划分

条例将事故划分为特别重大事故、重大事故、较大事故和一般事故 4 个等级。

特别重大事故，是指造成 30 人以上死亡，或者 100 人以上重伤，或者 1 亿元以上直接经济损失的事故；

重大事故，是指造成 10 人以上 30 人以下死亡，或者 50 人以上 100 人以下重伤，或者 5 000 万元以上 1 亿元以下直接经济损失的事故；

较大事故，是指造成 3 人以上 10 人以下死亡，或者 10 人以上 50 人以下重伤，或者 1 000 万元以上 5 000 万元以下直接经济损失的事故；

一般事故，是指造成 3 人以下死亡，或者 10 人以下重伤，或者 1 000 万元以下直接经济损失的事故。其中，事故造成的急性工业中毒的人数，也属于重伤的范围。

4. 事故报告

条例规定，事故报告应当及时、准确、完整，任何单位和个人对事故不得迟报、漏报、谎报或者瞒报。任何单位和个人不得阻挠和干涉对事故的报告和依法调查处理。

（1）进一步落实事故报告责任。事故现场有关人员、事故发生单位的主要负责人、安全生产监督管理部门和负有安全生产监督管理职责的有关部门，以及有关地方人民政府，都有报告事故的责任。

（2）明确事故报告的程序和时限。事故发生后，事故现场有关人员应当立即向本单位负责人报告，单位负责人应当于 1 小时内向事故发生地县级以上人民政府安全生产监督管理部门和负有安全生产监督管理职责的有关部门报告。安全生产监督管理部门和负有安全生产监督管理职责的有关部门接到事故报告后，应当按照事故的级别逐级上报事故情况，并且每级上报的时间不得超过 2 小时。

（3）规范事故报告的内容。事故报告的内容应当包括事故发生单位概况、事故发生的时间、地点、简要经过和事故现场情况，事故已经造成或者可能造成的伤亡人数和初步估计的直接经济损失，以及已经采取的措施等。事故报告后出现新情况的，还应当及时补报。

（4）建立值班制度。为了方便人民群众报告和举报事故，强化社会监督，条例规定，安全生产监督管理部门和负有安全生产监督管理职责的有关部门应当建立的值班制度，受理事故报告和举报。

5. 法律责任

（1）事故发生单位主要负责人有下列行为之一的，处上一年年收入 40% 至 80% 的罚款；属于国家工作人员的，并依法给予处分；构成犯罪的，依法追究刑事责任：

① 不立即组织事故抢救的；

② 迟报或者漏报事故的；

③ 在事故调查处理期间擅离职守的。

（2）事故发生单位及其有关人员有下列行为之一的，对事故发生单位处 100 万元以上

500 万元以下的罚款;对主要负责人、直接负责的主管人员和其他直接责任人员处上一年年收入 60% 至 100% 的罚款;属于国家工作人员的,并依法给予处分;构成违反治安管理行为的,由公安机关依法给予治安管理处罚;构成犯罪的,依法追究刑事责任:

① 谎报或者瞒报事故的;

② 伪造或者故意破坏事故现场的;

③ 转移、隐匿资金、财产,或者销毁有关证据、资料的;

④ 拒绝接受调查或者拒绝提供有关情况和资料的;

⑤ 在事故调查中作伪证或者指使他人作伪证的;

⑥ 事故发生后逃匿的。

(3)事故发生单位对事故发生负有责任的,依照下列规定处以罚款:

① 发生一般事故的,处 10 万元以上 20 万元以下的罚款;

② 发生较大事故的,处 20 万元以上 50 万元以下的罚款;

③ 发生重大事故的,处 50 万元以上 200 万元以下的罚款;

④ 发生特别重大事故的,处 200 万元以上 500 万元以下的罚款。

(4)事故发生单位主要负责人未依法履行安全生产管理职责,导致事故发生的,依照下列规定处以罚款;属于国家工作人员的,并依法给予处分;构成犯罪的,依法追究刑事责任:

① 发生一般事故的,处上一年年收入 30% 的罚款;

② 发生较大事故的,处上一年年收入 40% 的罚款;

③ 发生重大事故的,处上一年年收入 60% 的罚款;

④ 发生特别重大事故的,处上一年年收入 80% 的罚款。

(5)事故发生单位对事故发生负有责任的,由有关部门依法暂扣或者吊销其有关证照;对事故发生单位负有事故责任的有关人员,依法暂停或者撤销其与安全生产有关的执业资格、岗位证书;事故发生单位主要负责人受到刑事处罚或者撤职处分的,自刑罚执行完毕或者受处分之日起,5 年内不得担任任何生产经营单位的主要负责人。

(6)参与事故调查的人员在事故调查中有下列行为之一的,依法给予处分;构成犯罪的,依法追究刑事责任。

① 对事故调查工作不负责任,致使事故调查工作有重大疏漏的;

② 包庇、袒护负有事故责任的人员或者借机打击报复的。

四、国务院关于预防煤矿生产安全事故的特别规定

《国务院关于预防煤矿生产安全事故的特别规定》于 2005 年 9 月 3 日国务院令第 446 号公布,自公布之日起施行,共 28 条。

1. 制定目的

及时发现并排除煤矿安全生产隐患,落实煤矿安全生产责任,预防煤矿生产安全事故发生,保障职工的生命安全和煤矿安全生产。

2. 核心内容

一是构建了预防煤矿生产安全的责任体系;二是明确了煤矿预防工作的程序和步骤;三是提出了预防煤矿事故的一系列制度保障。

3. 明确规定的煤矿十五项重大隐患

(1)超能力、超强度或者超定员组织生产的。

（2）瓦斯超限作业的。

（3）煤与瓦斯突出矿井，未依照规定实施防突出措施的。

（4）高瓦斯矿井未建立瓦斯抽放系统和监控系统，或者瓦斯监控系统不能正常运行的。

（5）通风系统不完善、不可靠的。

（6）有严重水患，未采取有效措施的。

（7）超层越界开采的。

（8）有冲击地压危险，未采取有效措施的。

（9）自然发火严重，未采取有效措施的。

（10）使用明令禁止使用或者淘汰的设备、工艺的。

（11）年产 6 万 t 以上的煤矿没有双回路供电系统的。

（12）新建煤矿边建设边生产，煤矿改扩建期间，在改扩建的区域生产，或者在其他区域的生产超出安全设计规定的范围和规模的。

（13）煤矿实行整体承包生产经营后，未重新取得安全生产许可证和煤炭生产许可证，从事生产的，或者承包方再次转包的，以及煤矿将井下采掘工作面和井巷维修作业进行劳务承包的。

（14）煤矿改制期间，未明确安全生产责任人和安全管理机构的，或者在完成改制后，未重新取得或者变更采矿许可证、安全生产许可证、煤炭生产许可证和营业执照的。

（15）有其他重大安全生产隐患的。

煤矿有以上所列情形之一，仍然进行生产的，由县级以上地方人民政府负责煤矿安全生产监督管理的部门或者煤矿安全监察机构责令停产整顿，提出整顿的内容、时间等具体要求，处 50 万元以上 200 万元以下的罚款；对煤矿企业负责人处 3 万元以上 15 万元以下的罚款。

五、煤矿安全规程

（一）性质

《煤矿安全规程》是煤矿安全法规群体中一部最重要的法规，它既具有安全管理的内容，又具有安全技术的内容。《煤矿安全规程》是煤炭工业贯彻执行党和国家安全生产方针和国家有关矿山安全法规在煤矿的具体规定，是保障煤矿职工安全与健康、保证国家资源和财产不受损失、促进煤炭工业现代化建设必须遵循的准则。全国所有煤炭企业、事业单位及其主管部门，地质、计划、设计、基建、生产、制造、供应、财务、劳资、干部、科研、教育、卫生等部门都必须严格执行《煤矿安全规程》。因此，《煤矿安全规程》是煤炭工业主管部门下达的在安全管理、特别在安全技术上总的规定，是我们煤矿职工从事生产和指挥生产最重要的行为规范。

（二）特点

（1）强制性。违反《煤矿安全规程》要视情节或后果给予经济和行政处分。对造成重大事故和严重后果者，要进一步按照有关法律和法规追究行政责任（行政处分和行政处罚）和刑事责任，由特定的行政机关和司法机关强制执行。

（2）科学性。《煤矿安全规程》的每一条规定都是经验总结或血的教训，都是以科学原理为依据，科学和准确地对煤矿的各种行为作出了规定。

（3）规范性。《煤矿安全规程》的每一条规定都是在煤种特定条件下可以普遍适用的行为规则,明确规定了煤矿生产建设中哪些行为被禁止,哪些行为被允许。

(4)稳定性。《煤矿安全规程》一旦颁布执行,不得随意修改,在一段时间内有相对的稳定性。经应用一段时间后,经过一定程序由国务院煤炭工业主管部门负责修改。

(三)作用

(1)《煤矿安全规程》具体体现国家对煤矿安全工作的要求,进一步调整煤矿企业管理中人和人之间的关系。

(2)《煤矿安全规程》正确反映煤矿生产的客观规律,明确煤矿安全技术标准,调整煤炭生产中人和自然的关系。

(3)《煤矿安全规程》同其他安全法规一样,有利于加强法制观念、限制违章、惩罚犯罪、确保安全。

(4)《煤矿安全规程》有利于加强职工监督安全生产的权力,有利于发动群众,搞好安全生产。

(四)《煤矿安全规程》2016年版修订情况

2016年3月25日,原国家安全生产监督管理总局以第87号总局令,颁布修订的《煤矿安全规程》,自2016年10月1日起施行。

1. 修订的背景和重要意义

原《煤矿安全规程》已实施多年,对规范煤矿安全生产、提升安全保障水平起到了重要作用。虽历经几次局部的、个别的技术条文修订,但随着中国特色社会主义市场经济的推进,煤炭科技的进步,特别是随着煤矿安全保障能力、现代企业管理水平、管理模式的提升和完善,以及国民经济社会发展的要求,亟须对《煤矿安全规程》进行全面系统修订。

一是强化红线意识、体现安全发展理念。十几年间,我国经济总量已经跃居世界第二位,科技创新能力增强,技术进步速度加快,管理水平大幅度提升,特别是科学发展观和安全发展理念的确立,"以人为本""生命至上"的意识得到坚决的贯彻和践行。习近平总书记强调,人命关天,发展决不能以牺牲人的生命为代价,这必须作为一条不可逾越的红线。2020年,我国全面建成小康社会,安全生产形势也必须实现根本好转。煤矿死亡人数大幅度下降,重特大事故得到有效遏制,职业危害得到控制,百万吨死亡率达到中等发达国家水平是煤矿安全生产根本好转的重要标志。

二是贯彻落实依法治安、强化企业主体责任。近年来,我国煤矿安全生产法律法规体系建设逐步完善。1992年颁布《矿山安全法》、2000年国务院颁布《煤矿安全监察条例》;2002年颁布实施了《安全生产法》并于2014年进行了重新修订;2002年颁布实施了《职业病防治法》并于2011年进行了修订。这些法律法规在煤矿安全生产中的执行和落实,都是通过《煤矿安全规程》加以体现。与此同时,随着煤炭行业管理体制、机制的改革,顺应行政许可简化的要求,政府和企业的相关职能产生了新的变化,《煤矿安全规程》需要适时做以调整。

三是做好与专业规章、标准的衔接。2009年,原国家安全生产监督管理总局颁布了《防治煤与瓦斯突出规定》和《煤矿防治水规定》,都属于专业规章。随着煤炭工业十余年的发展和安全管理水平的提高,还新制定和修订了200多部煤炭行业标准,这些规章、标准有的与《煤矿安全规程》不尽一致,甚至出现一些矛盾、"打架"现象,导致企业和执法人员无所适从。

四是推进新工艺、新技术、新装备、新材料的应用。一方面,近年来,随着煤炭工业的高速发展,生产工艺的进步、科技装备创新提高、安全管理水平的提升,"四新"的大量采用,很多高效的、成熟的且被实践证明行之有效和业内广泛认可的工艺和技术极大地提升了煤矿的生产能力和安全保障能力,解放了煤矿生产力(如井下无人值守、矿井辅助运输技术、露天矿抛掷爆破等),这些都需要《煤矿安全规程》修订加以规范,体现科技进步。另一方面,一批不符合煤矿安全生产要求的技术、工艺、装备需要借《煤矿安全规程》修订的时机加以严格限制、逐步淘汰。

五是总结事故教训、体现预防为主。修订《煤矿安全规程》是在吸取事故教训,总结一个时期以来工作经验的基础上完成的。一些煤矿事故尤其是重特大事故调查处理过程中暴露出在安全生产和技术管理方面的漏洞和不合理因素,如瓦斯防治措施不落实、致灾因素普查治理不到位、非正规开采、多井筒出煤等。查找影响煤矿安全生产的危险因素和事故隐患,应做出相应的修改和规定。

伴随煤炭产业结构调整,修订后的《煤矿安全规程》,以更加全面、科学、实用的面貌颁布实施,从而更好地反映煤矿安全生产的客观规律,体现煤炭行业科技进步,更加有利于促进煤炭工业持续健康发展。

2.修订原则

《煤矿安全规程》修订主要坚持以下基本原则。

一是突出依法依规、预防为主原则。遵循国家安全生产和煤炭行业颁布的方针政策和法律法规,认真总结吸取近十几年来的煤矿事故教训,坚持"安全第一、预防为主、综合治理"的方针,体现经济社会发展要求和科学技术进步水平,落实煤矿企业主体责任,为实现煤炭行业健康快速发展提供有力保障。

二是提高保安性和可操作性原则。《煤矿安全规程》既要充分体现保障安全生产的基本要求,即"红线"不能突破,又要符合当前经济社会发展要求和煤矿生产力发展水平,具有可操作性特点。所有条款都坚持基于在煤矿企业能实现、可执行、用得上。《煤矿安全规程》框架以外具体的技术方法、指标等可参考各专业的相关标准、规定执行。

三是体现科学性和合理性原则。即划线指标要科学,符合市场经济和煤炭科技进步的客观规律。所有规定条款包括安全系数、气体浓度指标、设备检修频率等,既要体现科学性、求实性,又要考虑到区域地质状况和开采技术水平发展的不平衡性。

四是保持权威性和稳定性原则。《煤矿安全规程》修订并非推倒重来,重点在完善、提升、查缺补漏上下功夫,这就要求科技术语、法定计量单位、技术标准、体例格式等与国家相关要求保持一致,辞令严谨,经得起推敲和实践检验。

五是体现科技进步,鼓励新工艺、新技术、新材料、新装备的原则。随着信息化管控水平的提高,在井下某些地点甚至是重要地点推广无人值守、减人提效技术已经成为很多人的共识,即实现井下"无人则安"。《煤矿安全规程》修订确保体现先进生产力的发展方向,不迁就保护落后。

3.修订的主要变化

《煤矿安全规程》修订后由原来的四编增加到六编;原《煤矿安全规程》共751条,本次修改后变为721条,减少30条,字数由11.2万字变为11.3万字。修改的主要内容涉及以下七个方面。

一是突出了《煤矿安全规程》在煤矿安全及煤炭行业的主体地位,注重妥善处理《煤矿安全规程》与法律法规、部门规章、标准相衔接。对照并满足《安全生产法》《职业病防治法》对煤矿企业的安全生产责任制、安全管理制度、安全投入、从业人员权利与义务、教育培训以及职业病危害等要求,增加了应急救援等内容。

二是强化了红线意识和底线思维,依法办矿、依法管矿与依法监察并重,提高安全生产准入门槛。严格限制各类矿井的采深、同时生产水平数、矿井通风方式、突出矿井和冲击地压矿井开采,严禁非正规开采,提高了矿井通风、提升、运输、排水、压风、供电、监控、通讯等系统的要求,严格机电设备选型和安全防护等要求;进一步明确了矿井安全避险系统、人员位置监测系统和井下应急广播系统的建设要求;在修订过程中,要求每一条款尽量明确、具体,删除了"可靠的""确保""保证"等表述,进一步增强《煤矿安全规程》的可操作性、可执行性和可监察性。

三是调整了《煤矿安全规程》的框架结构,由四编扩增为六编,结构更趋合理。将煤矿救护拓展为应急救援,单独作为一编,从法规层面进一步要求企业强化应急处置能力,加强救援队伍、装备的建设和配备;增加了地质保障一编,注重强化煤矿灾害地质因素探测,从预防事故出发,在煤矿建设、生产活动的全过程提供基础保障。

四是突出以人为本,完善职业病危害防治。明确当瓦斯超限达到断电浓度时或发现突出预兆时,班组长、瓦斯检查工、矿调度员有权责令现场作业人员停止作业,停电撤人。完善了职业病危害防治内容,突出做好防降尘和职业健康保护工作,提高了采掘设备内外喷雾工作压力,增加了井下热害防治、作业场所噪声和有害气体监测和防护的要求,增加了职业健康监护和管理内容。注重与相关规定的一致性。

五是删除了国家明令禁止和淘汰的设备、材料和工艺技术,以及在生产过程中存在隐患的工艺技术及装备等。如吊罐式凿井法、木垛盘支护、非正规开采、单体支柱放顶煤开采、专用排瓦斯巷、使用震动爆破揭穿突出煤层、采煤工作面金属摩擦支柱、油浸式电气设备、地面临时火药库、硝化甘油类炸药、井下辅助通风机等。

六是增加了法律法规、标准文件规定的新内容,删除了非行政许可的审批、备案、评估等要求。增加了(鉴定、检测、检验)机构对其做出的结果负责、煤矿闭坑报告、安全生产许可证制度、"三同时"、突出矿井先抽后建、煤矿停工停产期间的安全措施;删除了对煤矿瓦斯等级鉴定、煤尘爆炸性鉴定、煤的自燃倾向性鉴定、放顶煤开采审批(或备案)等要求。

七是规范了适用新技术、新装备的安全要求。增加了建井期间的反井钻机、伞钻、抓岩机、挖掘机、模板台车等要求,以及机械化充填采煤、连续采煤机采煤的安全规定;增加了井下连续采煤机、综掘机、无轨胶轮车、单轨吊、无极绳牵引车、连续运输机、卡轨车等装备的安全要求,以及运煤车、铲车、梭车、履带式行走支架、锚杆钻车、给料破碎机、连续运输系统或桥式转载机等掘进机后配套设备的相关规定;增加了提升机、架空乘人装置等的安全保护要求;对无人值守做出规定,新增自动化运行的主要通风机、箕斗提升机、水泵房,可不配备专职司机,但应当定时巡检,实现地面集中监控并有视频监视的变电硐室可不设专人值班等规定;增加使用高分子材料进行安全性和环保性评估,并建立安全监测制度的要求;增加了煤矿井下电池电源和许用数码电雷管的规定。

六、防治煤与瓦斯突出规定

《防治煤与瓦斯突出规定》于 2009 年 4 月 30 日原国家安全生产监督管理总局局长办公会议审议通过,自 2009 年 8 月 1 日起施行。

《防治煤与与瓦斯突出规定》要求:防突工作坚持区域防突措施先行、局部防突措施补充的原则。突出矿井采掘工作做到不掘突出头、不采突出面。未按要求采取区域综合防突措施的,严禁进行采掘活动。

区域防突工作应当做到多措并举、可保必保、应抽尽抽、效果达标。

七、煤矿防治水细则

《煤矿防治水细则》于 2018 年 5 月 2 日原国家安全生产监督管理总局局长办公会议审议通过,自 2018 年 9 月 1 日起施行。

《煤矿防治水细则》要求:

煤矿防治水工作应当坚持预测预报、有疑必探、先探后掘、先治后采的原则,根据不同水文地质条件,采取探、防、堵、疏、排、截、监等综合防治措施。煤矿必须落实防治水的主体责任,推进防治水工作由过程治理向源头预防、局部治理向区域治理、井下治理向井上下结合治理、措施防范向工程治理、治水为主向治保结合的转变,构建理念先进、基础扎实、勘探清楚、科技攻关、综合治理、效果评价、应急处置的防治水工作体系。

煤炭企业、煤矿的主要负责人(法定代表人、实际控制人)是本单位防治水工作的第一责任人,总工程师(技术负责人)负责防治水的技术管理工作。煤矿应当根据本单位的水害情况,配备满足工作需要的防治水专业技术人员,配齐专用的探放水设备,建立专门的探放水作业队伍,储备必要的水害抢险救灾设备和物资。水文地质类型复杂、极复杂的煤矿,还应当设立专门的防治水机构、配备防治水副总工程师。

八、煤矿领导带班下井及安全监督检查规定

修订后的《煤矿领导带班下井及安全监督检查规定》(以下简称《检查规定》)已于 2015 年 6 月 8 日原国家安全生产监督管理总局局长办公会议审议通过,自 2015 年 7 月 1 日起施行。

《检查规定》共 5 章 26 条,包括总则、带班下井、监督检查、法律责任和附则等内容。其中明确煤矿领导带班下井和县级以上地方人民政府煤炭行业管理部门、煤矿安全生产监督管理部门,以及煤矿安全监察机构对其实施监督检查。煤矿是落实领导带班下井制度的责任主体,每班必须有矿领导带班下井,并与工人同时下井、同时升井。

《检查规定》要求,煤矿应当建立健全领导带班下井制度,并严格考核。带班下井制度应当明确带班下井人员、每月带班下井的个数、在井下工作时间、带班下井的任务、职责权限、群众监督和考核奖惩等内容。煤矿的主要负责人每月带班下井不得少于 5 个。煤矿领导带班下井制度应当按照煤矿的隶属关系报所在地煤炭行业管理部门,同时抄送煤矿安全监管部门和驻地煤矿安全监察机构。煤矿应当建立领导带班下井档案管理制度。煤矿没有领导带班下井的,煤矿从业人员有权拒绝下井作业。煤矿不得因此降低从业人员工资、福利等待遇或者解除与其订立的劳动合同。

《检查规定》要求,煤炭行业管理部门应当加强对煤矿领导带班下井的日常管理和督促检查。煤矿安全监管部门应当将煤矿建立并执行领导带班下井制度作为日常监督检查的重要内容,每季度至少对所辖区域煤矿领导带班下井执行情况进行一次监督检查。煤矿领导带班下井执行情况应当在当地主要媒体向社会公布,接受社会监督。煤炭行业管理部门、煤矿安全监管部门、煤矿安全监察机构应当建立举报制度,公开举报电话、信箱或者电子邮件地址,受理有关举报;对于受理的举报,应当认真调查核实;经查证属实的,依法从重处罚。

九、煤矿安全培训规定

修订后的《煤矿安全培训规定》自 2018 年 3 月 1 日起施行。制定《煤矿安全培训规定》的目的是：为了加强和规范煤矿安全培训工作，提高从业人员安全素质，防止和减少伤亡事故。

修订后的《煤矿安全培训规定》对煤矿企业安全生产管理人员的安全培训主要有如下规定：

煤矿企业安全生产管理人员，是指煤矿企业分管安全、采煤、掘进、通风、机电、运输、地测、防治水、调度等工作的副董事长、副总经理、副局长、副矿长，总工程师、副总工程师和技术负责人，安全生产管理机构负责人及其管理人员，采煤、掘进、通风、机电、运输、地测、防治水、调度等职能部门（含煤矿井、区、科、队）负责人。煤矿矿长、副矿长、总工程师、副总工程师应当具备煤矿相关专业大专及以上学历，具有三年以上煤矿相关工作经历。煤矿安全生产管理机构负责人应当具备煤矿相关专业中专及以上学历，具有二年以上煤矿安全生产相关工作经历。

煤矿企业安全生产管理人员考试应当包括下列内容：

（1）国家安全生产方针、政策和有关安全生产的法律、法规、规章及标准；

（2）安全生产管理、安全生产技术、职业健康等知识；

（3）伤亡事故报告、统计及职业危害的调查处理方法；

（4）应急管理的内容及其要求；

（5）国内外先进的安全生产管理经验；

（6）典型事故和应急救援案例分析；

（7）其他需要考试的内容。

国家煤矿安全监察局负责中央管理的煤矿企业总部（含所属在京一级子公司）安全生产管理人员考核工作。省级煤矿安全培训主管部门负责本行政区域内前款以外的煤矿企业安全生产管理人员考核工作。国家煤矿安全监察局和省级煤矿安全培训主管部门应当定期组织考核，并提前公布考核时间。煤矿企业主要负责人和安全生产管理人员应当自任职之日起六个月内通过考核部门组织的安全生产知识和管理能力考核，并持续保持相应水平和能力。

煤矿企业主要负责人和安全生产管理人员应当自任职之日起三十日内，按照本规定向考核部门提出考核申请，并提交其任职文件、学历、工作经历等相关材料。考核部门接到煤矿企业主要负责人和安全生产管理人员申请及其材料后，经审核符合条件的，应当及时组织相应的考试；发现申请人不符合规定的，不得对申请人进行安全生产知识和管理能力考试，并书面告知申请人及其所在煤矿企业或其任免机关调整其工作岗位。

煤矿企业主要负责人和安全生产管理人员的考试应当在规定的考点采用计算机方式进行。考试试题从国家级考试题库和省级考试题库随机抽取，其中抽取国家级考试题库试题比例占百分之八十以上。考试满分为一百分，八十分以上为合格。考核部门应当自考试结束之日起五个工作日内公布考试成绩。煤矿企业主要负责人和安全生产管理人员考试合格后，考核部门应当在公布考试成绩之日起十个工作日内颁发安全生产知识和管理能力考核合格证明。考核合格证明在全国范围内有效。

煤矿企业主要负责人和安全生产管理人员考试不合格的，可以补考一次；经补考仍不合格的,一年内不得再次申请考核。考核部门应当告知其所在煤矿企业或其任免机关调整其工作岗位。考核部门对煤矿企业主要负责人和安全生产管理人员的安全生产知识和管理能力每三年考核一次。

十、煤矿重大生产安全事故隐患判定标准

为了准确认定、及时消除煤矿重大生产安全事故隐患,原国家安全生产监督管理总局根据《安全生产法》和《国务院关于预防煤矿生产安全事故的特别规定》(国务院令第 446 号)等法律法规,制定了《煤矿重大生产安全事故隐患判定标准》,这一判定标准适用于判定各类煤矿重大事故隐患,自 2015 年 12 月 3 日起施行。该判定标准明确了 15 类煤矿重大事故隐患,还针对每一类煤矿重大事故隐患列出了具体所指的各种情形,共列举了 65 种重大事故隐患的具体情形。

煤矿重大生产安全事故隐患判定标准

第一条　为了准确认定、及时消除煤矿重大生产安全事故隐患(以下简称煤矿重大事故隐患),根据《安全生产法》和《国务院关于预防煤矿生产安全事故的特别规定》(国务院令第 446 号)等法律、法规,制定本判定标准。

第二条　本标准适用于判定各类煤矿重大事故隐患。

第三条　煤矿重大事故隐患包括以下 15 个方面:

(一)超能力、超强度或者超定员组织生产;

(二)瓦斯超限作业;

(三)煤与瓦斯突出矿井,未依照规定实施防突出措施;

(四)高瓦斯矿井未建立瓦斯抽采系统和监控系统,或者不能正常运行;

(五)通风系统不完善、不可靠;

(六)有严重水患,未采取有效措施;

(七)超层越界开采;

(八)有冲击地压危险,未采取有效措施;

(九)自然发火严重,未采取有效措施;

(十)使用明令禁止使用或者淘汰的设备、工艺;

(十一)煤矿没有双回路供电系统;

(十二)新建煤矿边建设边生产,煤矿改扩建期间,在改扩建的区域生产,或者在其他区域的生产超出安全设计规定的范围和规模;

(十三)煤矿实行整体承包生产经营后,未重新取得或者及时变更安全生产许可证而从事生产,或者承包方再次转包,以及将井下采掘工作面和井巷维修作业进行劳务承包;

(十四)煤矿改制期间,未明确安全生产责任人和安全管理机构,或者在完成改制后,未重新取得或者变更采矿许可证、安全生产许可证和营业执照;

(十五)其他重大事故隐患。

第四条　"超能力、超强度或者超定员组织生产"重大事故隐患,是指有下列情形之一的:

(一)矿井全年原煤产量超过矿井核定(设计)生产能力 110% 的,或者矿井月产量超过矿井核定(设计)生产能力 10% 的;

(二)矿井开拓、准备、回采煤量可采期小于有关标准规定的最短时间组织生产、造成接

续紧张的,或者采用"剃头下山"开采的;

(三)采掘工作面瓦斯抽采不达标组织生产的;

(四)煤矿未制定或者未严格执行井下劳动定员制度的。

第五条 "瓦斯超限作业"重大事故隐患,是指有下列情形之一的:

(一)瓦斯检查存在漏检、假检的;

(二)井下瓦斯超限后不采取措施继续作业的。

第六条 "煤与瓦斯突出矿井,未依照规定实施防突出措施"重大事故隐患,是指有下列情形之一的:

(一)未建立防治突出机构并配备相应专业人员的;

(二)未装备矿井安全监控系统和地面永久瓦斯抽采系统或者系统不能正常运行的;

(三)未进行区域或者工作面突出危险性预测的;

(四)未按规定采取防治突出措施的;

(五)未进行防治突出措施效果检验或者防突措施效果检验不达标仍然组织生产建设的;

(六)未采取安全防护措施的;

(七)使用架线式电机车的。

第七条 "高瓦斯矿井未建立瓦斯抽采系统和监控系统,或者不能正常运行"重大事故隐患,是指有下列情形之一的:

(一)按照《煤矿安全规程》规定应当建立而未建立瓦斯抽采系统的;

(二)未按规定安设、调校甲烷传感器,人为造成甲烷传感器失效的,瓦斯超限后不能断电或者断电范围不符合规定的;

(三)安全监控系统出现故障没有及时采取措施予以恢复的,或者对系统记录的瓦斯超限数据进行修改、删除、屏蔽的。

第八条 "通风系统不完善、不可靠"重大事故隐患,是指有下列情形之一的:

(一)矿井总风量不足的;

(二)没有备用主要通风机或者两台主要通风机工作能力不匹配的;

(三)违反规定串联通风的;

(四)没有按设计形成通风系统的,或者生产水平和采区未实现分区通风的;

(五)高瓦斯、煤与瓦斯突出矿井的任一采区,开采容易自燃煤层、低瓦斯矿井开采煤层群和分层开采采用联合布置的采区,未设置专用回风巷的,或者突出煤层工作面没有独立的回风系统的;

(六)采掘工作面等主要用风地点风量不足的;

(七)采区进(回)风巷未贯穿整个采区,或者虽贯穿整个采区但一段进风、一段回风的;

(八)煤巷、半煤岩巷和有瓦斯涌出的岩巷的掘进工作面未装备甲烷电、风电闭锁装置或者不能正常使用的;

(九)高瓦斯、煤与瓦斯突出建设矿井局部通风不能实现双风机、双电源且自动切换的;

(十)高瓦斯、煤与瓦斯突出建设矿井进入二期工程前,其他建设矿井进入三期工程前,没有形成地面主要通风机供风的全风压通风系统的。

第九条 "有严重水患,未采取有效措施"重大事故隐患,是指有下列情形之一的:

（一）未查明矿井水文地质条件和井田范围内采空区、废弃老窑积水等情况而组织生产建设的；

（二）水文地质类型复杂、极复杂的矿井没有设立专门的防治水机构和配备专门的探放水作业队伍、配齐专用探放水设备的；

（三）在突水威胁区域进行采掘作业未按规定进行探放水的；

（四）未按规定留设或者擅自开采各种防隔水煤柱的；

（五）有透水征兆未撤出井下作业人员的；

（六）受地表水倒灌威胁的矿井在强降雨天气或其来水上游发生洪水期间未实施停产撤人的；

（七）建设矿井进入三期工程前，没有按设计建成永久排水系统的。

第十条 "超层越界开采"重大事故隐患，是指有下列情形之一的：

（一）超出采矿许可证规定开采煤层层位或者标高而进行开采的；

（二）超出采矿许可证载明的坐标控制范围而开采的；

（三）擅自开采保安煤柱的。

第十一条 "有冲击地压危险，未采取有效措施"重大事故隐患，是指有下列情形之一的：

（一）首次发生过冲击地压动力现象，半年内没有完成冲击地压危险性鉴定的；

（二）有冲击地压危险的矿井未配备专业人员并编制专门设计的；

（三）未进行冲击地压预测预报，或者采取的防治措施没有消除冲击地压危险仍组织生产建设的。

第十二条 "自然发火严重，未采取有效措施"重大事故隐患，是指有下列情形之一的：

（一）开采容易自燃和自燃的煤层时，未编制防止自然发火设计或者未按设计组织生产建设的；

（二）高瓦斯矿井采用放顶煤采煤法不能有效防治煤层自然发火的；

（三）有自然发火征兆没有采取相应的安全防范措施并继续生产建设的。

第十三条 "使用明令禁止使用或者淘汰的设备、工艺"重大事故隐患，是指有下列情形之一的：

（一）使用被列入国家应予淘汰的煤矿机电设备和工艺目录的产品或者工艺的；

（二）井下电气设备未取得煤矿矿用产品安全标志，或者防爆等级与矿井瓦斯等级不符的；

（三）未按矿井瓦斯等级选用相应的煤矿许用炸药和雷管、未使用专用发爆器的，或者裸露放炮的；

（四）采煤工作面不能保证2个畅通的安全出口的；

（五）高瓦斯矿井、煤与瓦斯突出矿井、开采容易自燃和自燃煤层（薄煤层除外）矿井，采煤工作面采用前进式采煤方法的。

第十四条 "煤矿没有双回路供电系统"重大事故隐患，是指有下列情形之一的：

（一）单回路供电的；

（二）有两个回路但取自一个区域变电所同一母线端的；

（三）进入二期工程的高瓦斯、煤与瓦斯突出及水害严重的建设矿井，进入三期工程的其他建设矿井,没有形成双回路供电的。

第十五条　"新建煤矿边建设边生产,煤矿改扩建期间,在改扩建的区域生产,或者在其他区域的生产超出安全设计规定的范围和规模"重大事故隐患,是指有下列情形之一的:

(一)建设项目安全设施设计未经审查批准,或者批准后做出重大变更后未经再次审批擅自组织施工的;

(二)改扩建矿井在改扩建区域生产的;

(三)改扩建矿井在非改扩建区域超出设计规定范围和规模生产的。

第十六条　"煤矿实行整体承包生产经营后,未重新取得或者及时变更安全生产许可证从事生产的,或者承包方再次转包,以及将井下采掘工作面和井巷维修作业进行劳务承包"重大事故隐患,是指有下列情形之一的:

(一)生产经营单位将煤矿承包或者托管给没有合法有效煤矿生产建设证照的单位或者个人的;

(二)煤矿实行承包(托管)但未签订安全生产管理协议,或者未约定双方安全生产管理职责合同而进行生产的;

(三)承包方(承托方)未按规定变更安全生产许可证进行生产的;

(四)承包方(承托方)再次将煤矿承包(托管)给其他单位或者个人的;

(五)煤矿将井下采掘工作面或者井巷维修作业作为独立工程承包(托管)给其他企业或者个人的。

第十七条　"煤矿改制期间,未明确安全生产责任人和安全管理机构,或者在完成改制后,未重新取得或者变更采矿许可证、安全生产许可证和营业执照"重大事故隐患,是指有下列情形之一的:

(一)改制期间,未明确安全生产责任人而进行生产建设的;

(二)改制期间,未健全安全生产管理机构和配备安全管理人员进行生产建设的;

(三)完成改制后,未重新取得或者变更采矿许可证、安全生产许可证、营业执照而进行生产建设的。

第十八条　"其他重大事故隐患",是指有下列情形之一的:

(一)没有分别配备矿长、总工程师和分管安全、生产、机电的副矿长,以及负责采煤、掘进、机电运输、通风、地质测量工作的专业技术人员的;

(二)未按规定足额提取和使用安全生产费用的;

(三)出现瓦斯动力现象,或者相邻矿井开采的同一煤层发生了突出,或者煤层瓦斯压力达到或者超过 0.74 MPa 的非突出矿井,未立即按照突出煤层管理并在规定时限内进行突出危险性鉴定的(直接认定为突出矿井的除外);

(四)图纸作假、隐瞒采掘工作面的。

第十九条　本标准自印发之日起施行。国家安全监管总局、国家煤矿安监局2005年9月26日印发的《煤矿重大安全生产隐患认定办法(试行)》(安监总煤矿字〔2005〕133号)同时废止。

十一、煤矿隐患排查和整顿关闭实施办法(试行)

为了排查煤矿安全生产隐患,整顿关闭不具备安全生产条件和非法煤矿,原国家安全生产监督管理总局和国家煤矿安全监察局于2005年制定了《煤矿隐患排查和整顿关闭实施办法（试行）》。

1. 停产整顿

该办法规定县级以上地方人民政府负责煤矿安全生产监督管理的部门、煤矿安全监察机构发现煤矿有下列情形之一的，责令停产整顿，并将情况在5日内报送有关地方人民政府：

（1）超通风能力生产的；

（2）高瓦斯矿井没有按规定建立瓦斯抽放系统，监测监控设施不完善、运转不正常的；

（3）有瓦斯动力现象而没有采取防突措施的；

（4）在建、改扩建矿井安全设施未经过煤矿安全监察机构竣工验收而擅自投产的，以及违反建设程序、未经核准（审批）或越权核准（审批）的；

（5）逾期未提出办理煤矿安全生产许可证申请、申请未被受理或受理后经审核不予颁证的；

（6）未建立健全安全生产隐患排查、治理制度，未定期排查和报告重大隐患，逾期未改正的；

（7）存在重大隐患，仍然进行生产的；

（8）未对井下作业人员进行安全生产教育和培训或者特种作业人员无证上岗，逾期未改正的。

县级以上地方人民政府负责煤矿安全生产监督管理的部门、煤矿安全监察机构现场检查发现应当责令停产整顿的矿井，按照下列规定处理：

（1）下达停产整顿指令，明确整改内容和期限；

（2）依法实施经济处罚；

（3）告知相关部门暂扣采矿许可证、安全生产许可证、煤炭生产许可证、营业执照和矿长资格证、矿长安全资格证；

（4）告知公安部门控制火工品供应、供电单位限制供电；

（5）3日内将停产整顿矿井的决定报送县级以上地方人民政府，并在当地主要媒体公告停产整顿矿井名单。

2. 关闭煤矿

该办法规定煤矿有下列情形之一的，负责煤矿有关证照颁发的部门应当责令该煤矿立即停止生产，提请县级以上地方人民政府予以关闭，并可以向上一级地方人民政府报告：

（1）无证或者证照不全非法开采的。

（2）以往关闭之后又擅自恢复生产的。

（3）经整顿仍然达不到安全生产标准、不能取得安全生产许可证的。

（4）责令停产整顿后擅自进行生产的；无视政府安全监管，拒不进行整顿或者停而不整、明停暗采的。

（5）3个月内2次或者2次以上发现有重大安全生产隐患，仍然进行生产的。

（6）停产整顿验收不合格的。

（7）煤矿1个月内3次或者3次以上未依照国家有关规定对井下作业人员进行安全生产教育和培训或者特种作业人员无证上岗的。

十二、举报煤矿重大安全生产隐患和违法行为的奖励办法（试行）

为了加强煤矿安全生产的社会监督,鼓励和奖励举报煤矿重大安全生产隐患和违法行为,及时发现并排除隐患,制止和惩处违法行为,原国家安全生产监督管理总局、财政部于2005年联合制定了《举报煤矿重大安全生产隐患和违法行为的奖励办法（试行）》。

该办法规定,举报有下列情形之一的,经核查属实的,给予举报人奖励：

（1）举报非法煤矿的,即煤矿未依法取得采矿许可证、安全生产许可证、煤炭生产许可证、营业执照和矿长未依法取得矿长资格证、矿长安全资格证擅自进行生产,或者未经批准擅自建设的；

（2）举报煤矿非法生产的,即煤矿已被责令关闭、停产整顿、停止作业,而擅自进行生产的；

（3）举报煤矿重大安全生产隐患的；

（4）举报隐瞒煤矿伤亡事故的；

（5）举报国家机关工作人员和国有企业负责人投资入股煤矿,及其他与煤矿安全生产有关的违规违法行为的；

（6）举报煤矿其他安全生产违规违法行为的。

举报人举报的事项,应当是地方人民政府负责煤矿安全生产监督管理的部门或者煤矿安全监察机构没有发现,或者虽然发现但未按有关规定依法处理的。

十三、煤矿安全生产相关标准

煤矿安全生产必须遵守的相关国家标准,例如：《安全色》（GB 2893—2008）、《安全标志及其使用导则》（GB 2894—2008）、《矿山安全标志》（GB 14161—2008）、《矿用一般型电气设备》（GB/T 12173—2008）、《爆炸性气体环境用电气设备 第 4 部分：本质安全型"i"》（GB 3836.4—2000）、《生产性粉尘作业危害程度分级》（GB 5817—2009）、《爆破安全规程》（GB 6722—2011）、《矿用一氧化碳过滤式自救器》（GB 8159—2011）、《危险化学品重大危险源辨识》（GB 18218—2009）、《煤矿井下采掘作业地点气象条件卫生标准》（GB 10438—1989）、《便携式热催化甲烷检测报警仪》（GB 13486—2000）等。

此外,近年来,原国家安全生产监督管理总局制定,修订了一系列行业标准并以 AQ 标准的形式予以发布,如《煤矿建设项目安全设施设计审查和竣工验收规范》（AQ 1055—2008）、《煤矿通风能力核定标准》（AQ 1056—2008）、《煤矿职业安全卫生个体防护用品配备标准》（AQ 1051—2008）等,这些行业标准,也都是煤矿企业应该执行的。

第五节　煤矿安全生产领域常见违法行为及法律责任

一、煤矿安全生产领域常见的违法行为

煤矿安全生产领域常见的违法行为,主要有 20 类,113 种。

（1）采掘工程类违法行为。如擅自开采保安煤柱或采用危及相邻煤矿生产安全的危险方法进行采矿作业的违法行为；超能力、超强度或超定员组织生产的违法行为；超层越界开采等违法行为。

（2）"一通三防"类违法行为。如瓦斯超限作业的违法行为。煤与瓦斯突出矿井,未依照规定实施防突措施的违法行为；矿井通风系统不完善、不可靠等违法行为。

（3）防治水类违法行为。如有严重水患，未采取有效措施；井下采掘作业违反探放水规定等违法行为。

（4）设施设备类违法行为。安全设备安装、使用等不符合有关标准规定的违法行为；使用不符合安全标准的设备、器材、防护用品和安全检测仪器等违法行为。

（5）职业卫生类违法行为。职业病防治管理不符合规定的违法行为；职业病危害项目、监测和告知达不到规定要求等违法行为。

（6）整顿关闭类违法行为。生产经营单位不具备安全生产条件，经停产整顿仍不具备条件的违法行为；未取得相关证照，擅自从事生产等违法行为。

（7）事故隐患类违法行为。重大危险源检测、评估、监控措施和应急预案不符合规定的违法行为；对重大事故预兆或已发现的事故隐患不及时采取措施等违法行为。

（8）事故报告和调查处理类违法行为。煤矿发生事故不按规定及时、如实报告的；事故发生单位主要负责人不履行事故报告、抢救等职责等违法行为。

（9）应急救援类违法行为。煤矿企业在制定事故应急救援预案、设立应急救援组织、配备救援装备等方面不符合规定的违法行为；矿井自救器配备不符合规定等违法行为。

（10）违章作业类违法行为。生产经营单位违章指挥工人或强令工人违章、冒险作业等违法行为；违反操作规程或安全管理规定作业等违法行为。

（11）检查整改类违法行为。拒绝、阻碍安全监管和监察机构及其人员现场检查或隐瞒事故隐患等违法行为。

（12）劳动保护类违法行为。未按规定为从业人员提供符合国家或行业标准的劳动防护用品的违法行为；使用不符合国家或行业安全标准的防护用品等违法行为。

（13）承包租赁类违法行为。将生产经营项目、场所、设备发包或出租给不具备安全生产条件或相应资质的单位或个人的违法行为；两个以上生产经营单位未签订安全生产管理协议或未指定专职安全生产管理人员进行安全检查与协调等违法行为。

（14）警示标志类违法行为。安全警示标志不符合规定的违法行为；安全设施、设备、工艺、矿用产品安全标志不符合规定等违法行为。

（15）评价与检测检验类违法行为。

（16）行政许可类违法行为。未取得安全生产许可证擅自从事相关活动的违法行为；无证照或证照不全的煤矿从事生产等违法行为。

（17）组织机构、规章制度类违法行为。未按照规定设立安全生产管理机构或配备安全生产管理人员的违法行为；未按国家规定带班下井，或下井登记档案虚假的等违法行为。

（18）安全培训类违法行为。主要负责人和安全生产管理人员未按照规定经考核合格的违法行为；未对职工进行安全教育、培训，分配职工上岗作业等违法行为。

（19）安全投入类违法行为。不按规定保证安全生产所必需资金投入的违法行为；未按照规定提取或使用安全技术措施专项费用等违法行为。

（20）其他类违法行为。

二、法律责任

法律责任是指行为人由于违法行为、违约行为或者根据法律规定而应承受的某种不利的法律后果，通常表现为违法者要受到相应的法律制裁。按照违法的性质、程度的不同，安全生产法律责任分为行政责任、民事责任和刑事责任。

1. 行政责任

行政责任是指违反有关行政管理的法律、法规的规定,但尚未构成犯罪的行为所依法应承担的法律后果。行政责任分为行政处分和行政处罚两类。《中华人民共和国行政处罚法》对行政处罚的种类和设定、管辖和适用、程序和执行等关键问题都有明确的规定。

对单位或个人安全生产违法行为行政处罚的种类有:警告;罚款;没收违法所得;责令改正、责令限期改正、责令停止违法行为;责令停产停业整顿、责令停产停业、责令停止建设;拘留;关闭;暂扣或吊销有关证照。

对个人安全生产违法行为行政处分的种类有:警告、记过、记大过、降级、撤职、留用、开除。

2. 民事责任

民事责任是指民事法律关系的主体没有按照法律规定或合同约定履行自己的民事义务,或者侵犯了他人的合法权益,所应承担的法律后果。

(1) 民事责任的特点

民事责任是以财产责任为主的法律责任;以等价、补偿性质为主的法律责任。

(2) 民事责任的类型

合同责任:也称违约责任,是指合同当事人没有按照合同的约定履行自己的义务,而应承担的民事责任。

侵权责任:民事主体因为自己的过失侵犯他人的财产权或人身权,而应承担的对受害人负责赔偿的民事责任。

(3) 承担民事责任的方式

停止损害;排除妨碍;清除危险;返回财产;恢复原状;修理、重作、更换;赔偿损失;支付违约金;清除影响、恢复名誉;赔礼道歉。

以上十种方式可以单独使用,也可合并使用。安全生产违法现象所应承担的民事责任主要是赔偿损失。

3. 刑事责任

刑事责任是国家刑事法律中规定的犯罪行为所应当承担的法律后果。2006 年 6 月 29 日,全国人大常委会完成了对《刑法》的新一轮修订。新修订的《刑法》加大了对安全生产犯罪行为处理的力度。有关安全生产犯罪,主要有以下 4 种。

重大责任事故罪:在生产、作业中违反有关安全管理的规定,因而发生重大伤亡事故或者造成其他严重后果的,处 3 年以下有期徒刑或者拘役;情节特别恶劣的,处 3 年以上 7 年以下有期徒刑。

强令违章冒险作业罪:强令他人违章冒险作业,因而发生重大伤亡事故或者造成其他严重后果的,处 5 年以下有期徒刑或者拘役;情节特别恶劣的,处 5 年以上有期徒刑。

重大劳动安全事故罪:安全生产设施或者安全生产条件不符合国家规定,因而发生重大伤亡事故或者造成其他严重后果的,对直接负责的主管人员和其他直接责任人员,处 3 年以下有期徒刑或者拘役;情节特别恶劣的,处 3 年以上 7 年以下有期徒刑。

不报、谎报安全事故罪:在安全事故发生后,负有报告职责的人员不报或者谎报事故情况,贻误事故抢救,情节严重的,处 3 年以下有期徒刑或者拘役;情节特别严重的,处 3 年以上 7 年以下有期徒刑。

4. 对在采矿许可证被依法暂扣期间擅自开采的处罚

在采矿许可证被依法暂扣期间擅自开采的,视为《刑法》第 343 条第一款规定的"未取得采矿许可证擅自采矿所犯的"破坏环境资源保护罪"。

造成矿产资源破坏的,处 3 年以下有期徒刑、拘役或者管制,并处或者单处罚金;造成矿产资源严重破坏的,处 3 年以上 7 年以下有期徒刑,并处罚金。违反矿产资源法的规定,采取破坏性的开采方法开采矿产资源,造成矿产资源严重破坏的,处 5 年以下有期徒刑或者拘役,并处罚金。

5. 对以暴力、威胁方法阻碍矿山安全生产监督管理的处罚

以暴力、威胁方法阻碍矿山安全生产监督管理的,依照《刑法》第 277 条的规定,以妨害公务罪处罚。即:以暴力、威胁方法阻碍国家机关工作人员依法执行职务的,处 3 年以下有期徒刑、拘役、管制或者罚金。

6. 从轻处罚的情形

危害矿山生产安全构成犯罪的人,在矿山生产安全事故发生后,积极组织、参与事故抢救的,可以酌情从轻处罚。

第二章　煤矿安全生产管理

第一节　煤矿安全生产管理概述

一、煤矿安全生产管理的目的和任务

煤矿安全管理是煤矿企业管理的重要组成部分,是管理层对企业安全工作进行计划、指挥、协调和控制的一系列活动,借以保护职工的生命安全和身体健康,保证煤矿企业生产的顺利进行,促进企业持续、高效、稳定发展。

1. 煤矿安全管理的目的

煤矿安全管理的目的是提高矿井灾害防治的科学水平,预先发现、消除或控制生产过程中的各种危险,防止发生事故、职业病和环境灾害,避免各种损失,最大限度地发挥安全技术措施的作用,提高安全投入效益,推动矿井生产活动的正常进行。

2. 煤矿安全管理的任务

煤矿安全管理的主要任务是在贯彻执行国家安全生产法律法规、方针政策的前提下,分析、研究、评价企业生产建设过程中各种不安全因素,从组织、技术、管理、培训等方面采取措施,消除或控制危险源,预防事故发生或最大限度控制事故的影响范围及程度,实现最优化安全状态,为企业生产建设的顺利进行和经营目标的实现提供保障。

二、煤矿安全生产管理的原理

1. 系统原理

所谓系统原理,是指由若干相互联系、相互作用、相互依赖的要素组成的具有特定功能和确定目标的有机整体,即把管理的对象看成是一个人、机、物、环有机统一的系统,对问题的各个方面和各种关系进行全面和系统的综合分析和研究,并采取相应对策措施。系统原理体现在全企业、全部门、全过程、全员的安全管理中。

2. 人本原理

管理要以人为主体,以调动人的积极性为根本,这就是人本原理。一切管理活动均要以调动人的积极性、主动性和创造性为根本,使全体人员能够明确整体目标、各自的职责、工作的意义和相互的关系,从而在和谐的气氛中积极、主动和创造性地完成各自的工作任务。

3. 整分合原理

企业是一个高效率的有序系统,具有明显的层次性。现代高效率的管理必须在整体规划下明确分工,在分工基础上进行有效的组合,这就是整分合原理。安全管理要构成有序的管理体系,各层次要各司其职,下一层次要服从上一层次的管理,下一层次不能解决的问题,由上一层次来协调解决,各层次间要协调配合,综合平衡地发展。

4. 反馈原理

反馈原理就是由控制系统把信息输送出去,又把其作用结果返送回来,并对信息再输出产生影响,从而起到控制的作用,达到调整未来行动的目的。面对不断变化的客观实际,系统的管理是否有效,关键在于是否有灵敏、准确而有力的反馈。

5. 能级原理

能级原理就是在企业管理系统中,根据管理功能的不同把管理系统分成不同级别,把相应的管理内容和管理者都分配到相应的级别中去,各占其位、各司其职。管理能级的层次分为经营层、管理层、执行层和操作层,各管理层次有不同的责、权、利,各级管理者应在其位、谋其政、行其权、尽其责、获其荣、惩其误,各级能级必须动态地对应,做到人尽其才,各尽所能。

6. 封闭原理

任何一个管理系统必须构成一个连续的封闭回路,才能有效地进行管理活动,这就是封闭原理。它要求管理机构中,不仅要有指挥中心、执行机构,还应有监督机构和反馈机构。这些机构应相互独立、相互制约、权责明确,形成一个闭环回路。管理过程中,执行、监督、反馈、奖惩必须配套实施,缺一不可。

7. 弹性原理

管理是在系统内、外部环境条件千变万化的形势下进行的,管理工作中的方法、手段、措施等必须保持充分的伸缩性,以保证管理有很强的适应性和灵活性,从而有效地实现动态管理,这就是弹性原理。安全管理面临的是错综复杂的环境和条件,尤其是事故致因是很难完全预测和掌握的。因此,安全管理必须尽可能保持好的弹性,以达到应急性的需要。

8. 动力原理

管理动力有物质动力、精神动力、信息动力 3 种基本类型。这 3 种动力要综合、灵活运用,在不同的时间、地点、条件下,要掌握好各种动力的比重、刺激量和刺激频度,并应正确地认识和处理个体动力与集体动力的关系。

三、安全管理的主要内容

根据安全管理的目的和对象,安全管理的主要内容包括以下 3 个方面。

(1) 安全管理的基础工作,包括:建立纵向专业管理、横向各职能部门管理和与群众监督相结合的安全管理体制,建立以企业安全生产责任制为中心的规章制度体系、安全生产标准体系、安全技术措施体系、安全宣传及安全技术教育体系、应急与救灾救援体系、安全信息管理系统,制定安全生产发展目标、发展规划和年度计划,开展危险源辨识、评估评价和事故管理等工作。

(2) 生产建设中的动态安全管理,主要指企业生产环境和生产工艺过程中的安全保障。包括:生产过程中人员不安全行为的发现与控制,设备安全性能的检测、检验和维修管理,物质流的安全管理,环境安全化的保证,重大危险源的监控,生产工艺过程安全性的动态评价和控制,安全监测监控系统的管理,定期、不定期的安全检查等。

(3) 安全信息化工作,包括:对国际国内安全信息、煤炭行业安全生产信息、本企业内安全信息的搜集、整理、分析、传输、反馈,安全信息运转速度的提高,安全信息作用的充分发挥等方面,以提高安全管理的信息化水平,推动安全生产自动化、科学化、动态化。

从安全管理功能的角度,安全管理的主要内容包括安全决策、指令、组织、协调、整治、防范、反馈等。安全管理的输入、输出和各项工作内容间的关系如图 2-1 所示。

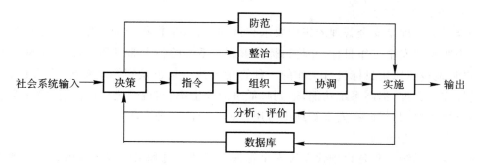

图 2-1 安全管理各项工作内容间的关系

四、安全管理的基本手段

1. 法律手段

利用国家安全生产法律法规进行安全管理。其主要作用是指导和规范矿井灾害预防与处理活动,保障安全管理的顺利进行,最大限度减少人员伤亡和财产损失,维持较高的灾害控制水平。

2. 行政手段

各级政府根据法律赋予的职责,在安全管理中行使行政职能,对安全工作进行宏观管理和监督。主要内容包括:制定安全生产规划;进行安全生产宣传教育;组织重大事故隐患监测监控工作以及重大事故的应急救援工作;组织开展安全生产基础性、公益性、前瞻性、关键性科学技术的研究开发和技术推广工作,促进国家和地方安全生产科技水平的整体提高;开展安全生产监督监察工作,促进国家安全生产法律法规的贯彻执行,监督企业依法实现安全生产等。

3. 技术手段

制定有关安全技术标准、规范、规程,制定并实施各种安全技术措施,提高安全生产水平。

4. 经济手段

落实安全技措资金,有计划地加大安全投入;发展安全产业,结合市场经济的发展,吸引社会资金投入安全生产工作;推行工伤保险制度,建立事故预防与工伤保险相结合机制;建立安全生产奖惩制度,实行安全风险抵押金、安全质量结构工资等制度,激励并维持职工安全生产的积极性等。

五、煤矿安全生产管理方法

1. 安全检查法

安全检查是指煤矿企业根据生产特点,对生产过程中的安全生产状况进行经常性、定期性、监督性的管理活动,也是促使煤矿企业在整个生产活动的过程中,贯彻方针政策、执行法规、按章作业、依制度办事,实施对安全生产管理的一种实用管理技术方法。安全检查的内容很多,最常用的提法是"六查",即查思想、查领导、查现场、查隐患、查制度、查管理。具体实施方法必须贯彻领导与群众相结合、自查和互查相结合、检查和整改相结合的原则,防止走形式、走过场。

2．安全目标管理法

安全目标管理是安全管理的集中要求和目的所在，是指将企业一定时期的安全工作任务转化为明确的安全工作目标，并将目标分解到本系统的各个部门和个人，各个部门和个人严格、自觉地按照所定目标进行工作的一种管理方法。它也是实施全系统、全方位、全过程和全员性安全管理，提高系统功能，达到降低事故发生率、实现安全目标值、保障安全生产之目的的重要策略，是煤矿在安全管理中应用较为广泛的一种方法。

3．系统工程管理法

煤矿安全系统工程是以现代系统安全管理的基础理论和主要方法为指导来管理矿井的安全生产，可以改变传统的安全管理现状，实现系统安全化，达到最佳的安全生产效益。煤矿安全生产系统工程研究的内容多、范围广，主要包括：

（1）研究事故致因。事故发生的原因是多方面的，归纳起来有四个方面：人的不安全行为、物（机）的不安全状态、环境不安全条件和管理上的缺陷。

（2）制定事故预防对策。制定事故预防的三大对策，即工程技术对策（本质安全化措施）、管理法制对策（强化安全措施）和教育培训对策（人治安全化措施）。

（3）教育培训对策。按规定要求对职工进行安全教育培训，提高其安全意识和技能，使职工按章作业，杜绝不安全行为。

4．系统安全预测法

预测是运用各种知识和科学手段，分析研究历史资料，对安全生产发展的趋势或结果进行事先的推测和估计。系统安全预测的方法种类繁多，煤矿常用的大致可分为以下3类：

（1）安全生产专业技术方面：如矿压预测预报、煤与瓦斯突出预测预报、煤炭自燃预报、水害预测预报、机电运输故障预测预报等。

（2）安全生产管理技术方面：如回顾历史法、过程转移法、检查隐患法、观察预兆法、相关回归法、趋势外推法、控制图法、管理评定法等。

（3）人的安全行为方面：如人体生物节律法、行为抽样法、心理归类法、思想排队法、行动分类法、年龄统计法等。

煤矿在生产过程中，最常用的是观察预兆法和检查隐患法等，管理方面最常用的是回顾历史法、相关回归法、管理评定法和人体生物节律法等，而安全生产专业技术方面最常用的是预测预报法。

5．系统安全评价法

系统安全评价包括危险性确认和危险性评价两个方面。安全评价的根本问题是确定安全与危险的界限，分析危险因素的危险性，采取降低危险性的措施。评价前要先确定系统的危险性，再根据危险的影响范围和公认的安全指标，对危险性进行具体评价，并采取措施消除或降低系统的危险性，使其在允许的范围之内。评价中的允许范围是指社会允许标准，它取决于国家政治、经济和技术等。通常可以将评价看成既是一种"传感器"，又是一种"检测器"，前者是感受传递企业安全生产方面的数量和质量的信息；后者主要是检查安全生产方面的数量和质量是否符合国家（或上级）规定的标准和要求。

第二节　煤矿安全生产管理体系

一、煤矿安全生产责任体系

1. 生产安全事故的分类

按照引发事故的直接原因分类,生产安全事故分为自然灾害事故和人为责任事故两大类。

自然灾害事故是由于人类在生产经营过程中对自然灾害不能预见、不能抗御和不能克服而发生的事故。

人为责任事故是由于生产经营单位或从业人员在生产经营过程中违反法律、法规、国家标准或行业标准、规章制度和操作规程所出现的失误和疏忽而导致的事故。

现有的生产安全事故中的绝大多数是人为责任事故,常与安全生产责任制和规章制度不健全、从业人员违章操作、管理人员违章指挥、技术装备陈旧落后、安全管理混乱、事故隐患不能及时消除等因素有关。

2. 安全违法行为的责任主体

安全违法行为的责任主体,是指依照《安全生产法》的规定享有安全生产权利、负有安全生产义务和承担法律责任的社会组织和公民。

煤矿安全违法行为的责任主体主要有4种。

(1)地方人民政府和负有安全生产监督管理职责的部门及其领导人、负责人

地方各级人民政府和负有煤矿安全生产监督管理职责的部门、煤矿安全监察机构的行政机关工作人员失职、渎职或有其他行政违法行为的,将被追究法律责任。

(2)煤矿企业及其主要负责人、有关主管人员

《安全生产法》对生产经营单位的安全生产行为作出了规定,生产经营单位必须依法从事生产经营活动,否则将负法律责任。规定了生产经营单位主要负责人应负的6项安全生产职责,应当设置安全生产管理机构或者配备专职安全生产管理人员等。煤矿企业主要负责人、分管安全生产的其他负责人和安全生产管理人员是安全生产工作的直接管理者,保障安全生产是他们义不容辞的责任。

(3)煤矿从业人员

煤矿从业人员直接从事煤矿生产经营活动,他们往往是各种事故隐患和不安全因素的第一知情者和直接受害者。相应的法律法规赋予他们必要的安全生产权利的同时,还规定了他们必须履行的安全生产义务。如果煤矿从业人员因违反安全生产义务而导致重大、特大事故,那么必须承担相应的法律责任。

(4)安全生产中介服务机构和安全生产中介服务人员

《安全生产法》规定:依法设立的为安全生产提供技术、管理服务的机构,依照法律、行政法规和执业准则,接受生产经营单位的委托为其安全生产工作提供技术、管理服务。从事煤矿安全生产评价认证、检测检验、咨询服务等工作的中介机构及其安全生产的专业工程人员,必须具有执业资质才能依法为煤矿生产经营单位提供服务。如果中介机构及其工作人员对其承担的安全评价、认证、检测、检验事项出具虚假证明,视其情节轻重,将追究行政责任、民事责任和刑事责任。

3. 安全违法行为行政处罚的行政执法主体

安全生产违法行为行政处罚的决定机关亦称行政执法主体,是指法律、法规授权履行法律实施职权和负责追究有关法律责任的国家行政机关。在目前的安全生产监督管理体制下,执法主体不是一个而是多个,具体地说执法主体有4种。

(1)县级以上人民政府负责煤矿安全生产监督管理职责的部门

《安全生产法》规定的行政处罚,由负责安全生产监督管理的部门决定。县级以上人民政府负责煤矿安全生产监督管理的部门就是《安全生产法》主要的行政执法主体,除了法律特别规定之外的行政处罚,煤矿安全生产监督管理部门均有权决定。

(2)县级以上人民政府

依照《安全生产法》有关规定,煤矿企业不具备相应法律、行政法规和国家标准或行业标准规定的安全生产条件,经停产整顿仍不达标的,由负责安全生产监督管理的部门报请县级以上人民政府按照国务院规定的权限决定予以关闭。这就是说,煤矿关闭的行政处罚的执法主体只能是县级以上人民政府,其他部门无权决定此项行政处罚。

(3)公安机关

依照《安全生产法》的规定,煤矿企业主要负责人在本单位发生重大生产安全事故时,不立即组织抢救或者在事故调查处理期间擅离职守或者逃匿的,或对生产安全事故隐瞒不报、谎报和拖延不报的,可处15日以下的拘留。拘留是限制人身自由的行政处罚,由公安机关实施。

(4)煤矿安全监察机构

国家对煤矿安全实行监察制度,国务院设立的煤矿安全监察机构按照国务院规定的职责,依照《煤矿安全监察条例》的规定实施安全监察。煤矿安全监察本质上是一种行政执法活动,具有全部行政执法活动的特征。各级煤矿安全监察机构负责对划定区域内的煤矿实施安全监察,煤矿安全监察分局在国家规定的权限范围内对违法行为实施行政处罚。

二、煤矿安全生产管理机构

煤矿安全生产必须有组织上的保障,否则安全生产管理工作就无从谈起。所谓组织保障包括两个方面:一是安全生产管理机构的保障,二是安全生产管理人员的保障。

(一)安全生产管理机构的定义及作用

煤矿安全生产管理机构是指煤矿企业中专门负责安全生产监督管理的内设机构。安全生产管理人员是指在煤矿安全生产经营中从事安全生产管理工作的专职或兼职人员。煤矿企业专门从事安全生产管理工作的人员则是专职安全生产管理人员。在煤矿企业既承担其他工作职责同时又承担安全生产管理职责的人员则为兼职安全生产管理人员。

煤矿安全生产管理机构和安全生产管理人员的作用是落实国家有关煤矿安全生产的法律法规,组织生产煤矿企业内部各种安全检查活动,负责日常安全检查,及时整改各种事故隐患,监督安全生产责任制的落实,等等。

(二)安全生产管理机构及人员的设置要求

煤矿生产经营单位加强安全生产管理,应有必要的安全生产管理机构及人员。根据《安全生产法》规定,矿山、建筑施工单位和危险物品的生产、经营、储存单位以及从业人员超过300人的其他生产经营单位,应当设置安全生产管理机构或者配备专职的安全生产管理人员。从业人员在300人以下的生产经营单位,应当配备专职或配备兼职的安全生产管理人员,还可以只需委托具有国家规定的相关专业技术资格的工程技术人员提供安全生产管理服务。当生产经营单位依据法律规定和本单位实际情况,委托工程技术人员提供安全生产管理服务时,保证安全生产的责任仍由本单位负责。

第三节　煤矿安全生产管理制度

一、煤矿企业建立安全生产管理制度应满足的基本要求

按照《煤矿企业安全生产管理制度规定》,煤矿企业建立健全安全生产管理制度时应符合下列基本要求:

(1) 符合相关的法律、法规、规章、规程和标准;

(2) 内容具体,责任明确,能够对照执行和检查,严格管理措施,有针对性、可操作;

(3) 对违反制度的各种行为有明确、具体的处罚措施和责任追究办法;

(4) 所引用的依据及适用范围和时间明确,表述规范,条款清晰,能确保相关人员了解和掌握;

(5) 以正式文件发布,并确保其能够约束涉及的部门和个人。

二、煤矿安全生产主要管理制度

1. 煤矿安全生产责任制

安全生产责任制是最基本的安全管理制度,是所有安全管理制度的核心,是"企业负责"的具体落实。安全生产责任制的实质是"安全生产,人人有责",核心是将各级管理人员、各职能部门及其工作人员和岗位生产人员在安全管理方面应做的事情和应负的责任加以明确规定。

企业应遵循"横向到边、纵向到底"的原则建立安全生产责任管理体系。纵向上,从安全生产第一责任人到最基层,其安全生产组织管理体系可分为若干个层次。横向上,企业又可分为生产、经营、技术、教育等系统,而生产又有设备、动力等部门。部门负责可以有效地调动各个系统的主管领导搞好分管范围内的安全生产的积极性,形成人人重视安全、人人管理安全的局面。

2. 安全目标管理制度

安全目标管理是指煤矿企业将一定时期的安全工作任务转化为安全工作目标,制定安全目标体系,并层层分解到本企业的各个部门和个人,各个部门和个人按照所制定的目标,制定相应的对策措施。安全目标管理制度,应依据政府有关部门或上级下达的安全指标,结合实际制定年度或阶段安全生产目标,并将指标逐渐分解,明确责任、保证措施、考核和奖惩办法。

3. 安全办公会议制度

(1) 安全办公会议每旬召开一次(年产 30 万 t 以下的小煤矿每周至少召开一次),及时总结处理安全工作中存在的问题,对下一步安全工作中的工作重点进行安排部署。

(2) 安全办公会议由矿长或法定代表人主持,矿长外出时,由矿长委托生产副矿长或安全副矿长主持召开。

(3) 参加安全办公会议的人员有煤矿安全生产副总以上领导干部、生产及有关科室的

主要负责人、基层区队的有关负责人。

（4）安全办公会议的主要任务是传达贯彻上级一系列安全工作会议指示、指令、文件精神，分别听取有关专业部门对本旬安全生产检查情况的汇报，分析讨论各类隐患问题，并提出相应的安全技术措施和整改处理意见，结合各专业存在的安全工作重点，研究和部署相应安全管理规定。

（5）安全办公会议内容要认真整理并形成《安全办公会议纪要》，凡会议涉及的部门科室和生产单位，必须及时认真传达贯彻，抓好现场落实。

（6）对会议制定的各类事故隐患整改方案和措施，应形成书面材料，由安全管理部门统一抓好监督、检查、落实、统计、归档工作，并在下一次安全办公会议上通报整改情况。

（7）《安全办公会议纪要》要妥善保管，以便接受上级有关部门的检查。

4. 安全技术措施审批制度

（1）安全技术措施编制和审批的依据。安全技术措施编制和审批，必须符合《安全生产法》、《矿山安全法》、《煤矿安全规程》等法律法规的规定和要求，并遵守上级主管部门颁发的各种文件、指令和技术标准。

（2）采煤工作面作业规程及安全技术措施的编制。

① 采煤工作面作业规程，由施工单位按采区设计要求和地质说明书，结合各职能部门提供的技术资料，依据现场的实际情况，编制作业规程和安全技术措施。

② 按照作业规程的编制顺序，把《煤矿安全规程》、《煤矿安全技术操作规程》、安全质量标准化标准等内容综合起来，贯穿到作业规程和措施中。

③ 编制作业规程和安全技术措施时，应做到语言表达准确、图表规范清晰、计算准确无误、工艺合理、措施得力，使用法定计量单位。在生产中遇到采煤工作面过地质构造带、旧巷、采空区，采煤工作面改变采煤方法、支护方式，新技术、新工艺、新材料、新设备的推广和使用等情况时，必须及时补充安全技术措施。

（3）掘进工作面作业规程及安全技术措施的编制。

掘进工作面作业规程和安全技术措施，由施工单位依据采区地质说明书、掘进地质说明书、采区设计、掘进工作面设计等资料进行编制；在施工中遇到设计断面、支护形式发生变化时，必须编制补充安全技术措施；施工中遇到断层破碎带、涌水、淋水的含水层等情况，按原作业规程执行已经无效时，施工单位必须立即采取应急措施，同时向调度室汇报，并及时编制补充作业规程。

（4）安全技术措施的审批。

① 审批要求。采掘工作面作业规程和安全技术措施的审批，由总工程师和采掘专业的副总工程师负责审批；复杂硐室的组织设计，应用新技术、新工艺、新设备和新材料，以及采区首采工作面的作业规程，由上级主管部门审批。

② 审批方式。传审，由施工单位、有关业务部门、安全技术管理人员按照一定顺序进行传审，相关专业的副总工程师复审，总工程师审批。会审，由总工程师组织施工单位、有关业务部门和安全管理人员对作业规程和安全技术措施进行审查、复审、审批。

③ 传达贯彻。开工前由施工单位的技术负责人组织全体人员对批准的作业规程和安全技术措施进行传达、学习，做好学习记录并存档。施工单位每月至少重新组织一次对作业规程和安全技术措施的学习，而且要做好学习记录。施工单位应根据现场的情况，每月对作

业规程和安全技术措施进行复查,出现问题及时补充修改。

5.安全检查制度

安全检查是消除隐患、防止事故、改善劳动条件的重要手段。安全检查制度,应保证有效地监督安全生产规章制度、规程、标准、规范等执行情况;重点检查矿井"一通三防"的装备、管理情况;明确安全检查的周期、内容、检查标准、检查方式、负责组织检查的部门和人员、对检查结果的处理办法。对查出的问题和隐患应按"四定"原则(定项目、定人员、定措施、定时间)落实处理,并将结果进行通报及存档备案。

6.事故隐患排查制度

事故隐患排查制度应保证及时发现和消除矿井在通风、瓦斯、煤尘、火灾、顶板、机电、运输、爆破、水害和其他方面存在的隐患;明确事故隐患的识别、登记、评估、报告、监控和治理标准;按照分级管理的原则,明确隐患治理的责任和义务,并保证隐患治理资金的投入。

事故隐患排查制度应重点排查重大安全生产隐患,根据《国务院关于预防煤矿安全生产事故的特别规定》及《煤矿重大安全生产隐患认定办法(试行)》的规定,以下行为属重大安全生产隐患。

(1)超能力、超强度或者超定员组织生产:

① 矿井全年产量超过矿井核定生产能力的。

② 矿井月产量超过当月产量计划10%的。

③ 一个采区内同一煤层布置3个(含3个)以上回采工作面或5个(含5个)以上掘进工作面同时作业的。

④ 未按规定制定主要采掘设备、提升运输设备检修计划或者未按计划检修的。

⑤ 煤矿企业未制定井下劳动定员或者实际入井人数超过规定人数的。

(2)瓦斯超限作业:

① 瓦斯检查员配备数量不足的。

② 不按规定检查瓦斯,存在漏检、假检的。

③ 井下瓦斯超限后不采取措施继续作业的。

(3)煤与瓦斯突出矿井未依照规定实施防突出措施:

① 未建立防治突出机构并配备相应专业人员的。

② 未装备矿井安全监控系统和抽放瓦斯系统,未设置采区专用回风巷的。

③ 未进行区域突出危险性预测的。

④ 未采取防治突出措施的。

⑤ 未进行防治突出措施效果检验的。

⑥ 未采取安全防护措施的。

⑦ 未按规定配备防治突出装备和仪器的。

(4)高瓦斯矿井未建立瓦斯抽放系统和监控系统,或者瓦斯监控系统不能正常运行的:

① 1个采煤工作面的瓦斯涌出量大于$5 \text{ m}^3/\text{min}$或1个掘进工作面瓦斯涌出量大于$3 \text{ m}^3/\text{min}$,用通风方法解决瓦斯问题不合理而未建立抽放瓦斯系统的。

② 矿井绝对瓦斯涌出量达到《煤矿安全规程》规定而未建立抽放瓦斯系统的。

③ 未配备专职人员对矿井安全监控系统进行管理、使用和维护的。

④ 传感器设置数量不足、安设位置不当、调校不及时,瓦斯超限后不能断电并发出声光

报警的。

（5）通风系统不完善、不可靠：

① 矿井总风量不足的。

② 主井、回风井同时出煤的。

③ 没有备用主要通风机或者2台主要通风机能力不匹配的。

④ 违反规定串联通风的。

⑤ 没有按正规设计形成通风系统的。

⑥ 采掘工作面等主要用风地点风量不足的。

⑦ 采区进（回）风巷未贯穿整个采区，或者虽贯穿整个采区但一段进风、一段回风的。

⑧ 风门、风桥、密闭等通风设施构筑质量不符合标准，设置不能满足通风安全需要的。

⑨ 煤巷、半煤岩巷和有瓦斯涌出的岩巷的掘进工作面未装备甲烷风电闭锁装置或者甲烷断电仪和风电闭锁装置的。

（6）有严重水患，未采取有效措施：

① 未查明矿井水文地质条件和采空区、相邻矿井及废弃老窑积水等情况而组织生产的。

② 矿井水文地质条件复杂，没有配备防治水机构或人员，未按规定设置防治水设施和配备有关技术装备、仪器的。

③ 在有突水威胁区域进行采掘作业，未按规定进行探放水的。

④ 擅自开采各种防隔水煤柱的。

⑤ 有明显透水征兆，未撤出井下作业人员的。

（7）超层越界开采：

① 国土资源部门认定为超层越界的。

② 超出采矿许可证规定的开采煤层层位进行开采的。

③ 超出采矿许可证载明的坐标控制范围开采的。

④ 擅自开采保安煤柱的。

（8）有冲击地压危险，未采取有效措施：

① 有冲击地压危险的矿井未配备专业人员并编制专门设计的。

② 未进行冲击地压预测预报、未采取有效防治措施的。

（9）自然发火严重，未采取有效措施：

① 开采容易自燃和自燃的煤层时，未编制防止自然发火设计或者未按设计组织生产的。

② 高瓦斯矿井采用放顶煤采煤法采取措施后仍不能有效防治煤层自然发火的。

③ 开采容易自燃和自燃煤层的矿井，未选定自然发火观测站或者观测点位置并建立监测系统，未建立自然发火预测预报制度，未按规定采取预防性灌浆或者全部充填、注惰性气体等措施的。

④ 有自然发火征兆但没有采取相应的安全防范措施继续生产的。

⑤ 开采容易自燃煤层但未设置采区专用回风巷的。

（10）使用明令禁止使用或者淘汰的设备、工艺：

① 被列入国家应予淘汰的煤矿机电设备和工艺目录的产品或工艺，超过规定期限仍在

使用的。

② 突出矿井使用架线式电机车的。

③ 矿井提升人员的绞车、钢丝绳、提升容器、斜井人车等未取得煤矿矿用产品安全标志，未按规定进行定期检验的。

④ 使用非阻燃皮带、非阻燃电缆，采区内电气设备未取得煤矿矿用产品安全标志的。

⑤ 未按矿井瓦斯等级选用相应的煤矿许用炸药和雷管、未使用专用发爆器的。

⑥ 采用不能保证 2 个畅通安全出口采煤工艺开采（三角煤、残留煤柱按规定开采者除外）的。

⑦ 高瓦斯矿井、煤与瓦斯突出矿井、开采容易自燃和自燃煤层（薄煤层除外）矿井采用前进式采煤方法的。

（11）年产 6 万 t 以上的煤矿没有双回路供电系统：

① 无双回路供电的。

② 有两个回路但取自一个区域变电所同一母线端的。

（12）新建煤矿边建设边生产，煤矿改扩建期间，在改扩建的区域生产，或者在其他区域的生产超出安全设计规定的范围和规模：

① 建设项目安全设施设计未经审查批准擅自组织施工的。

② 对批准的安全设施设计做出重大变更后未经再次审批并组织施工的。

③ 改扩建矿井在改扩建区域生产的。

④ 改扩建矿井在非改扩建区域超出安全设计规定范围和规模生产的。

⑤ 建设项目安全设施未经竣工验收并批准而擅自组织生产的。

（13）煤矿实行整体承包生产经营后，未重新取得煤炭生产许可证和安全生产许可证，从事生产的，或者承包方再次转包的，以及煤矿将井下采掘工作面和井巷维修作业进行劳务承包的：

① 生产经营单位将煤矿（矿井）承包或者出租给不具备安全生产条件或者相应资质的单位或者个人的。

② 煤矿（矿井）实行承包（托管）但未签订安全生产管理协议或者载有双方安全责任与权利内容的承包合同而进行生产的。

③ 承包方（承托方）未重新取得煤炭生产许可证和安全生产许可证而进行生产的。

④ 承包方（承托方）再次转包的。

⑤ 煤矿将井下采掘工作面或者井巷维修作业对外承包的。

（14）煤矿改制期间，未明确安全生产责任人和安全管理机构，或者在完成改制后，未重新取得或者变更采矿许可证、安全生产许可证、煤炭生产许可证和营业执照：

① 煤矿改制期间，未明确安全生产责任人进行生产的。

② 煤矿改制期间，未明确安全生产管理机构及其管理人员进行生产的。

③ 完成改制后，未重新取得或者变更采矿许可证、安全生产许可证、煤炭生产许可证、营业执照以及矿长资格证、矿长安全资格证进行生产的。

（15）有其他重大安全生产隐患。省、自治区、直辖市人民政府负责煤矿安全生产监督监察部门，根据实际情况认定的可能造成重大事故的其他重大安全生产隐患。

7. 安全教育培训制度

安全教育与培训制度,应保证煤矿企业职工掌握本职工作应具备的法律法规知识、安全知识、专业技术知识和操作技能;明确企业职工教育与培训的周期、内容、方式、标准和考核办法;明确相关部门安全教育与培训的职责和考核办法;明确年度安全生产教育与培训计划,确定任务,保证安全培训的条件,落实费用。

8. 安全投入保障制度

安全投入保障制度应按国家有关规定建立稳定的安全投入资金渠道,保证新增、改善和更新安全系统、设备、设施,消除事故隐患,改善安全生产条件,安全生产宣传、教育、培训、安全奖励、推广应用先进安全技术措施和管理、抢险救灾等均有可靠的资金来源。安全投入应能充分保证安全生产需要,安全投入资金要专款专用。煤矿企业应当编制年度安全技术措施计划,确定项目,落实资金、完成时间和责任人。

9. 煤矿负责人和管理人员下井及带班制度

根据《国务院关于进一步加强企业安全生产工作的通知》(国发〔2010〕23 号)和《煤矿领导带班下井及安全监督检查规定》(原国家安全生产监督管理总局令第 33 号)的规定,煤矿企业必须建立健全主要负责人和安全管理人员下井带班制度,该制度要明确下井带班人员的职责,下井带班的次数、权限、工作内容,以及下井带班的管理考核,并要健全下井带班的详细记录,以备检查。该制度必须符合以下要求:

(1) 煤矿负责人和生产经营管理人员要坚持下井带班。

① 各类煤矿企业必须安排负责人和生产经营管理人员下井带班,确保每个班次至少有 1 名负责人或生产经营管理人员在现场带班作业,与工人同下同上。

② 国有煤矿采煤、掘进、通风、维修、井下机电和运输作业,一律由区队负责人带班进行。

③ 国有煤矿副总工程师以上的管理人员,每月在完成规定下井次数的同时,熟悉生产的,要保证 1 至 2 次下井带班。

④ 国有煤矿集团公司管理人员,要经常下井了解安全生产情况,研究解决井下存在的问题。煤矿在贯通、初次放顶、排瓦斯、揭露煤层、处理火区、探放水、过断层等关键阶段,集团公司的负责人要按规定到现场指导,确保安全生产。

⑤ 年产 30 万 t 的煤矿,企业法定代表人每月下井不得少于 10 次,生产、安全、机电副矿长和技术负责人每月下井不得小于 15 次。井下每班必须确保至少有 1 名矿级管理人员在现场带班。带班人员要做到与工人同下同上,深入采掘工作面,抓安全生产重点环节,督促区队加强现场管理,把安全生产方针政策、法律、法规和各项措施细化落实到区队和班组。

⑥ 乡镇煤矿、其他民营煤矿的各类作业,必须由矿长、副矿长和生产经营管理人员在现场带班进行。

(2) 建立和完善下井带班制度。

① 煤矿企业要建立健全煤矿负责人和生产经营管理人员下井带班制度,明确下井带班的作业种类、下井带班人员范围、每月下井带班的次数、在井下工作时间、下井带班的任务和职责权限、日班与夜班比例以及考核奖惩办法等。

② 国有煤矿集团公司管理人员以及集团公司机关处室负责人、所属各矿的负责人和生产经营管理人员的下井带班办法,由集团公司制订,报省煤炭行业管理部门批准,并报同级

安全监管部门、煤矿安全监察机构和国有资产监管部门备案。基层区队负责人、矿机关科室负责人下井带班的具体办法,由煤矿根据实际情况制订。

③ 乡镇煤矿、其他民营煤矿负责人和生产经营管理人员以及出资人下井带班的具体办法,由煤矿所在县(市)煤炭行业管理部门制订并负责监督考核,报同级煤矿安全监管部门和煤矿安全监察机构备案。

(3)明确下井带班人员的职责。

① 下井带班人员要把保证安全生产作为第一位的责任,切实掌握当班井下的安全生产状况,加强对重点部位、关键环节的检查巡视,及时发现和组织消除事故隐患,及时制止违章违纪行为,严禁违章指挥、严禁超能力组织生产。

② 煤矿矿长、区队长是矿、区队安全生产第一责任人,下井带班人员协助矿长、区队长对当班安全生产负责。煤矿发生危及职工生命安全的重大隐患和严重问题时,带班人员必须立即组织采取停产、撤人、排除隐患等紧急处置措施,并及时向矿长、区队长报告。煤矿发生生产安全责任事故,要在追究矿长、区队长责任的同时,追究当班带班人员相应的责任。

(4)严格企业内部管理和考核。

① 实行井下交接班制度。上一班的带班人员要在井下向接班的带班人员详细说明井下安全状况、存在的问题及原因、需要注意的事项等,并认真填记交接班记录簿。

② 建立下井带班档案。下井带班的煤矿负责人和生产经营管理人员升井后,要将下井的时间、地点、经过路线、发现的问题及处理意见等有关情况进行详细登记,并存档备查。

③ 加强企业内部监督考核。要把煤矿负责人和生产经营管理人员下井带班情况与矿长资格证、矿长安全生产资格证及经济收入等挂钩,严格考核。要建立奖惩制度,对认真履行职责、防止事故有功人员要给予奖励;对弄虚作假的,一经发现,要严肃处理。

10. 劳动防护用品产品发放与使用制度

该制度应符合《劳动防护用品产品质量监督检验暂行管理办法》及有关法规和标准的要求,内容应包括劳动防护用品的质量标准、发放标准、发放范围以及劳动防护用品的使用、监督检查等方面的内容。

11. 矿用设备、器材使用管理制度

矿用设备、器材使用管理制度,应保证在用设备、器材符合相关标准,保持完好状态;明确矿用设备、器材使用前检测标准、程序、方法和检验单位、人员的资质;明确使用过程中的检验标准、周期、方法和校验单位、人员的资质;明确维修、更新和报废的标准、程序和方法。

12. 入井检身与出入井人员清点制度

入井检身与出入井人员清点制度,明确入井人员禁止带入井下的物品和检查方法;明确人员入井登记、升井登记、清点和统计、报告办法,保证准确掌握井下作业人数和人员名单,及时发现未能正常升井的人员并查明原因。

三、煤矿安全生产管理人员安全生产职责

煤矿安全生产管理人员是煤矿专门负责安全生产管理的人员,是国家有关安全生产法律、法规、方针、政策在本单位的具体贯彻执行者,是本单位安全生产规章制度的具体落实者,是煤矿安全生产的保护神。

煤矿安全管理人员的安全生产责任制概括如下。

1. 安全副矿长

(1) 积极配合矿长开展安全管理工作,认真贯彻执行党和国家的安全生产方针、政策、指令和规定,保证煤矿企业在生产和建设过程中严格遵守国家有关安全生产的法律、法规、规章、标准和技术规范。

(2) 协助矿长监督检查各分管副矿长、总工程师(技术负责人)、副总工程师、业务部门管理人员的业务保安责任制、安全生产责任制的落实情况。

(3) 负责对煤矿企业设置的安全管理部门、安全管理人员和装备的管理工作,组织编制安全管理规章制度,协助矿长制定安全年度考核管理目标和奖惩实施办法。

(4) 参加矿长主持召开的安全生产办公会议,并对煤矿安全管理中存在的具体问题提出主导意见。

(5) 每旬至少应主持召开一次安全生产工作例会,每月至少主持召开一次安全工作会议,及时贯彻上级的安全生产指示,分析安全生产中(特别是"一通三防"、防治水、顶板管理)存在的重大问题和隐患,制定解决的措施,负责检查落实情况。

(6) 对矿井通风及瓦斯、煤尘、自然发火、水害治理工作负责监督检查,经常深入煤矿生产现场,定期组织开展安全质量检查活动,及时发现安全隐患,并督促有关部门进行整改。

(7) 组织参加煤矿事故的调查处理工作,并提出处理意见。

(8) 监督煤矿按照国家有关规定进行矿井灾害预防和救灾演习、反风演习方案、措施的落实。

(9) 负责审查、监督煤矿的安全技术措施的落实情况,对煤矿重大安全隐患的排查和治理工作进行监督。

(10) 负责对煤矿安全管理人员、特种作业人员、从业人员的安全教育培训工作,并对持证上岗情况进行监督检查。

2. 安全科科长(副科长)

(1) 积极配合安全副矿长开展安全管理和安全检查工作,保证煤矿在生产建设过程中遵守国家有关安全生产的法律、法规、规章、标准和技术规范等规定。

(2) 负责组织制定本科室各岗位的安全生产责任制和各项安全管理制度,并按照规定进行考核。

(3) 参与煤矿生产布局及接续计划的审查,参与有关科室编制的设计、规程、安全措施的审查,监督在安全技术措施工程施工中安全资金的使用,并参加竣工后的验收工作。

(4) 按照规定组织进行定期、不定期的安全检查,加强对重大安全隐患、重大危险源的排查治理工作,确保重大隐患及时得到有效整改。

(5) 按时参加煤矿召开的安全生产会议,做好安全例会的会议记录,存档管理,并提出合理化建议,协助有关部门搞好职工的安全教育培训工作,切实提高干部职工的安全意识。

(6) 及时总结安全检查人员的检查情况,提出具体改进意见,不断提高煤矿安全检查人员的工作水平。

(7) 经常深入生产现场检查存在的问题,经常检查特殊工种的持证上岗和煤矿从业人员的培训,随时掌握采掘工程的进度等情况,及时向有关领导汇报。

(8) 参与事故的调查、分析、处理,负责组织对"三违"人员进行相应的处罚和管理。

(9) 参与矿井灾害预防与处理计划的编制、审查、实施。监督煤矿安全设施、设备、仪器

(表)的使用及采掘作业规程的执行情况。

3.安全科主任工程师

(1)全面负责安全科技术管理工作,必须保证安全科在进行安全管理过程中遵守国家有关安全生产的法律、法规、规章、标准和技术规范。

(2)组织编制矿井安全检查月度、季度、年度工作计划,保证安全检查的经常性。

(3)参加审查采掘工作面作业规程、安全技术措施计划、矿井灾害预防和处理计划、大修计划、生产作业计划以及有关安全生产方面的各种计划。

(4)负责全矿范围内的安全技术监督检查,负责建立和管理煤矿安全检查技术档案。

(5)要经常深入现场,及时发现和解决不安全问题,及时向科长汇报,提出处理意见。

(6)协助总工程师、安全科长搞好重大事故隐患排查和治理安排,并按规定及时上报。

(7)及时根据实际情况分析煤矿的安全状况,向安全科长提出具体意见或建议。

(8)参与事故的调查、分析、处理。经常检查"三大规程"的贯彻执行情况。

(9)协助有关部门搞好职工安全技术教育和特殊工种作业人员的培训工作。

4.生产技术科科长(副科长)

(1)必须积极协助安全生产副矿长、配合总工程师贯彻落实国家有关煤矿安全生产法律、法规、规章、技术规范、规定,搞好本单位的技术管理工作。

(2)负责组织制定本科室各岗位安全生产责任制和各项管理制度,并按规定进行考核。

(3)组织编制煤矿的采掘接续计划,按规定报有关领导审批,确保矿井采掘接续正常,有利于煤矿的安全管理。

(4)组织人员进行采掘工作面的工程质量检查、验收、评比,负责煤矿采掘安全质量标准化检查、考核等工作。

(5)负责推广安全生产新技术、新材料、新工艺、新设备,开展安全生产科研攻关。

(6)参加采掘工作面作业规程、措施的审查,组织采、掘工作面贯彻规程、措施的检查活动。

(7)要经常深入现场,及时发现和解决存在的问题,随时掌握采掘工程的进度等情况,及时向有关领导汇报。

(8)参与灾害预防、反风演习活动。

(9)建立煤矿技术档案,做好煤矿技术资料的整理归档工作,及时上报各类技术资料和报表。

(10)组织进行分工范围内的重大隐患排查工作。

5.地测科科长(副科长)

(1)积极配合煤矿安全生产副矿长、总工程师开展地质测量、图纸资料整理等工作,保证煤矿在生产、建设过程中遵守国家有关安全生产的法律、法规、规章、标准和技术规范。

(2)建立煤矿地质测量、防治水管理制度,并组织落实。按照《煤矿测量规程》,及时、准确完成地质测量的各项工作任务。

(3)组织制定本科室各岗位安全生产责任制和各项管理制度,并按规定进行考核。

(4)建立健全各种地质测量图纸和相关地质资料管理制度,实行档案化管理。

(5)及时检查施工现场的情况,及时进行地质测量工作,发现问题及时解决。

(6)按时编制、提供地质说明书,并按规定报批。地质说明书要便于指导设计、规程的编制和指导生产。及时安排进行井巷控制测量工作,误差控制在标准规定之内。

（7）组织检查地面水害、邻近矿区水害情况,及时发现隐患。

（8）负责排查煤矿水文地质、防治水等方面的安全隐患,并组织落实解决措施。

（9）及时发出巷道预透通知单、水害安全通知单,通知施工区队采取措施。

6.调度室主任(副主任)

（1）认真做好煤矿安全生产的调度工作,及时将有关情况向领导汇报。必须坚守岗位,不得擅离职守。

（2）负责组织制定本科室各岗位安全生产责任制和各项管理制度,并按规定进行考核。

（3）按时参加安全生产会议,并形成会议纪要,督促各部门进行落实。

（4）随时掌握生产现场的实际情况,发现异常要及时向有关领导汇报,并采取相关措施。

（5）负责煤矿各类调度信息的收集、整理工作。

（6）负责安全隐患整改情况的调度工作。

（7）负责事故情况的汇报和汇总工作,参与事故的调查处理。

（8）负责事故抢险的综合调度并做好应急救援的协调。

（9）负责保证煤矿生产通讯系统的畅通。

（10）负责煤矿监控系统的运行值班以及各类信息的汇总、报告。

（11）负责各类生产报表的报送等工作。

第四节　煤矿安全评估与安全评价

为保障煤矿安全生产,必须对煤矿进行安全程度评估与安全评价。

一、安全评估

依据相关规定,煤矿必须每年进行一次安全程度评估。

（一）评估标准和主要内容

煤矿安全程度评估标准应有分专项的定性和定量分析、记分评分标准,并设有必备条件。具体应包括下列主要内容:

1.煤矿安全生产保障

（1）各级管理人员和各岗位的安全生产责任制。

（2）安全生产规章制度。

（3）安全投入。

（4）安全生产管理机构设置和专职安全管理人员配备。

（5）主要负责人和安全生产管理人员资质。

（6）工人的安全教育培训。

（7）特种作业人员的资质。

（8）井下设备、仪器仪表的煤矿安全标志。

（9）其他。

2.煤矿生产系统

（1）矿井"一通三防"。

（2）防治水。

（3）采煤安全。

（4）掘进安全。

（5）机电安全。

（6）运输安全。

（7）其他。

（二）评估的组织实施

（1）煤矿安全程度评估工作由地区煤矿安全监察机构负责组织实施。各地可根据实际情况委托具备资质的安全评价机构和经地区煤矿安全监察机构认可的大型煤炭企业、高等院校、科研、设计等有关单位开展评估。

（2）为提高评估工作效率，煤矿应首先对照评估标准进行自查和整改，再正式向地区煤矿安全监察机构申请进行安全程度评估。

（3）对拒绝接受安全程度评估的煤矿，由煤矿安全监察机构依法进行查处。

（三）评估结果的分类和管理

（1）煤矿安全程度评估结果划分为 A、B、C、D 四个类别：A 类为安全矿井，B 类为基本安全矿井，C 类为安全较差的矿井，D 类为安全不合格的矿井。

（2）地区煤矿安全监察机构依据煤矿安全程度评估报告审定煤矿安全程度类别。煤矿安全程度评估结果由地区煤矿安全监察机构报国家煤矿安全监察局备案，同时向当地人民政府通报，并建立公告制度。

（3）对评估结果为 C 类的煤矿，由煤矿安全监察机构责令限期整改；逾期未整改或整改不合格的，依法责令停产整顿。对评估结果为 D 类的煤矿，应立即下达停产整顿指令，经整改后评估达到 B 类以上标准方可恢复生产；拒不整改或在规定期限内整顿不合格的矿井，依法予以关闭。

（4）煤矿安全程度评估类别实行动态管理。煤矿安全监察机构在检查中发现煤矿安全生产隐患严重，达不到评定类别标准或发生重大事故的，由地区煤矿安全监察机构予以降级处理。发生一起重大死亡事故的降低一个类别，发生两起重大死亡事故或一起特大死亡事故的降为 D 类矿井。

二、安全评价

安全评价是利用系统工程的方法对拟建或已有工程、系统可能存在的危险性及其可能产生的后果进行预测和综合评价，并提出相应的安全对策措施，以达到工程、系统安全的过程。

1. 安全评价的目的

安全评价的目的是查找、分析和预测工程、系统存在危险有害因素及可能导致的后果和程度，提出合理可行的安全对策措施，指导危险源的监控和事故预防。

（1）促进煤矿企业实现本质安全化生产。通过安全评价，系统地从工程、设计、建设、运行等过程对事故和事故隐患进行科学分析，提出消除危险的最佳技术措施方案，实现生产过程的本质安全化，做到即使发生误操作或设备故障，系统存在的危险有害因素也不会导致重大事故的发生。

（2）实现全过程安全控制。在设计之前进行安全评价，可避免选用不安全工艺流程和危险的原材料以及不合适的设备、设施,或当采用时提出降低或消除危险的有效方法。设计后的评价,可查出设计中存在的不足和缺陷,及早采取改进和预防措施。运行阶段进行的系统安全评价,可了解系统的现时危险性,为进一步采取降低危险性的措施提供依据。

(3)建立系统安全最优方案,为决策者提供依据。通过安全评价,分析系统存在的危险源及其分布部位、数目,预测事故概率、严重程度,提出应采取的安全对策措施等,决策者可以根据评价结果选择系统安全最优方案并作出管理决策。

(4)为实现安全技术、安全管理的标准化和科学化创造条件。通过对设施、设备或系统在生产过程中的安全性是否符合有关技术标准、规范、相关规定的评价,对照技术标准、规范找出存在的问题和不足,以实现安全技术和安全管理的标准化、科学化。

2. 安全评价的内容

(1)危险的确认。通过观察危险源的变化,寻找新的危险源,并将其发生概率和严重程度进行定量分析计算。

(2)危险性评价。根据危险的影响范围,对危险进行具体评价,采取措施消除或降低系统的危险性,最后确认危险性是否排除或减少。

3. 安全评价程序

(1)评价准备。明确评价对象和范围,熟悉评价系统,收集相关资料。

(2)对系统危险、有害因素进行辨识。

(3)在对危险源识别和分析的基础上,划分评价单元,选择评价方法,对系统、工程发生事故的可能性和严重程度进行定性、定量评价,并提出安全对策措施。

(4)作出安全评价结论及建议。

(5)编制安全评价报告。

4. 安全评价方法

(1)定性安全评价法。根据经验和直观判断能力对生产系统的工艺、设施、设备、环境、人员和管理等方面的状态进行定性分析。其方法主要有:安全检查表法、专家现场询问调查法、因素图分析法、作业条件危险性评价法、故障类型和影响分析法、危险性可操作性研究法等。但定性安全评价往往依靠经验,带有一定的局限性,安全评价的结果有时因参加评价人员的经验和经历等有相当大的差异。

(2)定量安全评价法。运用基于大量实验结果和广泛的事故资料统计分析获得的指标或规律(数学模型)对生产系统的工艺、设施、设备、环境、人员和管理等方面的状况进行定量的计算。其方法主要有:概率风险评价法、伤害(或破坏)范围评价法、危险指数法等。

第五节　煤矿伤亡事故报告及统计

一、煤矿事故分类

(一)煤矿伤亡事故的分类

1. 按事故形成的因素划分

(1)责任事故

责任事故是指人们在生产建设过程中,由于不执行有关安全法律、法规,违反规章制度(违章指挥、违章作业)而引起的事故。

（2）非责任事故

① 自然事故：地震、狂风、暴雨、洪水、雷电等造成的事故。

② 技术事故：由于受到科学技术水平的限制，人们的认识不足，技术条件尚不能达到而造成的事故。

③ 意外事故：是指发生突然，出乎意料，来不及处理而造成的事故。

2. 按事故伤害的对象划分

（1）伤亡事故

伤亡事故是指企业职工在生产劳动过程中，发生人身伤害、急性中毒，甚至终止生命的事故。

① 轻伤：指负伤后需休工日1个工作日以上，但未达到重伤程度的伤害。国家标准：1日≤损失工作日＜105日。

② 重伤：指负伤后，须经医疗部门鉴定，由医师诊断为重伤的伤害。国家标准：105日≤损失工作日＜6 000日。

根据国务院颁布的《关于重伤事故范围的意见》，凡有下列情形之一者，均作为重伤处理：经医师诊断为残疾或可能残疾的；伤势严重，需进行较大手术才能挽救生命的；人体要害部位严重灼伤、烫伤或非要害部位灼伤、烫伤的面积占全身面积的1/3以上的；严重骨折（胸骨、肋骨、脊椎骨、锁骨、肩胛骨、腿骨和脚骨等因受伤引起骨折），严重脑震荡等；眼部伤害较剧，有失明可能的；手部伤害：大拇指轧断一节的，食指、中指、无名指、小指任何一只轧断两节或任何两只各轧断一节的，局部肌腱受伤甚剧，引起机能障碍，有不能自由伸屈残疾可能的；脚部伤害：脚趾轧断三只以上的，局部肌腱受伤甚剧，引起机能障碍，有不能行走自如的残疾可能的；内部伤害：内脏损伤、内出血或伤及腹膜等。凡不在上述范围以内的伤害，经医院诊断后，认为受伤较重，由企业行政会同基层工会做个别研究，提出意见，由当地有关部门审查确定。

③ 死亡。国家标准：损失工作日＝6 000日。

（2）非伤亡事故

非伤亡事故是指由于生产技术管理不善、个别职工违章、设备缺陷及自然因素等原因，造成生产中断、设备损坏等事故，均称为非伤亡事故。

① 非伤亡事故的分类

生产事故：采掘事故、机电事故、地面铁路运输事故。

基本建设事故：井建、土建和安装过程中发生的事故。

地质勘探事故：地质勘探过程中所发生的事故。

② 非伤亡事故的分级

一级非伤亡事故：瓦斯煤尘燃烧、爆炸；发生的事故使全矿井停工8 h以上或采区停工3昼夜以上；煤与瓦斯突出，煤的突出量大于等于50 t；井下发火封闭采区或影响安全生产；水灾使矿井全部或一翼停止生产；采区通风不良，风流中瓦斯超限或瓦斯积聚，造成停产；采煤工作面冒顶长10 m（含10 m）以上；掘进工作面冒顶5 m（含5 m）以上；巷道冒顶10 m（含10 m）以上。

二级非伤亡事故：发生事故使全矿井停工2 h以上，但不足8 h或采区停工8 h以上，但不足3昼夜；煤与瓦斯突出，煤的突出量大于等于10 t；井下发火封闭采掘工作面；因水灾使采区停产;采掘工作面通风不良,风流中瓦斯超限或瓦斯积聚,造成停产;采煤工作面冒顶超过 5 m(含 5 m);掘进工作面冒顶超过 3 m(含 3 m);巷道冒顶长度超过 5 m(含 5 m)。

三级非伤亡事故:凡发生的事故使全矿井停工 0.5～2 h 或使采区停工 2～8 h;煤与瓦斯突出,煤的突出量小于 10 t;通风不良或局部通风机无计划停电,使风流中局部瓦斯积聚,瓦斯浓度超过 3%;范围不大的井下发火;因水灾使一个采掘面停止生产;采煤工作面冒顶长度超过 3 m(含 3 m);掘进工作面冒顶 3 m 以下;巷道冒顶长度 5 m 以下。

3. 按伤亡事故的性质划分

① 顶板事故:顶板冒落、片帮、底鼓、冲击地压等。

② 瓦斯事故:有害气体中毒,瓦斯窒息,瓦斯(煤尘)燃烧、爆炸,煤(岩)与瓦斯突出等。

③ 机电事故:机械设备、电气设备伤人等。

④ 运输事故:运输设备、设施伤人等。

⑤ 炸药爆破事故:雷管、炸药爆炸,爆破崩人,触响瞎炮伤人等。

⑥ 水害事故:地表水、地下水、老塘水、工业用水等造成的透水淹井事故。

⑦ 火灾事故:外因火灾和内因火灾,直接使人致死或产生的有害气体使人中毒(煤层自然发火未见明火,溢出有害气体中毒,应算作瓦斯事故),地面火灾等事故。

⑧ 其他事故。

4. 按事故造成的人员伤亡或者直接经济损失划分

根据《生产安全事故报告和调查处理条例》的规定,按事故造成的人员伤亡或直接经济损失划分为以下四类:

① 一般事故:造成 3 人以下(不含 3 人)死亡,或者 10 人以下(不含 10 人)重伤,或者 1 000 万元以下(不含 1 000 万元)直接经济损失的事故。

② 较大事故:造成 3 人以上(含 3 人)10 人以下(不含 10 人)死亡,或者 10 人以上(含 10 人)50 人以下(不含 50 人)重伤,或者 1 000 万元以上(含 1 000 万元)5 000 万元以下(不含 5 000 万元)直接经济损失的事故。

③ 重大事故:造成 10 人以上(含 10 人)30 人以下(不含 30 人)死亡,或者 50 人以上(含 50 人)100 人以下(不含 100 人)重伤,或者 5 000 万元以上(含 5 000 万元)1 亿元以下(不含 1 亿元)直接经济损失的事故。

④ 特别重大事故:造成 30 人以上(含 30 人)死亡,或者 100 人以上(含 100 人)重伤(包括急性工业中毒),或者 1 亿元以上(含 1 亿元)直接经济损失的事故。

(二)煤矿伤亡事故报告

1. 事故报告的目的

① 便于上级主管部门和国家机关组织、指挥、抢救事故,减少事故的伤害程度和经济损失。

② 有利于事故的调查处理。

2. 事故报告程序的规定

① 事故发生后,事故现场有关人员应当立即向本单位负责人报告;单位负责人接到报告后,应当于 1 小时内向事故发生地县级以上人民政府安全生产监督管理部门和负有安全生产监督管理职责的有关部门报告。

情况紧急时,事故现场有关人员可以直接向事故发生地县级以上人民政府安全生产监督管理部门和负有安全生产监督管理职责的有关部门报告。

②安全生产监督管理部门和负有安全生产监督管理职责的有关部门接到事故报告后，应当依照下列规定上报事故情况，并通知公安机关、劳动保障行政部门、工会和人民检察院。

特别重大事故、重大事故逐级上报至国务院安全生产监督管理部门和负有安全生产监督管理职责的有关部门；较大事故逐级上报至省、自治区、直辖市人民政府安全生产监督管理部门和负有安全生产监督管理职责的有关部门；一般事故上报至设区的市级人民政府安全生产监督管理部门和负有安全生产监督管理职责的有关部门。

安全生产监督管理部门和负有安全生产监督管理职责的有关部门接到事故报告后，应当同时报告本级人民政府。

国务院安全生产监督管理部门和负有安全生产监督管理职责的有关部门以及省级人民政府接到发生特别重大事故、重大事故的报告后，应当立即报告国务院。必要时，安全生产监督管理部门和负有安全生产监督管理职责的有关部门可以越级上报事故情况。

安全生产监督管理部门和负有安全生产监督管理职责的有关部门逐级上报事故情况，每级上报的时间不得超过2小时。

事故报告后出现新情况的，应当及时补报，自事故发生之日起30日内，事故造成的伤亡人数发生变化的，应当及时补报。

3. 事故报告的内容

① 事故发生单位概况；

② 事故发生的时间、地点以及事故现场情况；

③ 事故的简要经过；

④ 事故已经造成或者可能造成的伤亡人数（包括下落不明的人数）和初步估计的直接经济损失；

⑤ 已经采取的措施；

⑥ 其他应当报告的情况。

4. 事故发生后应采取的措施

① 事故发生单位负责人接到事故报告后，应当立即启动事故相应应急预案，或者采取有效措施，组织抢救，防止事故扩大，减少人员伤亡和财产损失。

② 事故发生地有关地方人民政府、安全生产监督管理部门和负有安全生产监督管理职责的有关部门接到事故报告后，其负责人应当立即赶赴事故现场，组织事故救援。

③ 事故发生后，有关单位和人员应当妥善保护事故现场以及相关证据，任何单位和个人不得破坏事故现场、毁灭相关证据。

因抢救人员、防止事故扩大以及疏通交通等原因，需要移动事故现场物件的，应当做出标志，绘制现场简图并做出书面记录，妥善保存现场重要痕迹、物证。

④ 事故发生地公安机关根据事故的情况，对涉嫌犯罪的，应当依法立案侦查，采取强制措施和侦查措施。犯罪嫌疑人逃匿的，公安机关应当迅速追捕归案。

（三）煤矿事故的调查与处理

1. 事故调查

（1）事故调查的目的。

① 查清事故的发生原因：直接原因、间接原因和基本原因。

② 确定事故性质和责任。

③ 提出预防类似事故发生的技术、管理措施。

（2）事故调查组的组成。

① 根据事故的具体情况,事故调查组由有关人民政府、安全生产监督管理部门、负有安全生产监督管理职责的有关部门、监察机关、公安机关以及工会派人组成,并应当邀请人民检察院派人参加。事故调查组可以聘请有关专家参与调查。

② 事故调查组成员应当具有事故调查所需要的知识和专长,并与所调查的事故没有直接利害关系。

③ 事故调查组组长由负责事故调查的人民政府指定,事故调查组组长主持事故调查组的工作。

（3）事故调查应注意的问题。

① 调查依据,引用的法律、法规、标准必须正确科学适用。

② 调查的主要注意力要放在弄清事故发生的原因上,而不是放在追查事故责任上。

③ 事故调查的中心任务是确定事故发生原因的正确性,核定事故信息的正确性。

（4）事故调查的程序。

① 特别重大事故由国务院或者国务院授权有关部门组织事故调查组进行调查。

② 重大事故、较大事故、一般事故分别由事故发生地省级人民政府、设区的市级人民政府、县级人民政府负责调查。省级人民政府、设区的市级人民政府、县级人民政府可以直接组织事故调查组进行调查,也可以授权或者委托有关部门组织事故调查组进行调查。

未造成人员伤亡的一般事故,县级人民政府也可以委托事故发生单位组织事故调查组进行调查。

③ 特别重大事故以下等级事故,事故发生地与事故发生单位不在同一个县级以上行政区域的,由事故发生地人民政府负责调查,事故发生单位所在地人民政府应当派人参加。

煤矿发生伤亡事故的,由煤矿安全监察机构负责组织调查处理。煤矿安全监察机构组织调查处理事故,应当依照国家规定的事故调查程序和处理办法进行。

（5）事故调查组的职责。

① 查明事故发生的经过、原因、人员伤亡情况及直接经济损失。

② 认定事故的性质和事故责任。

③ 提出对事故责任者的处理建议。

④ 总结事故教训,提出防范和整改措施。

⑤ 提交事故调查报告。

事故调查组有权向有关单位和个人了解与事故有关的情况,并要求其提供相关文件、资料,有关单位和个人不得拒绝。

事故发生单位的负责人和有关人员在事故调查期间不得擅离职守,并应当随时接受事故调查组的询问,如实提供有关情况。

事故调查中发现涉嫌犯罪的,事故调查组应当及时将有关材料或者其复印件移交司法机关处理。

事故调查中需要进行技术鉴定的,事故调查组应当委托具有国家规定资质的单位进行技术鉴定。必要时,事故调查组可以直接组织专家进行技术鉴定。技术鉴定所需时间不计入事故调查期限。

事故调查组成员在事故调查工作中应当诚信公正、恪尽职守,遵守事故调查组的纪律,保守事故调查的秘密。未经事故调查组组长允许,事故调查组成员不得擅自发布有关事故的信息。

事故调查组应当自事故发生之日起 60 日内提交事故调查报告。特殊情况下,经负责事故调查的人民政府批准,提交事故调查报告的期限可以适当延长,但延长的期限最长不超过 60 日。

（6）事故调查报告的内容。

① 事故发生单位概况。

② 事故发生经过和事故救援情况。

③ 事故造成的人员伤亡和直接经济损失。

④ 事故发生的原因和事故性质。

⑤ 事故责任的认定以及对事故责任者的处理建议。

⑥ 事故防范和整改措施。

事故调查报告应当附具有关证据材料,事故调查组成员应当在事故调查报告上签名。

事故调查报告报送负责事故调查的人民政府后,事故调查工作即告结束。事故调查的有关资料应当归档保存。

2. 事故处理

① 重大事故、较大事故、一般事故,负责事故调查的人民政府应当自收到事故调查报告之日起 15 日内做出批复;特别重大事故,30 日内做出批复,特殊情况下,批复时间可以适当延长,但延长的时间最长不超过 30 日。

有关机关应当按照人民政府的批复,依照法律、行政法规规定的权限和程序,对事故发生单位和有关人员进行行政处罚,对负有事故责任的国家工作人员进行处分。

事故发生单位应当按照负责事故调查的人民政府的批复,对本单位负有事故责任的人员进行处理。负有事故责任的人员涉嫌犯罪的,依法追究刑事责任。

② 事故发生单位应当认真吸取事故教训,落实防范和整改措施,防止事故再次发生。防范和整改措施的落实情况应当接受工会和职工的监督。

安全生产监督管理部门和负有安全生产监督管理职责的有关部门应当对事故发生单位落实防范和整改措施的情况进行监督检查。

③ 在事故处理中,要坚持"四不放过"的原则:事故发生的原因没有查清不放过;事故责任者没有受到处理不放过;群众没有受到教育不放过;发生事故后,没有制定出防范措施不放过。

④ 事故处理的情况由负责事故调查的人民政府或者其授权的有关部门、机构向社会公布,依法应当保密的除外。

二、煤矿伤亡事故统计方法及主要指标

（一）煤矿伤亡事故统计

1. 事故统计的作用

① 为各级领导及有关部门制定工作计划、指导安全生产、进行安全决策提供科学依据。

② 便于比较各行各业劳动保护工作水平和安全生产状况。

③ 便于与世界各个国家进行比较,促进煤矿企业安全工作的现代化。

④ 为安全教育、培训、教学科研工作指明方向,提供资料和数据。

2. 事故统计内容

① 统计一个单位、部门、地区或行业在一定时期内工伤事故发生的情况,从量的方面反映工伤事故状况。

② 计算工伤事故的各项统计指标,从质的方面提供衡量和比较的数据。

③ 对工伤事故进行综合分析,研究事故发生的规律,提出减少和消除事故的措施。

④ 便于编制工伤事故统计报告、报表和绘制图表。

3. 伤亡事故的统计

(1) 煤炭企业伤亡事故按煤炭生产、基本建设、地质勘探、火工及机械制造等事故进行统计。

① 煤炭生产事故:

原煤生产事故包括正式移交生产的矿井、企业所有井下生产(不分所有制形式)和技术管理人员(不分用工制度)在煤炭生产过程中发生的事故,生产矿井开拓延深发生的事故,生产矿井地面工业广场原煤生产系统(指煤外运装车前和原煤材料第一次卸车后的生产服务系统,如矿井压风、通风、排水、选煤、供电、调度通讯、矸石山、支架(柱)检修、矿灯房、自救器房等)发生的事故,救护队处理矿井隐患发生的事故。

非原煤生产事故,是指企业从事原煤生产以外的工业生产过程中发生的事故。如企业直属基建、机厂、火工品生产、电厂、选煤厂等单位从事非原煤生产发生的事故;企业内煤质化验、环境保护、救护队抢救事故过程中发生的事故等。

② 基本建设事故:正在施工的新建矿井、分期投产尚未移交部分发生的事故。

③ 地质勘探事故:煤炭系统省级以上煤田地质勘探企业在生产中发生的事故,煤炭生产企业所属的地质测量单位不在此项。

④ 机械制造事故:煤炭系统机械制造、仪器仪表生产过程中发生的伤亡事故。

⑤ 火工事故:火工品生产过程中发生的事故。

(2) 工伤后1个月内死亡的计入事故总死亡人数。上月报表报出后死亡的,只在死亡月份报一次死亡,上月报的负伤事故不再修改,到年底一次性更正。

(3) 外单位承包矿井内的生产、基建、安装项目发生死亡事故的,由发包单位按本企业伤亡事故,根据本文规定统计报告。基本建设施工企业比照煤炭生产企业发生的伤亡事故进行统计报告。

(4) 生产区域内交通事故的统计。生产矿井以更衣、洗澡为界,职工上班更衣后、下班洗澡前乘坐本单位交通车辆发生的事故计入原煤生产事故。乘坐交通部门车辆或因其他交通原因造成的事故由交通部门统计。

(5) 下列事故不统计到本企业伤亡事故总数中,需列表统计上报备案。

① 本企业支援或承包外单位工程发生伤亡事故,由外单位统计报告。

② 企业外组织的安全检查、培训、科研、学习、参观等活动发生的伤亡事故。

③ 职工在生产岗位因突发疾病造成的伤亡事故。

④ 发生不可抗拒的自然灾害造成的伤亡事故,如冰雹、地震、龙卷风等。

(二)煤矿伤亡事故分析

1. 事故综合分析的方法

（1）按事故类型分析

① 顶板事故按采煤工作面、掘进工作面和巷道进行分析。

② 瓦斯事故按瓦斯、煤尘爆炸（燃烧）、煤（岩）与瓦斯突出、中毒、窒息分析。

③ 机电事故按触电、机电设备伤人分析。

④ 运输事故按提升运输、轨道运输、输送机运输伤人等进行分析。

⑤ 爆破事故按违章爆破、触响瞎炮分析。

⑥ 水灾事故按地表水、地下水、老空水、工业用水造成的事故分析。

⑦ 火灾事故按井下火灾和地面火灾分析。井下火灾又分为外因火灾和内因火灾。

⑧ 其他事故，即以上事故以外的事故，如处理溜煤眼、火药储运过程中的爆炸事故等。

（2）按事故发生的地点分析

分地面和井下两种。其中井下又分为采煤工作面、掘进工作面、大巷（平硐、阶段运输和回风大巷）、采区上下山、井筒、其他等。

（3）按伤亡人员的文化程度分析

分文盲、小学、中学、中专、大专及以上等 5 种。

（4）按伤亡人员的工种分析

分采煤、掘进、机电、运输、通风、救护、干部、巷修、其他等。

（5）按事故原因分析

分"三违"（违章指挥、违章作业、违反劳动纪律）、工程质量、安全措施、安全设施不全或失效等。

（6）按伤亡人员的工龄分析

分 5 年以下、5 至 10 年、10 至 15 年、15 至 20 年、20 年以上等。

（7）按伤亡人员的年龄分析

分 20 岁以下、20 至 25 岁、25 至 30 岁、30 至 35 岁、35 至 40 岁、40 至 45 岁、45 岁以上等。

（8）按发生事故的时间分析

每年分 12 个月，每月分上、中、下旬，每日 24 小时分早、中、晚班，按此时间分别进行分析。

2. 伤亡事故分析常用的计算公式

（1）表示某时期内，平均每千人职工因工伤事故造成的死亡、伤亡、重伤率的计算公式：

$$千人死亡率＝（死亡人数／平均职工人数）×10^3$$

$$千人伤亡率＝（死亡人数＋重伤人数＋轻伤人数）／平均职工人数×10^3$$

$$千人重伤率＝（重伤人数／平均职工人数）×10^3$$

$$千人负伤率＝（重伤人数＋轻伤人数）／平均职工人数×10^3$$

上述公式中要注意两个问题。一是公式中死亡、重伤、轻伤指企业全部伤亡人数；二是平均职工人数的概念，不能与计算期内期末职工人数混淆，否则影响计算准确性。

（2）按产量、进尺计算伤亡率公式：

$$百万吨死亡率＝死亡人数／原煤产量×10^6$$

计算百万吨死亡率时，死亡人数指在煤炭生产中的死亡，计算的数值，一般四舍五入保留小数点后两位。

$$万米成巷死亡率 = 死亡人数 / 成巷米数 \times 10^4$$

上式中死亡人数指基本建设死亡,成巷米数以实进米数为准。

(3) 按伤害频率分析计算死亡率公式:

$$百万工时死亡率 = 死亡人数 / 工作小时数 \times 10^6$$

$$百万工时伤亡率 = (死亡人数 + 重伤人数 + 轻伤人数) / 工作小时数 \times 10^6$$

上述计算公式中的工作小时指实际工作小时,包括加班工作小时。

百万吨死亡率、千人负伤率、千人重伤率是煤矿安全的主要考核指标,必须掌握计算公式,并做到计算准确。

第六节　现代安全管理的理论和方法

一、煤矿事故人因失误的原因及控制

国内外大量的调查统计表明,由于人的不安全行为而导致的事故占事故总数的70%～90%。美国安全工程师海因里希经过大量的研究,认为存在着"88∶10∶2"规律,即在100起事故中,有88起是纯属人为的,有10起是人为和物的不安全状态造成的,只有2起是人难以预防的,即所谓"天灾"。同样,煤炭行业80%以上的事故都是由于现场管理不善和职工违章造成的。因此,在安全生产工作中研究和探讨人因失误及其控制措施对煤矿安全生产具有非常重要的意义。

1. 人因失误致因分析

与工业安全中使用的术语"人的不安全行为"不同,在现代的系统安全中采用的术语是"人因失误"。人因失误是指人的行为结果偏离了规定的目标,并产生了不良的影响。不安全行为也是一种人因失误。但是一般来讲,不安全行为是操作工人在生产过程中发生的、直接导致事故的人因失误,是人因失误的特例。管理者发生的人因失误是一种更加危险的人因失误。人的不安全行为包括指挥失误、操作失误等。

2. 人因失误的原因

(1) 人的生理原因。违章是事故发生的主要原因,对违章行为的心理因素进行调查表明,根据违章者主观意愿不同,违章行为分为故意性和非故意性行为两大类。故意性行为是明知其行为可能引起危险后果的行为:① 重生产、轻安全的心理;② 冒险与侥幸心理;③ 特殊的性格;④ 其他心理因素。非故意性违章指违章者对自己的行为结果不甚明了和对自己的行为不能或难以控制。根据起因不同又分为以下几种:① 无知性;② 注意力不集中;③ 时间紧迫感;④ 过度疲劳;⑤ 紧急状态。

(2) 人的素质原因。其主要包括无知、缺乏科学文化知识,缺乏工作责任心和政治责任感,缺乏纪律观念。

(3) 机械设备的原因。其包括操作人员对机器的使用缺乏训练或思想不集中、操作失误而引发事故,控制器设计没有充分考虑人机协调关系等。

(4) 工作环境的原因。特殊环境会给安全带来很大的困难,从客观因素来看,影响安全生产的环境因素主要有温度、照明和噪声等。

(5) 管理的原因。安全意识淡薄,安全文化素质较低,管理不善,管理者发生的人因失误。

（6）教育的原因。缺乏必要的岗前教育和岗前培训。

3.煤矿工人的人因失误控制

在人—机—环境系统中，虽然事故的发生是"人、机、环境"三个因素相互作用与影响的结果，但人起着主导作用，减少人因失误，就可以有效地减少事故的发生。由于煤矿井下环境条件恶劣多变，机械化程度低以及职工素质低等，人因失误率很高，导致事故发生频繁。人因失误是引发事故发生的主要因素，是制约煤矿安全生产的一大隐患。由于任何人都会出现失误，掌握人因失误原因，可以采取一定措施来减少人因失误和控制人因失误。

（1）加强矿工心理素质培训，提高矿工的安全意识。从经济地位、家庭情况、健康状态、年龄、嗜好、习惯、性情、气质、心情以及对不同事物的心理反应等方面，分析他们的心理特征，在加强安全思想教育时，利用心理特征来提高安全管理工作的水平。

（2）作业标准化。必须认真推行标准化作业，按科学的作业标准来规范人的行为。矿井质量标准化是煤矿安全的基础。按照作业标准操作，科学、合理地制定作业标准。

（3）加强安全知识教育，安全技能教育，安全思想教育。

（4）改善生产环境。生产环境因素的好坏，不但影响着企业生产效益的提高，而且与操作人员的身心健康有着很直接的关系。

（5）完善用工制度。要控制人因失误，必须把好用人关，做到人的安全化。加强管理，做到设备装置、保护用品安全化，做到操作安全化。

（6）加强煤矿安全生产的重点监察。变静态监察管理为动态监察管理，加强现场监察执法力度，加重对煤矿事故责任人查处力度，加强安全生产的日常监督检查，发现隐患，及时整改，督促企业建立健全各项规章制度，落实安全生产责任制和各项安全防范措施。

二、安全目标管理

安全目标管理是指将企业一定时期的安全工作任务转化为明确的安全工作目标，并将目标分解到本系统的各个部门和个人，各部门和个人严格地、自觉地按照所定目标进行工作的一种管理体制。

1.煤矿安全目标管理的作用

（1）安全目标管理对煤矿企业的安全管理方向具有指引作用。正确的安全管理目标，能把煤矿企业的安全管理活动引向正确的方向，从而取得较好的效果。

（2）安全目标管理能增强现代化管理组织的应变能力。安全目标管理是一项随着工作条件和环境的变化而采取相应对策的动态工作。它能根据客观变化而正确地制定和修改组织目标实施对策，从而增强了组织的应变能力。

（3）目标对人的行为具有激励和推动作用。目标管理的一个显著的特点是注重协商，重视调动全体人的积极性，运用目标来统一意志，实行自我控制和参与管理。因此，切合实际的目标能激发人们实现目标的积极性。

（4）安全目标管理可以提高各级管理人员的素质及领导能力。实行安全目标管理，是通过相信群众，依靠群众来实现领导，是一种"信任型"的领导方式，这就由以往上级发布命令，下级只是执行命令的传统管理，转移到下级自己制定与上级紧密联系的目标，并由自身来实施和评价目标的现代管理方法上来。

（5）安全目标管理能够促进安全管理基础工作的改善，提高职工的安全意识和安全素质。实行安全目标管理,就必须将目标进行合理的分解,以制定各部门的目标和个人的目标,以及进行正确的达标评价,这就促进了各部门必须加强基础工作,以保证目标的实现。职工也为实现既定的安全目标,积极主动地辨别本岗位的危险因素,并自觉地加以控制,自动改进工作方法,逐步实现规范操作,标准操作。另外,企业承包为保证总目标实现,又把职工安全技术工作水平的提高作为分目标纳入目标体系,从而进一步促进职工素质的提高。

总的来说,实行目标管理,有利于充分启发、激励、调动和发挥企业全体职工参与企业建设的自觉性、积极性和创造性,有效地提高企业的科学管理水平;有利于加强企业的全面计划管理;有利于提高企业生产经营管理水平,取得最佳的经济效益。

2. 煤矿安全目标管理的内容

(1) 安全目标的内容

制定安全目标包括确定企业安全目标方针和总体目标,制定实现目标的对策措施三方面内容。

① 企业安全目标方针。企业安全目标方针即用简明扼要、激励人心的文字、数字对企业安全目标所进行的高度概括。它反映了企业安全工作的奋斗方向和行动纲领。企业安全目标方针应根据上级的要求和企业的主客观条件,经过科学分析充分论证后加以确定。

② 总体目标。总体目标是目标方针的具体化。它具体地规定了为实现目标方针在各主要方面应达到的要求和水平。只有目标方针而没有总体目标,方针就成了一句空话;也只有根据目标方针确定总目标,总目标才能有正确的方向,才能保证方针的实现。目标方针与总体目标是紧密联系,不可分割的。总体目标由若干目标项目所组成。这些目标项目应既能全面反映安全工作在各个方面的要求,又能适用于国家和企业的实际情况。每一个目标项目都应规定达到的标准,而且达到的标准必须数值化,即一定要有定量的目标值。因为只有这样才能使职工的行动方向明确具体,在实施过程中便于检查控制和再考核评价。

③ 实现目标的对策措施。为了保证安全目标的实现,在制定目标时必须制定相应的对策措施,作为安全目标的不可缺少的组成部分。制定对策措施要抓住影响全局的关键项目,针对薄弱环节,集中力量,有效地解决问题,对策措施应规定时限,落实责任,并尽可能有定量的指标要求。

(2) 确定安全目标值的依据和要求

① 确定安全目标值的主要依据是企业自身的安全状况、上级要求达到的目标数值以及历年特别是近期各项目标的统计数据(伤害频率、经济损失率等)。也应参照同行业,特别是先进企业的安全目标值。

② 确定安全目标值应当体现先进性、可行性与科学性。目标值定得过低,不经努力就可达到,就没有激励作用,失去了目标管理的意义;目标值定得过高,可望而不可即,做出最大努力也无法达到,就会使人丧失信心,挫伤积极性。做到先进性、可行性的正确结合,就必须要把目标值建立在科学分析论证的基础上,要充分了解自身的条件和状况,并对未来做出科学的预测和决策。

(3) 制定安全目标的程序

制定安全目标的程序,一般分为三步,即调查分析评价、确定目标、制定对策措施。

① 对企业安全状况的调查分析评价。这是制定安全目标的基础。要应用系统安全分析与危险性评价的原理和方法对企业的安全状况进行系统、全面的调查、分析、评价,重点掌

握如下情况:企业的生产、技术状况;由于企业发展、改革开放带来的新情况、新问题;技术装备的安全程度;人员的素质;主要的危险因素及危险程度;安全管理的薄弱环节;曾经发生过的重大事故情况及对事故的原因分析和统计分析;历年有关安全目标指标的统计数据。通过调查分析评价,还应确定出为了实现安全目标,需要重点控制的对象,一般可以有如下各个方面:

危险点:指可能发生事故,并能造成人员重大伤亡,设备系统造成重大损失的生产现场。

危害点:指尘、毒、噪声等物理化学有害因素严重,容易产生职业病和恶性中毒的场所。

特种作业:对操作者本人,尤其对他人和周围设施的安全有重大危害因素的作业。国家规定特种作业的范围是:电工作业;锅炉司炉;压力容器操作;起重机械作业;爆破作业;金属焊接(气割)作业;煤矿井下瓦斯检验;机动车辆驾驶;机动船舶驾驶、轮机操作;建筑登高架设作业;符合本标准基本定义的其他作业。

特殊人员:指心理、生理素质较差,容易产生不安全行为,造成危险的人员。

对危险点、危害点应适当加以分级,以便确定重点控制的范围。

② 确定安全目标。确定安全目标值要根据上级下达的指标,比照同行业其他企业的情况。但是不应简单地就以此作为自己企业的数值,而应主要立足于对本企业安全状况的分析评价,并以历年来有关目标指标的统计数据为基础,对目标值加以预测,再进行综合考虑后确定。安全目标管理应与安全工作的考核评价有机地结合起来才能更加有效地推动安全管理工作,促进安全生产的发展。

③ 制定对策措施。如前所述,制定对策措施应该抓住重点,针对影响实现目标的关键问题,集中力量加以解决。一般来说,可以从下列各方面进行考虑:组织、制度;安全技术;安全教育;安全检查;隐患整改;班组建设;信息管理;竞赛评比、考核评价;奖惩;其他等。制定对策措施要重视研究新情况、新问题,譬如企业承包经营的安全对策,采用新技术的安全对策等。要积极开拓先进的管理方法和技术,如危险点控制管理、安全性评价等。制定出的对策措施要逐项列出,规定措施内容、完成日期,并落实实施责任。

3. 安全目标的实施

在制定和展开安全目标后就转入了目标实施阶段。在这个阶段中要着重做好自我管理、自我控制,必要的监督检查以及信息交流这三方面的工作,保证目标管理的有效进行,应在实际工作中加以控制。

① 权限下放、自我管理、自我控制。这是目标实施阶段的主要原则。在这个阶段,企业从上到下的各级领导、各级组织、直到每一个职工都应该充分发挥自己的主观能动性和创造精神,围绕着追求实现自己的目标,独立自主地开展活动,抓紧落实,实现所制定的对策措施。要把实现对策措施与开展日常安全管理和采用各种现代化安全管理方法结合起来,以目标管理带动日常安全管理,促进现代安全管理方法的推广和应用。要及时进行自我检查、自我分析,及时把握目标实施的进度,发现存在的问题,应积极采取行动,自行纠正偏差。在这个阶段,上级对下级要注意权限下放,充分给予信任,要放手让下级自己去实现目标,对下级权限内的事,不要随意进行干预。在具体实施过程中,还应进一步展开,对过程应加以详细记录,以取得更好的效果,也有利于给成果评价阶段奠定基础。

② 监督检查。目标实施主要依靠各级组织和广大职工的自我控制,但也不能放松上级对下级的指导、帮助、协调和控制工作。要实行必要的监督和检查,通过监督检查,对目标实

施中好的典型要加以表扬和宣传;对偏离既定目标的情况要及时指出和纠正;对目标实施中遇到的困难要采取措施给予关心和帮助。总之要使上下两方面的积极性有机地结合起来,从而提高工作效率,保证所有目标的圆满实现。

③ 信息交流。目标实施要注重信息交流,建立健全信息管理系统,以使上情能及时下达,下情能及时反馈,从而使上级能及时有效地对下级进行指导和控制,也便于下级能及时掌握不断变化的情况,及时做出判断和采取对策,实现自我管理和自我控制。

4. 安全目标成果的评价

目标成果的考核和评价是安全目标管理主要内容之一。其目的是要对实际取得的目标成果做出客观的评价,对达到目标的给予奖励,未达目标的进行惩罚,从而使先进的受到鼓舞,后进的得到鞭策,进一步调动起全体职工追求更高目标的积极性,通过考评还可以总结经验和教训,发扬成绩,克服缺点,明确前进的方向,为下期安全目标管理奠定基础。

三、安全与心理特征

安全是人们从事生产和社会活动的最基本的需求,美国著名的心理学家马斯洛形象地描述了人类在生产和社会活动中,各种需要所占的地位和相互之间的关系,他认为人的需求分五个层次,人的第一位需要是生理需求,第二位是安全上的保障。只有满足了这两个需要之后,才有可能进行实现更高层次的需要。

1. 安全生产与人的心理特征

在生产过程中,事故发生造成人员伤亡,原因是很复杂的,可分为物的因素和人的因素两大类。大部分事故是由物质环境和人的举止行动共同作用的结果。除去客观的条件和机遇,主要决定于人的能力、情感、意志、动机、需要和信念等个性心理因素。

心理学把人的个性心理特征分为能力、性格和气质。这三个方面,对于每个人来说是各不相同的。例如,有人善于学习,掌握科学技术和生产技能很迅速,有人则不是这样,这是能力的不同;有人干工作或进行操作,细心、认真、一丝不苟、精益求精,有人干活粗枝大叶、马马虎虎、得过且过,这是性格的不同;有人沉着、稳重、老练,有人则轻浮、急躁、冒失,这是气质的不同。可见,个性心理特征与安全生产有极密切的关系。

2. 心理特征对安全生产的影响

(1) 能力心理特征对安全生产的影响

个体的基本能力,影响着劳动者对工作的分析、判断、综合、决策等,与其工作成效或成功性有较大关系,更与人的反应时间、动作协调性、注意集中、机械操作等特殊能力密切相关。人的能力有大有小,但类型、特长各有不同,所谓"尺有所短,寸有所长"。在生产过程中人的能力是不同的,不同的人所适宜从事的职务和工种亦不相同。在工作分析的基础上,通过心理学的方法进行心理素质的选拔,既可以选到适宜从事某种岗位工作的人员,有利于节省培训经费,提高工效、保证生产和安全,也有利于求职者自己选择适合的工作。

人与人之间的能力差异体现在能力水平和能力类型方面的不同,因此在安排和分配职工工作时,要尽量根据其能力发展水平和能力类型安排适当的工作。

(2) 气质心理特征对安全生产的影响

气质是表现在人的情感和活动发生的速度、强度方面的心理特点,它是高级神经活动类型的外部表现。气质与性格、能力等同属于人的个性心理特征,人在气质上的差异,是影响人的安全操作的一个重要因素。因此,在安全生产中对不同类型特点的职工进行有针对性的管理是非常必要的。

① 胆汁质型(不可抑制型)。情感强烈,情感的发生与表现迅速而明显,活动迅速。在工作中热情高,勇于承担困难的任务,但是脾气急躁、不稳定,易冒险作业。对于胆汁质型的人既要采取有说服力的严厉批评,又不要轻易激怒他们,避其锋芒,设法使其冷静下来再进行工作,这样有助于他们纠正错误,改进工作。

② 多血质型(活泼型)。理解能力强、反应快,但粗心大意、注意力不集中。对这种类型的人应从严要求,要明确指出他们工作中的缺点。对于这种人做思想工作时,要特别注意严格要求,表扬、批评要经常进行,反复提醒,通过持久的帮助,培养他们的耐力和毅力。

③ 黏液质型(安静型)。情感藏而不露,不易受刺激,不爱发脾气,理解能力较差,反应较慢,但工作细心、注意力集中。对这种类型的人需加强督促,应对他们提出明确的进度和速度要求,逐步培养他们迅速解决问题的能力和习惯,以扬长避短。管理者应多与他们交往,在相互了解过程中取得信任,掌握他们的思想状况,交谈时为他们提供思考的时间,不要求马上表态。

④ 抑郁质型(弱型)。对事比较敏感,遇事冷静,但易于萎靡不振,有时自卑感强,但一般工作认真仔细,做错了事容易自责;遇到不愉快的事,常常会产生较大心理波动,因此不宜当面批评,而适合于先冷处理,后单独做工作,要多用暗示、表扬的方法,使其看到自己的优点和能力,增强勇气和信心,切不可过多苛责。

在安全管理工作中,并不是一定要将某人划归某类型,而主要是测定、观察每人的气质特点及气质影响性格的表现方式,以便在工作安排和教育方式上因人而异。在工作安排上,要注意发挥气质互补作用,并通过发挥主观能动性,是能适应工作圆满完成任务的。

(3) 性格心理特征对安全生产的影响

性格按倾向分类:内向(倾)型、外向型、中间型。按心理机能分类:理智型、意志型、情绪型。按个体独立程度分类:独立型、顺从型。

在安全生产中应根据性格特点的不同安排不同的工作岗位,针对不同的性格特点进行不同的管理方法,实行帮助和教育相结合的方法。引导职工以不同方式进行自我修养,如自我分析、自我控制、自我努力、自我监督等,使之在生产实践和社会实践的锻炼中,逐渐形成工作认真负责和重视安全的优良性格特征。对于外向性格的职工,由于他们性格开朗,可以当面进行批评教育,甚至争论。但一定要坚持说理,就事论事,平等待人;对性格较内向,情感不善外达,不爱多说话的职工,适合于多用事实、榜样教育或后果教育方法,让他自己进行反思和从中接受教训。对于自尊心特别强的职工,更要注意工作方法,切不可构成心理伤害。

总之,在进行安全管理和教育过程中,安全管理者应该正视职工的性格差异,不可简单粗暴,不顾职工的心理感受和承受力,这样既搞不好工作,也搞不好安全,也会造成人际关系的紧张。所以要重视了解和掌握职工的不同类型的性格,在顺应性格发展规律的同时,对确有性格缺陷、责任心差、好违反规章制度的职工,要加强思想教育,促使其转变思想认识,不得已时严格按制度规定采取处罚措施。尤其对不良性格的职工更要注意对他们进行因势利导、区别对待,原则是让不同性格的人都既做好工作,又要心情舒畅、工作顺心,使大家齐心协力、团结互助,共同把安全工作搞好。只有这样,才能在安全管理时避免职工受到心理挫折,处理好人际关系,从而调动职工的积极性,共同搞好安全生产。对职工的尊重永远是最重要的管理原则,也是效果最好的管理理念。

3. 心理特征在安全管理中的应用

个性心理特征可在安全管理中加以应用。

① 自卫:害怕个人被伤害。这是个人心理特征中最强烈且较普遍的一种特征。例如,一个下意识怕被伤害的工人,如能引起其注意安全的兴趣,则可使其对机器作适当的保护而站在一个安全的位置。

② 人道感:即希望替他人服务。重视急救,强调拯救生命及避免灾害扩大,以及利用事故频率的数字,更易唤起有人道感的人合作。

③ 荣誉感:即希望与人合作,关心集体的荣誉。当工人具有健全的荣誉心时,可用来建立和维持其对安全工作的兴趣。

④ 责任感:即能认清自己义务的心理特征。大多数人不论对自己或他人都有某种程度的责任感,它也是一种易于利用引起安全兴趣的特征。可增加有责任感的人在安全生产中所负的责任,或指派他当安全员及其他有关安全方面的工作。

⑤ 自尊心:即希望得到自我满足和受到赏识。这种自尊心来自于对自己工作价值的认识与工作已经改进的程度。称赞、表扬是引起自尊心的一种刺激。

⑥ 从众性:即害怕被人认为与众不同,它的对立特征是标新立异。有从众心理的人,竭诚地愿意遵守安全规定。对于具有这种特性的人,可利用订标准(公布大多数人都能接受的标准),采用比较法(指出违反劳动纪律和安全规程,为大家所不齿),强调系统性和规律性(如定时上油、更换工具、定期召开安全会议)以及指出违反安全法规会脱离群众等方法调动其安全兴趣。

⑦ 竞争性:即希望与人竞争,这种人在有人与他竞争时,往往比单独工作时有干劲;在与别人比较时,他的兴趣似乎在于证明自己的优越性。对于这种人可多提供安全竞赛的机会。

⑧ 喜牵头:即希望出头露面。对这种人可加重其安全工作的责任,如指派其做群众安全监督员;令其管理有关安全器材;在安全检查中,指定其作组长或评定人员等等。

⑨ 逻辑思考力:即理解的特殊能力。这种人往往以"明察秋毫"自负,好做公正的结论。如果以事实和数据为基础,可引起这种人对安全的兴趣以修正其不安全行动,同时也可安排在安全组织中担任一定职务,以发挥其逻辑思考力的特性。

⑩ 希望得到精神和物质奖励:通常许多人希望得到在精神上、经济上或其他形式的鼓励。因此,对职工在安全工作方面有突出表现时,可给予表扬或奖励(奖状、奖金、赠品、给予旅行、疗养等),以建立其对安全工作的兴趣。要政治思想工作与物质奖励相结合。

在分析上述心理特征时,还要兼顾职工的经济条件、家庭情况、健康状况、年龄、嗜好、习惯、性情、气质、心情以及对不同事物的心理反应。选用何种调动积极性的方法,应视个人情况而定。

这些安全实践中常遇到的个性心理特征,可以发展和利用它们为安全生产服务,而并非主张发展这些特性。在加强安全思想教育时,如会上发言、会下谈心或指派工作以及采用各种宣传方式时,均可利用心理特征来提高安全管理工作的水平。

四、安全文化

安全文化是人类安全活动所创造的安全生产、安全生活的精神、观念、行为与物质的总和。安全的环境、物质、条件的实在内容都包含于安全文化范畴。安全文化是安全科学领域的一项新对策,是安全系统工程与现代安全管理相结合的一种新思路、新策略。

现代企业安全管理的主要特点是人、物本质安全性和预防性对策,其中以"人"为主要管理对象,安全文化建设的意义就在于它解决的是"人的本质安全性"问题。企业安全文化建设的最终目的是通过综合提升全体员工的安全观念、意识、思想、态度、知识、技能,达到全员在安全工作中的高度自觉和自律。通过解决这个问题,进而实现物的本质安全性和预防性对策的落实。

企业安全文化的内涵包括企业安全理念、企业安全形象、企业安全管理、企业员工安全行为规范四个方面。

1. 企业安全理念

企业安全理念是安全文化的核心,是员工群体安全价值观的综合体现,企业安全理念的核心内容包括:

(1)树立"安全第一、预防为主、综合治理"的安全方针观。安全第一,有两方面含义,一就是在生产管理组织过程中,必须始终把"安全与否"作为一切工作的前提,尤其是安全与其他方面有矛盾的时候,必须首先解决好安全问题;二就是在方案审查、现场工序验收以及单位和个人的奖罚评比、评优等各方面,全面落实"安全一票否决制"。预防为主的含义,就是在可预料到的事故发生之前,就应当采取措施,消除各类危险因素。具体包括消除对策、防护对策、减弱对策三个层面。消除对策就是在设计阶段采取措施,消除危险的根源;防护对策就是在危险不能消除时,采取各种安全防护措施,使它不能造成伤害;减弱对策就是在危险不能被彻底消除和有效防护时,采取措施降低事故可能造成的后果。

(2)树立"安全创造效益,安全维护企业生产力、安全发展企业核心竞争力"的安全价值观。安全工作对于企业,主要功能在于维护企业生产力,为企业发展创造和谐稳定的内部环境。而稳定和谐的企业内部环境,对企业来讲,就是安全工作的效益性体现,也是发展核心竞争力的需要。

(3)树立"以人为本、依法管理、全员参与、持续改进"安全方法观。以人为本,一是要以保护人的生命安全为安全工作出发点,二是要以人为主要管理对象来开展工作,以人为管理工作的落脚点;依法管理,企业须按照国家有关安全法律、法规、规章和国家、行业安全标准来实施安全管理工作,健全安全责任体系、制度体系;全员参与,一是完善和落实全员安全责任制,人人有责,并得到切实落实,二是开展全员安全教育和安全培训;三是人人遵章守法,做好自我安全防护;持续改进,以系统安全理论为指导,实施动态管理、系统管理,循序渐进,不断改善企业安全生产条件。

(4)树立"安全只有起点、没有终点"的安全认识观。在安全工作上要时刻保持危机感和使命感。安全工作是没有具体成果体现的,尤其需要时刻保持危机感,不能有松懈的时候,要不断保持和增强安全生产忧患意识,不断提高安全管理水平和改善安全生产条件,做到警钟长鸣、持续进步。

2. 企业安全形象

企业安全形象(安全物质文化),是社会公众、企业相关方、本企业员工对企业在安全方面的综合性认知和感受,是安全文化的外在物质形象。建立优秀而有特色的企业安全外在形象,是安全文化建设的一项重要内容。如机械设备外观清洁、漆色完整鲜艳、机械防护设施齐全;工地安全网、安全栏杆等绑挂牢固、整齐、清洁;安全标志规范、齐全、挂设整齐;作业环境清洁有序等,均为企业安全形象构成的物态要素。企业应保障必要的安全生产措施投入,不断改善安全生产条件,努力实现人、物与环境的安全与协调,塑造有特色的优等企业安全视觉形象。

3.企业安全管理

企业安全管理包括两个方面,一是安全制度的建立要依法、健全;二是安全制度执行要责任到人、落实到底,党政工群共同监督。安全制度要能充分体现出企业安全文化的"先进性",这个先进性的一个重要标志内容就是制度健全、责任到人、整改彻底、有效激励(奖罚分明)。

企业安全制度须依据国家有关安全法律法规来制订,凡法规有强制要求的内容,就应在企业安全规章制度里有所体现;同时,制度的建立应健全和闭合,比如有检查就必须有结果和整改,有整改必须有效果评价,有评价就应有奖罚,奖罚要公开并有记录,根据记录再应有阶段性的考核与评比,如此形成一个系统的工作循环,这就是制度的闭合性。另外,在安全制度的执行上,要完善安全责任制的制订和落实,将责任细化明确到人、各岗位,然后制订并实施考核制度,考核要与评先、入党、晋升、收入等全面挂钩。这样形成一个有效的激励机制。

4.企业员工安全行为规范

员工安全规范是针对企业三个不同层次的员工来表述的。对企业安全管理人员来讲,应牢固树立"依法治安"的安全观念,即按安全法律、法规的要求来进行企业安全生产管理,做到企业安全管理不违法。对各级职能部门的管理人员来讲,应牢固树立"执行安全技术标准、规程和履行安全职责"的观念,即按国家、行业安全标准与施工规范、规程来组织施工,做到生产施工不违反各类施工规范和安全标准,工作中不违章指挥,切实履行个人岗位的安全职责;对作业层工人,应牢固树立"遵守安全操作规程"的观念,即按工种和机械设备的安全操作规程进行作业,工作中不违章作业。每个员工都应自觉遵守安全法律法规和企业安全规章制度,在工作中自律自己的行为,做到不违章指挥、不违章作业、不违反劳动纪律;同时,在日常工作中要结合工作,努力学习安全技术知识,掌握安全技能,通过自我管理,逐渐养成良好的安全行为习惯。

五、安全计划与安全决策

(一)安全计划

安全计划是根据企业内外部环境、地质条件、开采技术条件、各种资源状况及其发展特点,制定安全生产发展目标,确定逐步解决安全问题的方针、策略、措施和基本对策。安全计划作为决策的基础、应变的前提、管理的保障、控制的手段,是企业发展计划的重要内容,企业在制订发展计划时必须同时制订企业安全计划。

1.安全计划的种类

根据安全计划的期限分为三种类型,即长期计划、中期计划和年度计划。

长期计划又称长期规划,计划期限一般5～10年。长期安全计划是一种目标计划。

中期计划一般称发展计划,由长期计划衍生而来,是企业设定未来2～5年内要努力发展的目标及战略,用以执行长期计划。安全中长期计划应包括企业安全生产方针、发展目标、基本对策和重点措施,确定安全投资计划、人才培训计划和安全装备计划。

年度计划一般称为执行计划,是将长期计划、中期计划的目标及战略分解成年度的安全目标。安全年度计划应包括安全工作的具体目标、内容、方法、措施、经费、实施日期、应取得的效果和评估方法、矿井灾害预防与处理等内容。

2. 安全计划的内容与编制

《煤矿安全规程》规定,煤矿企业在编制生产建设长远发展规划和年度生产建设计划时,必须编制安全技术发展规划和安全技术措施计划。煤矿企业必须编制年度灾害预防和处理计划,并根据具体情况及时修改。灾害预防和处理计划由矿长负责组织实施。

(1)安全计划的内容。

煤矿企业编制的年度矿井灾害预防和处理计划的主要内容应包括:

① 安全技术措施方面。包括控制自然灾害、预防伤亡事故的一切措施。

② 职业卫生技术措施方面。包括以改善劳动条件、防治职业危害为目的的一切技术措施,如防尘、防毒、防寒、防噪声、防振动及通风工程等。职业卫生技术措施应与企业的环境保护工作紧密结合。

③ 有关保证安全生产和职业卫生所必需的建筑物和设施等。如淋浴室、更衣室、卫生保健室、消毒室等。

④ 安全生产宣传教育计划和措施。如职工安全教育培训计划、安全宣传计划、安全图书和安全影视教育片的购置、安全教育室所需设施等。

⑤ 事故应急预案。应明确规定万一发生火灾、煤与瓦斯突出、瓦斯煤尘爆炸等灾变事故时的报告、通知、人员避灾组织和路线、救灾措施和防止事故扩大的措施、救灾过程中各类人员的职责分工等。

⑥ 安全技措资金使用计划。明确规定安全技措资金的提取、使用和管理措施,确定安全技措资金效能的评价方法。

(2)安全计划编制的依据。

安全计划的编制要充分分析和认真研究企业各方面情况,依据社会环境、经济环境、技术环境、地质条件、开采技术条件、企业安全生产各种数据和资料,通过对积累资料的系统分析,总结安全生产的规律,研究各种因素对安全生产的影响,预测发展趋势。要注意各类计划之间的内在关系,长期、中期和年度计划的衔接。

3. 安全计划的编制程序与执行

根据计划的类型和企业具体情况不同,安全计划的编制程序有所区别。企业中长期安全计划由企业组织各职能部门根据企业内外部环境,综合考虑安全生产各方面因素后编制,报上级管理部门和煤矿安全监察机构批准备案。股份制企业的安全生产长期计划应提呈董事会核准。

企业安全年度计划由矿长组织布置,各单位和职能部门在认真研究并组织群众广泛讨论的基础上,编制本单位安全计划。企业对各单位计划进行综合平衡、协调,组织各单位负责人、工程技术人员、工会和工人代表进行综合研究后,编制出企业年度安全计划,并报上级管理部门和煤矿安全监察机构批准备案。

安全计划与生产计划一般同时逐级下达执行。安全计划执行首先要把企业安全总目标层层分解落实下去,做到层层有计划、有目标、有措施,按预定的目标、标准来控制和检查计划的执行情况,经常对计划运行情况进行修订和调整,发现偏差,迅速予以解决。

要保证安全计划的实施，就必须对目标加强控制，通常要做好两方面的工作：一是要科学制定各安全技术标准，如定额、限额、技术标准、评价标准等，使各项工作的完成有一定的量化指标；二是要建立健全企业的信息反馈系统，保证信息反馈渠道的畅通和信息的传递速度，加强信息管理。

（二）安全决策

安全决策是针对生产经营活动中的危险源或特定的安全问题，根据安全目标、安全标准和要求，运用安全科学理论和分析评价方法，系统收集、分析信息资料，提出各种安全措施方案，经过论证评价，从中选择、决定最优控制方案并予以实施的过程。

安全决策是事故预防与控制的核心，是安全管理的首项职能。

1. 安全决策的分类

在安全决策中，根据管理层次、目标性质、存在的问题以及任务要求等的不同，可以有不同的决策类型。以解决全局性重大问题和大系统的共性问题为目标而进行的高层决策，称安全宏观决策。企业或部门所进行的针对具体危险源所作的预防控制对策的决策（工程项目建设的安全决策，企业安全管理决策，预防事故决策，事故处理决策），称安全微观决策。

2. 安全决策的基本程序

为保证作出科学、正确的决策，对需要解决的问题要调查研究，在此基础上，通过判定方案、分析评价以及选定最佳方案而完成决策。

（1）发现安全问题。发现问题就是发现应有现象和实际现象之间出现的差距。应用系统安全分析是发现问题的重要方法。

（2）确定安全目标。目标是指在一定条件和环境下，在预测的基础上希望达到的结果。调查研究和预测技术是确定安全目标的基本方法。

（3）确定安全价值准则。确定安全价值准则是为了落实目标，作为以后评价和选择方案的基本判据。它包括三方面的内容：

① 把目标分解为若干层次的、确定的价值指标；

② 规定价值指标的主次、缓急时的取舍原则；

③ 指明实现这些指标的约束条件。

价值指标有学术价值、经济价值和社会价值三类，安全价值属社会价值指标。环境分析是确定价值准则的科学方法。

（4）制定安全措施方案。对需要采取安全防范措施的安全问题，制定安全措施方案。由于方案的有效性只有进行比较才能鉴别，所以必须制定多种可供选择的方案。

（5）分析与安全评价。采用可行性分析、决策树技术、矩阵决策技术、统计决策技术、安全评价技术、模糊安全评价技术等科学方法及技术，对安全措施方案进行分析、评价，研究安全措施方案的重要性和可行性。

（6）方案优选抉择。对于拟定的安全措施方案，进行综合判断，权衡利弊，然后选取其一或综合为一。在方案优选过程中可采用决断理论和技术。

（7）试验证实。方案确定后要进行试点，试点成功后再全面普遍实施。如果不行，则必须反馈回去，进行决策修正。

（8）普遍实施。在实施过程中要加强反馈工作，检查与目标偏离的情况，以便及时纠正偏差。如果情况发生重大变化，则可利用"追踪决策"重新确定安全目标。

六、安全信息管理

信息是安全管理的基础,管理就其本质而言就是信息的收集与处理。对于安全信息管理系统来说,信息收集与处理系统的完善与否,很大程度上决定着企业的安全管理水平。随着社会的发展和科学的进步,安全信息化管理将在煤矿安全生产中发挥重大的作用。

1. 煤矿安全信息管理系统

煤矿安全信息管理系统就是对煤矿安全信息进行收集、整理、统计、计算、分析,并传递给操作者、管理者和决策者,以便进行安全管理和安全决策,保证煤矿生产安全的系统。

要建立安全信息管理系统必须建立相应的机构,以保证信息的正常运行。

(1)建立安全信息管理机构。专门设立安全信息管理机构,设专人管理安全信息(信息员),负责安全信息的收集、筛选、处理、储存、传递、反馈等信息管理工作。

(2)建立信息运行系统。安全信息管理系统信息的运行是十分重要的,信息运行系统由以下四部分组成:

① 信息收集系统。收集的安全信息有以下几个方面:上级部门的文件、指令等;本矿的安全文件、档案和技术资料等;通过填写专用安全检查表获得的信息;群众汇报,群安员提供及安全监测设备收集的数据等。主要的是专用安全检查表的填写,此检查表专门用于收集现场安全信息。填写的专用的检查表要及时交信息站。

② 信息处理系统。信息员对收集到的安全信息按重要性和处理难易进行筛选,一般信息直接传递给有关单位处理解决。对重大的安全信息则要整理登记储存,及时传递给安全决策系统。同时利用安全信息定期进行安全预测评价,及时传递给安全决策系统和有关单位。

③ 安全决策系统。安全决策人员根据安全信息进行决策,传递给有关单位处理解决。根据安全信息的难易由不同决策层次决策,容易处理解决的安全信息直接由信息员决策,较难处理解决的安全信息由安监部门领导或矿值班领导决策,重大的较难处理解决的安全信息由矿领导集体研究决策,然后传递给有关单位处理解决。矿领导根据安全评价的结果及其他安全信息定期对安全活动进行决策部署,传递给有关单位执行。

④ 信息反馈系统。有关单位在接到决策后,应在限期内立即对安全信息(隐患)进行处理解决,处理完后,立即将此信息反馈回信息站登记备案。信息在信息运行系统运行过程中的传递是很重要的,为了保证信息的循环流动,应对无故中断信息流动的单位及个人进行处罚。

2. 计算机在安全信息管理中的应用

电子计算机是一种具有高速、自动、精确地进行数学运算、过程控制、数据处理等功能的现代化的电子设备。用电子计算机和安全系统工程的原理、方法使安全管理计算机化,其应用范围基本上有以下几个方面:

(1)计算机用于数据储存及检索。

收集了解国内外职业安全工作动态,明确自身发展目标。收集及统计分析单位本身的安全数据对于安全工作及安全决策有着重要的参考价值。计算机性能为信息资料收集的广泛性和查阅的简便性、迅速性提供了可能。

(2)计算机用于系统安全分析。

利用计算机进行系统安全分析,比用人力进行运算,不仅时间节省多,而且可靠性程度也高,能完成有时人甚至难以完成的工作。降低分析者的劳动强度和分析者对该方法的熟练程度要求,得到较为精确的结果。

(3) 计算机用于数据处理。

由于计算机存储量大,可重复使用、重复输出,故将大量的原始资料和数据存于计算机中,并对有关数据进行收集、存储、分类、排序等加工处理和综合分析,使之变为对人们有价值的信息,从而能使决策建立在科学的判断和预测的基础之上,提高工作效率。

(4) 计算机用于安全监测和过程控制。

要保证生产的正常进行,避免事故的发生或尽可能地减少对工人的伤害,就必须对生产环境中的不安全因素加以监测。及时发现问题,及时发出有关信息,及时采取控制措施,这是保证安全生产的先决条件。计算机的高速度和高精度的优势,能较好地弥补人工监测的缺陷。计算机过程控制系统能使整个系统按规定的程序进行工作,既保证了安全,又提高了效率,成为保证安全生产的重要手段。

(5) 计算机专家系统的应用。

计算机专家系统是指能在较窄的问题领域内具有与专家同等程度的解决问题能力的一种计算机程序。对于一个企业来说,要想聘用所有与其安全生产有关的专家是不现实的,而计算机专家系统能很圆满地解决此问题。专家系统是将专家已有的知识和经验以知识库的形式存入计算机,并模仿人的推理和思维过程,运用这些知识和经验对输入的原始事实作出判断和决策,得出近似于本行业专家的结论。

七、煤矿安全质量标准化

煤矿安全质量标准是指煤矿生产过程中各种设施、设备完好可靠程度和安全管理水平和标准,它包括产品质量标准、工程质量标准和工作质量标准。煤矿安全质量标准化是煤炭行业在多年的质量标准化实践的基础上不断创新,逐步发展完善而形成的一整套行之有效的安全质量管理体系和方法。

1. 安全质量标准化煤矿的等级划分

(1) 一级安全质量标准化煤矿:安全质量标准化平均得分为 90 分及以上,且通风专业达到一级,采煤、掘进、机电、运输、地测防治水五个专业中,达到一级的专业不低于三个,其他专业不低于二级。

(2) 二级安全质量标准化煤矿:安全质量标准化平均得分在 80 分以上,且通风专业达到二级,采煤、掘进、机电、运输、地测防治水五个专业中,达到二级的专业不得低于三个,其他专业不得低于三级。

(3) 三级安全质量标准化煤矿:安全质量标准化平均得分为 70 分以上,且采煤、掘进、机电、运输、通风、地测防治水六个专业中,没有不达标的专业。

2. 安全质量标准化煤矿必须具备的条件

(1) 实现安全目标。

矿井百万吨死亡率:

一级:1.0 以下;

二级:1.3 以下;

三级:1.5 以下。

凡是年产量为 100 万 t 以下的煤矿,要评定为一级矿井。年度死亡人数不得超过 1 人。

其死亡率可往前连续二三年累计计算。凡是年度内发生过一次 3 人及以上死亡事故的煤矿,取消当年的评比资格。

(2) 采掘关系正常。

(3) 资源利用:回采率达到规定要求。

(4) 矿井必须有核准的足够风量,必须按《煤矿安全规程》规定,建立安全监控,瓦斯抽放和防火系统。

(5) 制定并执行安全质量标准化检查评比及奖惩制度。

八、矿用产品安全标志管理

煤矿矿用产品安全标志管理制度是对涉及煤矿安全生产及职工安全健康的产品所采取的强制性安全管理制度。安全标志是煤矿矿用产品生产单位生产、销售和使用单位采购、使用的标识,对纳入安全标志管理的煤矿矿用产品未取得由国家煤矿安全监察部门核发的安全标志不得进入煤矿井下。

国家煤矿安全监察局(煤安监技装字〔2001〕第 109 号)公布执行安全标志管理的煤矿矿用产品共 12 类 118 个小类,具体类别如下:

(1) 电气设备,包括高低压电器、防爆电机、综合保护装置和其他防爆电器。

(2) 照明设备,包括安全帽灯、防警矿灯、防爆灯具、矿灯短路保护装置等。

(3) 爆破材料、发爆器,包括煤矿许用炸药、煤矿许用雷管、煤矿许用导爆索等。

(4) 通讯、信号装置,包括通信、信号装置。

(5) 钻孔机具及附件,包括电动、液动、非金属与轻合金气动的钻、凿、锚机具。

(6) 提升、运输设备,包括带式(刮板)输送机、提运设备。

(7) 动力机车,包括防爆蓄电池电机车、架线式矿用电机车及配套电器设备、防爆柴油机动力设备(含防爆柴油机)。

(8) 通风、防尘设备,包括地面通风机、局部通风机、通风仪器仪表、除尘与降尘设备等。

(9) 阻燃及抗静电产品,包括阻燃输送带、电缆、风筒、隔爆水袋(槽)、非金属制品、难燃介质等。

(10) 环境、安全、工况监测监控仪器与装备,包括气体检测仪表、安全、生产监测监控系统,自救器、呼吸器、苏生器及其他安全装置。

(11) 支护设备,包括液压支架、气垛支架、单体液压支柱、切顶支柱、摩擦支柱、金属顶梁、锚杆(索)、乳化液泵、液压支架用胶管等。

(12) 采掘机械及配套设备,包括采煤机、掘进机及其电控装置等。

九、煤矿本质安全管理体系

煤矿本质安全管理首先要结合煤矿自身经济技术条件,尽量做到选用先进设备、合理工艺、科学的开拓布局和经济的资源开采方法,人员整体素质要不断提高,各环节做到科学、合理和优化,所有这些都有助于煤矿进行本质安全建设,而且有助于提高煤矿的本质安全可靠性。煤矿最好有质量标准化管理基础,然后在此基础上进行本质安全建设。

1. 体系目标

本质安全管理的目标是通过以预控为核心的、持续的、全面的、全过程的、全员参加的、闭环式的安全管理活动,在生产过程中做到人员无失误、设备无故障、系统无缺陷、管理无漏洞,进而实现人员、机器设备、环境、管理的本质安全,切断安全事故发生的因果链,最终实现杜绝已知规律的、酿成重大人员伤亡的煤矿生产事故发生的煤矿本质安全目标。具体体现在以下几个方面:

(1)人员的本质安全。要求员工具备相应的安全知识、安全技能和较强的安全意识,具有良好的安全素质,不论在何时何地何种作业环境和条件下,都能按规程操作,杜绝"三违",杜绝人为失误,实现人员的本质安全。

实现人员无失误,进而实现人员的本质安全是煤矿本质安全中的基础性环节。相对于物、系统、制度等三方面的本质安全而言,具有先决性、引导性、基础性地位。

(2)设备的本质安全。一方面是对机器设备系统机械化和自动化水平的要求,要求机器设备具有故障检测和安全防护功能,安全可靠性高;另一方面是要求,在使用过程中要确保机器设备正常运转不存在安全隐患,达到本质安全管理标准。

(3)环境的本质安全。煤矿生产环境应符合安全规程和标准的要求,且作业环境整洁卫生。

(4)管理的本质安全。管理体系科学、简洁、完善、高效。管理体系应包括完备的管理标准体系、管理措施体系以及保障管理标准和管理措施切实落实到位的管理保障体系。管理标准应做到"每一条已知规律的风险的产生原因,都应有相应的管理标准予以消除";管理措施应能够做到"只要员工按照管理措施要求,尽职尽责,每一条管理标准都能够得到落实";相应的监督保障体系和预警系统应保障:"每一项管理措施都有具体的人员负责,如果责任人失职,能够及时发现、制止,并有反馈信息"。

2.体系定位

本质安全管理的定位为:符合中国国情的,以切断事故发生的因果链为根本目标的,以预控为核心的,以危险源辨识和本质安全管理标准、管理措施为基础的,与传统安全管理相比更有效、更科学、更系统的管理,使我国煤矿安全状况得到根本改善,达到国际先进安全管理水平的管理。

3.煤矿本质安全管理体系的组成

煤矿本质安全管理体系主要包括风险管理、管理对象的管理标准和管理措施、人员不安全行为管理与控制、组织保障管理、煤矿本质安全管理评价和煤矿本质安全管理信息系统。

(1)危险源辨识和风险评估

危险源辨识是煤矿本质安全管理的前提和基础,只有找到危险源才能确定管理对象,进而建立本质安全体系、管理标准体系,并制定相应的管理措施、政策和程序。本质安全管理要求煤矿建立煤矿危险源辨识的方法体系和煤矿危险源辨识的内容(如人的不安全因素危险源辨识、机器设备的不安全因素危险源辨识、环境的不安全因素危险源辨识、管理制度的不安全因素危险源辨识等)。

辨识出的危险源根据风险评估进行分类管理,包括危险源的监测和监控。

风险评估另外一层含义是根据动态信息检测对危险源的安全风险程度进行定量评价,以确定特定风险发生的可能性及损失的范围和程度,进而进行风险预警和预控。

(2)管理对象的管理标准和管理措施制定

辨识出的危险源通过提炼成为管理对象,通过管理对象来实现对危险源控制。制定管理对象的管理标准和管理措施的目的是根据事故发生的机理,运用系统的方法,通过适当的管理标准和措施切断事故发生的因果链,从而将风险消除、降低或控制在可以承受的范围之内。本质安全管理标准是处于安全状态的条件,是衡量管理人员安全管理工作是否合格的准绳,是管理工作应达到的最低要求。有了管理标准,还需要有相应的管理措施来进一步说明如何做从而达到要求,并且运用适当的方法使单位每位员工明确其职责权限及范围,它是员工安全行为的指南。本质安全管理要求管理标准和管理措施要全面覆盖煤矿的所有危险源。

（3）人员不安全行为控制与管理

人员不安全行为也是一种危险源,本部分主要是根据人员不安全行为的产生机理,对人员不安全行为进行分类管理,并制定相应的管理途径和控制方法。

（4）组织保障管理

组织保障是为了顺利实施煤矿本质安全管理体系,包括煤矿应该设立什么样的组织机构、岗位职责、有效的激励约束机制、健全的人员准入和培训机制、良好的安全文化体系等。

（5）煤矿本质安全管理评价

对煤矿本质安全管理系统的运行情况应进行监管,进行定期和不定期的评价和考核,以确保管理体系能够达到煤矿本质安全管理的要求。煤矿本质安全管理评价是检验煤矿本质安全管理系统运行的效果,通过评价判别是否达到了煤矿本质安全管理的目标,同时,找出煤矿本质安全管理存在的问题。针对问题提出改进建议,不断完善本质安全管理系统,不断杜绝由于人为的、已知规律的、可控的因素而导致的事故,逐渐减少煤矿重大和特大事故的发生,实现煤矿管理长效安全。本质安全管理要求对监督、评价过程中发现的问题、缺陷及时向上级报告,相关部门应及时对管理体系进行改进、完善。

（6）信息系统

煤矿的各个层级都需要借助信息来识别、评估和应对安全风险。信息系统首先应搜集详实的生产安全信息,包括危险源信息、风险程度信息、风险应对信息、生产作业信息、地质条件信息、环境信息、政策落实执行信息、管理系统运行信息、监管报告等;其次,应具有有效畅通的信息沟通渠道,保证信息传递的及时性、全面性、连续性、针对性;再次,信息系统要保证决策者能够及时获得决策所需的各类相关信息。

第三章 煤矿地质与安全

第一节 煤系地层、地质构造及对煤矿安全生产的影响

一、煤系地层

1. 煤系地层

煤系地层是在一定地质历史时期形成的具有成因联系的大致连续沉积的一套含煤岩系。它的厚度从几十米至几千米不等。构成煤系的岩层主要有泥岩、页岩、粉砂岩、砂岩及煤层。在近海型煤系中,常有海相石灰岩;在有火山活动的地区,可能含有火山碎屑岩。煤系岩层常呈灰白色、灰色或黑色。

2. 煤层

煤层是由植物残体大量堆积,经成煤作用形成的层状固体可燃矿产。煤层是煤系地层的重要组成部分,煤层的厚度及其变化是评价煤层工业价值的主要指标,也是选择采煤方法的主要依据。

煤层的形态按其成层的连续程度分为层状煤层、似层状煤层和非层状煤层。层状煤层指煤层呈连续的层状,层位稳定,厚度变化小,且有一定规律性;似层状煤层的层位比较稳定,有一定的连续性,煤层厚度变化较大,无一定规律性,如藕节状、串珠状等;非层状煤层的层位极不稳定,连续性很差,尖灭与分叉现象普遍,煤厚变化很大,变化无一定规律,常常是局部可采,如鸡窝状、扁豆状、透镜状等。

煤层厚度是指煤层顶底板之间的垂直距离,也称为煤层真厚度。它是选择采煤方法的主要依据。

煤层厚度是影响煤矿开采的主要地质因素,煤层厚度不同,采煤方法亦不同。煤层发生分岔、变薄、尖灭等厚度变化,直接影响煤炭储量的实际测量和煤矿正常生产。

二、地质构造

原始沉积的煤系地层,一般都是水平的或近似水平的,并在一定范围内连续分布。由于后期地壳运动及外力地质作用的影响,使岩层产生变位,改变了原始的面貌,形成了各种各样的地质构造。

矿井地质构造就是地壳运动引起的岩层变形和变位的形迹(结果),是井田边界及其范围内的褶皱、断层、节理和层间滑动等地质构造的统称。矿井地质构造是影响煤矿生产和安全最重要的地质条件,也是岩体失稳的重要地质因素;此外,影响煤矿安全生产的地质因素还有陷落柱等。构造变动轻微的缓斜岩体,整体强度较高,稳定性好,巷道侧压小于垂直压力。构造变动强烈的急斜、直立和倒转岩体,内部结构往往破碎,整体强度较低,岩体侧压大

于垂直压力,工作面易出现坍塌滑移、片帮冒顶,稳定性较差。裂隙节理发育带、断层破碎带、软弱夹层的层间滑动带,矿山压力较大,煤层顶板容易冒落,造成顶板事故。

（一）褶皱构造

岩层受到构造运动而发生波状弯曲,但仍保持岩层的连续性和完整性的构造形态称作褶皱构造,如图 3-1 所示。

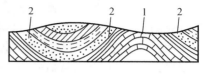

图 3-1　褶皱构造

1——背斜;2——向斜

1. 褶曲构造

褶皱构造中每一弯曲为一个褶曲,它分向斜和背斜两种形态。背斜为岩层层面突起的弯曲,并且在水平切面图上中心核部为老岩层,两翼是新岩层。向斜为岩层层面下凹的弯曲,并且在水平切面图上中心核部为新岩层,两翼为老岩层。

褶曲构造的成因是一个比较复杂的地质学问题。由于形成了褶曲,改变了煤、岩层的力学性质和受力状态。一般情况下,煤层在向斜、背斜的轴部往往增厚而两翼变薄。坚硬岩层在轴部的顶端常常产生断裂,岩体破碎,裂隙中常有其他充填物质;在轴部的内侧,有的岩层还存在残余应力,积聚着一定能量,而且在同一褶曲中,向斜轴部的残存应力要比背斜轴部的大,且易导致煤（岩）与瓦斯突出。当在上述条件下布置采区巷道时,要采取加强支护的措施以避免由于应力集中而引起的煤（岩）与瓦斯突出。

2. 褶曲构造对煤矿安全生产的影响

研究褶曲构造的目的,决不能停留在只了解褶曲构造的产生、形态及其表现方法上,更重要的是在矿井设计和施工中,特别是在煤矿安全生产中,如何对待褶曲构造的问题。

在褶曲构造中,向斜轴部的残存应力要比背斜轴部的大,因此,有瓦斯突出的矿井,向斜轴部是瓦斯突出的危险区。由于向斜轴部顶板压力大,再加上煤与瓦斯突出的重点区域,褶曲有时会改变原岩应力分布,从而改变工作面区域顶板的受力状态。大的褶曲构造只是使煤层倾角发生变化,对工作面顶板压力的影响不是很明显。但中、小褶曲对煤矿安全生产的影响较大。中、小褶曲由于褶曲使煤层起伏不平,特别是小褶曲可能造成顶板局部破碎,在采掘工作中,极易发生工作面局部冒顶,给顶板的安全管理工作带来很多困难。同时,受强烈侧压的褶曲的翼部,其煤层常被挤拉变薄,在背斜轴部及向斜轴部的煤层也可能增厚。这都增加了开采的困难。工作面经过煤层变薄带,由于顶板岩层下压,使顶板极易离层和破断,并可能发生顶板短时急剧下沉,造成冒顶事故。大型向斜轴部顶板压力常有增大现象,必须加强支护,否则容易发生局部冒顶、大面积冒顶等事故,给顶板管理和煤矿安全生产带来很大困难。

（二）断裂构造

岩层受力后遭到破坏形成断裂,失去了连续性和完整性的构造形态称为断裂构造。岩层断裂后,断裂体两侧岩层如没有发生显著错位的称为裂隙;如发生明显错位的则称为断层。

1. 断层构造

断层就是断裂面两侧煤岩层发生显著位移的断裂构造。断层的基本组成部分有断层面、断层线、断层交面线、断盘和断距,通常称其为断层要素,如图 3-2 所示。

（1）断层面。断层的断裂滑动面称为断层面。它在空间的方位和形态用其产状要素描述,即断层面的走向、倾向和倾角。

（2）断盘。位于断层面两侧的岩块称为断盘；位于断层面上方的叫上盘,位于断层面下方的叫下盘。若断层面是直立的,就不分上下盘,这时可按方位来表示。

（3）断层线和断层交面线。断层线指断层面在地表的出露线,也就是断层面与地面的交线,它反映了断层的延伸方向。

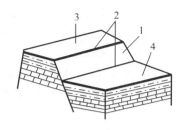

图 3-2　断层要素
1——断层面；2——交面线；
3——下盘（上升盘）；4——上盘（下降盘）

断层面与岩层面的交线称断层交面线。断层面与煤层底板面的交线称煤层交面线,或称断煤交线。

（4）断距。断距指断层两盘相对错开的距离,包括真断距、地层断距、铅直断距和水平断距等。铅直断距也称为落差。

根据断层上、下两盘岩体相对位移的性质,通常将断层分为正断层、逆断层和平推断层（见图 3-3）。岩层断裂后,上盘相对下降,下盘相对上升的称为正断层；上盘相对上升,下盘相对下降的称为逆断层；上、下盘做水平移动的称为平推断层。

根据断层走向与煤岩层走向的关系还可分为走向断层、倾向断层和斜交断层。

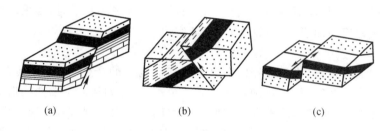

（a）　　　　　　　（b）　　　　　　　（c）

图 3-3　断层的基本类型
（a）正断层；（b）逆断层；（c）平推断层

2. 断层构造对煤矿安全生产的影响

断层带岩石是破碎的,地表水和含水层中的水都能沿着断层破碎带流入井下,增加井下涌水量和矿井排水与疏干工作的困难,不但给安全生产带来威胁,同时也增加了排水设备和排水费用。采掘工作面通过含水量较大的断层时,造成掘进和支护工作的困难,有时还会发生突然透水事故。在瓦斯含量较大的煤层中,由于断层破碎带是瓦斯良好的通道,常常在断层破碎带积聚很多瓦斯,采掘工作面通过破碎带时,必须注意防止瓦斯事故的发生。由于顶板破碎,一定要采取安全措施,加强支护,预防发生冒顶等事故。

采掘工作面内存在断层时,会增加生产条件上的困难,影响正规循环,同时也增加了生产的不安全因素。因此,工作面过断层时一定要制定相应的安全措施,不可掉以轻心。同时,在煤矿生产中,在较大的断层两侧,必须留设一定宽度的保安煤柱,以免采煤工作面接近断层时因突然发生大量涌水或有害气体涌出,而造成重大的灾害事故。采煤工作面通过一般断层带时,工作面支架和顶板安全管理工作就会变得复杂。所以,断层越多,煤炭资源的损失就越大,对安全生产越不利。

研究断层的目的,在于保证安全生产与采掘工作的正常进行。生产实践证明,完整的顶板,若无冲击地压、爆破等因素的影响是不易冒落的。而断裂发育的顶板,则容易冒落;同时,断层也使煤层的连续性遭受破坏等等。因此,在矿井地质工作中,特别是在开采过程中,哪怕是一条落差很小的断裂,也不容忽视。

3. 节理、裂隙对煤矿安全生产的影响

无论煤体还是岩体中都存在大量的节理、裂隙,它们常将顶板切割成各种形状的岩块。随着工作面的推进,如果支护不及时,极易发生局部冒顶和片帮。

当工作面与裂隙面互相垂直且采用炮掘时,如果炮眼与裂隙面互相平行,爆破率最低,而且掘进准备巷道时,瓦斯易大量排出;在瓦斯含量较大的矿井,采煤工作面的瓦斯含量会显著增加,给生产安全带来威胁。反之,当工作面与裂隙面互相平行时,爆破率可以大大提高,准备巷道可起到排泄回采区瓦斯的作用,但工作面容易大片垮落,严重影响生产和工人的安全。当裂隙延展到顶板岩层中时,极易引起冒顶事故,至少也会造成工作面顶板维护困难。因此,一般采煤工作面应与主要裂隙的走向成 20°～40°的夹角,以便减少片帮事故。

若采用水采或机械化开采,一般情况下,工作面的方向与主要裂隙组走向的夹角应大一些。

裂隙破碎带是水和瓦斯的良好通道,在破碎带发育的地区,矿井涌水量常常会增加,有时还可引起井下水灾;在易发生瓦斯积聚和高瓦斯矿井中,裂隙破碎带的瓦斯涌出量往往会突然增加,造成瓦斯事故。

(三) 陷落柱

1. 陷落柱的形成

陷落柱是分布在可溶性地层中,由流动的地下水对可溶性地层进行溶蚀作用形成的。当煤层下部分布有可溶性的石灰岩、白云岩,并有发育的岩溶时,岩溶可能发生坍塌而引起上覆岩层的垮落,破坏煤层的完整性。这种塌陷呈圆形的柱状体或底大顶小的圆锥体,称之为陷落柱,如图 3-4 所示。陷落柱给煤矿生产带来很大困难。

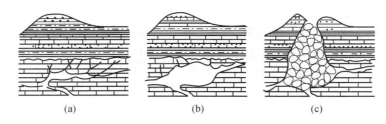

图 3-4　陷落柱的形成过程示意图
(a) 石灰岩中发育岩溶;(b) 岩溶逐渐扩大;(c) 陷落柱形成

在煤矿井下,陷落柱形态多呈上小下大的柱状体,但在含水较多的松散岩层中,亦见有上大下小的漏斗状陷落柱,其中心轴常与岩层层面近似垂直,横截面形态多数为椭圆形,少数近似圆形或长条形。陷落柱与围岩的接触面界限分明,多呈锯齿状折线。接触带附近围岩(煤层及岩层)微向柱心倾斜,张裂隙发育,煤质松碎,常有风化现象。陷落柱柱面粗糙,无擦痕和滑动镜面。陷落柱由上覆岩层塌落碎块堆积而成,碎块大小悬殊,棱角明显,形状各异,成分复杂,混杂堆积,并为岩屑、煤屑松散充填与胶结。有地下水长期活动的陷落柱,其碎块表面及间隙中常有铁质、碳酸钙质或高岭土质等物质沉淀。

陷落柱的发育与分布，主要受地质构造和水文地质条件的影响。陷落柱发育地带，多是或曾是地下水强径流带，常沿断裂尤其是不同方向断裂的交叉处发育。

2. 陷落柱对煤矿安全生产的影响

在陷落柱发育的矿区，煤层遭受破坏，煤炭储量减少，会造成井巷服务年限缩短或提前报废的严重后果。在主要开拓巷道遇到无水陷落柱时，为避免巷道拐弯，便于运输和通风，一般情况下按原计划施工，直接穿过陷落柱。因此，给巷道支护和顶板管理造成困难，易发生顶板抽冒事故。在水文地质条件复杂的矿区，陷落柱可能成为采掘工作面与地下水之间的通道，一旦打通，将会给生产和工人安全带来严重威胁，甚至造成突水淹井事故。因此，有水和陷落柱的存在，对矿井安全生产的影响很大，必须给予高度重视。

由于地质条件复杂多变，在煤矿开采中，除常见的褶曲、断层、裂隙和陷落柱外，还可能遇到火成岩侵入带或冲刷带等地质变化。这些地质变化都会对采掘工作面的安全生产造成不利影响。因此，在组织生产前，一定要根据实际情况及时制定安全技术措施，确保生产的安全。

第二节　矿井水文地质

一、地下水的概念和分类

（一）地下水的概念

地下水是指埋藏在地表以下，储存在岩石空隙中的水。岩石空隙中受重力作用而运动的水称为重力水。

岩石能含水的基本前提是岩石具有空隙。岩石内部并不是致密的，有许多相互连通的孔隙、裂隙和洞穴，故地下水可在岩石中通过。岩石这种能被水透过的性能，称为岩石的透水性。能透水的岩层称为透水层。透水性最好的岩石是喀斯特发育的石灰岩和白云岩，以及空隙大的砾岩和砂岩。透水性能差，对地下水的运动、渗透起阻隔作用的岩层，称为隔水层或不透水层。含水层是指能透水且含有地下水的岩层。含水层的形成必须同时具备三个条件，即岩层具有连通的空隙、隔水地质条件和足够的补给水源。

（二）地下水的分类

自然界中有各种各样的地下水，其分类方法有多种。其中对煤矿生产有直接意义的有以下两种。

1. 按地下水的埋藏条件分类

（1）上层滞水是指埋藏在离地表不深的饱气带中局部隔水层上的重力水。它分布范围小，储水量不丰富，常见的是位于潜水层上方的山区，对煤矿生产几乎没有影响。

（2）潜水埋藏在地表以下第一个稳定隔水层以上，且具有自由水面的重力水称为潜水。由于潜水具有自由水面，而潜水只受大气压作用，不承受静水压力，只能在重力作用下，由高水位向低水位不断运动，结果使潜水面产生一定的坡度，形成了不同形状的潜水面，潜水面的形状可用等水位线图来表示。

（3）充满于上、下两稳定隔水层之间的含水层中的重力水称为承压水，其与水文因素和季节变化的关系不甚明显，动态稳定，不易受污染。承压水有一定的承压水头，以传递静水压力的方式进行水的交替。

（4）当地下水未充满两个隔水层之间时,称为无压层间水,其特征具有自由水面而不承压。

2. 按含水层孔隙性质分类

储存于疏松岩层孔隙中的水称为孔隙水。孔隙水的存在条件和特征取决于岩石孔隙的发育程度。

埋藏于基岩裂隙中的地下水称为裂隙水。裂隙的性质决定了裂隙水的存在、富水性及其运动条件。裂隙水可分为风化裂隙水、成岩裂隙水和构造裂隙水三种类型。

岩溶水喀斯特是发育在可溶性岩石地区的一系列独特的地质作用和现象的总称。这种地质作用包括在地下水的溶蚀作用和冲蚀作用,产生的地质现象,就是由这两种作用所形成的各种溶隙、溶洞和溶蚀地形。埋藏于溶洞、溶隙中的重力水称为喀斯特水,亦称岩溶水。岩溶水的主要特点是水量大、运动快、在铅直和水平方向上分布呈不均匀的特征。岩溶水对煤矿生产安全的影响主要决定于煤系地层以及附近是否有发育可溶性岩石。如我国华北石炭二叠纪煤系地层中发育几层石灰岩,而且其底部还有奥陶纪石灰岩,岩溶水对煤矿生产安全构成严重威胁。

二、矿井防治水的原则

采掘工作面受水害的矿井,应当坚持"预测预报、有疑必探、先探后掘、先治后采"的防治水原则。水文地质条件复杂、极复杂的矿井,在地面无法查明矿井水文地质条件和充水因素时,应当坚持有掘必探的原则,加强探防水工作。

三、矿井充水条件和突水预兆

（一）矿井充水条件

在矿井建设和生产过程中,各种类型水源进入采掘空间的过程称为矿井充水。进入到工作面及井巷内的水称为矿井水。当涌入或溃入井巷的水量大,来势猛时,称为突水。形成矿井水灾的基本条件,一是必须有充水水源,二是必须有充水通道,两者缺一不可。

1. 矿井充水的水源

不同地质、气候和地形条件下会形成不同类型的矿井水害充水模式,具有不同类型的矿井充水水源。但总体来看,矿井充水水源主要包括大气降水、地表水、地下水和老空积水。

（1）大气降水

大气降水的主要形式是雨雪。地面的雨雪水既是地下水的主要补给来源,同时也是矿井充水的主要来源之一,有时还是唯一的充水水源。

（2）地表水

矿井常见的地表水充水水源有:江河水、湖泊水、海洋水、洼地积水、水库水等。

地表水体除了海洋水外,其他类型的地表水可能具有季节性,即在雨季积水或流水,而在旱季干涸无水,这种现象在我国北方及西北地区非常常见。

位于矿区或矿区附近的地表水体,在和导水通道同时存在条件下才可以成为矿井充水的重要水源。地表水源一般水量较大,一旦与矿井沟通,对矿井威胁很大。常见的连接地表水体与矿坑之间的导水通道可分为天然导水通道和人工破坏扰动导水通道两大类。

（3）地下水

地下水是矿井的直接充水水源。大多数煤矿开采都发生在地表以下，所以，地下水往往是造成矿井充水的最主要水源。地下水作为矿井充水水源时，可依其与矿床体的相互位置关系及其充水特点分为间接式充水水源、直接式充水水源和自身充水水源三种最基本形式。

① 间接式充水水源。间接充水水源是指充水含水层主要分布于开采煤层的周围，但和煤层并未直接接触的充水水源，常见的间接充水水源含水层有间接顶板含水层、间接底板含水层、间接侧帮含水层或它们之间的某种组合。应该指出间接充水水源的水只有通过某种导水构造穿过隔水围岩进入矿井后才能成为真正意义上的矿井充水水源。

② 直接式充水水源。直接充水水源是指含水层与开采煤层直接接触而导致含水层水进入矿井的充水含水层。常见的直接充水水源含水层有煤层体直接顶板含水层、直接底板含水层。直接含水层中的地下水并不需要专门的导水构造导通，只要有采矿进行，其必然会通过采空面直接进入矿坑。

③ 自身充水水源。自身充水水源主要是指煤层本身就是含水层。一旦对煤层进行开发，赋存于其中的地下水或通过某种形式补给煤层的水就会涌入矿坑形成充水，该类型矿坑在我国并不多见，但在国外许多矿井中经常遇到。

在煤系地层中或多或少夹有含水层，在采掘过程中揭露或穿过这些充水含水层时，地下水就会涌入矿井。涌入矿井的水量与含水层的孔隙性质有关。裂隙水的特点是水量小、水压大，如与其他水源有水力联系，涌水量就会逐渐增加，甚至造成淹井事故。岩溶水的特点是水压高、水量大、来势猛、不易疏干，危害极大。当它和地面水源相沟通时，对矿井安全生产的威胁更大。

④ 老空水。煤矿井下采空区、废弃的井巷和停采的小煤窑，由于长期停止排水而积存的地下水，称为老空水。老空积水一般都在煤层上部，离地表较浅，所以静水压力很大，来势凶猛，而且常含有有害气体，容易造成人身事故。

上述水源，一般来说，不是孤立地存在，往往是互相沟通，互相补给的。

2. 矿井充水通道

矿井充水通道是指可以沟通水源，使之涌入矿井的各种通道，常见的主要有以下几种。

（1）构造断裂带

断裂构造会加大岩层导水性能，特别是断层密集的地段，岩层支离破碎，失去隔离水性能，成为地下水赋存的场所和运移的通道。当煤矿井下采掘工程揭露或接近这些地带时，地下水就会进入井巷，严重的可造成突水淹井事故。

（2）冒落裂隙带

煤层开采后，根据采空区上方岩层变形和破坏情况不同可划分为冒落带、导水裂隙带和弯曲下沉带。冒落带和导水裂隙带都能成为涌水的通道，这两带的高度对矿井充水影响很大。

（3）含水层的露头区

含水层在地表的露头区，起着沟通地表水和地下水的作用，成为含水层充水的咽喉与通道。含水层出露的面积越大，接受大气降水补给量就越多。

（4）煤层底板岩层采动破坏带

地下水水头压力很大的地段，在矿山压力的作用下，采动后承压水可突破煤层底板隔水层而涌入矿井，使矿井涌水量突然增大，有时可导致淹井事故。

（5）封闭不良的钻孔

在煤田勘探和生产建设中，井田内要打许多钻孔，虽然钻孔的深度不同，但有部分钻孔会打穿含水层，于是钻孔就成为沟通含水层及地表水的人为通道。由于对其封闭不良，在开采揭露时，就会将煤层上方或下部含水层以及地表水引入矿井，造成涌水甚至突水事故。

（6）导水陷落柱和地表塌陷

有些陷落柱因胶结程度极差，柱体周围岩石破碎，并伴生有较多的小断裂，这就可能成为沟通地表水或地下水的良好通道，当采掘工作面揭露或接近这些导水陷落柱时，就会造成井下涌水或突水事故。

（二）突水预兆

矿井突水是因为井下采掘活动破坏岩体天然平衡，采掘工作面周围水体在静水压力和矿山压力作用下，通过断层、隔水层和矿层的薄弱处进入采掘工作面。矿井突水这一现象的发生与发展是一个逐渐变化的过程，有的表现很快（一两天或更短），有的表现较慢（采掘后半个月或数日），这与工作面具体位置、采场地质情况、水压力和矿山压力大小有关。从开拓工作面开始发展到突水，在工作面及其附近显示出某些异常现象，这些异常统称突水预兆。识别和掌握这些预兆，可以及时采取应急措施，撤离危险区人员，防止人员伤亡事故。突水前预兆有以下几种：

（1）挂红。因地下水中含有铁的氧化物，在水压作用下，通过煤（岩）裂隙时，附着在裂隙表面，出现暗红色铁锈。

（2）挂汗。当采掘工作面接近积水区时，水在压力作用下，通过煤岩裂隙而在煤岩壁上凝结成许多水珠，但有时空气中的水分遇到低温煤岩壁也可凝结为水珠。因此，遇到挂汗现象，首先辨别真伪，辨别方法是剥去表面层，观察新暴露面是否也有潮气，如果煤岩潮湿则是透水征兆。

（3）空气变冷。采掘工作面接近大量积水时，气温骤然降低，煤壁发凉，人一进去就有凉爽感，时间越长越感阴凉。

（4）出现雾气。当巷道内温度较高时，积水渗到煤壁后引起蒸发而迅速形成雾气。

（5）水叫。井下高压积水，向煤岩裂隙强烈挤压与两壁摩擦而发出嘶嘶叫声，说明采掘工作面距积水区已很近，若是煤巷掘进，则透水即将发生。

（6）顶板淋水加大。原有裂隙淋水突然增大，应视作透水前兆。

（7）顶板来压、底板鼓起。在地下水压作用下，顶、底板弯曲变形，有时伴有潮湿、渗水现象。

（8）水色发浑、有臭味。老空水一般发红，味涩；断层水一般发黄、味甜；溶洞水常有臭味。

（9）有害气体增加。积水区向外散发瓦斯、二氧化碳和硫化氢等有害气体。

（10）裂隙出现渗水。水清即离积水区尚远，水浊则离积水区已近。

以上征兆不一定都同时出现，有时可能出现其中一个，有时可能出现多个，但有时透水征兆不明显甚至不出现，因此，要认真辨别。

根据《煤矿安全规程》的规定，当出现透水征兆时，必须停止作业，采取措施，立即报告调度室，发出警报，撤出所有受水威胁地点的人员。

第三节 矿井水灾防治技术

矿井防治水的目的是防止矿井水害事故发生,减少矿井正常涌水,降低煤炭生产成本,在保证矿井建设和生产安全的前提下使国家的煤炭资源得到充分合理的回收。为此,根据产生矿井水害的原因,采取不同的防治措施。《煤矿安全规程》规定,煤矿企业应查明矿区和矿井的水文地质条件,编制中长期防治水规划和年度防治水计划,并组织实施。

一、地面防治水

地面防治水是煤矿防治水的第一道防线,各级领导应该重视地面防治水工作。

《煤矿安全规程》规定:煤矿企业必须查清矿区及其附近地面水流系统的汇水、渗漏情况,疏水能力和有关水利工程情况,掌握当地历年降水量和最高洪水位资料,建立疏水、防水和排水系统。为了使地面防治水工程设计能够切合实际,首先应做防洪调查研究,只有在查明情况的基础上,才能建立疏水、防水和排水系统。

(1)严格按《煤矿安全规程》规定选择井筒及工业广场。井口和工业广场内建筑物的高程必须高于当地历年的最高洪水位;若井口及工业广场内建筑物的高程低于当地历年最高洪水位时,必须修筑堤坝、沟渠或采取其他防排水措施。

(2)为了防止洪水进入煤层开采段或矿区内,一般可在矿区上方山坡处,垂直于来水方向修建排洪渠,拦截洪水。排洪渠可大致沿地形等高线布置,并保持适当的坡度,然后根据地形特点将洪水引出矿区。

(3)防止地表渗水。井田范围内的河流、沟渠等地表水,可以通过裂隙渗透到煤矿井下造成水害。因此应将河床铺底,或将其疏干,或改道移至矿区以外。

(4)防止地面积水。对井田开采范围内的地面低洼处、塌陷区等易于积水区,应设法填平,防止积水,积水量大时,要用水泵排出。

(5)对可能引起漏水的地表裂隙、塌陷、废弃钻孔等,应及时用黏土充填或用水泥堵塞。

(6)加强防洪防汛工作,在每年的雨季来临之前和雨季期间,要加强对矿区内防洪工程的检查和防汛抢险工作,发现问题及时处理。

二、井下防水

(一)防水闸门和防水闸墙

防水闸门硐室和防水闸墙为井下防水的主要安全设施,凡水患威胁严重的矿井,在井下巷道设计布置中,就应在适当地点预留防水闸门硐室和防水闸墙的位置,使矿井形成分翼、分水平或分采区隔离开采。在水患发生时,能够使矿井分区隔离,缩小灾情影响范围,控制水势危害,确保矿井安全。

1. 防水闸门留设要求

(1)防水闸门必须采用定型设计。

(2)防水闸门的施工及其质量,必须符合设计要求。闸门和闸门硐室不得漏水。

(3)防水闸门硐室前、后两端,应分别砌筑不小于5 m的混凝土护硐,硐后用混凝土填实,不得空帮、空顶。防水闸门硐室和护硐必须采用高标号水泥进行注浆加固,注浆压力应符合设计要求。

（4）防水闸门来水一侧 15～25 m 处,应加设 1 道挡物箅子门。防水闸门与箅子门之间,不得停放车辆或堆放杂物。来水时先关箅子门,后关防水闸门。如果采用双向防水闸门,应在两侧各设 1 道箅子门。

（5）通过防水闸门的轨道、电机车架空线、带式输送机等必须灵活易拆;通过防水闸门墙体的各种管路和安设在闸门外侧的闸阀的耐压能力,都必须与防水闸门所设计的压力一致;电缆、管道通过防水闸门墙体时,必须用堵头和阀门封堵严密,不得漏水。

（6）防水闸门必须安设观测水压的装置,并有放水管和放水闸阀。

（7）防水闸门竣工后,必须按设计要求进行验收;对新掘进巷道内建筑的防水闸门,必须进行注水耐压试验,水闸门内巷道的长度不得大于 15 m,试验的压力不得低于设计水压,其稳压时间应在 24 h 以上,试压时应有专门安全措施。

（8）防水闸门必须灵活可靠,并保证每年进行 2 次关闭试验,其中 1 次应当在雨季前进行,关闭闸门所用的工具和零配件必须专人保管,专地点存放,不得挪用或丢失。

老矿井不具备建筑水闸门的隔离条件,或深部水压大于 5 MPa,高压水闸门尚无定型设计时,可以不建水闸门,但必须制定防突水措施。

2. 防水闸门的关闭

（1）当井下发生突然涌水或出现突水预兆危及矿井安全时,必须立即做好关闭防水闸门准备工作,同时请示集团公司总工程师,批准后方可关闭防水闸门。正常情况下,由于采区报废或按计划暂停采区生产,要求关闭防水闸门时,须提前写出专题报告(内容包括采区尚余储量、涌水量、充水含水层的静水位、关闭防水闸门原因、今后打算以及关闭防水闸门的安全技术措施),报请集团公司批准。关闭防水闸门时,矿要深入井下检查准备情况,具体指挥关闭工作。

（2）关闭防水闸门以前,需先做好以下工作:

① 将水害影响地区的人员全部撤退,并在各通道口设岗警戒,防止人员误入封闭区。

② 防水闸门硐室的所有设施(如放水截门、水压表、管子堵头板、活动短轨等)全部准备妥当。

③ 防水闸门附近和水沟内杂物清理干净。

④ 防水闸门以外的防水避灾路线畅通无阻。

⑤ 检修排水设备,清挖水仓,将水仓内的积水排至最低水位。

⑥ 防水闸门以里的栅栏门全部关好。

⑦ 防水闸门附近的临时通风局部通风机和临时直通地面电话安装妥当。

以上各项工作都已完成,由矿长发布关门命令。

（3）几个防水闸门或水闸墙需要一次关闭时,其关闭顺序应是先关闭所在位置较低的,然后关闭所在位置较高的,依次进行。

（4）关闭防水闸门以前,要以书面通知邻近各有关矿井,说明本矿防水闸门关闭时间、封闭地区位置、最高静止水位和可能造成的影响,并要求近期内对井下各涌水点水量变化和井上各水文钻孔的水位变化进行定时观测。各矿的观测资料要及时进行交流,互通情报。

（5）防水闸门关闭以后,除定时派人观测本矿其他地区的水量和水位变化以外,还必须在防水闸门附近的安全地点设人(每班不少于 2 人)值班,观测防水闸门附近的水压变化、漏水情况、硐室巷道压力有无异常。值班人员要作出观测记录,定时向矿调度室汇报,特殊情况及时汇报处理。

（6）防水闸门关闭，水压稳定7天以后，如无特殊情况发生，方可停止一切观测工作，撤离观测人员。

3.防水闸门的开启

（1）防水闸门开启前，需编制开启防水闸门的安全技术措施。经审批、贯彻后，方准进行开启防水闸门工作。

（2）防水闸门开启前，要对井下排水、供电系统进行一次全面检查。排水能力要与防水闸门硐室放水管的防水量相适应；水仓要清理干净，水沟要畅通无阻。

（3）开启防水闸门要先打开放水管，有控制地泄压放水。当水源已经封闭或已疏干时，水压必须降到零位，方能打开防水闸门。

如果水压降不到零位，必须承压开启时，矿总工程师可在不损坏防水闸门的情况下，制定出安全措施和规定最低水压，方可强制开门。

（4）同时有几个防水闸门需要开启时，应按先高后低依次开启。

（5）防水闸门打开以后，首先由矿救护队进入，检查瓦斯和巷道情况。只有在恢复通风系统，消除一切不安全因素以后，才准许其他人员进入闸门以内工作。

（二）防水煤岩柱

在煤体与含水层（带）接触地段，为防止井巷或采空空间突水危害，留设一定宽度（或高度）的煤岩体不采，以堵截水源流入矿井，这部分煤岩体称为防水煤岩柱。

通常在下列情况下应考虑留设防水煤岩柱：

（1）矿体埋藏于地表水体、松散孔隙含水层之下，采用其他防治水措施不经济时，应留设防水煤岩柱，以保障矿体采动裂隙不波及地表水体或上覆含水层。

（2）矿体上覆强含水层时，应留设防水煤岩柱，以免因采矿破坏引起突水。

（3）因断层作用，使矿体直接与强含水层接触时，应留设防水煤岩柱，防止地下水溃入井巷。

（4）矿体与导水断层接触时，应留设防水煤岩柱，阻止地下水沿断层涌入井巷。

（5）井巷遇有底板高水头承压含水层、且有底板突水危险时，应留设防水煤岩柱，防止井巷突水。

（6）采掘工作面邻近积水老窑、淹没矿井时，应留设防水煤岩柱，以阻隔水源突入井巷。

（三）矿井探放水技术

1.探放水概述

生产矿井周围常存在有许多充水小窑、老窑、富水含水层以及断层。当采掘工作面接近这些水体时，可能发生地下水突然涌入矿井，产生水患事故。为了消除隐患，生产中使用探放水方法，查明采掘工作面前方的水情，并将水有控制地放出，以保证采掘工作面安全生产。

（1）探水的目的

探水是指采矿过程中用超前勘探方法，查明采掘工作面顶底板、侧帮和前方的含水构造（包括陷落柱）、含水层、积水老窑等水体的具体位置、产状等，其目的是为有效防治矿井水害做好必要的准备。

（2）探水的原则

采掘工作必须执行"预测预报、有疑必探、先探后掘、先治后采"的原则，因而遇到下列情况之一时，必须探水。

①　矿井井下采掘活动接近水淹的井巷、老空、老窑或小窑时。

②　矿井井下采掘活动接近含水层、导水断层、含水裂隙密集带、溶洞和陷落柱时，或通过它们之前。

③　矿井井下采掘活动打开隔离煤柱放水前。

④　矿井井下采掘活动接近可能与河流、湖泊、水库、蓄水池、水井等相通的断层破碎带或裂隙发育带时。

⑤　矿井井下采掘活动接近可能涌(突)水的钻孔时。

⑥　矿井井下采掘活动接近有水或稀泥的灌浆区时，以及尚未固结的充填采空区。

⑦　矿井井下采掘活动采动影响范围内有承压含水层或含水构造，或煤层与含水层间的隔水岩柱厚度不清，可能突水时。

⑧　矿井井下采掘活动接近矿井水文地质条件复杂的地段，采掘工作有涌(突)水预兆或情况不明时。

⑨　矿井井下采掘活动接近其他可能涌(突)水地段时。

2. 探放老空水

小煤窑或矿井采掘的废巷老空积水，其几何形状极不规则，积水量大者可达数百万立方米，一旦采掘工作面接近或揭露它们时，常常造成突水淹井及人身伤亡事故，故必须预先进行探放老空水。

(1) 探放水工程设计内容

①　探放水巷道推进的工作面和周围的水文地质条件，如老空积水范围、积水量、确切的水头高度(水压)、正常涌水量，老空与上、下采空区、相邻积水区、地表河流、建筑物及断层构造的关系等，以及积水区与其他含水层的水力联系程度。

②　探放水巷道的开拓方向、施工次序、规格和支护形式。

③　探放水钻孔组数、个数、方向、角度、深度和施工技术要求及采用的超前距与帮距。

④　探放水施工与掘进工作的安全规定。

⑤　受水威胁地区信号联系和避灾路线的确定。

在有突水危险，尤其是突水较大的地区，安全畅通的避灾路线是保证不发生人员伤亡的有效途径。同时应具备畅通的通讯联系，以达到及时将井下的情况迅速报告和将调度命令传达到每一个井下工作人员，并弄清楚进入矿井及该地区的人数。

⑥　通风措施和瓦斯检查制度。

⑦　防排水设施，如水闸门、水闸墙等的设计以及水仓、水泵、管路和水沟等排水系统及能力的具体安排。

⑧　水情及避灾联系汇报制度和灾害处理措施。

⑨　老空位置及积水区与现采区关系图、探放水孔布置平面图和剖面图等。

(2) 老窑水探放原则

依老窑积水数量的多少，矿井现有排水能力，老窑水的动力补给量，水质和疏放后可能解放煤炭的资源量等因素综合考虑，以安全、经济、合理为原则。对老窑水探放，视具体情况还可细分为：

①　积极探放。当老空区不在河沟或重要建筑物下面、排放老空区内积水不会过分加重

矿井排水负担且积水区之下又有大量的煤炭资源急待开采时,这部分积水应千方百计地放出来,以彻底解除水患。

② 先隔离后探放。与地表水有密切水力联系且雨季可能接受大量补充的老空水,或老空的积水量较大,水质不好(酸性大),为避免负担长期排水费用,对这种积水区应先设法隔断或减少其补给水量,然后再进行探水。若隔断水源有困难,无法进行有效探放,则应留设煤岩柱与生产区隔开,待到矿井生产后期再进行处理。

③ 先降压后探放。对水量大、水压高的积水区,应先从顶、底板岩层打穿层放水孔,把水压降下来,然后再沿煤层打探水钻孔。

④ 先堵后探放。当老空区为强含水层水或其他大小水源水所淹没,出水点有很大的补给量时,一般应先封堵出水点,然后再探放水。

3.探放断层水

(1)探放断层水的原则

凡遇下列情况必须探水:

① 采掘工作面前方或附近有含(导)水断层存在,但具体位置不清或控制不够严密时。

② 采掘工作面前方或附近预测有断层存在,但其位置和含(导)水性不清,可能突水时。

③ 采掘工作面底板隔水层厚度与实际承受的水压都处于临界状态(即等于安全隔水层厚度和安全水压的临界值),在掘进工作面前方和采面影响范围内,是否有断层情况不清,一旦遇到很可能发生突水时。

④ 断层已被巷道揭露或穿过,暂时没有出水迹象,但由于隔水层厚度和实际水压已接近临界状态,在采动影响下,有可能引起突水,需要探明其深部是否已和强含水层连通,或有底板水的导升高度时。

⑤ 井巷工程接近或计划穿过的断层浅部不含(导)水,但在深部有可能突水时。

⑥ 根据井巷工程和自设断层防水煤柱等的特殊要求,必须探明断层时。

⑦ 采掘工作面距已知含水断层 60 m 时。

⑧ 采掘工作面接近推断含水断层 100 m 时。

⑨ 采区内小断层使煤层与强含水层的距离缩短时。

⑩ 采区内构造不明,含水层水压又大于 2～3 MPa 时。

(2)断层水探查的主要内容

① 查明断层位置、落差、走向、倾向、倾角,断裂带宽度、充填物和充填程度,断层的导水性与富水性。

② 查明断层两盘断裂外带裂隙、岩溶发育情况、两盘对接部位的岩层及其富水性。

③ 查明煤层与强含水层的实际间距(即隔水层的实际厚度)。

④ 查明断层探水孔不同深度处的水压、水量、冲洗液消耗量,确定或判断底板水在隔水层中的导升高度。

⑤ 通过放水试验和连通试验查明断层导水性、富水性以及通过断层的侧向补给水量,为安全采掘、矿井防治水措施提供实际资料与理论依据。

(3)断层探放水方法

目前一般采用物探和钻探两种方法,先物探、后钻探,一般常用的物探方法有:直流电法、瞬变电磁法、DTC 法。

断层钻探探水方法与老窑水方法相仿,但探水钻孔孔数要比探老窑水少,一般为 3 个孔,钻孔布置方式按探查目的不同略有差异。

① 探查工作面前方已知或预测含(导)水断层。一般先布置巷道掘进前方 1 号孔,尽可能一钻打透断层,然后再打 2 号、3 号孔,以确定断层走向、倾向、倾角和断层的落差及两盘的对接关系。其中至少有一个孔打在断层与含水层交面线附近。

② 隔水岩柱处于临界状态时对掘进工作面前方的探查。沿巷道掘进方向打 3 个孔,尽量打深,争取一次打透断层,否则就必须留足超前距,边探边掘直至探明断层的确切情况,再决定具体的防水措施。

③ 巷道实见断层,在采动影响后有无突水危险性的探查。一般应向下盘预计采动影响带内打 1 号孔,探明断层带的含(导)水和水压、水量等情况。若有水,采后就很可能突水;若无水,则还应向预计采动带以下打 2 号孔,然后根据具体条件,分析突水的可能性和采取相应的防水措施。

4. 探放陷落柱水

煤层底板为厚层石灰岩的华北型煤田,由于导水陷落柱的存在,使某些处于上覆地层本来没有贯穿煤系基底强含水层的中、小型断层或一些张裂隙,成为水源充沛、强富水的突水薄弱带,一旦被揭穿,将引起突水。若导水陷落柱直接突水,其后果就更严重。

目前一般采用物探与钻探相结合方法,先物探、后钻探,一般常用的物探方法有:直流电法、瞬变电磁法、坑透法。

5. 导水钻孔的探查与处理

矿区在勘探阶段施工的各类钻孔,往往能贯穿若干含水层,有的还可能穿透多层老空积水区甚至含水断层等。若封孔或止水效果不好,人为沟通了本来没有水力联系的含水层或水体,使煤层开采的充水条件复杂化。

例如,河北峰峰集团四矿的 412 钻孔为 20 世纪 50 年代施工的地质勘探钻孔,1992 年 4 月在−100 m 水平掘进山青透大煤石门时,在山青顶板砂岩层位揭露该孔,无套管,水压 0.9 MPa,水量 0.6～1.0 m³/min,造成生产停产,而且通过该孔使伏青含水层接受大青含水层补给,增加疏放伏青含水层水量。

对导水钻孔的探查目前有两种方法:一是钻探方法;二是物探方法。对其处理有四种方法:一是在地面重新启封,进行注浆处理;二是在井下探测注浆封堵;三是在井下直接揭露进行处理;四是留设防水煤柱。

6. 探放含水层水

由于基岩裂隙水的埋藏、分布和水动力条件等都具有明显的不均匀性,煤层顶、底板砂岩水、岩溶水等在某些(或某一)地段对采掘工作面没有任何影响,而在另一些地段却带来不同程度的危害。为确保矿井安全生产,必须探清含水层的水量、水压和水源等,才能予以治理。

防治煤层顶、底板含水层的水害,既要从整体上查明水文地质条件,采取疏干降压或截源堵水等防治措施,又要重视井下采区的探查。

(四) 矿井疏水降压技术

疏干开采是指对煤层顶板或煤层含水层的疏干。疏水降压是指对煤层底板含水层而言,其目的是使煤层底板含水层水压降低至采煤安全水压。

矿井疏干的目的是预防地下水突然涌入矿井,避免灾害事故,改善劳动条件,提高劳动生产率,消除地下水静水压力造成的破坏作用等,是煤矿防治水的一种主要措施。对于大水矿区,为了减少矿井涌水量,应采取截流、浅排和排、供、生态环保三位一体结合等辅助措施,与疏干工作统筹考虑,进行综合防治。

疏水降压,是指受水害威胁和有突水危险的矿井或采区借助于专门的疏水工程(疏水石门、疏水巷道、放水钻孔、吸水钻孔等),有计划有步骤地将煤层上覆或下伏强含水层中地下水进行疏放,使其水位(压)值降至某个水平安全采煤时水位(压)值以下的过程。其目的是预防地下水突然涌入矿井,避免灾害事故,改善劳动条件,提高劳动生产率,它是煤矿防治水的一种重要措施。

1. 疏放程序

矿井疏放可分为疏放勘探、试验疏放和经常疏放三个程序,应与矿井的开发工作密切相互配合。

(1)疏放勘探

疏放勘探是以疏放为目的补充水文地质勘探,其目的是:

① 进一步查明矿井疏放所需的水文地质资料。

② 确定疏放的可能性,提出疏干方案。

(2)试验疏放

试验性疏放方案的正确性表现为开采初期的降低水位,能经受 6～12 个月(尤其是雨季)的考验,试验性疏放要尽可能利用疏放勘探工程,并适当补充疏放装置,通过试验、视干扰效果及残余水头的状况,进行工程调整。

(3)经常疏放

经常性疏放是生产矿井日常性的疏放工作。随着开采范围的扩大和水平的延伸,疏放工作要不断地进行调整、补充,甚至重新制定疏放方案,以满足矿井生产的要求。

2. 疏放方式

疏放方式按其疏放工程所处位置来分,有地表疏放、地下疏放和联合疏放三种方式。

(1)地表疏放

地表疏放是指在需要疏放降压地段在地表施工大口径钻孔,安装深井泵或潜水泵排水,预先降低含水层水位的疏放方法,常用于矿层埋藏浅的露天矿。适用条件是被疏放含水层的渗透性能好、含水丰富。潜水含水层的渗透系数要大于 3 m/d,承压含水层要大于 0.5 m/d,疏放降压深度不超过水泵的扬程。

地表疏放的优点是施工简单,施工期限短,投资经营费用较低,安全可靠,且水质未受煤层污染,可供工业和民用供水之用等。根据疏放地段的地质和水文地质条件,疏放降压孔的布置有两种形式:

① 直线孔群,适用于地下水一侧补给时。

② 环形孔群,地下水为圆形补给时采用。

(2)地下疏放

地下疏放用于平行疏放阶段,通常采用巷道疏放和井下钻孔疏放方法。

① 巷道疏放

当煤层直接顶板为含水层时,常将采区巷道或采煤工作面的准备巷道提前开拓出来,利用采准巷道预先疏放顶板含水层水。在有利的地形条件下，开采侵蚀基准面以上的煤层时，还可以自行排水。

利用采准巷道疏放顶板水时，应注意以下两点：

a. 采准巷道提前掘进的时间，应根据疏放水的水量和速度而定。超前时间过长会影响采掘计划平衡造成巷道长期闲置，有时会增加维修工作量；如提前时间太短又会影响疏放效果。

b. 当疏放含水层顶板水时，应视水量大小，考虑是否要扩大水仓容量和增加排水设备。

此外，当煤层的直接底板是强含水层时，也可考虑将巷道布置在底板中利用巷道直接疏放。

② 钻孔疏放

若煤层直接顶板为水量不大的含水层，可利用采区和采煤工作面的巷道布置钻孔预先疏放顶板水，降低水头压力，避免回采顶板突水，为采掘工作创造安全条件。其疏放方法有：用打入式过滤器疏放巷道顶部含水砂层或承压含水层水。即在巷道中每隔一定距离向顶板上打钻孔，终孔时立即将打入式过滤器的滤管沿钻孔压入含水层，使顶板水泻入巷道，通过排水沟向外排出。该法适用于巷道顶部离含水层不远(15～20 m)的情况。

若含水层离煤层较远，大于 30 m 时，且水量与水压较大，为消除顶板水对采掘工作面的威胁，可由地面打钻孔，向下穿过含水层并与井下疏放巷道或排水硐室相通，将顶板含水层水有节制地泻入井下巷道或硐室，然后将水排出地面。

底板水的疏放降压，方法与疏放顶板水相同，即在欲疏水降压地段，在巷道中以一定间距向下打疏放钻孔，从钻孔中放出底板承压含水层水，构成干扰降落漏斗，使含水层中的水位降到安全水位以下，达到防止底板突水、安全回采的目的。

（3）联合疏放

水文地质条件复杂的大水矿井，单一方式的疏放不能满足矿井生产需要时，采用地表疏放和地下疏放相结合的方式称联合疏放。它也包括一个矿井疏放达不到疏放目的时，几个矿井同时疏放。

（五）注浆堵水技术

注浆堵水是指将注浆材料（水泥、水玻璃、化学材料以及黏土、砂、砾石等）制成浆液，压入地下预定位置，使其扩张固结、硬化，起到堵水截流，加固岩层和消除水患的作用。

注浆堵水是防治矿井水害的有效手段之一，当前国内外已广泛应用于井筒开凿及成井后的注浆，截源堵水，减少矿坑涌水量，封堵充水通道恢复被淹矿井或采区，巷道注浆，保障井巷穿越含水层（带）等。

注浆堵水在矿山生产中的应用方法有 5 种：

1. 井筒注浆堵水

在矿山基建开拓阶段，井筒开凿必将破坏含水层。为了顺利通过含水层，或者成井后防治井壁漏水，可采用注浆堵水方法。按注浆施工与井筒施工的时间关系，井筒注浆堵水又可分为：井筒地面预注浆、井筒工作面预注浆、井筒井壁注浆。

2. 巷道注浆

当巷道需穿越裂隙发育、富水性强的含水层时，巷道掘进可与探放水作业配合进行，将探放水孔兼作注浆孔，埋没孔口管后进行注浆堵水，从而封闭了岩石裂隙或破碎带等充水通道,减少矿坑涌水量,使掘进作业条件得到改善,掘进工效大为提高。

3. 注浆升压,控制矿坑涌水量

当矿体有稳定的隔水顶底板存在时,可用注浆封堵井下突水点,并埋没孔口管,安装闸阀的方法,将地下水封闭在含水层中。当含水层中水压升高,接近顶底板隔水层抗水压的临界值时(通常用突水系数表征),则可开阀放水降压;当需要减少矿井涌水量时(雨季、隔水顶底板远未达到突水临界位、排水系统出现故障等),则关闭闸阀,升压蓄水,使大量地下水被封闭在含水层中,促使地下水位回升,缩小疏干半径,从而降低了矿井排水量,可以缓和以致防止地面塌陷等有害工程地质现象的发生。

4. 恢复被淹矿井

当矿井或采区被淹没后,采用注浆堵水方法恢复生产是行之有效的措施之一。注浆效果好坏的关键在于找准矿井或采区突水通道位置和充水水源。

5. 帷幕注浆

对具有丰富补给水源的大水矿区,为了减少矿坑涌水量,保障井下安全生产,可在矿区主要进水通道建造地下注浆帷幕,切断充水通道,将地下水堵截在矿区之外。不仅减少矿坑涌水量,又可避免矿区地面塌陷等工程地质问题的发生,因此具有良好的发展前景。但是帷幕注浆工程量大,基建投资多,因此,确定该方法防治地下水应慎重。

第四节　煤矿水灾防治的安全管理

一、煤矿水灾防治的安全管理

煤矿水灾主要是矿井突水(透水)。矿井突水(透水)是指煤矿在正常生产中突然发生的涌水现象。突水地点可来自底板、顶板、采空区、老窑、地表等。由于来势猛、水量大,一旦防范不力或排水能力不足时,往往会造成严重经济损失甚至人身伤亡事故。矿井突水的突水量大小差异很大,对矿井的危害程度也不相同。根据我国矿井突水情况,1984年5月,煤炭工业部对矿井突水点突水量做了等级划分。其等级标准是:

(1) 小突水点涌水量:$Q \leqslant 1$ m^3/min。

(2) 中等突水点涌水量:1 m^3/min$< Q \leqslant 10$ m^3/min。

(3) 大突水点涌水量:10 m^3/min$< Q \leqslant 30$ m^3/min。

(4) 特大突水点涌水量:$Q > 30$ m^3/min。

1. 矿井突水灾害的原因

造成矿井突水灾害的原因归纳起来有以下几个方面:

(1) 地面防洪、防水措施不当,或因对防洪设施管理不善,暴雨山洪冲毁防洪工程,使地面水涌入井下,造成灾害。

(2) 水文地质条件不清,井巷接近老窑区、充水断层、强含水层、陷落柱时,不事先探放水,盲目施工;或探放水,但措施不当,而造成淹井或伤亡事故。

(3) 井巷位置不合理,如布置在不良地质条件中或接近强含水层附近,施工后在矿山压力与水压力共同作用下,发生顶板或底板突水。

(4) 乱采、乱掘,破坏了防水煤柱、岩柱而造成突水。

(5) 工程质量低劣,井巷严重塌落冒顶,造成顶板塌落,沟通强含水层而突水。

（6）管理不善,井下无防水闸门或虽有闸门但未及时关闭,矿井突水时不能起堵截水作用。

（7）矿井排水能力不足或排水设备平时维护不当,水仓不按时清挖,突水时排水设备失效而淹井。

（8）测量错误,导致巷道揭露积水区或含水断层突水而淹井。

（9）忽视安全生产方针,思想麻痹大意,丧失警惕,没有严格执行探放水制度、违章作业等。

2. 矿井突水的应急措施

遇到矿井突水时,可采取以下应急措施:

（1）发现有人被堵井下时,各级领导应首先制定营救措施。要判断被堵人员可能躲避的地点,分析其生存条件,制定营救方案。并根据涌水量和排水能力,估计排除积水的时间。

（2）立即通知泵房人员加大排水力度,将水仓水位降到最低程度,争取较长的缓冲时间。

（3）检查所有排水设施和输电线路,了解水仓现有容量,派人清挖水沟。如果水中夹带大量泥沙、浮煤时,可在水仓进口处修筑临时分段挡墙,以减少水仓淤积。

（4）水文地质人员应测量涌水地点、涌水量大小及其变化,记录围岩及巷道破坏变形状况,察看观测孔（水井）水位和泉、河、地表水体的变化,分析判断突水来源和最大突水量,以及突水发展趋势,为防止淹井采取必要措施提供依据。

（5）检查防水闸门关闭是否灵活、严密,并清除淤渣,拆除短轨和架空线,派专人看守,待命关闭。

（6）在查明地面水体与突水有关联时,应迅速派人进行堵塞,减少补给量。

（7）当排水能力负担不了涌水量时,可因地制宜,采取将涌水引入下山巷道、筑坝蓄水、关闭防水闸门,以延长缓冲时间,争取时间增加排水设备,保住矿井。

（8）当采取上述措施仍不能阻挡淹井时,井下人员应迅速向安全口撤退,安全出井。

二、煤矿水灾防治的安全检查

（1）煤矿应查明矿区和矿井的水文地质条件,编制中长期防治水规划和年度防治水计划,并组织实施。

（2）水文地质条件复杂的矿井,必须针对主要含水层（段）建立地下水动态观测系统,进行地下水动态观测、水害预报,并制定相应的"探、防、堵、截、排"综合防治措施。

（3）煤矿每年雨季前必须对防治水工作进行全面检查。雨季受水威胁的矿井,应制定雨季防治水措施,并组织抢险队伍,储备足够的防洪抢险物资。

（4）井口和工业场地内建筑物的高程必须高于当地历年最高洪水位;在山区还必须避开可能发生的泥石流、滑坡地段。井口和工业场地内建筑物高程低于当地历年最高洪水位时,必须修筑堤坝、沟渠或采取其他防排水措施。乡镇煤矿应将此项工作作为安全检查的一个重点。

（5）井口附近或塌陷区内外的地表水体可能溃（灌）入井下时,必须采取措施并遵守《煤矿安全规程》的有关规定。对附近煤矿和小煤窑要制定防止互相连通从其他矿灌入矿井的措施。

（6）采掘工作面或其他地点发现有挂红、挂汗、空气变冷,出现雾气、水叫、顶板淋水加大、顶板来压、底板鼓起或产生裂隙出现渗水、水色变浑、有臭味等突水预兆时,必须立即停止作业,采取措施,立即报告矿调度室,发出警报,撤出所有受水威胁地点的人员。

(7)矿井必须做好水害分析预报和水害评价工作,加强探放水工作。探水或接近积水区掘进前或排放被淹井巷的积水前,必须编制探放水计划,并采取防止瓦斯和其他有害气体危害等安全措施。探水眼的布置和超前距离及安全措施等在探放水设计中具体规定。

(8)在探水后掘进中,各班班(组)长必须在掘进工作面交接班时,交待清楚允许掘进的剩余距离,严禁超越。

掘到批准位置时,其最后 0.5 m 停止放炮,用手镐找齐迎头,以利下次探水时,安全套管不致安设在被炮震松的煤岩层内。

【案例】 骆驼山煤矿"3·1"透水事故

2010 年 3 月 1 日 7 时 20 分,位于内蒙古乌海市的神华集团乌海能源公司骆驼山煤矿在基建施工中发生透水事故。当班井下共有作业人员 77 名,事故发生后有 46 人相继升井(其中 1 人经抢救无效死亡),事故共造成 32 人遇难、7 人受伤。

1. 事故情况

骆驼山煤矿属新建矿井,由神华集团乌海能源有限责任公司建设,中煤西安设计工程有限责任公司负责设计,设计生产能力为 150 万 t/a。该矿于 2006 年 5 月开工建设,施工承建单位有中煤能源集团五公司、陕西煤建公司和河南郑州煤建公司 3 支队伍,由辽宁诚信监理有限责任公司负责监理。这次透水事故,从初步了解的情况看,透水点在 16 号煤层回风巷掘进工作面,该事故暴露出安全管理不到位、安全责任不落实等诸多问题。

2. 事故原因

经初步调查分析,骆驼山煤矿建设施工中存在着严重的违规违章行为,该矿井下施工的 16 号煤层回风大巷掘进工作面探放水措施不落实,在掘进施工打炮眼时导出奥陶系灰岩地下水,淹没井下巷道和硐室;出现透水征兆后现场撤离不及时造成大量人员伤亡。主要表现在:

(1)该矿地质勘探资料与实际水文地质情况有差异,对奥灰水防治工作认识和措施不到位。该矿地质资料显示水文地质条件简单,建设、施工、监理、设计等单位思想麻痹大意,尤其是该矿 2007 年 12 月轨道大巷发生奥灰水涌水淹井后,未引起相关单位的高度重视,没有采取有针对性的奥灰水防治措施。

(2)矿井建设施工中的探放水措施不落实,没有严格执行先探后掘、有疑必探的规定,发生事故的掘进工作面作业规程没有制定探放水方案,在实际施工中没有配备探放水设备,掘进过程中没有采取超前探放水措施。

(3)没有严格执行煤矿企业负责人和生产经营管理人员带班下井的规定,应急处置工作不果断、不及时。掘进工作面施工过程中,在出现炮眼喷水、工作面片帮、附近巷道底鼓等透水征兆约一个半小时的时间里,未立即采取断电、撤人措施,继续进行抽排水作业,最终酿成特别重大事故。所有这些,都充分暴露出企业安全生产责任不落实、安全管理不严格、隐患排查治理不认真和抢工期、赶进度等突出问题。

3. 事故教训

为切实加强煤矿防治水工作,有效防范遏制重特大事故发生,从事故中吸取以下教训:

（1）切实提高矿井水害防御能力。各煤矿企业要严格执行《煤矿防治水规定》（国家安全监管总局令 28 号），坚持"预测预报、有疑必探、先探后掘、先治后采"的原则，落实"防、堵、疏、排、截"五项综合治理措施。凡存在奥灰岩岩溶水威胁或水文地质条件复杂和极复杂的矿井，必须设立专门的防治水机构，加强水文地质基础工作，组织制定专项的探放水设计并严格实施。

（2）高度重视在建煤矿现场安全管理工作。各在建煤矿的建设单位必须对煤矿建设项目实施统一的协调管理，积极组织制定有关安全技术措施并做好督促落实工作，对施工安全进行严格的全方位监督；施工单位要切实承担安全生产责任，健全和落实各项规章制度，严格现场安全管理，按设计组织施工，施工过程中发现地质开采条件变化较大时，应立即停止施工并向建设单位报告，建设单位应及时组织相关方制定应急安全防范措施，组织提出修改设计并按规定重新报批；各监理单位要强化责任意识，严格审查施工组织中安全技术措施及专项施工方案是否符合有关安全标准和规定，对存在事故隐患的，应当要求立即进行整改。

（3）认真做好矿井水害应急救援工作。各产煤地区相关部门要制订和完善水害应急预案，建立区域抢险排水基地，定期对设备进行检修，保证设备完好，以提升抢险救灾能力和效果。煤矿企业要储备足够的抢险物资和设备，确保抢险救灾时能够及时到位并发挥作用。同时，要不断完善矿井水害应急预案并定期组织演练，提高应急处置能力。

（4）继续加大隐患排查治理力度。各级煤矿安全监管监察部门和各煤矿企业要进一步深化安全生产"三项行动"、狠抓"三项建设"，严格落实隐患排查制度，对排查出的重大隐患，要分类定级、挂牌督办，制定专门治理计划，落实责任、资金和期限，确保整改到位，做到安全生产。

第四章 煤矿开采安全

第一节 煤矿开采安全的基本条件

我国煤矿约 90 ％以上是井工开采,地下作业是井工开采的基本特点。与地面作业相比,地下作业存在许多不安全的自然因素。其中水、火、瓦斯、矿尘、冒顶是煤矿井工开采危害最为严重的五大灾害。了解灾害发生和发展的规律,鉴别其发生前的征兆,掌握防治的主要措施,是井工煤矿技术人员和安全生产管理人员必须掌握的专业知识,也是煤矿安全培训的主要内容。

一、煤矿开采安全的基本条件

煤矿生产环境条件复杂,在生产过程中,有害气体和矿尘的大量产生,以及水分的蒸发和散热作用等因素的影响,使进入矿井空气的成分、温度、湿度等发生了一系列的变化,形成恶劣的气候条件。因此,为了保护煤矿职工的身体健康和生命安全,减少事故的发生,保证正常生产,必须对矿井进行通风。同时必须满足下列要求:

(1) 向井下供给足够的新鲜空气,满足井下人员的需要。

(2) 冲淡和排出有害气体和浮游矿尘,将其控制在安全浓度范围内,保证安全生产。

(3) 调节井下的温度和湿度,提供井下适宜的气候条件,创造良好的生产环境。

除了满足通风要求外,为保证矿井的安全生产必须建有安全可靠的排水系统,其工作面和备用水泵的排水能力应满足 20 h 内排出矿井 24 h 的最大涌水量的要求。

为满足矿井安全生产还应建立可靠的供水、供电系统,运输、提升系统,防灭火系统及通信联络系统等,这些均是煤矿安全生产的基本条件。

二、煤矿开采主要灾害及安全管理

瓦斯爆炸是煤矿生产的主要灾害之一,煤矿一旦发生瓦斯爆炸,危害十分严重,其爆炸时产生的高温、高压和有害气体可造成大量人员伤亡。因此,防止瓦斯爆炸是安全管理的重点。其主要措施是防止瓦斯局部积聚,防止煤(岩)与瓦斯突出,防止火源引燃瓦斯。

矿尘包括煤矿生产过程中产生的煤尘、岩尘等。矿尘不但对井下工作人员的健康不利,而且煤尘在一定条件下还可燃烧或爆炸,除此以外还会加速机械设备的磨损和影响视线,因此应采取各种有效的排降尘措施,将矿尘浓度控制在国家规定的浓度标准范围内。

矿井的防灭火工作是安全生产和管理的重要内容,首先应通过改进开采技术措施,建立完善的通风系统。采取防止漏风和预防性灌浆、喷洒阻化剂、均压灭火、注惰气等综合措施防止煤炭自燃的发生;通过采用不燃性支护材料,杜绝或控制明火的产生等有效措施,防止煤矿外因火灾的发生。

矿井水害对煤矿安全生产的影响和危害很大，轻则使生产条件恶化，管理困难，重则造成伤亡或淹井事故。因此，在安全生产和管理方面，应该在保证排水系统可靠的前提下加强采掘工作面的探放水安全管理工作。同时，对采掘工作面透水事故应制定详细的应对措施。

顶板事故会造成井下人员伤亡、设备损害、生产停顿等事故，是煤矿生产的主要灾害之一。随着开采深度的不断增加，巷道断面不断加大，预防采掘工作面的顶板事故更加重要。为防止顶板事故的发生，首先，应制定和执行严格合理的顶板管理安全技术措施，同时在井田开拓开采中应尽量避免矿山压力的影响和叠加；其次，应建立一套顶板灾害发生的预警、预报系统，加强顶板安全控制的主动性。随着我国煤矿开采深度的不断增加，冲击地压的危害也将更加突出。冲击地压又称岩爆，常伴有煤岩体抛出、巨响及气浪等现象。它具有很大的破坏性，也是煤矿重大灾害之一。防治冲击地压措施应根据发生冲击地压的成因和机理制定，首先应注意在采掘工作面附近降低应力集中的程度，如采用无煤柱开采，超前开采保护层，合理安排开采顺序等方法均可降低应力集中。孤岛煤柱是主要的应力集中因素，开采中应尽量避免出现孤岛现象。在煤层开采中，生产地质条件极为复杂，目前由于人们对冲击地压发生条件尚不能完全掌握，没有预先采取防范措施或防范措施不完善，形成局部煤层地段的高应力集中。因此，在煤层开采过程中必须对这些地段进行及时处理，以保证安全生产。这种对已形成冲击危险或具有潜在冲击危险地段的处理措施称为解危措施。它属于暂时的局部性措施，包括煤层爆破卸压、钻孔卸压和诱发爆破等。

三、煤矿生产的其他安全管理

由于地质条件复杂多变，采掘工作面难免会遇到一些地质变化，如工作面遇断层、褶曲、火成岩侵入或冲刷带等地质变化，或遇到过老巷、工作面初采和末采等，给开采造成安全隐患。为此，在编制作业规程时，应制定安全技术措施。至于一些通常的安全技术措施，如支、回柱或移架，机械设备的安全操作，水、火、瓦斯、煤尘重大灾害的预防和处理，防止爆破事故及避灾撤人的路线等，可根据《煤矿安全规程》及工种操作规程有关规定，结合实际条件认真进行制定和执行。

提升运输系统是煤矿生产安全的重要环节。它战线长、环节多、设备类型多、条件复杂，若再加上人员违章，安全设施不全，轨道质量差，管理跟不上等原因，会使井下运输事故不断发生，造成人员伤亡和财产损失。因此，必须高度重视提升运输安全，正确合理地使用各种提升运输设备，健全各项规章制度，确保提升运输安全。

煤矿生产中为了生产安全和阻止事故范围的扩大需留设各种煤柱，采掘生产中严禁超采和破坏这些煤柱。除此之外，要注意工作面上下端头出口处的维护和加强支护，确保安全出口畅通无阻等内容，都是煤矿生产安全管理的任务。

第二节　矿井开拓

经过地质勘探掌握了煤层赋存的地质特征后,即可根据国民经济发展和市场的需求,进行煤田开发。当一个煤田的范围较大时,必须把煤田划分为若干较小的部分,每一部分由一个矿井来开采。划归一个矿井来开采的那一部分煤田称为井田。将煤田划分为井田时,应合理地确定各井田的边界。

一、煤炭储量的分级和分类

矿井储量指井田范围内可采煤层的全部储量。

为了说明不同块段煤层地质情况被查明的程度,常将储量划分成不同的级别,同一级别的储量代表的勘探程度相同。储量分为 A、B、C、D 四级。

根据工业要求、开采条件以及储量被查明的程度,矿井的储量分为以下几类。

$$
矿井地质储量
\begin{cases}
能利用的储量
\begin{cases}
工业储量
\begin{cases}
可采储量 \\
设计损失量
\end{cases} \\
远景储量
\end{cases} \\
尚难利用的储量
\end{cases}
$$

矿井地质储量:矿井技术边界范围内的全部煤炭储量。

能利用的储量:在目前的经济技术条件下能够开采的储量,为 A、B、C、D 级储量的和,也叫平衡表内储量。

尚难利用的储量:目前的经济技术条件下尚不能够开采的储量,平衡表外储量。

工业储量:A、B、C 级储量和,是矿井设计的资源依据。工业储量中预计可以采出来的煤量为可采储量,预计不可以采出来的煤量为设计损失量。

远景储量:D 级储量,因勘探程度不够,不能作为矿井设计的依据。

可采储量与工业储量之间的关系:

$$Z_k = (Z_g - P) \cdot C \tag{4-1}$$

式中　Z_k——可采储量;

Z_g——工业储量;

P——永久性煤柱损失量;

C——采区设计采出率。采区回采率规定:厚煤层不低于 75%,中厚煤层不低于 80%,薄煤层不低于 85%。

二、矿井生产能力和服务年限

(一)矿井生产能力

矿井生产能力亦称井型,是指矿井设计的年产量,单位为:kt/a、Mt/a 或万 t/a。我国矿井按其生产能力的大小分为三类。

大型:120　150　180　240　300(万 t/a)及以上;

中型:45　60　90(万 t/a);

小型:9　15　21　30(万 t/a)。

选择矿井生产能力时,应该在国家能源方针的指导下,根据国民经济发展的需要,充分考虑地区经济发展的特点,结合井田尺寸和矿井储量,以及开发技术条件、装备水平和安全生产的要求等权衡确定。

（二）矿井服务年限

矿井服务年限指矿井从投产到转产的年限。确定矿井生产能力时必须保证矿井有合理的服务年限,也就是说矿井服务年限要与矿井生产能力相适应。大型矿井的服务年限应当长,中、小型矿井的服务年限则不宜过长。

矿井生产能力与服务年限之间有密切关系,可用下式表示:

$$T = Z_k / A \cdot K \tag{4-2}$$

式中　Z_k——矿井可采储量,万吨;

　　　T——矿井设计的服务年限,年;

　　　A——矿井设计的生产能力,万吨/年;

　　　K——储量备用系数。

考虑储量备用系数的原因:投产后矿井生产能力被突破;地质构造造成的煤柱损失;风化带及小窑对煤层的破坏;矿井采出率达不到设计要求。计算水平和采区的服务年限时也要考虑储量备用系数。

三、井田的划分

煤田划分为井田后,每一个井田的范围仍然比较大,还需要把井田划分为许多更小的部分,以便有计划按照一定顺序进行开采。

（一）井田划分为阶段和水平

当开采倾斜和部分缓斜煤层时,通常在井田范围内,沿倾斜方向按一定标高将井田划分成若干条带,每个条带称为阶段。

阶段的特征:阶段走向长度等于井田走向长度;阶段垂高一般为 150～250 m;阶段设有阶段运输大巷和阶段回风大巷,运输大巷一般布置在阶段的下部,回风大巷一般布置在阶段的上部。每个阶段有独立的运输和通风系统。

巷道和硐室一般布置在某一标高的水平面上,这一水平面简称为水平。设有井底车场及主要运输大巷的水平称为开采水平;设有主要回风巷道的水平称为回风水平。水平常用水平标高、开采顺序和用途来表示。

根据煤层赋存条件,一个井田可以用一个水平开采,或者用几个水平开采,前者称为单水平开拓,后者称为多水平开拓。

单水平开拓是用一个开采水平把井田沿倾斜划分为两个阶段。在水平以上的阶段,采出的煤炭向下运到开采水平,称为上山阶段;在水平以下的阶段采出的煤炭向上运到开采水平,称为下山阶段。

单水平开拓一般用在煤层倾角较小（16°以下）,倾斜长度也比较小的井田;多水平开拓是用两个以上开采水平开采整个井田,一般用于煤层倾角、范围较大的井田。

（二）阶段内的布置

阶段范围内的面积还相当大,不能直接布置采煤工作面,还必须再划分为更小的块段。

（1）分区式

在阶段范围内,沿走向把阶段划分为若干块段,每一块段称为采区。采区有独立的运输系统和通风系统。

采区的斜长即阶段斜长。阶段的斜长往往很大,有时长达 1 000~1 500 m。在这样的斜长范围内,通常再沿煤层倾斜划分成若干长条部分,每一长条部分称为区段。每个区段布置一个采煤工作面。区段的斜长等于采煤工作面长度、运输平巷和回风平巷的宽度与煤柱宽度的和。

在开采煤层倾角较小的近水平煤层时,按标高划分井田已无实际意义。这时,沿煤层主要延展方向布置水平大巷,在主要水平大巷两侧划分若干个采掘区,每个采掘区叫做一个盘区。每个盘区类似于采区,有独立的运输系统和通风系统。

分区式布置多用走向长壁采煤法开采。

(2)分段式

在阶段范围内,沿煤层的倾斜方向将煤层划分成若干个走向条带,每个条带布置一个采煤工作面,称为分段。采煤工作面沿走向方向由井田中央向井田边界推进,或者由井田边界向井田中央连续推进。

分段的倾斜长度和区段斜长基本相同,分段的走向长度等于井田走向全长。

分段式与分区式比较,减少了采区上(下)山及其硐室的工程量;采煤工作面可以连续推进,减少了搬家次数;采煤工作面数量少,生产系统简单。但分段式布置易受地质条件限制。

(3)分带式

在阶段内不划分采区,沿煤层走向划分成若干个倾斜条带,每个条带布置1~2个采煤工作面,称为分带。在分带内,采煤工作面沿煤层倾斜方向(仰斜或俯斜)连续推进,即由阶段的下部边界向上部边界或者由阶段的上部边界向下部边界连续推进。

分带式布置多用倾斜长壁采煤法开采。

分带式布置的优点:巷道布置系统简单,掘进工程量少,投资少,建井期短,见效快。其主要缺点是倾斜巷道长,掘进比较困难,掘进效率低;下山开采时掘进工作面生产环境差,辅助运输困难。

四、矿井开拓

(一)巷道的种类

矿井巷道按井巷和水平面夹角不同,巷道可分为垂直巷道、水平巷道和倾斜巷道等;按照作用和服务范围的不同,巷道分为开拓巷道、准备巷道和回采巷道等,如图 4-1 所示。

(1)开拓巷道

为全矿井、一个水平或两个以上采区服务的巷道称为开拓巷道,主要包括以下几种。

① 井硐:从地面直接通向地下的巷道。主要有立井、斜井和平硐。井硐一般同时开掘一对,其中提煤的称为主井;作为运料、出矸、升降人员、排水、供电、进风时等用的称为副井。另外,专作回风用的巷道称为回风井。

② 井底车场:连接井筒和主要运输巷道的一组巷道和硐室的总称。它起着地下巷道与井筒之间总转运站的作用。井底车场一般布置在煤层底板岩石中。

③ 石门:穿岩层的水平巷道。一般在岩层中开掘,垂直或斜交于岩层的走向。由井底车场通向运输大巷的石门称为运输石门或主石门;由回风井井底通向回风大巷的石门称为回风石门;由大巷通向采区的石门称为采区石门。

④ 运输大巷:沿煤(岩)层走向开掘的,用来作为井下运输、通风、排水、供电等的主要通

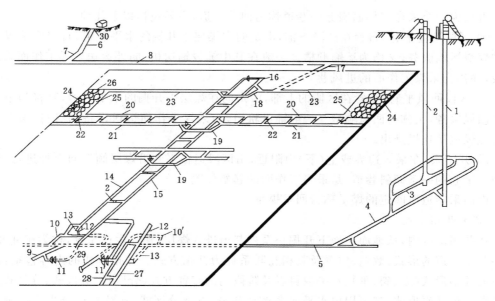

图 4-1　矿井巷道示意图

1——主井；2——副井；3——井底车场；4——主要运输石门；5——运输大巷；6——风井；7——回风石门；
8——回风大巷；9——采区运输石门；10——采区下部装煤车场；11——采区下部材料车场；12——采区煤仓；
13——行人入风巷；14——运输上山；15——轨道上山；16——上山绞车房；17——采区回风石门；
18——采区上部车场；19——采区中部车场；20——区段运输平巷；21——下区段回风平巷；22——联络眼；
23——区段回风平巷；24——开切眼；25——采煤工作面；26——采空区；27——运输下山；28——轨道下山；
29——下山回风联络巷；30——风硐；10'——下山采区上部装煤车场；11'——下山采区上部运料车场

路的水平巷道，为每一采区服务。运输大巷可以布置在煤层底板岩石中，也可以布置在煤层中。岩石大巷有利于维护和减少煤炭损失，也有利于防止煤炭的自燃。

⑤ 回风大巷：沿煤（岩）层走向开掘的，用来作为井下各采区回风的主要通路的水平巷道。回风大巷可以布置在井田上部边界，当煤层倾角很小时，也可以在井田中部与运输大巷相邻平行布置，当开采下水平时，一般利用上阶段原有的运输大巷作为回风大巷。

由开拓巷道所圈定的煤量称为开拓煤量。

（2）准备巷道

为一个采区内的一个或几个采煤工作面和掘进工作面服务的巷道和硐室称为准备巷道，主要包括以下几种。

① 采区上（下）山：在煤层或底板岩层中自运输大巷向上（下）开掘，联系区段平巷的倾斜巷道。采区上山中用来运输的称为运输上山；用来运送材料的称为轨道上山。这两条上山中，一条进风，一条回风。必要时也可专设回风上山，以满足生产的需要。

② 采区车场：采区中用来调车的巷道。它又分为下部车场、中部车场和上部车场等，主要是根据车场在采区中的位置来区分的。

③ 采区煤仓：为一个采区暂时贮存煤炭用的垂直或倾斜巷道。

④ 区段石门：连接区段平巷和采区上（下）山的石门。

由准备巷道所圈定的煤量称为准备煤量。

（3）回采巷道

直接为一个采煤工作面服务的巷道称为回采巷道,主要包括以下几种。

① 区段运输平巷:布置在区段下部,沿走向在煤层中开掘的水平巷道,直接为采煤工作面的煤炭运输服务,又称为运输顺槽。一般在其中铺设输送机,向外运送采煤工作面采出的煤炭,并作为采煤工作面的进风巷。

② 区段回风平巷:布置在区段的上部,沿走向在煤层中开掘的水平巷道,直接为采煤工作面回风服务,又称为回风顺槽。一般铺设轨道,为采煤工作面运送设备和材料,采煤工作面污浊风流从这里排出。

③ 开切眼:在采区边界或上(下)山附近,由区段运输平巷沿煤层倾斜向上掘进,连通区段回风平巷的一条倾斜巷道,是采煤工作面的起始位置。

由回采巷道所圈定的煤量称为回采煤量。

（二）开拓方式

在井田范围内,从地面向地下开掘一系列巷道进入煤层,建立生产系统,称为矿井开拓。这些井下巷道的形式、数量、位置及其相互联系称为开拓方式。开拓方式的内容包括:通到地下的井硐形式(立、斜、平)、水平数目以及阶段内的布置方式(分区式、分段式、分带式)等。无论哪一种井硐形式,都可用单水平或多水平开采,以及分区式、连续式或分带式布置。所以,通常以井硐形式把井田开拓方式分为平硐开拓、斜井开拓、立井开拓和综合开拓等。

（1）平硐开拓

在山岭和丘陵地区,可以直接从地表用水平大巷进行开拓,叫做平硐开拓。平硐形式一般有以下几种。

① 走向平硐:平硐沿煤层走向底板岩层或直接在煤层中开掘,开拓工程量少,建设期短,出煤快,投资少,经济效益好。但这种走向平硐是单翼开采,不利于运输及通风,不宜选择平硐口位置,矿井年产量较低。

② 垂直走向平硐:垂直煤层走向开掘的平硐进入煤层后,可以在两翼布置采区,矿井生产能力较大。根据地形,平硐可以从煤层顶板或底板进入。

③ 斜交平硐:斜交于煤层走向开掘的平硐。

④ 阶梯平硐:如井田倾斜长度过大或煤层倾角过大,在地形条件允许时,可以采用阶梯平硐。将井田划分成若干个阶段,每个阶段用一个平硐开拓。

（2）斜井开拓

斜井开拓是利用倾斜巷道由地面进入地下到达煤层的开拓方式。在埋藏较浅的缓斜煤层中,可以用斜井开拓。斜井占生产井口数目的50%以上。

采用斜井开拓时,井筒可以沿煤层或煤层底板开掘,也可以由顶板或底板岩石中穿层进入煤层。斜井井筒形式一般有两类。

① 顺层斜井:其中包含有煤层斜井、岩层斜井。

② 穿层斜井:其中包含有顶板斜井、底板斜井。

其中岩层斜井、顶板斜井、底板斜井均为岩石斜井。

斜井开拓井筒装备形式与装备井筒的数量、井筒的倾角有关。小型矿井斜井开拓时,若只装备一个井筒,该井筒的提升方式多为串车提升。串车提升时,井筒倾角不宜大于25°;箕斗提升时,井筒倾角不宜大于25°~35°;无极绳提升时,井筒倾角不宜大于10°;胶带输送机提升时,井筒倾角一般不宜大于17°~18°,若装备大倾角胶带输送机并有防滑措施时,井

筒倾角可以达到 $20°\sim25°$。胶带输送机的发展为斜井承担煤炭运输、提高矿井的生产能力创造了有利的条件。

装有带式输送机的井筒兼作风井使用时，应遵守下列规定：装有带式输送机的井筒兼作进风井时，井筒中的风速不得超过 4 m/s，并有可靠的防尘措施，井筒中必须装设自动报警灭火装置和敷设消防管路；装有带式输送机的井筒兼作回风井时，井筒中的风速不得超过 6 m/s，且必须装设甲烷断电仪。

（3）立井开拓

当井田埋藏很深时，如果用斜井开拓，则井筒长度过大，维护比较困难，井筒的提升能力除用胶带输送机外将受到限制。或者，煤层埋藏虽不很深，但上覆岩层中有很厚的流沙层或表土，开凿斜井困难时，也不宜采用斜井开拓。开采急倾斜煤层时，由于水平数目较多，石门过长，同样不宜用斜井。在上述情况下，可以采用立井开拓。

上述三种开拓方式各有特点。一般来说，条件适宜时，应优先考虑用平硐或斜井开拓。由于影响开拓方式的因素比较多，在选择开拓方案时，必须根据具体情况，综合考虑地质、地形以及技术经济条件，通过方案比较后确定。

（4）综合开拓

在某些条件下，如为了充分利用地形，或考虑煤层埋藏深浅等特点，避免大量提前投资，或单纯用一种开拓方式在技术上和经济上不够合理时，可采用综合开拓。如：平硐—斜井、平硐—立井、斜井—立井等。其中，以斜井作为主井、安装胶带输送机提煤，立井作副井、以利于辅助提升的综合开拓方式，是一些大型矿井的发展方向，这是由于目前井工开采深度不断加大，立井作副井可以适应这一变化；立井井筒断面大，线路短，能满足上下人员、通风、提矸、下料等要求；作为主井的斜井，能够实现连续运输，减少了运输环节，提高了生产能力；副斜井的辅助提升比较困难，通风、排水线路长，行人不方便。国内外的实践证明，采用主斜井副立井效果良好。

近年来，国内外某些井田范围很大的大型或特大型矿井发展一种多井筒分区域开拓。这就是把井田分为几个区域，每个区域包括若干采区（盘区）或分带，每一分区有独立的进风井和回风井，担负进、回风任务和辅助提升工作；各分区的煤则由服务于全矿井的主井（多为胶带输送机斜井）集中提出地面。

（三）开采顺序

开采顺序包括井巷的开掘顺序和煤层的开采顺序。

井巷开掘顺序关系到矿井的采掘关系，关系到矿井通风系统的形成，关系到矿井的安全运行，一般按照开拓巷道、准备巷道和回采巷道的顺序进行开掘。

矿井开拓时，首先要开掘井硐，等掘到开采水平或井底车场附近，至少贯通一次，形成通风系统，一条巷道进风，一条巷道回风。近水平煤层大巷布置时多采用双巷平行布置，此时在大巷开掘至首采区上山附近时至少贯通一次，形成通风系统。采区上山掘进过程中要贯通，可以形成采区变电所等硐室，当掘至采区上部边界附近，掘出绞车房，连通后形成通风系统，然后才能够掘回采巷道。

阶段内的开采顺序一般采用"采区前进、区内后退"，即先采靠近井筒的采区，然后由近及远逐步推进；在每个采区内部，先掘出两条顺槽，在采区边界开切眼贯通，采煤工作面从采区边界向采区上山方向后退回采。

采区内各区段之间的开采顺序一般采用下行式，即沿倾斜方向由上而下依次回采。只有当煤层倾角很小时，才可能采用上行式开采顺序。

煤层群或厚煤层分层开采顺序一般采用由上而下进行开采，即下行式开采顺序。采用下行式开采顺序时，下一煤层可以在上煤层采煤工作面推进一段距离（安全错距）后，同时进行采掘工作。

在某些情况下，煤层或煤组之间也可以采用由下向上的上行式开采顺序。为了避免下层开采对上层开采的影响，采下层时可将采空区充填。

（四）矿井生产系统

在埋藏较浅的缓斜煤层中，一般多用斜井开拓，如图 4-2 所示。图中表示为多水平开拓，井田划分为 3 个阶段，每个阶段划分为 4 个采区，每个采区划分为 3 个区段。

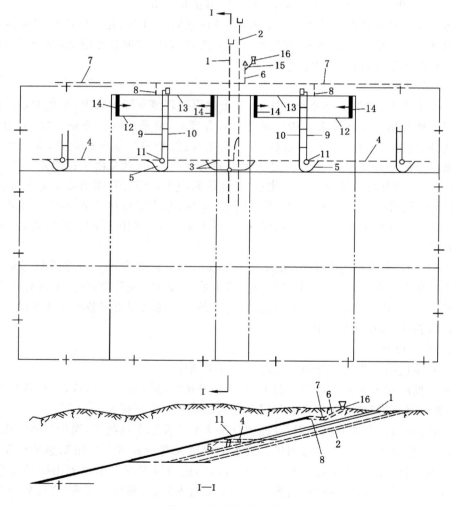

图 4-2　矿井生产系统

1——主井；2——副井；3——井底车场；4——阶段运输大巷；5——采区石门；6——回风井；
7——阶段回风大巷；8——采区回风石门；9——运输机上山；10——轨道上山；11——采区煤仓；
12——区段运输平巷；13——区段回风平巷；14——开切眼；15——风硐；16——通风机

（1）运输系统

运煤：工作面产出的煤炭由刮板输送机→运输平巷→运输上山→采区煤仓→运输大巷→井底车场煤仓→主斜井带式输送机→地面原煤仓。

运料排矸：采煤工作面所需材料、设备用矿车由副斜井→井底车场→运输大巷→采区下部材料车场→轨道上山→区段回风平巷→采煤工作面。采煤工作面回收的材料、设备和掘进工作面运出的矸石，用矿车经由与运料系统相反的方向运至地面。

（2）通风系统

副斜井进风→井底车场→运输大巷→采区石门→轨道上山→中部车场→运输平巷→采煤工作面→回风平巷→运输上山→回风大巷→回风石门→回风井排至地面。

（3）排水系统

排水系统一般与进风风流方向相反，由采煤工作面→区段运输平巷→采区上山→采区下部车场→运输大巷→井底车场水仓→水泵房的排水泵→副斜井→地面贮水池。

（4）供电系统

高压电缆→井底中央变电所→运输大巷→采区石门→采区变电所降压→低压电缆→工作面配电点。

《煤矿安全规程》的有关规定：

① 巷道净断面必须满足行人、运输、通风和安全设施、检修、施工的需要，并符合有关要求。

② 采区开采前必须编制采区设计，并严格按照采区设计组织施工。

③ 严禁破坏工业场地、矿界、防水和井巷等的安全煤柱。

就我国目前的采深（平均约 100 m）而言，开采的影响都能扩大到地表，必须采取保护措施减少或避免其有害影响。留设保护煤柱是保护岩层内部和地面工业场地内建筑物、构筑物的一种可靠方法。

矿界煤柱确定了矿井的开采范围，确定了矿井储量、服务年限、生产能力之间的关系，这是经过深思熟虑后确定的，开采矿界煤柱则破坏了它们的平衡，侵犯了邻矿的权利。

防水煤柱的破坏意味着透水事故的发生，井巷煤柱的破坏，维护工程量的加大，维护变得困难甚至无法维护。

④ 突出矿井、高瓦斯矿井、低瓦斯矿井高瓦斯区域的采煤工作面，不得采用前进式采煤方法。

⑤ 开采容易自燃和自燃的煤层（薄煤层除外）时，采煤工作面必须采用后退式开采，并根据采取防火措施后的煤层自然发火期确定采区的开采期限。

⑥ 采煤工作面回采前必须编制作业规程。

⑦ 每个生产矿井、每个水平、每个采区、每个采煤工作面都必须至少有 2 个能行人的安全出口。

首先要能够把井下需要的设备运进去，把煤炭采出来，必须给它们提供通道；为了满足人员呼吸、排除有害气体（特别是瓦斯）、提供一个较好的作业环境就必须有一个可靠的通风系统作保证，而通风系统由水平通风系统、采区通风系统、采煤工作面通风系统组成，通风系统构成的最基本条件是进风口和出风口，即要求至少有 2 个出口。

其次是抢险救灾的需要。遇险人员要以最近的安全通道撤至地面；万一一条巷道堵塞，还可以从另一条逃生;不同性质的灾害,可以选择不同的安全通道。

第三节 巷道掘进与支护

巷道掘进与支护是按照设计要求把岩石从岩体中破碎下来,并对所形成的空间进行支护,防止围岩继续破坏和垮落。

一、破岩

破岩的方法有两种:钻爆法和机械破岩。机械破岩主要适用于在煤层内开掘的巷道即煤巷,机械破岩多使用掘进机,使用掘进机掘进应遵守《煤矿安全规程》的有关规定。开掘岩巷多用钻爆法。

钻爆法应达到以下要求:炮眼利用率高,炸药雷管消耗量少;断面符合设计要求,不超挖也不欠挖;对巷道围岩的破坏和震动要小;岩石块度和岩堆高度要适中,以利于提高装岩效率和钻眼与装岩平行作业。

取得良好爆破效果的途径:正确布置工作面炮眼;合理确定爆破参数;选用适宜的炸药;改进爆破技术等。

正确地布置工作面炮眼是取得良好爆破效果的前提。将各种不同作用的炮眼合理地布置在相应的位置上,使每个炮眼都能起到它应有的爆破作用。由于井下地质条件变化很大,工作面的炮眼布置不能一成不变,必须根据具体情况进行布置或调整。

掘进工作面的炮眼,按其用途和位置的不同可分为掏槽眼、扩槽眼、崩落眼和周边眼四类。它们只有依次起爆才能保证爆破效果。

二、巷道支护

(一)巷道支护的基本原理

巷道未开掘以前,地下岩体处于相对平衡的原岩应力状态。巷道开掘以后,就破坏了这种原岩应力状态,打破了原有的应力平衡,应力重新分布,形成了集中应力,岩体受三向压缩转变为双向压缩。巷道周边围岩是否破坏取决于集中应力的大小和围岩的强度。如果集中应力大于围岩的强度,岩体就会破坏,集中应力就会向围岩内部转移。在转移过程中集中应力降低,围岩越向里,其承载能力越强,直到重新平衡为止。由此可见,巷道维护须从两方面采取措施:提高围岩强度,控制围岩应力。要使得巷道易于维护,就是要合理选择巷道位置;减少对巷道围岩的震动与破坏;及时支护,提高巷道围岩强度,防止松动岩石脱落。

只有提高支架的初撑力和强度,及时支护,才能够发挥支护的作用。巷道开掘后应及时支护,严禁空顶作业,工作面一旦空顶,极易发生冒顶、片帮、掉矸而造成人员伤亡。

(二)巷道支护的类型

1. 支撑式

支撑式是直接支撑岩体的支护方式。这种支护方式分为棚式支护和石材整体式支护两种。棚式支护的支架又可分为木棚、金属棚和装配式钢筋混凝土支架等。

《煤矿安全规程》中规定:

① 掘进工作面严禁空顶作业。靠近掘进工作面 10 m 内的支护,在爆破前必须加固。爆破崩倒、崩坏的支架必须先行修复,之后方可进入工作面作业。修复支架时必须先检查

顶、帮,并由外向里逐架进行。

在松软的煤、岩层或流沙性地层中及地质破碎带掘进巷道时,必须采取前探支护或其他措施。

在坚硬和稳定的煤、岩层中,确定巷道不设支护时,必须制定安全措施。

② 支架间应设牢固的撑木或拉杆。可缩性金属支架应用金属支拉杆,并用机械或力矩扳手拧紧卡缆。支架与顶帮之间的空隙必须塞紧、背实。巷道砌碹时,碹体与顶帮之间必须用不燃物充满填实;巷道冒顶空顶部分,可用支护材料接顶,但在碹拱上部必须充填不燃物垫层,其厚度不得小于 0.5 m。

③ 更换巷道支护时,在拆除原有支护前,应先加固临近支护,拆除原有支护后,必须及时除掉顶帮活矸和架设永久支护,必要时还应采取临时支护措施。在倾斜巷道中,必须有防止矸石、物料滚落和支架歪倒的安全措施。

2. 补强式

补强岩体,利用围岩本身强度来维护巷道的支护方式。这种支护方式主要有锚杆支护、喷射混凝土支护、喷浆支护和锚索、锚喷支护等。

(1) 锚杆支护

巷道掘出后,向围岩中打锚杆眼,然后将锚杆安设在锚杆眼内,对巷道围岩予以人工加固,提高围岩自身的强度,以维护巷道的稳定。我国从 1956 年开始在煤矿井下巷道中使用锚杆支护技术,经过多年的实践和改进,这种支护已成为我国煤矿井下巷道的主要支护形式之一。

锚杆支护分集中锚固和全长锚固两种。集中锚固:通过眼底端的锚头和另一端的紧固部分,使锚杆受张拉而抑制围岩的变形与松动。集中锚固类有楔缝式锚杆、涨壳式锚杆、树脂锚杆和预应力锚索等。全长锚固:通过杆体与孔壁间的胶结材料,使锚杆在全长范围内与岩石黏结在一起对岩体产生锚固作用。全长锚固类有砂浆锚杆、树脂锚杆等。锚固方式可分为机械锚固型和全面胶接型(黏结锚固型)。锚固装置或锚杆杆体和锚杆孔壁接触,靠摩擦阻力起锚固作用的锚杆,属于机械锚固型锚杆。锚杆杆体部分或锚杆杆体全长利用树脂、砂浆、水泥等胶结材料,将锚杆杆体和锚杆孔壁黏结、紧贴在一起,靠黏结力起锚固作用的锚杆,属于黏结锚固型锚杆。

锚固强度是指作用到单位围岩面积的锚固力。曾发生过重大冒顶事故的锚杆支护的煤巷,共同的原因是锚固力太低,锚固强度过小。现阶段,在一般排、间距情况下,顶板锚杆锚固力以大于 70 kN 为宜。

锚杆支护要做到:及时安设,拧紧紧固螺母,提高锚固强度。

(2) 喷射混凝土和喷浆支护

喷射混凝土是将一定比例的水泥、沙、石的拌和料通过混凝土喷射机,用压缩空气作动力沿着管路送到喷嘴处与水混合后,以较高的速度(100 m/s)喷射在岩面上凝结硬化而成的一种支护形式。其作用原理是:

① 结构作用(加固、组合)

喷层具有良好的物理力学性能,抗压强度较高,因此,能起到结构支撑作用。同时由于喷层具有一定的柔性,可以产生一定变形。

② 封闭作用

喷层封闭了围岩表面,完全隔绝了空气、水与围岩的接触,有效地防止风化作用所造成的围岩破坏和剥落。

③ 充填作用

喷射混凝土以很高的速度射入岩体张开的节理裂隙,把松动的岩块黏结、充填起来,产生黏结作用,大大提高围岩的整体性和强度。

喷射混凝土在一定程度上改善了围岩的应力状态。围岩由二向应力状态转化为三向应力状态。

三、巷道施工

（一）平巷施工特点

1. 水平岩石巷道施工

水平岩石巷道的掘进目前还是以钻爆法为主,包括钻眼、爆破、装岩、运输和支护等主要工序以及工作面通风、排水、砌水沟和测量等辅助工序。除钻眼爆破和工作面通风外,正确解决好装岩和调车、工作面临时支护等问题,才能保证水平岩巷掘进的安全、高效。

（1）装岩

平巷掘进中装运岩石工作,是掘进作业中最繁重而又耗费工时的工序。一般情况下,这项工序要占掘进循环总时间的 35％～50％。因此,发展机械化装运岩石,提高装运岩石的效率,缩短装运岩石的时间,对减轻掘进工人的劳动强度和提高掘进速度都有着很大的意义。装岩机械目前主要有耙斗装岩机或铲斗装岩机、蟹爪式装载机。

装岩机在装岩（煤）时,必须遵守下列规定:

① 装岩（煤）前,必须在矸石或煤堆上洒水和冲洗巷道顶帮。

② 装岩（煤）机上必须有照明装置。

使用耙装机必须遵守下列规定:

① 耙装机作业时必须照明。

② 耙装机绞车的刹车装置必须完整、可靠。

③ 必须装有封闭式金属挡绳栏和防耙斗出槽的护栏;在拐弯巷道装岩（煤）时,必须使用可靠的双向辅助导向轮,清理好机道,并有专人指挥和信号联系。

④ 耙装作业开始前,甲烷断电仪的传感器,必须悬挂在耙斗作业段的上方。

⑤ 固定钢丝绳滑轮的锚桩及其孔深与牢固程度,必须根据岩性条件在作业规程中作出明确规定。

⑥ 在装岩（煤）前,必须将机身和尾轮固定牢靠。严禁在耙斗运行范围内进行其他工作和行人。在倾斜巷道移动耙装机时,下方不得有人。倾斜巷道倾角大于 20°时,在司机前方必须打护身柱或设挡板,并在耙装机前方增设固定装置。倾斜巷道使用耙装机时,必须有防止机身下滑的措施。

⑦ 耙装机作业时,其与掘进工作面的最大和最小允许距离必须在作业规程中明确规定。

⑧ 高瓦斯区域、煤与瓦斯突出危险区域煤巷掘进工作面,严禁使用钢丝绳牵引的耙装机。

（2）临时支护

在岩巷中掘进巷道时,从掘进到架设永久支架前,为了防止岩块坠落,工作面应该预先架设临时支架。金属临时支架是最常用的一种,它的优点是:支架结构形式易于适应各个巷道断面形状,强度大,能保证工程质量和作业安全,节约坑木;降低工程成本;架设拆除方便,可以重复使用。

根据巷道两帮围岩的稳定情况,可以采用无腿金属临时支架,或有腿金属临时支架。

（3）排水

巷道一侧要设置排水沟,以便泄出井下涌水,保证生产安全,并且创造较好的行人、运输等工作条件,有利于巷道的维护。

掘进巷道必须坚持"预测预报有疑必探,先探后掘先治后采"的探放水原则,在穿透老空区之前,编制切实可行的探水计划。

2. 煤巷施工

煤巷掘进的工序与岩巷掘进基本上一样,但施工方法有许多不同之处:

（1）煤层比岩层的坚固性小,可以采用效率较高的多种掘进机或掘进装载机,也可采用连续采煤机掘进巷道。由于煤层软,易于片帮,所以掘进断面一般不应大于设计断面。

（2）煤层内多含有瓦斯,爆破后又有大量煤尘飞扬,故爆破时要喷雾洒水,使用水炮泥。

（3）在煤巷掘进时,轨道上经常积有浮煤。为防止扬尘,在煤巷掘进时应选择履带式装载机或其他不致引起煤尘大量飞扬的装载机。

（4）在煤巷中掘进巷道,一般采用双巷掘进,每隔一定距离进行贯通,以利通风。也可采用单巷掘进。

（5）对于服务年限短的煤巷,一般可以在掘进的同时,架设永久支架。

3. 半煤岩水平巷道施工

（1）巷道凿岩位置的选择

在半煤岩巷道开掘上,必须认真选择在巷道断面内的凿岩位置,即挑顶、卧底或挑顶兼卧底。

凿岩位置根据煤层倾角、顶底板岩性以及巷道用途等条件来选择。同时应注意做到:尽量避免破坏顶板,保持巷道稳定,尽可能掘凿软岩,并力求掘煤面积最大,减少开掘困难和费用,充分满足巷道运输、装车的要求。在一般情况下,缓倾斜煤层的半煤岩巷道,通常可采用卧底,倾斜煤层多采用挑顶兼卧底,急倾斜煤层一般采用卧底。

（2）煤岩的开凿顺序

在半煤岩巷道掘进中,煤、岩的开掘顺序对掘进速度和效率有很大影响。在通常情况,应实行全断面一次开掘,并尽可能实行煤、岩分次爆破和装运。当岩石坚硬,煤层较厚时,根据挑顶或卧底的安排,可分别采用倒台阶工作面或正台阶工作面的掘进方法,使煤层超前于岩层开掘。

（二）倾斜巷道施工特点

1. 上山施工

掘进上山时应特别注意通风排瓦斯工作。由于瓦斯的比重小,常常积聚在上山掘进工作面附近,如果不采取措施,有可能发生瓦斯超限或爆炸。因此,在瓦斯矿井上山掘进时,必须加强通风,采取双巷掘进（一条进风,一条回风）,甚至采取自上而下的掘凿方式。

在近水平或缓倾斜煤层中,上山掘进一般用矿车或输送机运输。上山掘进使用的绞车,当提升斜长小于 150 m 左右时,可将绞车布置在上山一侧的小硐室内,如果斜长过大,一台绞车提升能力不够,即应安设多台（一般为两台）绞车,实行分段接力提升。如条件合适,最好采用刮板输送机或溜槽。倾角大于 35°的巷道,煤、矸可以沿底板自溜,这时应在巷道一侧做一个密闭的溜矸间,限制矸石不能在巷道内任意滚溜,以免造成伤人或砸坏设备的事故。

在倾角小于 10°的上山可以使用装煤机,配合输送机运输。目前比较广泛应用的是耙斗装岩机,它可以应用在倾角小于 30°的巷道。耙斗装岩机距离工作面应不小于 6 m,每 20～30 m 移动一次。移动装岩机可用提升绞车。如巷道倾角大,可用提升绞车和耙斗装岩机绞车联合作业。使用耙斗装岩机装岩时,一般与输送机和溜槽运输配合使用,这样耙斗装岩机就能够连续作业,提高装岩生产率,但在耙斗装岩机卸载部位需要另加一斜槽。

《煤矿安全规程》中规定:由下向上掘进 25°以上的倾斜巷道时,必须将溜煤(矸)道与人行道分开,防止煤(矸)滑落伤人。人行道应设扶手、梯子和信号装置。斜巷与上部巷道贯通时,必须有安全措施。在掘进工作面上方还必须设置坚固的遮挡。遮挡距掘进工作面的距离必须在施工组织设计和作业规程中规定。

2. 下山(斜井)施工

掘进下山时,因瓦斯可沿巷道上升排出,故通风比较容易。然而,运输和排水较为困难。

掘进下山时,一般都采用箕斗或矿车提升(巷道坡度小时,也可采用输送机提升)。下山掘进的安全问题主要是防跑车。另外巷道规格、铺轨质量,都应符合设计要求,并采取切实可行的安全措施,例如在提升钩头前连接一钢丝绳圈,在提升时将此圈套住矿车。这样当插销脱出或连接装置失灵时,矿车即被钢丝绳圈兜住,不致发生跑车事故。

为防止跑车冲至工作面,应在距工作面不太远处设置挡车器。挡车器形式有多种,其中钢丝绳挡车器因为构造简单、工作可靠,选用较多。

下山掘进时,上部平巷的渗水,煤层或岩层本身及其顶底板的涌水,都有可能流至掘进工作面。为了减少掘进工作面的排水工作量,有利于掘进施工,可以采取将上部平巷靠下山一段水沟加以封闭,在下山巷道中,每隔一定距离(如 10～15 m)开掘一条横水沟等措施,拦截上部平巷渗水和煤岩涌水。

下山掘进的排水方式,根据下山倾角和长度大小以及涌水地点,可采用单段排水或分段排水。

当下山倾角不超过 25°,长度不超过 300 m,有水直接从工作面涌出时,可采用单段排水。单段排水,是将水泵设置在工作面附近,直接把水排到上部水平,随着工作面的推进,每当水泵的吸水高度达到最大吸水高度(5～7 m)后,要向下移置水泵。

当下山倾角大于 25°,长度很大,且水沿巷道全长涌出时,适于采用分段排水。采用分段排水时,在巷道中应设置中间水仓。中间水仓应能容纳水泵从工作面排出的和从纵横水沟流入的水量。随着下山掘进的延伸,中间水仓和水泵亦应向下移设。

《煤矿安全规程》中规定如下:

开凿或延深斜井、下山时,必须在斜井、下山的上口设置防止跑车装置,在掘进工作面的上方设置坚固的跑车防护装置。跑车防护装置与掘进工作面的距离必须在施工组织设计或作业规程中规定。

斜井(巷)施工期间兼作行人道时,必须每隔 40 m 设置躲避硐并设红灯。设有躲避硐的一侧必须有畅通的人行道。上下人员必须走人行道。行车时红灯亮,行人立即进入躲避硐,红灯熄灭后,方可行走。

(三)锚杆支护施工质量管理

1. 锚杆施工要求

在锚杆施工过程中应满足以下要求：

(1)锚杆的布置：在断面图上呈放射状，均匀布置。展成平面图为矩形或菱形。

(2)锚杆方向：在整体岩层中，锚杆应垂直于巷道轮廓线，在层状岩层中锚杆应垂直岩层面。打眼时应先按作业规程规定的锚杆布置形式和间、排距，点好眼位，垂直于轮廓线或岩面打眼，角度不小于 75°。

(3)锚杆眼的深度必须与作业规程的要求和所使用的锚杆相一致。

(4)锚杆眼必须用压气或水流清理干净锚杆孔底的岩粉、碎块。

(5)保证锚杆有足够的锚固力。锚杆的锚固力要按照国家标准和规范确定，它与锚杆的材质和锚固方式有着密切关系。

2. 锚杆施工质量控制

为了保证锚杆支护巷道施工的质量，确保锚杆支护巷道的安全性，应严格按照质量要求检查与验收，对不符合要求的部分要进行认真的处理。锚杆支护巷道施工质量要求见表4-1。

表 4-1　　　　　　　　　　　锚杆支护巷道施工质量控制表

序号	检查项目	质量的最低标准	检查方法与说明
1	支护材料的材质、品种、规格、结构、强度	符合设计、作业规程及规范的要求	对照设计、作业规程、行业标准检查产品合格证和材料试验报告，并现场核查
2	锚固剂的材质、配比、规格、强度	符合设计、作业规程及规范的要求	对照设计、作业规程、行业标准检查产品合格证和材料试验报告，并现场核查
3	锚杆锚固力	不少于设计值的 90%	巷道每进 30~50 m 或每 300 根(含 300 根以下)锚杆必须检查一组，每组检查 3 根，进行拉拔测试，做好测试记录。检查时抽查施工记录，必要时进行现场实测
4	锚杆尾端螺母扭矩与桁架拉杆螺母扭矩	顶锚杆一般不低于 100 N/m	每小班抽样一组(3 根)做螺母扭矩的检查，采用扭矩扳手，如果其中一个扭矩不合格，将扭矩螺母重新拧紧即可；有 2 个以上不合格，应将所有螺母重新拧紧一遍。对桁架拉杆螺母应每月检查一次，对松动的螺母应予拧紧，因为两帮围岩可能向巷道中心移动，桁架拉杆的预紧力有可能降低
5	铺网的质量	符合设计、作业规程的规定，网间压接(绑扎)牢固，且网应具有一定张力	班组验收，做好记录
6	间、排距	误差：−100~+100 mm	班组逐排检验，做好施工记录
7	锚杆孔深度	误差：0~50 mm	班组逐孔检查，做好施工记录
8	锚杆角度	应垂直于岩层层面，与层面法线夹角不小于 75°；靠巷帮倾斜锚杆的角度应符合设计要求	用角度尺测量，班组验收，做好记录
9	锚杆尾端外露长度	露出托板小于 50 mm	班组逐排检查，做好记录

及时主动支护是锚杆形成锚固承载层的关键，在安装锚杆的同时，应立即施加足够的预

紧力,不仅消除了锚杆构件的初始滑移量,而且给围岩一定的预压力,防止顶板的早期离层。反之如果锚杆没有预紧力,锚杆的初始滑移量较大,不能阻止顶板的变形、开裂、离层和松动,只有当顶板产生变形离层破坏以后,锚杆才起作用,这对顶板管理很不利。离层和松动,降低了围岩的自承能力,安装锚杆后,锚杆效果也达不到设计要求,施工质量不能保证,巷道存在安全隐患。因此,锚杆支护施工时,一定要在顶板刚刚暴露后就及时安装锚杆,并保证要有足够的预紧力,这是锚杆支护取得成功的保证。

3. 煤巷锚网支护安全管理

煤巷锚网是指"锚杆＋钢带(或梯子梁)＋金属网"。经过多年推广使用,锚网支护技术日趋成熟,应用范围逐渐扩大,煤巷锚网化程度逐年提高。煤巷锚网支护进尺在迅速增长的同时,也暴露出发展中存在的问题。在现场安全技术管理、支护强度及可靠性、支护参数的优化、支护材料及产品的质量监督管理等方面尚待进一步加强。

(1) 严格贯彻执行有关锚网支护的规定,建立健全煤巷锚网支护管理制度,完善安全技术管理体制。

(2) 根据现有技术条件及工程质量可靠性,为确保巷道支护安全有效可靠,锚杆、锚固剂质量以及锚杆间、排距要严格按照设计控制。

(3) 任何断面形状的巷道,其两肩部锚杆必须布置成与水平方向成一定角度的斜向锚杆。

(4) 煤巷锚杆必须实施快速安装,并达到一定的预紧力。自搅拌树脂锚固剂之时起,5～8 min内必须达到设计锚固力的60%以上,现场锚固力检验应至少进行一次锚杆快速安装及快速承载检验。

(5) 为确保锚杆实现快速安装和提高预紧效果,每孔锚杆眼至少使用1块超快速(CK)锚固剂,凝胶时间为30 s(±10 s)。推荐使用单向左旋无纵筋等强度螺纹钢杆体,塑料阻尼螺帽或穿销力矩螺帽,淘汰背帽搅拌、人工拧紧安装方式。顶(拱)部锚杆的打眼安装应完全使用单体锚杆钻机或机载锚杆钻机完成,不得使用煤电钻打眼安装,以确保搅拌及安装扭矩。

(6) 树脂锚固剂除按要求进行正常检验外,还应进行不定期现场抽检,直接从使用单位抽取样品进行检验,并通报检验结果,严禁各单位使用不合格的或过期的锚固剂。

(7) 煤巷锚网作业现场距工作面200 m以内必须备有5～10架备用棚及相应的复合支护材料,以备改变支护方式和抢险之需。

(8) 所有煤巷锚网支护工作面必须掌握锚索支护技术,以便对特殊部位采用中深孔复合锚固方式。巷道跨度大于5 m以及综采切眼、交岔点、硐室等必须采用锚网、锚索联合支护。

(9) 对于断层破碎带、煤质松软区、地质构造变化带、地应力异常区、动压影响区等围岩支护条件复杂区域,必须采取加密锚杆、全长锚固、锚索锚固、点柱及架棚等强化支护措施。正常锚网作业时,如遇"放煤炮",顶底板及两帮移近量显著增加、围岩层(节)理发育、突发性片帮掉碴、巷道不易成型、钻眼速度异常、顶板淋水等异常情况时,应立即停止作业,采取强化支护措施后方可继续作业。作业现场的任何人员,在认为情况异常时,有权制止违章指挥和违章作业,可自行撤离现场或拒绝进入现场,并及时向有关部门汇报。

(10) 煤巷锚网支护长距离掘进超过一定长度(2 000 m)时,必须实施中间贯通,以改善通风、运输条件和提高抗灾变能力。

（11）严格执行事故汇报制度。煤巷锚网支护工作面如发生冒顶（片帮）事故，无论是否造成人员伤亡，均必须向调度室汇报，以便及时组织处理，分析原因，采取针对性措施，防止同类事故重复发生。

采用锚杆、锚喷等支护形式时，应遵守《煤矿安全规程》的有关规定如下。

① 锚杆、锚喷等支护的端头与掘进工作面的距离，锚杆的形式、规格、安装角度，混凝土标号、喷体厚度，挂网所采用金属网的规格以及围岩涌水的处理等，必须在施工组织设计或作业规程中规定。

② 采用钻爆法掘进的岩石巷道，必须采用光面爆破。

③ 打锚杆眼前，必须首先敲帮问顶，将活矸处理掉，在确保安全的条件下，方可作业。

④ 使用锚固剂固定锚杆时，应将孔壁冲洗干净，砂浆锚杆必须灌满填实。

⑤ 软岩使用锚杆支护时，必须全长锚固。

⑥ 采用人工上料喷射机喷射混凝土、砂浆时，必须采用潮料，并使用除尘机对上料口、余气口除尘。喷射前，必须冲洗岩帮。喷射后应有养护措施。作业人员必须佩戴劳动保护用品。

⑦ 锚杆必须按规定做拉力试验。煤巷还必须进行顶板离层监测，并用记录牌板显示。对喷体必须做厚度和强度检查，并有检查和试验记录。在井下做锚固力试验时，必须有安全措施。

⑧ 锚杆必须用机械或力矩扳手拧紧，确保锚杆的托板紧贴巷壁。

⑨ 岩帮的涌水地点必须处理。

⑩ 处理堵塞的喷射管路时，喷枪口的前方及其附近严禁有其他人员。

光面爆破是锚喷支护的前提，巷道断面成型好；可以减轻对围岩的破坏；光面爆破和锚喷相结合相得益彰。

喷射混凝土支护形式的缺点是易产生粉尘。我国煤矿中应用喷射混凝土技术已有30多年历史，为了降低粉尘浓度，抑制粉尘的产生，做了大量的科技革新、技术攻关，从喷浆机的改造到上料系统的革新，从干喷、湿喷、潮喷的演变中，得出了只有抑制水泥粉尘的飞扬，采取水泥与少量的水混合才能从根本上解决喷射混凝土工艺中降低粉尘浓度的结论。

四、巷道施工组织与管理

巷道施工方法一般有两种：一次成巷施工法和分次成巷施工法。分次成巷施工法的实质是先以小断面掘进，架设临时支架，过一定时间后再刷大到设计的断面，并进行永久支护。经过实践证明，这种方法坑木消耗量大，围岩暴露时间长，受风化和其他外力作用，易引起冒顶、片帮，因此，造成施工中的困难多、速度慢。一次成巷的实质是把巷道施工中的掘进、支护、水沟掘砌、轨道铺设、线路安装看成是一个整体，统筹安排，进行最大限度的同时施工，做到一次成巷，不留收尾工程。在掘进施工中，由于地质条件、巷道规格尺寸、施工设备以及操作技术等条件的影响和限制，一般按其主要工序掘进和支护的相互关系，大致可分为三种作业形式：掘进与永久支护平行作业、掘进与永久支护顺序作业和掘进与永久支护交替作业。

巷道施工除了要合理选择施工作业方式外，还必须采用科学的施工组织形式。

正规循环作业是在规定时间内，以一定的劳力和施工设备，按照作业规程、爆破图表和循环图表的规定，完成全部工序及工作量，并保证周而复始地进行工作。

在一次成巷施工中,为了充分利用工时,提高施工速度和质量,做到安全生产,减少材料消耗,在正确选择施工作业方式与合理的劳动组织的同时,还必须建立和健全以工种岗位责任制为中心的各项规章制度。

第四节　采　煤　方　法

一、采煤方法的组成和分类

采煤方法主要由采区内的采煤系统和采煤工艺两部分组成。采煤系统是指采区内的巷道布置系统以及为了正常生产而必须建立的采区内用于运输、通风等目的的生产系统。采煤工艺是指采煤工作面内破煤、装煤、运煤、支护和采空区处理等工序在时间和空间上的进行程序和安排方式。

采煤方法的种类较多,按照工作面长度可分为长壁式和短壁式采煤法两类。在世界各国,除美国和澳大利亚以短壁采煤法为主外,其他主要产煤国家都以长壁式采煤法为主。

长壁式采煤法的主要特征是采煤工作面长度较大,一般为 100～200 m 或更长。长壁式采煤法按照采煤工作面推进方向可分为走向长壁采煤法和倾斜长壁采煤法两类。如果将长壁工作面沿煤层倾斜布置,工作面沿走向推进,工作面的倾斜角度等于煤层的倾角,这种采煤法叫做走向长壁采煤法;如果将长壁工作面沿煤层走向布置,工作面沿倾斜方向推进,这种采煤法叫做倾斜长壁采煤法。在倾斜长壁采煤法中,如果工作面沿倾斜向上推进,称为仰斜长壁;如果工作面沿倾斜向下推进,称为俯斜长壁。在特殊情况下,工作面也可以与煤层倾向斜交布置。

按照采煤工艺方式和机械化程度不同,采煤方法可分为炮采、普采、综采等。

二、走向长壁采煤法巷道布置

(一)单一煤层采区巷道布置

采区巷道布置是指在采区内布置准备巷道和回采巷道。由于各个煤田内煤层数目、厚度、倾角各不相同,导致巷道布置形式多样,种类繁多。即使同一矿井,其不同的采区,巷道布置系统也不尽相同。然而,对于单一煤层而言,采区巷道布置有其基本的规律。

(1)采煤工作面必须有两个畅通的安全出口,一条通向回风巷,一条通向进风巷;工作面与巷道连接处 20 m 范围内必须加强支护。巷道高度:综采工作面不低于 1.8 m,其他工作面不低于 1.6 m。也就是采煤工作面两侧各布置一条平巷,一条为运输巷道,一条为轨道巷道(回风巷道),即采用单巷布置。另外还有双巷布置、多巷布置,以满足工作面通风量的要求和无轨胶轮车的运输。美国长壁工作面多采用三条平巷和四条平巷布置,其平巷断面为矩形断面,宽度为 5.5～6.0 m 或 4.5～5.0 m,平巷之间距离一般为 19.0～25.0 m,每隔31.0～55.0 m 以联络巷贯通。

(2)采煤工作面必须按照作业规程规定及时支护,严禁空顶作业。

(3)采区内至少要布置两条上山,一条为运输上山,一条为轨道上山。高瓦斯矿井、有煤与瓦斯突出危险的矿井的每个采区和开采容易自燃煤层采区,必须设置至少一条专用回风巷。低瓦斯矿井开采煤层群和分层开采采用联合布置的采区,必须设置一条专用回风巷。

(4)双巷掘进。上山与上山、区段或条带之间一般采用双巷掘进(无煤柱护巷除外),便于通风和探明煤层情况。对于单巷布置的采煤工作面,双巷掘进时一条为本区段运输平巷,一条为下区段轨道平巷。双上山掘进时,中间可以连通,联络巷可以作为采区变电所等硐室。当双上山掘到采区上部边界时,掘绞车房,在绞车房后方或侧面安设风窗,两条上山沟通。

(5)采区内要设采区车场。在每一区段的下部水平上,轨道上山与轨道巷相连,组成相应的采区车场。采区车场在上部的叫采区上部车场,在中部的叫采区中部车场,在下部的叫采区下部车场。采区上部车场一般应设置反向竖曲线,采区下部车场一般应设置正向竖曲线。

(6)巷道间的平面交叉问题。如果区段平巷和上山布置在同一煤层内,则存在巷道平面交叉问题。为了便于联结,一般情况下运输巷跨越轨道上山,轨道巷水平绕过运输上山,既可避免交叉,又可防止漏风。如果煤层倾角较小,如近水平煤层,由于煤层倾角小,轨道巷不能水平绕过运输上山,则采用直接跨越的方式,如图 4-3 所示。

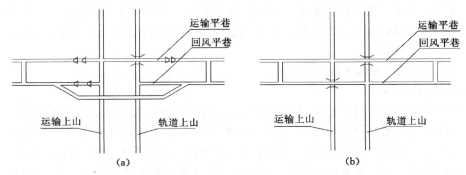

图 4-3 巷道之间的平面交叉

(a)轨道巷水平绕过运输上山;(b)轨道巷直接跨越运输上山

(7)在布置两条上山的采区,如果回风大巷在采区上部边界,为避免在采区下部车场安设风门影响运输,常采用轨道上山进风,运输上山回风,以满足采区对新鲜风的需要。如果设专用回风上山,就不存在用运输上山回风问题。

(8)采区内一般设采区煤仓和采区硐室。采区煤仓的作用是提高工作面设备的利用率,发挥运输系统的潜力,保证连续均衡生产。

(9)当煤层厚度较大时,采区服务年限较长,为降低上山及平巷的维护费用常将采区上山及区段集中平巷布置在煤层底板岩石中。如果上山布置在煤层底板岩石中时,区段巷与上山连接比较容易,不存在与上山交叉问题。

(二)区段平巷布置

1. 支承压力对区段平巷的影响

巷道未开掘以前,地下岩体处于相对平衡的原岩应力状态。巷道开掘以后,就破坏了这种原岩应力状态,打破了原有的应力平衡,应力重新分布,形成了集中应力。这种高于原岩应力的力即为支承压力。工作面前方形成的超前支承压力,由于它随工作面推进而不断向前推移,故称为移动支承压力。工作面沿倾斜和仰斜方向上下两侧及开切眼一侧煤体上形成的支承压力,在工作面采过一段时间后即不发生明显变化,故称为固定支承压力。一般来说,支承压力峰值位置深入煤体内的距离约为 2~10 m,影响范围波及更远。区段平巷如果布置在此范围内维护就很困难。回风平巷经受两次采动影响,维护条件更差,维护工作量更大。

2. 区段平巷布置分析

区段平巷布置本着围岩稳定、煤岩均匀、避开地质破坏带和高应力区等原则进行。煤巷一般采用留煤柱和无煤柱两种布置方式。

(1)留煤柱维护区段平巷

区段平巷煤柱尺寸取决于煤层厚度和岩性,一般为 8～15 m。

厚煤层分层开采时,区段平巷有三种布置方式。

① 倾斜式布置:倾斜布置方式又分为内错式和外错式两种。内错式是下分层平巷在工作面内侧形成正梯形煤柱,由于煤柱尺寸愈到下面愈大,工作面长度也随之缩短。但巷道在假顶下掘进,易于掘进和维护。外错式是下分层平巷在工作面外侧,煤柱呈倒梯形,愈到下分层煤柱尺寸愈小,工作面长度也愈大。

② 水平式布置:当煤层倾角大于 20°时,通常采用水平式布置,即各分层平巷在同一标高上,区段煤柱形状呈平行四边形。水平式布置对于行人、通风及运送材料和设备非常有利。

③ 垂直式布置:近水平煤层时采用。

(2)无煤柱护巷

采用留煤柱维护区段平巷时,巷道往往布置在高应力区,反而不利于巷道维护。根据支承压力沿煤层倾斜的显现规律可知,与采空区相邻的煤体边缘地区存在一个应力比原岩应力低的卸载带,当采煤工作面采过一定时间后,这个卸载带仍能较稳定地长期保存。所以,在这个地区内掘进和维护巷道可以减轻巷道受压,达到维护巷道的目的。在无煤柱护巷方法中,其基本方式有两种。

① 沿空留巷:在上区段工作面采过后,将运输平巷保留下来,作为下区段工作面回风平巷。

② 沿空送巷:在上区段工作面采完后,经过一段时间,等待采空区上覆岩层基本稳定后,紧贴原废弃的巷道,在煤体边缘重新掘进巷道,作为本区段回风平巷或运输平巷。

(三)多煤层采区联合布置

1. 基本概念

生产矿井大多开采两个以上煤层。如果每一煤层中都布置采区上山、硐室、区段平巷,建立彼此独立的采区生产系统,称为采区分层布置;如果几个煤层共用一套采区上山、硐室,甚至区段平巷,并采用适当方式将各煤层联系起来,就形成采区联合布置。共用的采区上山称为集中上山,共用的区段平巷称为区段集中平巷。这种联合布置的采区,不仅可以扩大采区储量,延长采区服务年限,减少采区搬家次数,还可以减少掘进量及维护量,降低掘进率,提高回采率。同时还可增加采区生产能力,减少井下同时生产的采区个数,实现井下集中生产。

当一个矿井开采十多个甚至几十个煤层,或开采几个远近相距悬殊的煤层时,应将煤层分为若干组,在每个组内设置共用的采区巷道,形成独立的采区生产系统,称为分组联合布置。

实际上在联合布置的采区中,往往是若干煤层相距远近不等。其中某几层煤相距很近,而其余几层煤可能相距较远。在这种情况下有可能根据实际条件采用上述两种联合的综合方式。

《煤矿安全规程》规定：低瓦斯矿井开采煤层群和分层开采采用联合布置的采区，必须设置 1 条专用回风巷。

2.联系方式

在联合布置采区中，不论是共用上山还是共用区段平巷，都必须将各煤层与共用上山或共用区段平巷联系起来。联系方式有石门、斜巷和立眼三种方式。

（1）石门联系

开掘与走向斜交的水平巷道与煤层联系在一起。当倾角较大时，区段集中平巷与各煤层的分层一般用石门联系。这种联系的优点是掘进施工方便，如果采用轨道运输，矿车直接与采区车场及各煤层平巷相通，不需要用绞车，运输方便可靠，环节少，行人方便，利于通风。缺点是当煤层倾角较小时，石门较长，而且以石门作为运输巷道的联络巷时，需安设一台输送机，增加了运输设备和运输环节。

（2）斜巷联系

这种联系巷道的优点是当煤层倾角较小时，斜巷的掘进长度比石门短，用斜巷作为运煤的联络巷，可以直接利用自溜运煤，不必在其中安设输送设备，运输环节少。

（3）立眼联系

立眼联系方式的优点基本上与斜巷联系相同，就是立眼运料及上下人员不便，所以只有煤层倾角很小或近水平煤层才采用立眼的联系方式。

由此可见，各煤层之间的联系方式，可以根据煤层的倾角及间距等情况，按掘进量的大小及使用方便等原则进行选择。在实际工作中，用于运煤的联络巷多采用斜巷和立眼，而用于回风、行人、运料的联络巷则多采用石门。

三、倾斜长壁采煤法巷道布置

倾斜长壁采煤法的实质是工作面沿走向布置，沿仰斜向上推进或沿俯斜向下推进。倾斜长壁采煤法的巷道布置系统比较简单，一般是在开采水平上沿走向方向在煤层中或底板岩石中掘进水平的运输大巷和回风大巷（回风大巷也可以放在水平的上部边界），然后便可以在煤层中沿仰斜向上掘回采斜巷，回采斜巷的间距根据工作面长度而定，斜巷一直掘到水平上部边界，并在该处沿走向掘贯通两条斜巷的开切眼，形成采煤工作面，便可由上向下推进回采，形成俯斜长壁。水平以下的部分也可以由水平大巷向下掘回采斜巷，至下部边界后掘开切眼，形成回采系统，工作面自下向上推进回采，形成仰斜长壁。

倾斜长壁采煤法巷道布置的优点：

（1）取消了采区上下山，简化了井下巷道系统。因此运输环节少，系统简单，通风线路短，风阻小，风量大。

（2）综采面长度可以保持不变，工作面产量大，提高了矿井生产集中化程度。

（3）减少了巷道掘进、维修和运输工作量。

（4）可采用双工作面布置，工作面长度成倍增加。

（5）对地质条件适应性强。如果煤层瓦斯含量大，可以采用俯斜开采，部分瓦斯可以逸散到采空区；如果工作面涌水量大，可以采用仰斜开采，让水流到采空区。

存在的问题：倾斜长壁只适用于倾角小于 $12°$ 的不存在走向断层的煤层，另外倾斜长壁采煤工作面的辅助运输也较困难。

《煤矿安全规程》中规定：高瓦斯矿井、有煤（岩）与瓦斯突出危险的矿井的每个采区和开采容易自燃煤层采区，必须设置至少 1 条专用回风巷；低瓦斯矿井开采煤层群和分层开采采用联合布置的采区，必须设置 1 条专用回风巷。

采区进、回风巷必须贯穿整个采区，严禁一段为进风巷、一段为回风巷。

四、长壁采煤法的采煤工艺

回采工艺是指采煤工作面内破煤、装煤、运煤、支护和采空区处理等工序在时间和空间上的进行程序和安排方式。前三项是为了把煤采下来，运出去，简称为采煤；后两项是为了控制顶板压力，为采煤创造安全的工作条件，通常称为顶板管理。

（一）爆破采煤工艺

爆破采煤工艺主要包括爆破落煤、人工装煤、刮板输送机运煤、推移输送机、顶板支护和回柱放顶等工序。

爆破落煤包括打眼、装药、填炮泥、连线和爆破等工序。

（二）普通机械化采煤工艺

当落煤和装煤应用浅截深采煤机或刨煤机，运煤采用可弯曲刮板输送机，支护采用单体金属支柱和铰接顶梁来装配采煤工作面时，就称为普通机械化采煤，简称普采。其中，如果使用单体液压支柱进行支护，则为高档普采。

普采面的回采工艺过程包括工作面内破煤、装煤、运煤、支护和采空区处理等工序，落煤和装煤是利用采煤机或刨煤机来完成。

普采面配套的设备有：单摇臂滚筒采煤机或双摇臂滚筒采煤机，刮板输送机，金属摩擦支柱或液压支柱，可配金属铰接顶梁。沿工作面每 6 m 设一移溜器推移输送机，液压移溜器可用设置在平巷内的乳化液泵通过管路进行集中供液控制，也可使用手动的液压式移溜器。

采空区处理方法有缓慢下沉法、全部垮落法、充填法和刀柱法，一般采用全部垮落法。每当工作面推进一定距离，及时回柱放顶，使顶板岩层垮落下来，以减轻顶板对支架的压力。每次放顶的宽度称为放顶距。放顶距应当同支柱的排距相适应，以保持一定的工作面宽度范围。采煤工作面允许的最大宽度称为最大控顶距，允许的最小宽度称为最小控顶距。通常说的"三、五排控顶，见五回二"就是最大控顶距为五排，最小控顶距为三排，每到五排的时候就要准备回柱放顶工作。

《煤矿安全规程》的有关规定如下：

（1）采煤工作面必须经常存有一定数量的备用支护材料。使用摩擦式金属支柱或单体液压支柱的工作面，必须备有坑木，其数量、规格、存放地点和管理方法必须在作业规程中规定。

采煤工作面严禁使用折损的坑木、损坏的金属顶梁、失效的摩擦式金属支柱和失效的单体液压支柱。

在同一采煤工作面中，不得使用不同类型和不同性能的支柱。在地质条件复杂的采煤工作面中必须使用不同类型的支柱时，必须制定安全措施。

摩擦式金属支柱和单体液压支柱入井前必须逐根进行压力试验。

对摩擦式金属支柱、金属顶梁和单体液压支柱，在采煤工作面回采结束后或使用时间超过 8 个月后,必须进行检修。检修好的支柱,还必须进行压力试验,合格后方可使用。

(2)采煤工作面必须按作业规程的规定及时支护,严禁空顶作业。所有支架必须架设牢固,并有防倒柱措施。严禁在浮煤或浮矸上架设支架。使用摩擦式金属支柱时,必须使用液压升柱器架设,初撑力不得小于 50 kN;单体液压支柱的初撑力,柱径为 100 mm 的不得小于 90 kN,柱径为 80 mm 的不得小于 60 kN。严禁在空顶区域内提前摘柱。碰倒或损坏、失效的支柱,必须立即恢复或更换。移动输送机机头、机尾需要拆除附近的支架时,必须先架好临时支架。

采煤工作面遇顶底板松软或破碎、过断层、过老空区、过煤柱或冒顶区以及托伪顶开采时,必须制定安全措施。

(3)严格执行敲帮问顶制度。开工前,班组长必须对工作面安全情况进行全面检查,确认无危险后,方准人员进入工作面。

(三)综合机械化采煤工艺

综合机械化采煤(简称"综采"),采煤工作面的落煤、装煤、运煤、支护、采空区处理等主要工序全部实现了机械化,形成连续作业。综采与普采最基本的区别是将支护与控顶这两种工序用自移式液压支架合为一体。

综采工作面由于使用了自移式液压支架使工作面推进速度加快,产量和效率均有显著提高,成本显著降低,生产更加安全,工人的劳动强度也大为降低,而且生产集中,减少了辅助人员,因此综采是采煤工作面装备的发展方向。

根据煤层赋存条件、生产能力以及动力供应等情况,采用不同的液压支架、采煤机、输送机等设备,可配套成多种合理的综采工作面成套设备。综采工作面成套设备以工作面所需为核心。工作面主要设备有液压支架、采煤机、刮板输送机和单体液压支柱;平巷主要设备有转载机、带式输送机、破碎机、乳化液泵、乳化液泵箱、喷雾泵站和液压安全绞车;端头主要配备端头液压支架、单体液压支柱和金属铰接顶梁。电气设备包括移动变电站、到配电点的馈电开关及到各机械设备电动机的磁力启动器,其中采煤机、刮板输送机、转载机、带式输送机及破碎机开关均由生产厂随主机供货,综采工作面应配有照明和通讯设备。

综采工作面与单体支柱工作面,由于支护结构和开采工艺的差别,矿压显现有明显的不同。单体支柱工作面不存在降架和移架的过程,顶板运动强度较综采工作面小。但因与顶板接触面较小,对直接顶底板的压强较大。同时,单体支柱工作面对机道上方的顶板支护较弱,支柱的稳定性较差。对于顶板下沉量的测定,综采工作面,特别是掩护式支架工作面多借助于支架压力变化进行间接分析,而单体支柱工作面则可以直接地测得工作阻力和下沉量,得出它们之间的关系,反映出支架—围岩力学相互作用规律。单体支柱不易防止顶板的水平作用力,容易产生推倒支架的垮顶事故。

采用综合机械化采煤时,必须遵守下列规定:

(1)必须根据矿井各个生产环节、煤层地质条件、煤层厚度、煤层倾角、瓦斯涌出量、自然发火倾向和矿山压力等因素,编制设计(包括设备选型、选点)。

(2)运送、安装和拆除液压支架时,必须有安全措施,明确规定运送方式、安装质量、拆装工艺和控制顶板的措施。

(3)工作面煤壁、刮板输送机和支架都必须保持直线。支架间的煤、矸必须清理干净。倾角大于 15°时,液压支架必须采取防倒、防滑措施;倾角大于 25°时,必须有防止煤(矸)窜出刮板输送机伤人的措施。

（4）液压支架必须接顶。顶板破碎时必须超前支护。在处理液压支架上方冒顶时，必须制定安全措施。

（5）采煤机采煤时必须及时移架。采煤与移架之间的悬顶距离，应根据顶板的具体情况在作业规程中明确规定；超过规定距离或发生冒顶、片帮时，必须停止采煤。

（6）严格控制采高，严禁采高大于支架的最大支护高度。当煤层变薄时，采高不得小于支架的最小支护高度。

（7）当采高超过 3 m 或片帮严重时，液压支架必须有护帮板，防止片帮伤人。

（8）工作面两端必须使用端头支架或增设其他形式的支护。

（9）工作面转载机安有破碎机时，必须有安全防护装置。

（10）处理倒架、歪架、压架以及更换支架和拆修顶梁、支柱、座箱等大型部件时，必须有安全措施。

（11）工作面爆破时，必须有保护液压支架和其他设备的安全措施。

（12）乳化液的配制、水质、配比等，必须符合有关要求。泵箱应设自动给液装置，防止吸空。

五、放顶煤采煤法

1. 放顶煤技术概念和类型

放顶煤技术主要是在厚煤层的某一底部位置布置采煤工作面，并利用顶板压力及其他措施将顶煤一起放落的采煤方法。根据国内的实践经验，放顶煤技术主要有以下几种类型。

（1）一次采全厚放顶煤技术

这是我国当前使用的主要方法。它是在煤层下部沿着底板布置采煤工作面，在采煤的过程中，有步骤地放落顶煤。

（2）预采顶分层的放顶煤技术

它适用于直接顶坚硬不易冒落或煤层中瓦斯含量大，需要预先排放瓦斯，厚度在 10 m 以上的煤层。

（3）急倾斜特厚煤层分段放顶煤技术

这时按一定标高自上而下分段，在每个分段里布置采煤工作面进行放顶煤开采。如果工作面推进距离短，综采搬家频繁，可考虑采用 π 型钢支护放顶煤技术。

2. 综采放顶煤采煤法的优越性

我国自 1984 年 6 月在沈阳蒲河矿开始试验综采放顶煤技术以来，经过多年的探索、试验和完善，取得了突破性的进展，收到了显著的技术经济效果，引起普遍重视。综采放顶煤技术现已成为一种成熟的、安全高效的、先进的采煤方法，从而使厚煤层开采进入了一个新的发展时期。通过和分层开采相比，可以发现综采放顶煤技术具有以下优点。

（1）综采放顶煤技术容易实现高产，只要条件合适，支架架型选择恰当，设备配套合理，优化工艺参数和劳动组织后，由于出煤点多，即使采用常规综采设备也能做到产量有较大的提高。

（2）放顶煤综采巷道掘进率低，巷道维护条件也有所改善。

（3）工作面搬家次数少，可以明显提高综采设备的利用率，提高单套设备的年产量，减少搬家费用。

（4）综采放顶煤技术中顶煤基本是利用地压破煤、依靠自重放煤的，因此是一种能源动力消耗最少的机械化回采工艺。由于是利用地压破煤，粒径大于 25 mm 的块煤明显增加。

（5）综采放顶煤技术适应性强，可以在条件比较复杂的断层、边缘地带三角区、残余煤柱区使用。

存在的问题：工作面回采率难以控制，工作面两端煤难以放落，回采率低；如果丢煤较多，采空区煤炭易自燃；工作面产量增加，瓦斯绝对涌出量和风流中瓦斯含量必然增加，瓦斯浓度易超限；煤尘浓度大；工艺相对复杂。

3. 综采放顶煤工艺

高位开天窗放顶煤工艺流程（两刀一放）：采煤机割煤→移架→推溜→反向斜切进刀→割煤→移架→放煤，割两刀放一次顶煤为一个循环，工作面只有一部输送机。采煤机截深为 0.8 m，放煤步距 1.6 m，割煤高度为 3 m。采煤机可以在工作面两端采用割三角煤的斜切进刀方式。采煤机由机尾向机头牵引时不放顶煤，防止放下大块煤；采煤机由机头向机尾牵引时，滞后采煤机放顶煤，滞后距离不得小于 20 m，防止工序之间互相影响。由于输送机能力有限，采煤机割煤时的放煤量很小，停机时放煤量大。放煤工作分三段同时进行，各段的放煤方式均由机尾向机头方向放煤。

低位收尾梁放顶煤工艺流程（一刀一放）：机采高度为 3.0 m 左右，滚筒截深 0.8～1.0 m，放煤步距和截深相同，一刀一放为一个循环。采煤机割煤→移架→推移前输送机→放顶煤→拉移后输送机。割一刀放一次顶煤为一个循环标志，工作面铺设两部输送机。放顶煤支架紧跟采煤机推移，后续工序均间隔 15 m 平行进行。顶煤的放出是这种采煤工艺的关键，潞安五阳矿 4402 工作面的放放工艺是：一刀一放间隔顺序多轮放煤法，即放滞后割煤 30 m（20 架支架），与采煤平行进行，两人放煤，一人放单号支架，另一人放双号支架，按顺序进行，前后间隔 3～4 架支架（约 5 m）的距离，放 3～5 轮，直到见矸为止。

4. 《煤矿安全规程》有关规定

采用放顶煤开采时，必须遵守下列规定。

（1）矿井第一次采用放顶煤开采，或在煤层（瓦斯）赋存条件变化较大的区域采用放顶煤开采时，必须根据顶板、煤层、瓦斯、自然发火、水文地质、煤尘爆炸性、冲击地压等地质特征和灾害危险性编制开采设计，开采设计应当经专家论证或委托具有相关资质单位评价后，报请集团公司或者县级以上煤炭管理部门审批，并报煤矿安全监察机构备案。

（2）针对煤层的开采技术条件和放顶煤开采工艺的特点，必须对防瓦斯、防火、防尘、防水、采放煤工艺、顶板支护、初采和工作面收尾等制定安全技术措施。

（3）采用预裂爆破对坚硬顶板或坚硬顶煤进行弱化处理时，应在工作面未采动区进行，并制定专门的安全技术措施。严禁在工作面内采用炸药爆破方法处理顶煤、顶板及卡住放煤口的大块煤（矸）。

（4）高瓦斯矿井的易自燃煤层，应当采取以预抽方式为主的综合抽放瓦斯措施和综合防灭火措施，保证本煤层瓦斯含量不大于 6 m³/t 或工作面最高风速不大于 4 m/s。

（5）工作面严禁采用木支柱、金属摩擦支护方式。

有下列情形之一的，严禁采用单体液压支柱放顶煤开采。

① 倾角大于 30°的煤层（急倾斜特厚煤层水平分层放顶煤除外）。

② 冲击地压煤层。

有下列情形之一的,严禁采用放顶煤开采。

① 煤层平均厚度小于 4 m。

② 采放比大于 1:3。

③ 采区或工作面回采率达不到设计规范规定。

④ 煤层有煤(岩)和瓦斯突出危险。

⑤ 坚硬顶板、坚硬顶煤不易冒落,且采取措施后冒放性仍然较差,顶板垮落充填采空区的高度不大于采放煤高度。

(6) 矿井水文地质条件复杂,采放后有可能与地表水、老窑积水和强含水层导通的。

六、长壁工作面组织管理

为了使采煤工作面各工序在空间上、时间上协调、均衡和连续地进行,以保证人力、物力得到充分合理的运用,获得好的经济效益,必须对采煤工作面的生产过程进行合理的组织。

1. 工作面循环作业

循环作业就是指采煤工作面在规定的时间内保质、保量、安全地完成"采、装、运、支、回"这样一个周而复始的采煤过程,一般以放顶工序为标志。综采以移架为标志,普采、炮采以回柱放顶为标志。

2. 循环方式

循环方式是循环进度和昼夜循环数的总称,即每循环进几米,每昼夜几个循环。每完成一个循环,工作面煤壁向前推进的距离称为循环进度,它等于工作面截深和截割次数的乘积。

3. 作业形式

一昼夜内采煤班和准备班在时间上的配合关系。如"两采一准"、"三班采煤,边采边准"、"三采一准,四班作业"、"交叉作业"等。"两采一准"就是将一昼夜划分成三个班,其中两班出煤,一班准备,采煤班内进行落煤、装煤、运煤、支护和移输送机,准备班内进行回柱放顶、检修机器、接长或缩短输送机等工作。

4. 工序安排

确定工作面循环方式和作业形式时,应合理安排工序。对安排工序的要求是充分利用工作空间和时间,安排紧凑能避免各工序互相影响,工序利用率高,工作量均衡。

5. 劳动组织

劳动组织包括劳动力的配备和劳动组织形式。劳动组织形式主要有追机作业、分段作业、分段接力追机作业。

6. 采煤工作面循环图表

采煤工作面循环图表包括循环作业图、劳动组织表和技术经济指标表。

循环作业图用来表示工作面内各工序在时间上和空间上的相互关系。正规循环作业图中以工作面长度为纵坐标,昼夜 24 h 为横坐标,以规定的符号在图内绘出各工序所处的时间和地点,参见图 4-4 所示的综采工作面循环作业图。

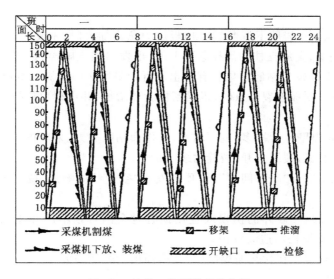

图 4-4　综采工作面循环作业图

第五节　煤矿顶板灾害防治

一、采煤工作面顶板事故防治

顶板事故：在井下生产过程中，顶板意外冒落造成的人员伤亡、设备损坏、生产中止等事故。在实行综采以前，煤层顶板事故在煤矿事故中占有极高的比例，随着支护设备的改进及对煤层顶板事故的研究、预防技术的深入和逐步完善，煤层顶板事故所占的比例有所下降，但仍然是煤矿生产中的主要灾害之一。

按冒顶范围的不同可将煤层顶板事故分为局部冒顶和大型冒顶两类。按发生冒顶事故的力学原因进行分类，可将煤层顶板事故分为压垮型冒顶、漏垮型冒顶和推垮型冒顶三类。

（1）局部冒顶：指范围不大，有时仅在 3～5 个支架范围内，伤亡人数不多（1～2 人）的冒顶，常发生在靠近煤壁附近、采煤工作面两端以及放顶线附近。在实际煤矿生产过程中，局部冒顶事故的次数远远多于大型冒顶事故，约占采煤工作面冒顶事故的 70%，总的危害比较大。从开采工序与煤层顶板事故发生的地点来看，局部冒顶可分为靠近煤壁附近的局部冒顶；采煤工作面两端的局部冒顶；放顶线附近的局部冒顶；地质破坏带附近的局部冒顶。

（2）大型冒顶：指范围较大，伤亡人数较多（每次死亡 3 人以上）的冒顶。它包括基本顶来压时的压垮型冒顶、厚层难冒顶板大面积冒顶、直接顶导致的压垮型冒顶、大面积漏垮型冒顶、复合顶板推垮型冒顶、金属网下推垮型冒顶、大块游离顶板旋转推垮型冒顶、采空区冒矸冲入采煤工作面的推垮型冒顶及冲击推垮型冒顶等。

（一）局部冒顶事故防治

采掘工作空间或井下其他地点局部范围内顶板岩石坠落造成的顶板事故称为局部冒顶。工作面发生局部冒顶的原因主要有两个：直接顶被破坏后，由于失去有效的支护而造成局部冒顶；基本顶下沉压迫直接顶破坏工作面支架造成局部冒顶。

1. 局部冒顶的征兆

(1) 顶板发出响声,岩层下沉断裂。顶板压力急剧加大时,木支架会发出劈裂声,紧接着出现折梁断柱现象;金属支柱的活柱急速下缩,也发出很大响声;铰接顶梁的楔子被弹出或挤出;底板软时支柱发生钻底现象。有时也能听到采空区内顶板发生断裂的闷雷声。

(2) 顶板掉碴。顶板破裂严重时,折梁断柱就要增加,并出现顶板掉碴,掉碴越多,说明顶板压力越大。

(3) 煤质变酥,煤壁片帮增多,范围增大,工作面钻眼省力,采煤机割煤时负荷减小。

(4) 顶板出现裂缝,裂缝张开,裂缝增多。

(5) 顶板出现离层。"敲帮问顶"时,顶板发出"空、空"的响声,说明上下岩层之间已经离层。

(6) 顶板发生漏顶。破碎的伪顶或直接顶有时会因背顶不严和支架不牢出现漏顶现象,造成棚顶托空,支架松动造成冒顶。

(7) 瓦斯涌出异常。在含瓦斯煤层中,瓦斯涌出量突然增大。

(8) 顶板淋水增大。

2. 工作面局部冒顶发生的规律

(1) 局部冒顶大多数发生在工作面的初次来压阶段,正常回采时冒顶次数相对较少。

(2) 局部冒顶多数发生在工作面的上下端头,放顶线处,煤壁机道区,地质破碎带等地点。

(3) 落煤后、放顶时、刚开工、快下班时,是采煤工作面冒顶事故的多发时间。

(4) 多数冒顶事故是由于"安全第一"思想不牢,作业人员麻痹大意,图省事,怕麻烦,撞大运,不在乎,违章指挥,违章作业及工程质量低劣所造成。

3. 工作面局部冒顶的易发生地点及主要原因

地点有:"两线"即煤壁线和放顶线;"两口"即上、下出口;地质破碎带。其主要原因是:

(1) 在工作面放顶线采空区一侧,顶板垮落不好时,悬露面积大。

(2) 工作面煤壁线附近的局部冒顶,与顶板节理和摩擦滑动面的存在有关,它们使顶板容易形成"人字"、"锅底"等各种劈理,造成不连续的岩块。在采煤机割煤或爆破落煤后,如果支护不及时,这种不连续的岩块可能突然冒落;爆破落煤时,如炮眼布置不当或装药量过多,可能在爆破时崩倒支架而导致局部冒顶。

(3) 回柱操作顺序错误,如先回承压柱,引起周围破碎顶板的冒落,或者大块矸石冲倒支架,使临近破碎顶板失去支托而造成局部冒顶。

(4) 在金属网假顶下回柱放顶时,如果网上有大块,也会发生岩块失稳旋转、滚落冲倒支架而造成冒顶。特别是在煤层倾角较大、网上岩块大且压得不密实的初采面,回柱时更容易发生冒顶。

(5) 工作面支护质量不合格,支架密度不够,初撑力不足,支架迎山不够,回柱前没有支设防止采空区矸石滚落冲倒支架的特种支架,都是发生放顶线处冒顶事故的原因。

(6) 工作面的上、下出口连接着回风巷和运输巷,控顶面积大。两巷在掘进时经受一次压力重新分布的影响,同时由于巷道支护初撑力一般都很小,使直接顶下沉、松动,甚至破坏;特别是在工作面超前支承压力的作用下,顶板大量下沉,甚至破碎,再加上机头、机尾和其他设备体积大,在移动这些设备时,必须反复支撤支柱,促使顶板更加破碎。如果遇上基本顶来压，工作面上下出口就容易发生冒顶事故。

（7）顶板中存在有断层、裂隙、层理等地质构造时将顶板切割成不连续的岩块，回柱后，岩块可能失稳旋转，推倒支架而造成冒顶。

（8）工作面遇到地质构造，如断层、褶曲、顶板松软、破碎等时，没有及时采取针对性的有效措施也会造成局部冒顶。

4. 工作面局部冒顶的综合预防措施

（1）工作面支架方式要与顶板岩性相适应。

较坚硬的顶板可采用点柱；松软破碎的顶板要用棚子加背板。

（2）采取措施预防爆破造成冒顶。

根据顶板条件选择炮眼布置、角度、装药量、一次爆破量，防止爆破崩倒支架，形成过大的空顶面积和控顶距。

（3）工作面落煤后要及时支护。

落煤后，受到输送机弯曲段的限制，在一定范围内不能及时打基本柱，顶板悬露面积大、时间长，因此，应采取超前挂梁或打临时支柱的方法，防止局部冒顶。

（4）在推移输送机时，有较大面积的顶板不能用支柱支撑，对容易冒顶的破碎顶板，必须采取相应措施。

（5）工作面上下出口要有特种支架。

（6）采取正确的回柱方法，防止顶板压力集中在局部支柱上，造成局部顶板破碎及回柱困难。严格执行作业规程，不得违章作业。

（7）严格执行各项顶板管理制度。如"敲帮问顶"制度、验收支架制度、岗位责任制度、金属支柱检查制度、顶板分析制度和交接班制度。

（8）保证工作面正规循环作业，加快推进速度。

5. 工作面局部冒顶事故的处理方法

采煤工作面发生局部冒顶后，要立即查清情况、及时处理，否则延误时间，冒顶范围可能进一步扩大，给处理冒顶带来更多困难。处理采煤工作面冒顶的方法，应根据工作面的采煤方法、冒落高度、冒落块度、冒顶位置和影响范围的大小来决定，主要有探板法、撞楔法、小巷法和绕道法四种。

① 探板法

当发生局部冒顶的范围小、顶板没有冒严、顶板岩石已暂时停止下落时，应采取掏梁窝、探大板木梁或挂金属顶梁的措施，即探板法。

② 撞楔法

当顶板冒落矸石块度小，冒顶区顶板碎矸没有停止下落或一动就下落时，要采取撞楔法处理冒顶。

③ 小巷法

如果局部冒顶区已将工作面冒严堵死，但冒顶范围不超过 15 m，垮落矸石块度不大并可以搬运时，可以从冒顶区由外向里，从下而上，在保证支架可靠及后路畅通情况下，采用人字型掩护支架沿煤壁机道整理出一条小巷道。小巷道整通后，开动输送机，再放矸，架棚。

④ 绕道法

当冒顶范围较大，顶板冒严，工作面堵死，用以上三种方法处理困难时，可沿煤壁重新开切眼或部分开切眼,绕过冒顶区。

（二）大冒顶事故的防治

大冒顶事故是指冒顶范围大、伤亡人数多的冒顶。包括基本顶来压时的压垮型冒顶、厚层难冒顶板大面积冒顶、直接顶导致的压垮型冒顶、大面积漏垮型冒顶、复合顶板推垮型冒顶、金属网下推垮型冒顶等多种类型。不管哪种冒顶,引起原因主要有两种:① 大面积悬露的难冒顶板积累了很大的矿山压力最后压垮顶板破坏工作面支架造成冒顶;② 各种原因造成的工作面支架的支撑强度不足最后支架被压垮引起冒顶。

1. 大冒顶发生的征兆

（1）顶板的预兆

顶板连续发出断裂声,声音的频率和音响增大,这是由于直接顶和基本顶发生离层,或顶板切断而发出的声音;有时采空区内顶板发出像闷雷的声音,这是基本顶和上方岩层产生离层或断裂的声音;顶板岩层破碎掉碴,而且掉碴逐渐增多,顶板的裂缝增加或裂隙张开,并产生大量的下沉,下沉速度增大;底板出现底鼓或裂缝。

（2）煤帮的预兆

由于冒顶前压力增大,煤壁出现明显的受压和片帮现象。煤壁受压后,煤质变酥,片帮增多。使用电钻打眼时,钻眼省力。

（3）支架的预兆

使用木支架时,支架被大量地压坏或折断,并发出响声。使用金属支柱时,耳朵贴在柱体上,可听见支柱受压后发出的声音。当顶板压力继续增加时,活柱迅速下缩,连续发出"咯咯"的声音。工作面使用铰接顶梁时,在顶板冲击压力的作用下,楔子有时被弹出或挤出。

（4）其他预兆

瓦斯涌出量突然增加;有淋水的顶板,淋水量增加。

2. 工作面大冒顶的综合预防措施

预防采煤工作面大冒顶,除采取预防局部冒顶时提到的预防措施外,还应按以下情况采取措施。

（1）了解顶板活动规律,有条件时对工作面顶板应进行矿压观测,对顶板来压进行预测预报。

（2）对于坚硬顶板大面积悬顶,有大冒顶危险时,要采取顶板高压注水措施。

（3）坚硬顶板要进行强制放顶。

（4）提高单体支柱的初撑力和刚度。

（5）提高支架的稳定性。

（6）严格控制工作面采高。

（7）工作面在开切眼初采时不要反向开采。

（8）掘进上下顺槽时不得破坏复合顶板。

（9）重视初次放顶,加强有效的安全措施。

（10）对于直接顶破碎的大倾角工作面,为防止出现大面积漏垮型冒顶,应采取的措施是:合理选用支架,保证支柱有足够的支撑力和可缩量,顶板背严接实,严禁爆破崩倒支架,移溜推倒支架。

3.大冒顶事故的处理方法

大冒顶发生后,采取的方法基本上有两种:一种是恢复采煤工作面的方法;另一种是开补巷绕过冒顶区的方法。

(1)恢复采煤工作面的方法处理冒顶

① 从采煤工作面冒顶处的两头,由外向内,先用双腿套棚维护好煤层顶板,保持后路畅通无阻。棚梁上用板皮刹紧背严,防止煤层顶板继续错动、垮落。梁上如有空顶,要用小木垛插紧背实。

② 边清理采煤工作面边支护,把塌落的矸石清理并倒入采空区,每清理 0.5 m 采煤工作面支一架棚子管理煤层顶板。若煤层顶板压力大,可在冒顶区两头用木垛维护煤层顶板。

③ 遇到大块矸石不易破碎时,应采用电钻(如有压风,最好是用风钻)打眼弱爆破的办法破碎岩石。钻眼数量和每个炮眼装药量就根据岩块大小与性质来决定,但一定要符合《煤矿安全规程》要求。

④ 如煤层顶板冒落的矸石很破碎,一次整修巷道不易通过时,可先沿采煤工作面煤帮运输机道整修一条小巷,修通小巷,使风流贯通,运输机开动后,再从冒顶区的两头向中间依次放矸支棚。

(2)开绕补巷过冒顶

① 冒顶区在采煤工作面的机头侧时,可以沿采煤工作面煤帮错过一段留 3～5 m 煤柱,由进风巷向采煤工作面斜打一条补巷和采煤工作面相通,就可正常生产出煤。

② 冒顶区在采煤工作面的中部时,可以平行于采煤工作面留 3～5 m 煤柱,重新开一条开切眼。新开切眼的支架,可根据煤层顶板情况而定。然后在沿新开的切眼每隔 15～20 m 开掘一个联通巷,与冒顶区贯通,以便处理冒区和回收被埋的设备。

③ 冒顶区在采煤工作面的机尾时,处理的方法与处理机头侧冒顶完全相同。

二、巷道顶板事故防治

巷道顶板事故多发生在掘进工作面及巷道交岔口,巷道顶板死亡事故 80% 以上是发生在这些地点。由此可见,预防巷道顶板事故,集中在事故多发地点是十分必要的。

(一)掘进工作面冒顶事故的原因及预防措施

1.掘进工作面冒顶事故的原因

① 掘进破岩后,顶部存在将与岩体失去联系的岩块,如果支护不及时,该岩块可能与岩体失去联系而冒落。

② 掘进工作面附近已支护部分的顶部存在与岩体完全失去联系的岩块,一旦支护失效,就会冒落造成事故。

2.预防掘进工作面冒顶事故的措施

① 根据掘进工作面岩石性质,严格控制空顶距。当掘进工作面遇到断层褶曲等地质构造破坏带或层理裂隙发育的岩层时,棚子支护时应紧靠掘进工作面,并缩小棚距,在掘进工作面附近应采用拉条等把棚子连成一体,防止棚子被推垮,必要时还要打中柱;锚杆支护时应有特殊措施。

② 严格执行"敲帮问顶"制度,危石必须挑下,无法挑下时应采取临时支撑措施,严禁空顶作业。

③ 掘进工作面冒顶区及破碎带必须背严接实,必要时要挂金属网防止漏空。

④ 掘进工作面炮眼布置及装药量必须与岩石性质、支架与掘进工作面距离相适应,以防止因爆破而崩倒棚子。

⑤ 采用前探掩护式支架,使工人在煤层顶板有防护的条件下出矸、支棚腿,以防止冒顶伤人。

(二)巷道交叉处冒顶事故的原因及预防措施

1. 巷道交叉处冒顶事故的原因

巷道交叉处冒顶事故往往发生在巷道开岔的时候,因为开岔口需要架设抬棚替换原巷道的棚子的棚腿,如果开岔处巷道顶部存在与岩体失去联系的岩块,并且围岩正向巷道挤压,而新支设抬棚的强度不够或稳定性不够就可能造成冒顶事故。

① 抬棚架设一段时间后才能稳定,过早拆除原巷道棚腿容易造成抬棚不稳。

② 开口处围岩尖角如果被压碎,抬棚腿失去依靠也会失稳。至于抬棚的强度,则与选用的支护材料及其强度有关。

2. 预防巷道开岔处冒顶事故的措施

① 开岔口应避开原来巷道冒顶的范围。

② 必须在开口抬棚支设稳定后再拆除原巷道棚腿,不得过早拆除,切忌先拆棚腿后支护抬棚。

③ 注意选用抬棚材料的质量与规格,保证抬棚有足够的强度。

④ 当开口处围岩尖角被挤压坏时,应及时采取加强抬棚稳定性的措施。

(三)支架支护巷道冒顶事故的原因及预防措施

1. 支架支护巷道冒顶事故的原因

① 压垮型冒顶是因巷道顶板或围岩施加给支架的压力过大,损坏了支架,从而导致巷道顶部已破碎的岩块冒落。

② 漏垮型冒顶是因无支护巷道或支护失效(非压坏)巷道顶部存在游离岩块,这些岩块在重力作用下冒落,造成事故的发生。

③ 推垮型冒顶是因巷道顶帮破碎岩石,在其运动过程中存在平行巷道轴线的分力,如果这部分巷道支架的稳定性不够,可能被推倒而发生冒顶。

2. 支架支护巷道冒顶事故的预防措施

① 在可能的情况下,巷道应布置在稳定的岩体中,并尽量避免采动的不利影响。

② 巷道支架应有足够的支护强度以抗衡围岩压力。

③ 巷道支架所能承受的变形量,应与巷道使用期间围岩可能的变形量相适应。

④ 尽可能做到支架与围岩共同承载。支架选型时,尽可能采用有初撑力的支架;支架施工时要严格按工序质量要求进行,并特别注意顶与帮的背严背实问题,杜绝支架与围岩间的空顶与空帮现象。

⑤ 凡因支护失效而空顶的地点,重新支护时应先护顶,再施工。

⑥ 巷道替换支架时,必须先支新支架,再拆旧支架。

⑦ 在易发生推垮型冒顶的巷道中要提高巷道支架的稳定性,可以在巷道的架棚之间严格地用拉撑件连接固定,增加架棚的稳定性,以防推倒。倾斜巷道中架棚被推倒的可能性更大,其架棚间拉撑件的强度、密度要适当加大。

此外,在掘进工作面 10 m 内、断层破碎带附近 10 m 内、巷道交岔点附近 10 m 内、冒顶处附近 10 m 内,都是容易发生煤层顶板事故的地点,巷道支护必须适当加强。

三、处理冒顶事故的基本原则

处理煤层顶板事故的主要任务,是抢救遇险人员及恢复通风等。

(1)探明冒顶区范围和被埋压、截堵的人数及可能所在的位置,并分析抢救、处理条件,采取不同的抢救方法。

(2)迅速恢复冒顶区的正常通风,如一时不能恢复,则必须利用压风管、水管或打钻向埋压或截堵的人员供给新鲜空气。

(3)在处理中必须由外向里加强支护,清理出抢救人员的通道。必要时可以向遇险人员处开掘专用小巷道。

(4)在抢救处理中必须有专人检查和监视煤层顶板情况,加强支护,防止发生二次冒顶;并且注意检查瓦斯及其他有害气体情况。

(5)在抢救中遇有大块岩石,不许用爆破方法处理,如果威胁遇险人员则可用千斤顶、撬棍等工具移动石块,救出遇险人员。

【案例 4-1】　清水二井煤矿顶板事故

2012 年 5 月 20 日,辽宁省沈阳焦煤有限责任公司清水二井煤矿发生一起顶板事故,造成 12 人被困,其中 3 人获救、9 人死亡。该矿为国有重点煤矿、生产矿井,核定生产能力 90 万 t/a。据初步分析,事故原因是:该矿南二采区 07 工作面运输平巷掘进时采用锚杆、锚索挂网喷浆支护,但锚索支护不及时;因遇到地质构造带顶板压力增大,原有支护方式强度不够,该矿决定采用架棚(架设 36U 型钢可缩支架)方式加强支护,但施工时未采取有效的安全技术措施,发生大面积冒顶,导致事故发生。

1.事故的直接原因

南二采区 07# 运输平巷掘进巷道穿过地质构造带,锚网联合支护强度不足,在架设 U 型钢支架加强支护过程中,顶板发生大面积冒落,将作业人员砸埋致死。

2.事故的主要原因

(1)煤矿管理人员对遇地质构造加强支护措施重视不够,对顶板变形下沉和"响煤炮"等矿山压力显现重视不足,没有及时采取措施控制顶板。

(2)掘进作业规程规定锚索支护滞后工作面,喷浆支护滞后工作面,距离过长缺乏依据。

(3)劳动组织不合理,人员过于集中,作业人员安全意识差,无临时支护破网挑顶作业诱发事故发生。

3.对煤矿及事故有关责任人员的处理

对沈阳焦煤有限责任公司清水二井煤矿罚款 50 万元。

这起事故处理事故责任者 18 人:行政处分 13 人(其中撤职 3 人);建议党纪处分 5 人(其中 3 人并处);行政罚款 13 人(其中 10 并处),合计罚款 22 万元。

4.事故教训

这次事故暴露出一些煤矿企业顶板管理基础薄弱、支护方式落后、支护强度低、井巷支护过程安全措施不落实等突出问题。为进一步加强顶板管理,遏制煤矿顶板事故的发生,从本次事故中吸取如下教训:

（1）加强顶板安全管理工作。煤矿企业要加强矿井地质勘探和地质资料的分析研究，加强矿压观测工作，掌握煤层赋存情况、地质构造、顶底板岩性和矿压显现规律，为顶板管理提供基础资料。要根据煤层顶底板岩性和矿压显现情况，合理制定采掘工程支护设计和作业规程，确定相应的支护方式和支护参数。遇有穿过老巷、煤柱、地质构造破碎带等特殊情况时，要及时加强支护，完善安全技术措施，并按规定审批、实施。要严格执行敲帮问顶制度，严禁空顶作业。要加强采掘布置，严禁"楼上楼"开采。

（2）坚决淘汰落后支护方式和工艺。煤矿企业要严格落实国家安全生产监督管理总局、国家煤矿安全监察局发布的《禁止井工煤矿使用的设备及工艺目录（第二批）》（安监总煤装[2008]49号）的相关要求，及时淘汰落后的支护方式和工艺，回采工作面严禁使用木支柱和金属摩擦支柱支护。同时，要积极推广应用顶板支护新技术、新工艺、新材料，要针对"三软"煤层、复合顶板、破碎顶板等井巷的实际情况，确定支护方式，提高支护强度和质量。地方各级煤炭行业管理部门和煤矿安全监管部门要大力推进煤矿企业支护方式改革，推广应用顶板管理的先进适用技术。

（3）切实加强井巷维修工作。煤矿企业必须及时进行井巷维修。维修井巷支护时，必须严格执行安全技术措施，并加强现场管理，设置防护栅栏和警示标志，严防顶板煤岩冒落伤人、堵人。进行井巷维修和更换支护设施时，要随时检查顶帮及支护情况，先采取临时支护，严禁在未采取临时支护的情况下擅自拆除原有支护。修复旧井巷前，必须严格执行瓦斯检查制度。维修独头巷道时，必须由外向里逐架进行，严禁分段整修、边掘边修。

（4）切实加大煤矿事故查处力度。事故发生地有关部门要积极配合驻地煤矿安全监察机构按照"四不放过"和"科学严谨、依法依规、实事求是、注重实效"的原则，严肃事故查处，严格责任追究。要及时向社会公布事故调查处理结果，自觉接受社会和舆论监督。要严格执行事故通报、约谈、分析和跟踪督导"四项制度"，认真吸取事故教训，防范同类事故发生。

第六节　冲击地压及其防治

冲击地压是矿井巷道和采场周围煤岩体由于变形能的释放而产生的以突然、急剧、猛烈破坏为特征的特殊的矿山压力现象，是煤矿重大灾害之一。其主要显现特征是突发性，发生前无明显前兆，冲击过程短暂；多样性，表现为煤爆、浅部冲击（煤壁内 2～6 m 范围）和深部冲击；破坏性强，往往造成煤壁片帮、顶板下沉和底鼓、支架折损、巷道堵塞、人员伤亡；复杂性，冲击地压可简单地看做承受高应力的煤岩体突然破坏的现象。

一、冲击地压的特征

（1）突然爆发。冲击地压发生前，预兆不明显。

（2）巨大声响。冲击地压爆发的瞬间伴有雷鸣般的响声。

（3）冲击波强。煤体内积聚的弹性能突然释放，产生强大的冲击波。它能冲倒几十米至几百米内的风门、风墙等设施。

（4）弹性震动。冲击地压发生时在围岩内引起弹性震动，人员被弹起摔倒，甚至输送机、轨道等重型设备可能被震动和推移，连地面人员有时都能感到这种震动。

（5）煤体移动。据现场观测,浅部冲击时煤体发生移动,煤体移动时在顶板接触面上留有明显的棕褐色擦痕。

（6）顶板下沉或底板鼓裂。冲击地压发生时,常导致顶板下沉或底鼓。

（7）煤帮抛射性塌落。塌落多发生在煤帮上部到顶板的一段,越靠近顶板塌落越深,强烈冲击时,塌落深度可达 1.5～2.0 m。

二、冲击地压的分类

冲击地压可分为重力型冲击地压、构造型冲击地压和综合型冲击地压三类。

（1）重力型冲击地压是受重力作用,在一定的顶底板和深度条件下,由采掘影响引起的冲击地压称为重力型冲击地压。

（2）构造型冲击地压主要指受构造应力作用引起的冲击地压。

（3）综合型冲击地压是重力和构造力共同作用引起的冲击地压。

三、冲击地压发生的影响因素

（1）自然地质条件

① 煤层性质:煤的强度、冲击倾向性、弹脆性等力学性质;煤的厚度、埋深、含水率、孔隙度、煤层结构等物理性质。

② 煤层顶底板岩层性质:坚硬岩层的厚度、强度、冲击倾向性等。

③ 地质构造:褶曲构造、断裂构造展部形态,局部地应力异常,煤层厚度和倾角突变等。

（2）生产技术因素

① 人为造成高应力集中区,为冲击地压的发生提供力源条件。

② 人工作业造成应力状态的突变和煤层约束条件的改变。

四、冲击地压的预测方法

为了对有冲击危险的煤层及时采取防治措施,必须进行预测。冲击地压虽是瞬时发生,但发生之前有预兆,进行预测是可能的。

1. 顶板动态法

冲击地压发生之前的预兆表现为:煤岩层向已采空间运动加剧,顶板岩层断裂声加剧,有板炮声,采空区有雷声,顶板下沉,煤壁片帮;打煤层眼时,钻杆卡住不易拔出,支柱折断,柱帽压缩等;采煤工作面和巷道压力有明显的增大现象。只要认真观察分析,掌握其规律,就能及时进行预报。

2. 钻屑法

钻屑法又称钻粉率指数法或钻孔检验法。此法是通过在煤层中打直径 42～50 mm 的钻孔,根据排出的煤粉量及其变化规律和有关的动力效应,鉴别冲击危险的一种方法。

3. 微震法或地音监测法

岩石在压力作用下发生变形、破坏过程中,必然产生声响和震动,以脉冲形式向周围岩体传播,产生应力波或声发射现象。这种声发射也称地音。因此,用微震仪或地音仪记录这一系列地震波,根据地震波的强弱变化规律和正常地震波相比可以判断煤层或岩体发生冲击的倾向程度。

此外,还有电磁辐射法、能量法、综合指数法及综合预测法等。

五、冲击地压的防治

根据发生冲击地压的成因和机理,冲击地压的主要防治措施应是避免产生应力集中。因此,对已产生应力的区域、因地质构造等因素存在高应力区的区域,应采取改变煤岩体物理力学性质,降低或释放煤岩体积聚的弹性能等措施。

1. 选择合理的开采方法

① 开采保护层。开采煤层时,为了降低潜在危险层的应力,可先开采保护层。当所有煤层都有冲击地压危险时,应先开采冲击地压危险性最小的煤层。当有冲击地压危险的煤层的顶底板都赋存有保护层时,应先开采顶板保护层。

② 避免形成孤立煤柱。划分井田和采区时,应保证有计划地合理开采,避免形成应力集中的孤立煤柱,不允许在采空区内留煤柱,巷道上方不留煤柱,有条件的采区上山、采区边界及区段巷道采用无煤柱开采技术,以避免应力集中。

③ 选择合理的开采方法。开采有冲击地压危险的煤层时,应尽量采用长壁采煤法、全部垮落法管理顶板。煤柱支撑法、房柱式及其他留煤柱的开采方法,将使冲击地压发生频繁。

④ 选择合理的巷道布置方式。开采有冲击地压危险的煤层时,应尽量将主要巷道和硐室布置在底板岩石中。

⑤ 合理安排开采程序。要合理安排开采程序,防止采煤工作面三面被采空区包围,形成"半岛"。采煤工作面应采用后退式开采,避免相向采煤。

2. 煤层预注水

煤层预注水的目的主要是降低煤体的弹性和强度。采用向煤层注水的方法,使相邻巷道、采煤工作面的煤岩层边缘区减少内部黏结力,降低其弹性,减少其潜能。

大量的研究表明,煤岩层的单向抗压强度随着其含水量的增加而降低,同样,煤的强度与冲击倾向指数也随煤的湿度的增加而降低。

3. 钻孔卸压法

钻孔卸压法是利用钻孔降低积聚在煤层中的弹性能,是释放弹性能的一种方法。一般利用直径大约 100 mm 的钻头钻孔,现已有直径为 300 mm 的钻头。由于钻孔后,周围的煤体受力状态发生了变化,约束条件减弱,使煤体卸载,支承压力的分布发生了变化,峰值向煤体深部转移。当支承压力不超过煤层孔壁稳定范围时,孔壁不破坏,钻孔不变形,排出的煤粉量为正常值,煤层没有卸压。当支承压力超过煤层孔壁稳定范围时,钻孔被破坏。支承压力愈高,钻孔破坏范围愈大。因此,煤层积聚的应力愈高,利用钻孔卸压愈有效。

4. 震动爆破法

震动爆破法是在安全条件下,用爆破方法释放煤层积聚的能量,使煤层裂隙松动。这也是预防冲击地压的有效方法,一般有卸载爆破和诱发爆破两种方式。

卸载爆破就是在高应力区附近打钻,在钻孔中装药进行爆破,其主要目的是改变支承压力带的形状和减小峰值,炮眼布置尽量接近于支承压力带峰值位置。

诱发爆破就是在具有冲击地压危险的区域进行大药量的爆破,人为地在工作人员撤出后诱发冲击地压。

【案例 4-2】　义马千秋煤矿冲击矿压事故

2011 年 11 月 3 日 19 时 18 分,义马煤业集团股份有限公司(以下简称"义煤集团")千秋煤矿发生重大冲击矿压事故,造成 10 人死亡、64 人受伤,直接经济损失 2 748.48 万元。

1. 千秋煤矿基本情况

(1) 矿井概况

千秋煤矿是义马煤业集团股份有限公司(上市公司名称:河南大有能源股份有限公司)骨干矿井之一,位于河南省义马市南 1~2 km,始建于 1956 年,1958 年简易投产,矿井设计生产能力60 万 t/a,1960 年达到设计能力,经过多次技术改造,2007 年核定矿井生产能力为 210 万 t/a。矿井"六证"齐全有效。现主要开采侏罗系 2-1、2-3 煤,属长焰煤种。2010 年矿井瓦斯等级鉴定为低瓦斯。煤尘具有爆炸危险性,属于易自然发火煤层。目前开采水平为二水平。该矿为冲击矿压严重矿井。

矿井采用立井、斜井、上下山混合式开拓方式,通风方式为混合抽出式。安装有 KJ95N 型安全监控系统、KJ282 型人员定位系统,还建有瓦斯抽放系统、冲击地压预测预报系统、压风系统、供水防尘系统、防灭火系统等。

(2) 开采技术条件

该矿井田含煤地层为侏罗系义马组,主要可采煤层为 2-1 煤、2-3 煤。两层煤合成一层称为 2 煤。2-1 煤在井田内大部分可采,煤层倾角 3°~13°,全层厚 0.14~7.40 m,平均厚度 3.6 m。煤层结构较为复杂,含夹矸 1~4 层,稳定夹矸两层,其中一层矸厚 0.4 m,为细粒砂岩,对回采有较大影响。2-3 煤层厚度 0.20~7.73 m,平均厚 4.21 m,两层煤合并后厚 3.89~11.10 m。

2-1 煤、2 煤顶板为泥岩,厚度 4.4~42.2 m,平均厚度 24 m。岩性致密、均一、裂隙不发育,由东向西逐渐加厚,属一级顶板。2-3 煤顶板岩性以中砂岩为主,局部为粉砂岩或泥岩,厚 0~27 m,属中等稳定二级顶板。2 煤、2-3 煤底板岩性复杂,由砾岩、砂岩、粉砂岩、泥岩及含砾相土岩组成,厚度 0.3~32.81 m。当煤层底板为砾岩、砂岩时,巷道底板比较稳定,无底臌现象,若底板为含砾黏土岩泥岩、煤矸互叠时岩性遇水易膨胀,随开拓、回采推进矿井压力增大,底臌问题较为严重。距 2 煤层顶板 210 m 处存在巨厚(550 m)坚硬砾岩层,21221 工作面下巷穿过 2-1 煤和 2-3 煤合并带,煤层厚度变化大,原岩地应力高。

2. 事故经过

2011 年 11 月 3 日四点班,千秋煤矿当班共入井 415 人。其中,21221 下巷掘进工作面当班为检修班,作业人员 72 人,有掘一队、掘二队、开二队、防冲队及安检、瓦检等流动人员,主要进行防冲卸压工程、防火工程、巷道加强支护和清理等工作。

掘一队队长何建民安排当班 19 人在 21221 下巷 600 m 以里作业,任务是支 6 根大立柱。掘二队队长李伟民安排当班 16 人在 21221 下巷 540~560 m 段落底、支大立柱。开二队队长李运星安排当班 17 人在 21221 下巷 470 m 以里支大立柱,当班工作量为 8 根。防冲队当班 12 人,队长葛素河安排 11 人在 21221 下巷掘进头施工卸压孔,1 人负责开泵、巡查管路。安检科 2 人、防冲科 2 人在 21221 下巷检查。其他流动岗 4 人(1 名抽放工、2 名瓦检工、1 名爆破工)巡查作业。

事故发生时，有2人离开21221下巷(掘二队跟班领导刘付清、开二队跟班副队长刘会强在21221下巷外口协调运料工作)，另有5人进入21221下巷(在二水平西大巷施工的开三队有3人到21221下巷借取锚索张拉器，开二队、掘二队送班中餐各1人)。事故发生时共有75人在21221下巷内，当班跟班矿领导丁洪伟(千秋矿党委副书记)正走在东大巷内，准备乘缆车到21区各工作面巡查。

事故发生前，21221下巷作业人员没有发现冲击地压征兆。11月3日19时18分，21221下巷冲击地压突然瞬时爆发，形成$3.5×10^8$ J巨大能量释放，导致严重灾害。

2011年11月3日19时22分，开二队跟班副队长刘会强在21221下巷口注水泵站处向调度室汇报21221下巷响了一声煤炮，声音比较大，巷内煤尘大，什么也看不清楚。调度室值班人员立即通知安检员进去查看情况，并通知防冲科派人去现场查看情况。经现场落实，21221下巷380 m以里变形严重，人已进不去，风筒部分脱落，安检员立刻向调度室汇报。19时45分左右，矿调度室向义煤集团公司报告，21221下巷掘进工作面发生冲击地压事故。21时10分，义煤集团公司先后向河南省省直有关部门及三门峡市进行了报告。

3. 事故原因和性质

(1) 事故直接原因

本矿区煤层顶板为巨厚砂砾岩(380～600 m)，事故发生区域接近落差达50～500 m的F16逆断层，地层局部直立或倒转，构造应力极大，处在强冲击地压危险区域；煤矿开采后，上覆砾岩层诱发下伏F16逆断层活化，瞬间诱发了井下能量巨大的冲击地压事故。

(2) 事故间接原因

① 该矿对采深已达800 m、特厚坚硬顶板条件下地应力和采动应力影响增大、诱发冲击地压灾害的不确定性因素认识不足。采取的煤层深孔卸压爆破、超前卸压爆破、煤层深孔注水、大直径卸压钻孔、断底卸压爆破和断顶卸压爆破等措施没能解除冲击地压危险。

② 该矿21221下巷没有优先采用O型棚全封闭支架支护。这次冲击地压事故能量强度在10^8 J级别。虽然开展了大量科学研究工作，采取了防冲措施，但现有巷道支护形式不能抵抗这次冲击地压破坏。

③ 事故当班有75人同时在21221下巷作业，违反该矿防冲专项设计中"21221下巷作业人员不得超过50人"的规定。

(3) 事故性质

经调查认定，义煤集团千秋煤矿"11·3"重大冲击地压事故是一起责任事故。

4. 防范措施及建议

(1) 千秋煤矿要重新核定生产能力，压减产能规模，保持采掘平衡和合理开采强度，确定适合自己矿井实际情况的预测预报指标体系，实现冲击地压的实时预警。

(2) 千秋煤矿西翼采区煤层顶板坚硬、厚度大，并且F16断层为一具有活化特征的逆断层，在此条件下厚煤层冲击地压防治具有特殊性。因此，建议暂停千秋煤矿21采区西翼下部煤层的开采。对于义煤集团类似条件的采区，均需对防冲措施的有效性进行评价，着力从技术上解决防冲问题。

（3）针对本矿区冲击地压与地质构造活化有密切关系这一事实，需进一步加强义马煤田的地质构造探测与研究，加强上覆岩层运动规律的研究，进一步探索义马煤田特殊地质条件、岩层移动与冲击地压的关系，切实加强本矿区冲击地压灾害研究。

（4）要加大安全投入，加快煤矿"六大系统"建设，加强职工安全教育培训，切实提高应急处置能力和安全生产保障水平。在冲击地压危险区域，最大限度减少作业人员，严格控制进入冲击危险区域人数。

（5）进一步加强安全监管。随着河南省煤矿开采深度加深，矿井条件的不断变化，事故隐患越来越多，对于一些没有安全保障能力的矿井、采区、采煤工作面、掘进工作面，由专家进行安全评估和分析，落实综合治理措施，坚决做到不安全不生产。

第七节　矿井热害防治

矿内高温、高湿环境严重影响井下作业人员的身体健康和生产效率，已形成了煤矿面对的一类新的灾害——热害。热害已逐渐成为与瓦斯、煤尘、顶板、火、水一样需要认真处理的煤矿井下自然灾害之一。

一、矿井热源

矿井主要热源大致分为以下几类：

1. 地表大气

井下的风流是从地表流入的，因而地表大气温度、湿度与气压的日变化和季节性变化势必影响到井下。

地表大气温度在一昼夜内的波动称为气温的日变化，它是由地球每天接受太阳辐射热量和散发的热量变化造成的。虽然地表大气温度的日变化幅度很大，但当它流入井下时，井巷围岩将产生吸热或散热作用，使风温和巷壁温度达到平衡，井下空气温度变化的幅度也逐渐地衰减。因此，在采掘工作面上，基本上察觉不到风温的日变化情况。当地表大气温度发生持续数日的变化时，这种变化才能在采掘工作面上察觉到。

地表大气的温、湿度的季节性变化对井下气候的影响要比日变化大得多。研究表明，在给定风量的条件下，无论是日变化还是季节性变化，气候参量的变化率均与其流经的井巷距离成正比，与井巷的截面积成反比。

地面空气温度直接影响矿内空气温度，尤其对于浅井，影响就更为显著。地面空气温度发生着年变化、季节变化和昼夜变化。

地面气温周期性变化，使矿井进风路线上的气温也相应地周期性变化，井下气温的变化要稍微滞后于地面气温的变化。

2. 流体自压缩（或膨胀）

严格来说，流体的自压缩并不是一个热源，它是空气在重力作用下位能转换为熵时出现的温度升高现象。由于在矿井的通风与空调中，流体的自压缩温升对井下风流的参量具有较大影响。

矿井深度的变化，使空气受到的压力状态也随之而改变。当风流沿井巷向下（或向上）流动时，空气的压力值增大（或减小）。空气的压缩（或膨胀）会放热（或吸热），从而使风流温度升高(或降低)。

3. 围岩散热

当流经井巷的风流温度不同于岩温时,就要产生换热,即使是在不太深的矿井里,岩温往往也比风温高,因而热流一般是从围岩传给风流。在深井里,这种热流是很大的,甚至超过其他热源的热流量之和。

围岩向井巷表面传热的途径有两个:一是通过热传导自岩体深处向井巷表面传热;二是经裂隙水将热量带到井巷。井下未被扰动的岩石的温度(原岩温度)随着距地表的距离加大而上升,原岩温度的具体数值取决于地温梯度与埋藏深度。在大多数情况下,围岩主要以传导方式将热传给巷壁。

在井下,井巷围岩里的热传导是非稳态过程,即使是在井巷壁面温度保持不变的情况下,由于岩体本身就是热源,所以自围岩深处向外传导的热量值也随时间而变化。随着时间的推移,被冷却的岩体逐渐扩大,因而需要从围岩的更深处将热量传递出来。

4. 运输中煤炭及矸石的散热

运输中的煤炭以及矸石的散热量,实质上是围岩散热的另一种表现形式,其中以在连续式输送机上的煤炭的散热量最大,致使其周围风流的温度上升。

实测表明,在高产工作面的长距离运输巷道里,煤岩散热量可达 230 kW 或更高一些。

另外,由于洒水抑尘,致使输送机上的煤炭及矸石总是潮湿的,所以其显热交换同时总伴随着潜热交换。大型现代化采区的测试表明,风流的显热增量仅为风流的总得热量的15%~20%,而由于风流中水蒸气含量增大引起的潜热交换量约占风流的总得热量的80%~90%,即运输煤炭及矸石所散发出来的热量中,煤炭及矸石中的水分蒸发散热量在风流总得热量中的比重很大。

5. 机电设备散热

随着机械化程度的提高,煤矿中采掘工作面机械的装机容量急剧增大。机电设备所消耗的能量除了部分用以做有用功外,其余全部转换为热能并散发到周围的介质中去。回采机械的放热是工作面气候恶化的主要原因之一,能使风流温度上升 5~6 ℃。

6. 自燃氧化物散热

煤炭的氧化放热是一个相当复杂的问题,很难将煤矿井下氧化放热量同井巷围岩的散热量区分开来。实测表明,在正常情况下,一个采煤工作面的煤炭氧化放热量很少能超过30 kW,所以不会对采面的气候条件产生显著的影响。但是当煤层或其顶板中含有大量的硫化铁时,其氧化放热量可能达到相当可观的程度。

7. 热水

对于大量涌水的矿井,涌水可能使井下气候条件变得异常恶劣,我国湖南的 711 铀矿和江苏的韦岗铁矿就曾因井下涌出大量热水,迫使采矿作业无法安全、持续地进行,经采用超前疏干后,生产才得以恢复。因而在有热水涌出的矿井里,应根据具体的情况,采取超前疏干、阻堵、疏导等措施,或者使用加盖板水沟排出,杜绝热水在井巷里漫流。

在一般情况下,涌水的水温是比较稳定的,在岩溶地区,涌水的温度一般同该地区初始岩温相差不大。如在广西合山里兰煤矿,其顶、底板均为石灰岩,煤层顶板的涌水量较当地初始岩温低 1~ 2 ℃;底板涌水温度比当地初始岩温高 1~2 ℃。如果涌水是来自或流经地质异常地带的话,水温可能升高,甚至可达 80~ 90 ℃。

8. 人员放热

井下工作人员的放热量主要取决于他们所从事工作的繁重程度以及持续工作的时间。一般煤矿工作人员的能量代谢产生热量为：休息时每人的散热量为 90～115 W；轻度体力劳动时每人的散热量为 250 W；中等体力劳动时每人的散热量为 275 W；繁重体力劳动时（短时间内）每人的散热量为 470 W。

二、矿井热害防治技术措施

（一）通风降温

1. 合理的通风系统

按照矿井地质条件、开拓方式等选择进风风路最短的通风系统，可以减少风流沿途吸热，降低风流温升。在一般情况下，对角式通风系统的降温效果要比中央式好。

2. 改善通风条件

增加风量，提高风速，可以使巷道壁对空气的对流散热量增加，风流带走的热量随之增加，而单位体积的空气吸收的热量随之减少，使气温下降。与此同时，巷道围岩的冷却圈形成的速度又得到加快，有利于气温缓慢升高。适当加大工作面的风速，还有利于人体对流散热。

在可能的条件下，可以采用采煤工作面下行风流，使工作面运煤方向和风流方向相同和缩短工作面的进风路线等措施。实践证明，采用这些措施，有利于降低工作面的气温。

另外，采煤工作面的通风方式也影响气温。在相同的地质条件下，由于 W 型通风方式比 U 型和 Y 型能增加工作面的风量，所降温效果较好。

3. 调热巷道通风

利用调热巷道通风一般有两种方式：一种是在冬季将低于摄氏零度的空气由专用进风道通过浅水平巷道调热后再进入正式进风系统。在专用风道中应尽量使巷道围岩形成强冷却圈，若断面许可还可洒水结冰，储存冷量。当风温向零度回升时，即予关闭，待到夏季再启用。淮南九龙岗矿曾利用 -240 m 水平的旧巷作为调热巷道，冬季储冷，春季封闭，夏季使用，总进风量的一部分被冷却，使 -540 m 水平井底车场降温 2 ℃。另外一种方式是利用开在恒温带里的浅风巷作调温巷道。

4. 其他通风降温措施

采用下行风对于降低采煤工作面的气温有比较明显的作用。

对于发热量较大的机电硐室，应有独立的回风路线，以便把机电设备所产生热量直接导入采区的回风流中。

在局部地点使用水力引射器或压缩空气引射器，或使用小型局部通风机，以增加该点风速也可起降温的作用。向风流喷洒低于空气湿球温度的冷水也可降低气温，且水温越低效果越好。

（二）矿内冰冷降温

矿井降温系统一般分为冰冷降温系统和空调制冷降温系统，其中，空调制冷降温系统为水冷却系统。所谓冰冷降温系统，就是利用地面制冰厂制取的粒状冰或泥状冰，通过风力或水力输送至井下的融冰装置，在融冰装置内，冰与井下空调回水直接换热，使空调回水的温度降低。20 世纪 80 年代中后期，在南非的一些金矿开始采用冰冷系统进行井下降温。例如，1985 年，南非东兰德矿山控股公司在梅里普鲁特一号井建成了冰冷系统，冷却功率为 29

MW。冰冷降温对深井降温效果明显。

（三）矿内空调的应用

目前国内外常见的冷冻水供冷、空冷器冷却风流的矿井集中空调系统的基本结构模式。

矿井集中空调系统是由制冷、输冷、传冷和排热四个环节所组成。由这四个环节的不同组合，便构成了不同的矿井空调系统。这种矿井空调系统，若按制冷站所处的位置不同来分，可以分为以下三种基本类型：

1. 地面集中式空调系统

地面集中式空调系统将制冷站设置在地面，冷凝热也在地面排放，而在井下设置高低压换热器将一次高压冷冻水转换成二次低压冷冻水，最后在用风地点上用空冷器冷却风流。

这种空调系统还可有另外两种形式：一种是集中冷却矿井总进风，在用风地点上空调效果不好，而且经济性较差；另一种是在用风地点上采用高压空冷器，这种形式安全性较差。实际上后两种形式在深井中都不可采用。

地面集中式空调系统的优点是：

（1）厂房施工、设备安装、维护、管理方便；

（2）可用一般型制冷设备，安全可靠；

（3）冷凝热排放方便；

（4）冷量便于调节；

（5）无需在井下开凿大断面硐室；

（6）冬季可用天然冷源。

地面集中式空调系统的缺点是：

（1）高压载冷剂处理困难；

（2）供冷管道长，冷损大；

（3）需在井筒中安装大直径管道；

（4）空调系统复杂。

2. 井下集中式空调系统

井下集中式空调系统如按冷凝热排放地点分又可分为以下两种不同的布置形式：

（1）制冷站设置在井下，并利用井下回风流排热。这种布置形式优点是：系统比较简单，冷量调节方便，供冷管道短，无高压冷水系统；缺点是：由于井下回风量有限，当矿井需冷量较大时，井下有限的回风量就无法将制冷机排出的冷凝热全部带走，致使冷凝热排放困难，冷凝温度上升，制冷机效率降低，制约了矿井制冷能力的提高。由上述优缺点可知，这种布置形式只适用于需冷量不太大的矿井。

（2）制冷站设在井下，冷凝热在地面排放。这种布置形式虽可提高冷凝热的排放能力，但需在冷却水系统增设一个高低压换热器，系统比较复杂。

井下集中式空调系统的优点是：

（1）供冷管道短、冷损少；

（2）无高压冷水系统；

（3）可利用矿井水或回风流排热；

（4）供冷系统简单，冷量调节方便。

井下集中式空调系统缺点是：

（1）井下要开凿大断面的硐室；

（2）对制冷设备要求严格；

（3）设备安装、管理和维护不方便。

3. 井上、下联合式空调系统

这种布置形式是在地面和井下同时设置制冷站，冷凝热在地面集中排放。它实际上相当于两级制冷，井下制冷机的冷凝热借助于地面制冷机冷水系统冷却。

联合空调系统的优点是：

（1）可提高一次载冷剂回水温度，减少冷损；

（2）可利用一次载冷剂将井下制冷机的冷凝热带到地面排放。

联合空调系统的缺点是：

（1）系统复杂；

（2）设备分散，不便管理。

根据上述三种集中式矿井空调系统优缺点，设计时究竟采用何种形式应根据矿井的具体条件而定。

此外，对不具备建立集中式空调系统条件的矿井，在个别热害严重的地点也可采用局部移动式空调机组。我国安徽淮南、浙江长广、江苏徐州、山东新汶等矿区都先后在掘进工作面使用过局部空调机组。但若在矿井较大范围内使用，显然在技术和经济上都不合理。

【案例 4-3】　新郑煤电公司矿井热害防治案例

新郑煤电公司位于新郑市辛店镇境内，设计生产能力 300 万 t/a，服务年限 53.3 年。该矿区气候为大陆性气候，7 月气温最高，平均温度 27.3 ℃，尤以 7、8、9 月气候潮湿和炎热。11206 首采区形成之后，2010 年 8 月对该工作面的实测温度，最高达 31.4 ℃，已远远超出《煤矿安全规程》规定。

为此，该矿采取了以下措施：① 增加风量；② 因 11206 工作面回采期间地温较高，就将上行通风改为下行通风；③ 在继续增大风量降温效果不明显后，采用井下制冷设备对 11206 工作面进行局部降温。

降温效果：工作面温度降低到 25 ℃左右，平均 24.6 ℃；运输巷温度依然较高，均在 26～29 ℃，但整个风流路线温度均降到了 30 ℃以下。

第五章 煤矿"一通三防"安全管理

第一节 矿井通风

一、矿井通风基础知识

（一）矿井通风的基本任务

矿井通风是保障煤矿生产安全的重要技术手段。矿井通风的任务主要有：

（1）向井下各个场所连续不断地输送足够的新鲜空气，保证井下人员生存所需要的氧气。

（2）冲淡并排除井下煤岩层中涌出的或在煤炭生产过程中产生的有毒有害气体、粉尘和水蒸气。

（3）调节煤矿井下的气候条件，给井下作业人员创造良好的生产工作环境；保证井下的设备、仪器、仪表的正常运行。

（4）保障井下作业人员的身体健康和生命安全，并使生产作业人员能够充分发挥劳动效能，提高劳动生产率，从而达到高效、安全、健康的目的。

（二）矿井空气中的有害气体及主要防治措施

1. 矿井空气中的有害气体

地面空气进入矿井以后，由于受到污染，其成分和性质要发生一系列的变化，如氧气浓度降低，二氧化碳浓度增加；混入各种有毒有害气体和矿尘；空气的状态参数（温度、湿度、压力等）发生改变等。一般来说，将井巷中经过用风地点以前、受污染程度较轻的进风巷道内的空气，称为新鲜空气；经过用风地点以后、受污染程度较重的回风巷道内的空气，称为污浊空气。

尽管矿井空气与地面空气相比，在性质上存在许多差异，但在新鲜空气中其主要成分仍然是氧气、氮气和二氧化碳。

（1）矿井空气中常见有害气体的性质、来源及危害见表5-1。

（2）由于矿井空气质量对工人生命安全和身体健康有着重要的影响，《煤矿安全规程》对井下空气成分的浓度标准作出了明确的规定：

① 采掘工作面的进风流中，氧气浓度不低于20%，二氧化碳浓度不超过0.5%；

② 有害气体的浓度不超过表5-2中的规定。

（3）《煤矿安全规程》规定，井巷中的风流速度应符合表5-3的要求。

（4）《煤矿安全规程》对矿井空气温度规定如下：

进风井口以下的空气温度（干球温度，下同）必须在2℃以上。

生产矿井采掘工作面空气温度不得超过26℃，机电设备硐室的空气温度不得超过30℃；当空气温度超过时，必须缩短超温地点工作人员的工作时间，并给予高温保健待遇。

表 5-1　　　　　　　　矿井空气中常见有害气体的性质、来源及对人的危害性

气体名称	主要来源	相对密度	色和味	溶水性	危害性
一氧化碳（CO）	爆破作业、火灾、煤尘和瓦斯爆炸、煤自燃	0.97	无色、无味、无臭	微溶	极毒。一氧化碳与血红素的亲和力比氧和血红素的亲和力大 250～300 倍,阻碍了氧与血红素的结合而使人体缺氧,引起窒息和死亡
二氧化碳（CO₂）	煤岩中涌出,可燃物氧化,人员呼吸,爆破工作	1.52	无色、无味、无臭	易溶	有微毒。对呼吸系统有刺激作用,在肺中的含量增加时使血液酸度变大,刺激呼吸中枢
二氧化氮（NO₂）	爆破作业	1.57	棕红色、有刺激臭	极易溶	有强烈毒性。能和水结合成硝酸,对肺组织起破坏作用,造成肺水肿;对眼睛、鼻腔、呼吸道等有强烈刺激作用
硫化氢（H₂S）	有机物腐烂,硫化矿物水解,煤岩中放出	1.19	无色、微甜、臭鸡蛋味、0.000 1%时即可嗅到	易溶	有强烈毒性。能使血液中毒,对眼睛黏膜及呼吸道系统有强烈刺激作用
二氧化硫（SO₂）	含硫矿物氧化,含硫矿物中爆破	2.2	有刺激臭及酸味	易溶	与眼、呼吸道的湿表面接触后能形成亚硫酸,因而对眼、呼吸器官有强烈腐蚀作用,严重时会引起肺水肿
氢气（H₂）	蓄电池充电时放出	0.07	无色、无味、无臭	不溶	浓度达 4%～7%时有爆炸性
氨气（NH₃）	爆破作业	0.6	无色、有恶臭	易溶	刺激皮肤、呼吸道,使人流泪、咳嗽、头晕,严重中毒者会发生肺水肿

表 5-2　　　　　　　　矿井空气中有害气体的最高容许浓度

有害气体名称	符　号	最高容许浓度/%
一氧化碳	CO	0.002 4
氧化氮(换算成二氧化氮)	NO₂	0.000 25
二氧化硫	SO₂	0.000 5
硫化氢	H₂S	0.000 66
氨气	NH₃	0.004

注:① 瓦斯、二氧化碳和氢气的允许浓度按《煤矿安全规程》的有关规定执行。

② 矿井中所有气体的浓度均按体积的百分比计算。

表 5-3 井巷中的允许风流速度

井 巷 名 称	允许风速/(m/s)	
	最低	最高
无提升设备的风井和风硐		15
专为升降物料的井筒		12
风桥		10
升降人员和物料的井筒		8
主要进、回风巷		8
架线电机车巷道	1.0	8
运输机巷、采区进、回风巷	0.25	6
采煤工作面、掘进中的煤巷和半煤岩巷	0.25	4
掘进中的岩巷	0.15	4
其他通风行人巷道	0.15	

采掘工作面的空气温度超过 30 ℃、机电设备硐室的空气温度超过 34 ℃时，必须停止作业。

新建、改扩建矿井设计时，必须进行矿井风温预测计算，超温地点必须有制冷降温设施。

2. 矿井空气中的有害气体主要防治措施

为了防止有害气体的危害，应采取以下措施：

(1) 加强通风。防止有害气体危害的最根本的措施就是加强通风，不断供给井下新鲜空气，将有害气体冲淡到《煤矿安全规程》规定的安全浓度以下，并排至矿井以外，以保证工作人员的安全与健康。

(2) 加强有害气体的检查。应用各种仪器仪表检查、监视井下各种有害气体的发生、发展和积聚情况，是防止有害气体危害的一种重要手段。只有通过检查来掌握情况、发现问题，才可能争取主动，才谈得上去解决问题，防患于未然。

(3) 喷雾洒水或使用水炮泥。在生产过程中爆破工作将会生成大量的有害气体，为了减少其生成量，应禁止使用非标准炸药，严格爆破制度和执行《煤矿安全规程》有关规定，并尽可能使用水炮泥爆破。掘进工作面爆破时，应进行喷雾洒水，以溶解氧化氮等有害气体，并同时消除炮烟和矿尘。有二氧化碳涌出的工作面亦可使用喷雾洒水的办法使其溶于水中。

(4) 禁入险区。井下通风不良的地方或不通风的旧巷内，往往聚积大量的有害气体，因此，在不通风的旧巷口要设置栅栏，并挂上"禁止入内"的牌子。如果要进入这些巷道，必须先进行检查，当确认巷道中空气对人体无害时才能进入，以避免窒息或中毒死亡事故的发生。

(5) 及时抢救，减少伤亡。当有人由于缺氧窒息或呼吸有害气体中毒时，应立刻将窒息或中毒者移到有新鲜空气的巷道进行急救，最大限度地减少人员伤亡。

(6) 抽放瓦斯。如果煤岩层中某种有害气体的储藏量较大，可采取回采前预先抽放的办法。如我国许多矿井将煤岩层中的瓦斯预先抽放出来，排放至地面，并加以利用，变害为宝。

二、矿井通风系统

矿井通风系统是矿井通风方法、通风方式、通风网路与通风设施的总称。《煤矿安全规程》规定矿井必须有完整独立的通风系统,必须按实际风量核定矿井产量。矿井通风系统是否合理,对整个矿井通风状况的好坏和能否保障矿井安全生产起着重要的作用,同时还应在保证安全生产的前提下,尽量减少通风工程量,降低通风费用,力求经济合理。

（一）矿井通风方法

1. 自然通风

利用自然因素产生的通风动力,使空气在井下流动的方法称为自然通风。自然风压的大小及其作用方向,要受地面空气温度变化等因素的影响。采用机械通风的矿井,自然风压也是存在的,并在各个时期影响矿井通风工作。

2. 机械通风

利用矿井通风机械运转产生的通风动力,使空气在井下巷道流动的通风方法,称为机械通风。

矿井通风方法是指主要通风机对矿井供风的工作方法。按主要通风机的安装位置不同分为抽出式、压入式及混合式三种。

（1）抽出式通风

如图 5-1 所示。抽出式通风是将矿井主通风机安设在出风井一侧的地面上,新风经进风井流到井下各用风地点后,污风再通过风机排出地表的一种矿井通风方法。目前我国大部分矿井一般多采用抽出式通风。

（2）压入式通风

如图 5-2 所示。压入式通风是将矿井主通风机安设在进风井一侧的地面上,新风经主要通风机加压后送入井下各用风地点,污风再经过回风井排出地表的一种矿井通风方法。

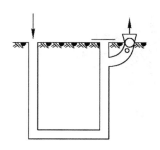

图 5-1 矿井抽出式通风

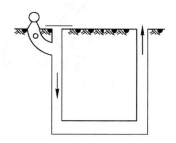

图 5-2 矿井压入式通风

矿井浅部开采时,由于地表塌陷出现裂缝与井下沟通,为避免用抽出式通风将塌陷区内的有害气体吸入井下,可在矿井开采第一水平时采用压入式通风,当开采下水平时再改为抽出式通风。此外,当矿井煤炭自然发火比较严重时,为避免将火区内的有毒有害气体抽到巷道中,有时也可采用压入式通风。

（3）混合式通风

混合式通风是在进风井和回风井一侧都安设矿井主要通风机,新风经压入式主要通风机送入井下,污风经抽出式主要通风机排出井外的一种矿井通风方法。

上述三种通风方法,矿井主要通风机均安装在地面。

(二) 矿井通风方式

矿井通风方式是指矿井进风井与回风井的布置方式。按进、回风井的位置不同,分为中央式、对角式、区域式和混合式四种。

1. 中央式

中央式是进、回风井均位于井田走向中央。按进、回风井沿倾斜方向相对位置的不同,又可分为中央并列式和中央边界式两种。

(1) 中央并列式

如图 5-3(a)所示,进、回风井均并列布置在井田走向和倾斜方向的中央,两井底可以开掘到第一水平,也可以将回风井只掘至回风水平。后者只适用于较小型矿井。

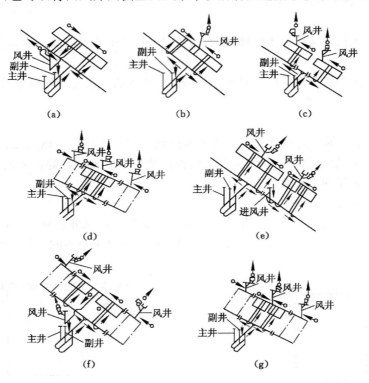

图 5-3 矿井通风方式

(a) 中央并列式;(b) 中央边界式;(c) 两翼对角式;(d) 分区式;(e) 区域式;

(f) 中央边界与两翼对角混合式;(g) 中央并列与两翼对角混合式

(2) 中央边界式(又名中央分列式)

如图 5-3(b)所示,进风井仍布置在井田走向和倾斜方向的中央,回风井大致布置在井田上部边界沿走向的中央,回风井的井底标高高于进风井井底标高。

2. 对角式

进风井大致布置于井田的中央,回风井分别布置在井田上部边界沿走向的两翼上。根据回风井沿走向的位置不同,又分为两翼对角式和分区对角式两种。

(1) 两翼对角式

如图 5-3(c)所示,进风井大致位于井田走向中央,在井田上部沿走向的两翼边界附近或两翼边界采区的中央各开掘一个出风井。如果只有一个回风井,且进、回风井分别位于井田的两翼称为单翼对角式。

（2）分区对角式

如图 5-3(d)所示,进风井位于井田走向的中央,在每个采区的上部边界各掘进一个回风井,无总回风巷。

优点:各采区之间互不影响,便于风量调节;建井工期短;初期投资少,出煤快;安全出口多,抗灾能力强;进回风路线短,通风阻力小。

3. 区域式

在井田的每一个生产区域开凿进、回风井,分别构成独立的通风系统,如图 5-3(e)所示。

4. 混合式

混合式是中央式和对角式的混合布置,因此混合式的进风井与出风井数目至少有 3 个。混合式可有以下几种:中央边界与两翼对角混合式,中央并列与两翼对角混合式,如图 5-3(f)、(g)所示。混合式一般是老矿井进行深部开采时所采用的通风方式。

总之,矿井的通风方式,应根据矿井的设计生产能力、煤层赋存条件、地形条件、井田面积、井田走向长度、矿井瓦斯等级、煤层的自燃倾向性等情况,从技术、经济和安全等方面加以分析,通过方案比较确定。

（三）矿井通风网络

矿井通风系统中的井巷连接关系一般比较复杂,为了便于分析通风系统中各井巷间的连接关系及特点,把矿井或采区中风流分岔、汇合线路的结构形式和控制风流的通风构筑物统称为通风网络。通常用不按比例、不反映空间关系的单线条来表示通风系统的示意图叫通风网络图。通风网络的连接形式有串联网络、并联网络和角联网络 3 种。

（四）主要通风设施

通风设施是控制矿井风流流动的通风构筑物的总称。

为了保证风流按拟定路线流动,使各用风地点得到所需风量,就必须在某些巷道中设置相应的通风设施对风流进行控制。通风设施必须正确地选择合理位置,按施工方法进行施工,保证施工质量,严格管理制度。否则,会造成大量漏风或风流短路,破坏通风的稳定性。

矿井通风设施,按其作用不同可分为三类:引导风流的设施,如主要通风机的风硐、风桥、导风板等;调节控制风流的设施,如调节风窗;隔断风流的设施,如风门、挡风墙、风幛等。

三、矿井通风安全管理

（一）矿井通风系统安全管理

（1）矿井必须有完整的独立通风系统。每一通风系统至少有一个进风井和一个回风井,常以罐笼提升井兼作进风井,回风井则常是专用风井。

（2）改变全矿井通风系统时,必须编制通风设计及安全措施,由企业技术负责人审批。

（3）进、回风井之间和主要进、回风巷之间的每个联络巷中,必须砌筑永久性风墙;需要使用的联络巷,必须安设 2 道连锁的正向风门和 2 道反向风门。

（4）进风井口必须布置在粉尘、有害和高温气体不能侵入的地方。已布置在粉尘、有害和高温气体能侵入的地点的,应制定安全措施。

（5）矿井必须采用机械通风。

（6）溜煤眼不得兼作风眼使用。

（7）多风机并联运转时，总进风道不宜过小，尽量减少公共风路的风阻，其公用段阻力应小于任一风机风压的20％。

（8）消除或尽量减少主要供风巷道处于有害角联分支。

（9）矿井通风系统图必须标明风流方向、风量和通风设施的安装地点。必须按季绘制通风系统图，并按月补充修改。多煤层同时开采的矿井，必须绘制分层通风系统图。矿井应绘制矿井通风系统立体示意图和矿井通风网络图。

（二）主要通风机安全管理

矿用通风机按其用途分为三种：用于全矿井或矿井某一翼的，称为主要通风机；用于矿井通风网路的某一分支风路，帮助主要通风机工作，以保证该分支所需风量的，称为辅助通风机；服务于独头巷道掘进的，称为局部通风机。

矿用通风机按其结构和工作原理，分为离心式通风机和轴流式通风机。

1. 主要通风机安装与使用的有关规定

（1）主要通风机必须安装在地面；装有通风机的井口必须封闭严密，其外部漏风率在无提升设备时不得超过5％，有提升设备时不得超过15％。

（2）箕斗提升井或装有带式输送机的井筒兼作风井筒使用时，应遵守下列规定：

① 箕斗提升井兼作回风井时，井上下装、卸载装置和井塔（架）必须有完善的封闭措施，其漏风率不得超过15％，并应有可靠的防尘措施。装有带式输送机的井筒兼作回风井时，井筒中的风速不得超过6 m/s，且必须装设甲烷断电仪。

② 箕斗提升井或装有带式输送机的井筒兼作进风井时，箕斗提升井筒中的风速不得超过6 m/s，装有带式输送机的井筒中的风速不得超过4 m/s并应有可靠的防尘措施，井筒中必须装设自动报警灭火装置和敷设消防管路。

（3）必须保证主要通风机连续运转。

（4）必须安装2套同等能力的主要通风机装置，其中1套作备用，备用通风机必须能在10 min内开动；在建井期间可安装1套通风机和1部备用电动机。生产矿井现有的2套不同能力的主要通风机，在满足生产要求时，可继续使用。

（5）严禁采用局部通风机或风机群作为主要通风机使用。

（6）装有主要通风机的出风井口应安装防爆门，防爆门每6个月检查维修1次。

（7）至少每月检查1次主要通风机。

（8）改变通风机转数或叶片角度时，必须经矿技术负责人批准。

（9）新安装的主要通风机投入使用前，必须进行1次通风机性能测定和试运转工作，以后每5年至少进行1次性能测定。

（10）因检修、停电或者其他原因停止主要通风机运转时，必须制定停风措施。主要通风机停止运转时，受停风影响的地点，必须立即停止工作、切断电源，工作人员先撤到进风巷道中，由值班矿长迅速决定全矿井是否停止生产、工作人员是否全部撤出。主要通风机停止运转期间，对由1台主要通风机担负全矿通风的矿井，必须打开井口防爆门和有关风门，利用自然风压通风；对由多台主要通风机联合通风的矿井，必须正确控制风流，防止风流紊乱。

矿用的主要通风机，除主机之外还有一些附属装置。主要通风机和附属装置总称为主要通风机装置。附属装置有风硐、扩散器(扩散塔)、防爆设施(防爆门或防爆井盖)和反风装置等。

在装有主要通风机的出风井口,必须安装防爆设施,在斜井口设防爆门,在立井口设防爆井盖。其作用有两个:① 当井下一旦发生瓦斯或煤尘爆炸时,受高压爆炸冲击波的作用,自动打开,保护主要通风机免受毁坏;② 爆炸冲击波过后能自动关闭,迅速恢复矿井通风。在正常情况下它是气密的,以防止风流短路。防爆设施应符合下列要求:

(1) 防爆设施应布置在出风井同一轴线上,其断面积不小于出风井的断面积。

(2) 出风井与风硐的交叉点到防爆闸的距离,比该点到主要通风机吸风口的距离至少要短 10 m。

(3) 防爆设施应靠主要通风机的负压保持关闭状态,并安设平衡重物或其他措施,以便防爆设施不易开启。

(4) 防爆设施的结构,必须有足够的强度,并有防腐和防抛出的设施。

(5) 防爆设施应封闭严密不漏风,如果采用液体进行密封时,在冬季应选用不燃的防冻液。

2. 矿井反风的有关规定

生产矿井主要通风机必须装有反风设施,并能在 10 min 内改变巷道中的风流方向;当风流方向改变后,主要通风机的供给风量不应小于正常供风量的 40%。每季度应至少检查 1 次反风设施,每年应进行 1 次反风演习;矿井通风系统有较大变化时,应进行 1 次反风演习。

3. 主要通风机房的管理

严禁主要通风机房兼作他用。主要通风机房内必须安装水柱计、电流表、电压表、轴承温度计等仪表,还必须有直通矿调度室的电话,并有反风操作系统图、司机岗位责任制和操作规程。主要通风机的运转应由专职司机负责,司机应每小时将通风机运转情况记入运转记录簿内;发现异常,立即报告。

4. 井下安设辅助通风机的有关规定

(1) 矿井通风系统中,如果某一分区风路的风阻过大,主要通风机不能供给其足够风量时,可在井下安设辅助通风机,但必须供给辅助通风机新鲜风流。

(2) 严禁在煤(岩)与瓦斯(二氧化碳)突出矿井中安设辅助通风机。

(3) 辅助通风机及自动风门应安设在围岩完好的地点,尽量避免设在煤巷中,以防止漏风引起煤炭自然发火。

(4) 绕道自动风门至少两道,其间距必须大于一列车的长度。

(5) 当主要通风机停止运转或反风时,辅助通风机应立即停止运转。

(6) 辅助通风机停止运转时,必须打开绕道自动风门,辅助通风机所通风的区域必须停止工作,撤出人员,切断电源。

(7) 严禁辅助通风机产生循环风。

(8) 辅助通风机房必须设有通达矿井调度室的专用电话。辅助通风机必须配有专职司机,负责辅助通风机的运转和自动风门的控制,并备有辅助通风机运行记录。

(三)掘进通风安全管理

1. 掘进通风安全管理

（1）掘进巷道必须采用矿井全风压通风或局部通风机通风,不得采用扩散通风。

（2）煤巷、半煤岩巷和有瓦斯涌出的岩巷的掘进通风方式应采用压入式,不得采用抽出式;如果采用混合式,必须制定安全措施。瓦斯喷出区域和煤(岩)与瓦斯(二氧化碳)突出煤层的掘进通风方式必须采用压入式。

（3）局部通风机必须由指定人员负责管理,保证正常运转。

（4）压入式局部通风机和启动装置,必须安装在进风巷道中,距掘进巷道回风口不得小于 10 m;全风压供给该处的风量必须大于局部通风机吸入风量,局部通风机安装地点到 回风口间的巷道中的最低风速必须符合《煤矿安全规程》的有关规定。

（5）必须采用抗静电、阻燃风筒。风筒口到掘进工作面的距离以及混合式通风的局部通风机和风筒的安设,应在作业规程中明确规定。

（6）低瓦斯矿井掘进工作面的局部通风机,可采用装有选择性漏电保护装置的供电线路供电,或与采煤工作面分开供电。

（7）瓦斯喷出区域,高瓦斯矿井、煤(岩)与瓦斯(二氧化碳)突出矿井中,掘进工作面的局部通风机应装设"三专"(专用变压器、专用开关、专用线路)供电;也可采用装有选择性漏电保护装置的供电线路供电,但每天应有专人检查 1 次,保证局部通风机可靠运转。

（8）严禁使用 3 台以上(含 3 台)的局部通风机同时向 1 个掘进工作面供风。不得使用 1 台局部通风机同时向 2 个作业的掘进工作面供风。

（9）使用局部通风机供风的地点必须实行风电闭锁,保证停风后自动切断停风区内全部非本质安全型电气设备的电源。使用 2 台局部通风机供风的,2 台局部通风机都必须同时实现风电闭锁。

（10）使用局部通风机通风的掘进工作面,不得停风;因检修、停电等原因停风时,必须撤出人员,切断电源。恢复通风前,必须检查瓦斯。只有在局部通风机及其开关附近 10 m以内风流中的瓦斯浓度都不超过 0.5%时,方可人工开启局部通风机。

2. 盲巷安全管理

（1）独头巷道的局部通风机必须保持经常运转,临时停工时,也不得停风。如果因临时停电、检修或其他原因,局部通风机停止运转,风电闭锁装置立即切断局部通风机供风巷道的一切电气设备的电源,人员撤至全风压通风的进风流中,独头巷道口设置栅栏,并悬挂明显警标牌,严禁人员入内。

（2）停风的独头巷道,每班在栅栏处至少检查 1 次瓦斯。如发现栅栏内侧 1 m 处瓦斯浓度超过 3%,应采用木板密闭予以封闭。

（3）独头巷道停风后,停风区中瓦斯浓度超过 1%或二氧化碳浓度超过 1.5%时,最高瓦斯浓度和二氧化碳浓度都不超过 3.0%时,必须采取专门的安全措施,控制风流排除瓦斯。

（4）停风区中瓦斯浓度或二氧化碳浓度超过 3.0%时,必须制定安全排除瓦斯措施,符合下列要求,并报矿技术负责人批准:

① 排除瓦斯前,独头巷道的回风系统内,必须切断电源,撤出人员,其他地点的停电撤人范围应在措施中明确规定。

② 排除独头巷道积聚的瓦斯,必须首先检查瓦斯浓度,当局部通风机及其开关地点附

近 10 m 以内风流中瓦斯浓度都不超过 0.5% 时,方可人工开动局部通风机向独头巷道送入有限的风量,逐步排除积聚的瓦斯,必须使独头巷道中排出的风流在全风压风流混合处的瓦斯浓度和二氧化碳浓度都不超过 1.5%。

限制送入独头巷道中的风量,可采用的方法:在局部通风机排风侧的风筒上捆上绳索,收紧或放松绳索控制局部通风机的排风量;把风筒接头断开,改变风筒接头对合空隙的大小,调节送入的风量;局部通风机排风口装设三通调节器等。

③ 排除瓦斯时,应有瓦斯检查人员在独头巷道回风流与全风压风流混合处,经常检查瓦斯浓度,当瓦斯浓度达到 1.5% 时,应指令调节风量人员,减少向独头巷道的送入风量,确保独头巷道排出的瓦斯在全风压风流混合处的瓦斯浓度和二氧化碳浓度均不超限。

④ 排除瓦斯时,严禁局部通风机发生循环风。

⑤ 排除瓦斯后,经检查证实,整个独头巷道内风流中的瓦斯浓度不超过 1%,二氧化碳浓度不超过 1.5%,且稳定 30 min 后,瓦斯浓度没有变化,才可恢复局部通风机的正常通风。

⑥ 独头巷道恢复正常通风后,必须由电工对独头巷道中的电气设备进行检查,证实防爆完好时,方可人工恢复局部通风机供风的巷道中的一切电气设备的电源和采区回风系统内的供电。

3. 巷道贯通安全管理

(1) 掘进巷道贯通前,综合机械化掘进巷道在相距 20 m 前、间距小于 20 m 的平行巷道的联络巷贯通前以及其他巷道在相距 20 m 前,都必须停止一个工作面作业,做好调整通风系统的准备工作。矿井在同一煤层、同翼、同一采区相邻正在开采的采煤工作面沿空送巷时,采掘工作面严禁同时作业。

(2) 贯通时,必须由专人在现场统一指挥,停掘的工作面必须保持正常通风,设置栅栏及警标,经常检查风筒的完好状况和工作面及其回风流中的瓦斯浓度,瓦斯浓度超限时,必须立即处理。

掘进的工作面每次爆破前,必须派专人和瓦斯检查工共同到停掘的工作面检查工作面及其回风流中的瓦斯浓度,瓦斯浓度超限时,必须先停止在掘工作面的工作,然后处理瓦斯,只有在 2 个工作面及其回风流中的瓦斯浓度都在 1.0% 以下时,掘进的工作面方可爆破。每次爆破前,2 个工作面入口必须有专人警戒。

(3) 贯通后,必须停止采区内的一切工作,立即调整通风系统,风流稳定后,方可恢复工作。

(四) 采区通风安全管理

1. 采区通风系统管理要求

(1) 生产水平和采区必须独立通风。矿井开拓新水平和准备新采区的回风,必须引入总回风巷或主要回风巷中。在有瓦斯喷出或有煤(岩)与瓦斯(二氧化碳)突出危险的矿井中,开拓新水平和准备新采区时,必须先在无瓦斯喷出或无煤(岩)与瓦斯(二氧化碳)突出危险的煤(岩)层中掘进巷道并构成通风系统。

(2) 准备采区,必须在采区构成通风系统后,方可开掘其他巷道。采煤工作面必须在采区构成完整的通风、排水系统后,方可回采。

(3) 高瓦斯矿井、有煤(岩)与瓦斯(二氧化碳)突出危险的矿井的每个采区和开采容易自燃煤层的采区,必须设置至少 1 条专用回风巷。低瓦斯矿井开采煤层群和分层开采采用联合布置的采区,必须设置 1 条专用回风巷。采区进、回风巷必须贯穿整个采区,严禁一段为进风巷、一段为回风巷。

(4) 采掘工作面都应独立通风,串联通风必须符合《煤矿安全规程》的有关规定。

(5) 有煤(岩)与瓦斯(二氧化碳)突出危险的采煤工作面不得采用下行通风。

(6) 采掘工作面的进风和回风不得经过采空区或冒顶区。

(7) 无煤柱开采沿空送巷和沿空留巷时,应采取防止从巷道的两帮和顶部向采空区漏风的措施。

(8) 井下爆破材料库、充电室、采区变电所都必须有独立的通风系统,井下爆破材料库的回风风流必须直接引入矿井的总回风巷或主要回风巷中,井下充电室的回风流应引入回风巷,必须保证爆破材料库每小时能有其总容积 4 倍的风量。

(9) 采空区必须及时封闭。必须随着采煤工作面的推进,逐个封闭通至采空区的连通巷道。采区结束后 45 天内,必须在所有与已采区相连通的巷道中设置防火墙,全部封闭采区。

(10) 井下机电设备硐室应设在进风风流中。如果硐室深度不超过 6 m、入口宽度不小于 1.5 m 且无瓦斯涌出,可采用扩散通风。

2. 通风设施的安全管理

在采区通风网路中为了控制风流的方向和数量而构筑的隔断、通过和控制风流的通风构筑物称为采区通风设施。主要通风设施有风桥、挡风墙、风门、调节风窗等。

(1) 控制风流的风门、风桥、风墙、风窗等设施必须可靠。

(2) 不应在倾斜运输巷中设置风门,如果必须设置风门,应安设自动风门或设专人管理,并有防止矿车或风门碰撞人员以及矿车碰坏风门的安全措施。

(3) 开采突出煤层时,工作面回风侧不应设置风窗。

具体要求如下:

① 风桥

风桥应采用绕道式,其前后 6 m 以内的巷道中,支架要加固;风桥两端接口要严密,四周要固定在实帮和实顶底之中,壁厚不小于 0.45 m;风桥成流线型,风速不大于 10 m/s;风桥断面不小于巷道断面的 4/5。

② 挡风墙(又称密闭)

挡风墙分为永久性和临时性两种。

永久性挡风墙,要用不燃性材料(如砖、料石、水泥等)建筑,墙上部厚度不小于 0.45 m,下部不小于 1 m;挡风墙前后 5 m 以内的巷道支护要完好且为防腐支架;无积煤,无片帮、冒顶;四周要掘槽,在煤中槽深不小于 1 m,在岩石中槽深不小于 0.5 m;墙面要抹严、抹平、不漏风;挡风墙内有涌水时,应在墙上装设放水管,放水管应制成 U 形,利用水封防止放水管漏风。

临时性的挡风墙,可用木桩、木板、可塑性材料等建造。木板需鱼鳞式搭接,用黄泥、石灰抹面,无裂缝,基本不漏风,要设在帮顶良好处,四周要掘槽,在煤中槽深不小于 0.5 m,在岩石中槽深不小于 0.3 m;墙内外 5 m 巷道支护要良好,用防腐支架,无积煤;墙外要设置栅栏和警标。

③ 风门

风门分为普通风门和自动风门两类。自动风门是借助各种动力来开启与关闭的一种风门,自动风门有机械传动式、电动式、气动式和水动式等。风门不少于两道,行车风门间距要大于一列车长度,行人风门间距不小于 5 m,并实现自动连锁。门墙两帮和顶底都要掏槽,在煤中槽深不小于 0.3 m,在岩石中槽深不小于 0.2 m,槽中要填实;门墙厚度不小于 0.3 m;门板要错口接缝,木板厚不小于 30 mm,铁板厚不小于 2 mm;行车巷道的门坎下部要设挡风帘;通过电缆、水管和风管的孔口要堵严;风门前后 5 m 内的巷道要支护好,无空帮和空顶,使漏风率不大于 2%。

（五）串联通风的安全管理要求

（1）采掘工作面都应实行独立通风。

（2）同一采区内,同一煤层上下相连的 2 个同一风路中的采煤工作面、采煤工作面与其相连接的掘进工作面、相邻的 2 个掘进工作面,布置独立通风有困难时,在制定措施后,可采用串联通风,但串联通风的次数不得超过 1 次。

（3）采区内为构成新区段通风系统的掘进巷道或采煤工作面遇地质构造而重新掘进的巷道,布置独立通风确有困难时,其回风可以串入采煤工作面,但必须制定安全措施,且串联通风的次数不得超过 1 次;构成独立通风系统后,必须立即改为独立通风。

（4）矿井开拓新水平和准备新采区,为构成通风系统的回风,可以引入生产水平的进风中,该回风流中的瓦斯和二氧化碳浓度都不得超过 0.5%,其他有害气体浓度必须符合《煤矿安全规程》的规定,并制定安全措施,报企业技术负责人审批。

（5）对于上述的串联通风,必须在进入被串联工作面的风流中装设甲烷断电仪,且瓦斯和二氧化碳浓度都不得超过 0.5%,其他有害气体浓度都应符合《煤矿安全规程》的规定。

（6）开采有瓦斯喷出或有煤（岩）与瓦斯（二氧化碳）突出危险的煤层时,严禁任何 2 个工作面之间串联通风。

四、矿井通风能力核定

通风能力核定是指矿井通风动力、通风网络、用风地点有效风量、稀释瓦斯所能满足的正常年生产煤量。

1. 一般要求

（1）核查采煤工作面、掘进工作面及井下独立用风地点的基本状况。

（2）核查矿井主要通风机的运转状况。

（3）实行瓦斯抽放的矿井,应核查矿井抽放瓦斯系统的稳定运行情况。

（4）矿井有两个及以上并联主要通风机通风系统时,应按照每一个主要通风机通风系统分别进行通风能力核定,矿井的通风能力为每一通风系统能力之和;矿井应按照每一通风系统能力合理组织生产。

2. 核定要求

（1）矿井每年应核定通风能力。

（2）矿井转入新水平生产或改变一翼通风系统后,应重新核定矿井通风能力。

（3）矿井更换主要通风机,对主要通风机技术改造,主要通风机更换了叶片、电动机或改变了动叶、导叶角度后,应重新核定矿井通风能力。

（4）采掘生产工艺有重大改变后,应重新核定矿井通风能力。

（5）矿井瓦斯等级发生变化或瓦斯赋存条件发生重大变化后，应重新核定矿井通风能力。

（6）实施改建、扩建、技术改造的矿井，应重新核定矿井通风能力。

3. 核定条件

（1）矿井应有完整的独立通风系统。

（2）矿井应采用机械通风，运转风机和备用风机应具备同等能力，矿井主要通风机经具备资质的检测检验机构测试合格。

（3）安全检测仪器、仪表齐全，性能可靠。

（4）局部通风机的安装和使用符合规定。

（5）矿井瓦斯管理符合规定。

第二节　矿井瓦斯灾害防治

一、瓦斯基础知识

从广义上讲，凡是从煤层或岩层中放出或生产过程中产生涌入矿井内的气体，统称矿井瓦斯。其主要成分为甲烷（CH_4）、二氧化碳（CO_2）、氮气（N_2），还有少量的硫化氢（H_2S）、一氧化碳（CO）、氢气（H_2）、二氧化硫（SO_2）及其他碳氢化合物气体等。从狭义上讲，矿井瓦斯就是指甲烷（CH_4），因为甲烷在煤矿井下各种有害气体中所占比重最大，可达 $80\% \sim 90\%$，同时甲烷对煤矿的危害也很严重。瓦斯比空气轻，风速较低时，易积聚于巷道上部。

（一）瓦斯的赋存状态

煤中瓦斯的赋存状态一般有游离状态和吸附状态两种。

（1）游离瓦斯：瓦斯以自由的气体状态存在于煤体和围岩的孔隙、裂隙或空洞中，瓦斯分子在孔隙中可以自由运动，如图 5-4 中 1 所示。

（2）吸附瓦斯：又分为吸着瓦斯和吸收瓦斯。

吸着瓦斯：在被吸附瓦斯中，通常把附着在煤体表面的瓦斯称为吸着瓦斯，如图 5-4 中 2 所示。

吸收瓦斯：把进入煤体内部的瓦斯称为吸收瓦斯，如图 5-4 中 3 所示。

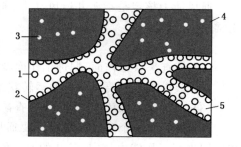

在煤体中，吸附瓦斯和游离瓦斯在外界条件不变的情况下处于动态平衡状态，吸附状态的瓦斯分子和游离状态的分子处于不断的交换之中；当外界的瓦斯压力和温度发生变化或给予冲击或振荡，影响了分子的能量时，则会破坏其动态平衡，而产生

图 5-4　煤体中瓦斯的赋存状态示意图

新的平衡状态。吸附瓦斯变为游离瓦斯的现象称为解吸现象。煤中瓦斯 $80\% \sim 90\%$ 以吸附状态存在。

（二）煤层瓦斯含量及瓦斯压力

煤层瓦斯含量，是单位体积或单位质量的煤或围岩中自然所含有的瓦斯量，是游离瓦斯和吸附瓦斯的总和。影响煤层瓦斯含量的因素是多种多样的，找出影响煤层瓦斯含量的主要因素,可作为预测瓦斯含量和瓦斯涌出量的参考。

瓦斯压力是指瓦斯在煤层中所呈现的气体压力,它是通过煤层孔隙和裂隙中游离瓦斯的自由热运动对孔隙和裂隙空间壁面所产生的作用力而体现出来的。

（三）瓦斯的涌出

1. 瓦斯涌出形式

根据瓦斯涌出特性的不同,瓦斯涌出可分为普通涌出和特殊涌出两种形式。

（1）普通涌出。瓦斯的普通涌出是指受采动影响的煤层、岩层,以及采落的煤、矸石向井下空间均匀地放出瓦斯的现象。首先是处于游离状态的瓦斯涌出,然后是吸附状态的瓦斯解吸为游离状态的瓦斯涌出。这种涌出形式的特点是涌出范围广、时间长、速度缓慢而均匀、累计总量大,是瓦斯涌出的主要形式。

（2）特殊涌出。特殊涌出是指在时间上突然,在空间上集中、大量的瓦斯涌出。瓦斯特殊涌出包括瓦斯喷出和煤与瓦斯突出两种。

① 瓦斯喷出。瓦斯喷出是指在开采过程中,从煤或岩体裂隙、孔洞或炮眼中大量承压瓦斯异常涌出的现象。在 20 m 巷道范围内,涌出瓦斯量大于或等于 1.0 m³/min,且持续时间在 8 h 以上时,该采掘区即定为瓦斯喷出危险区。

② 煤与瓦斯突出。煤与瓦斯突出是指地下开采过程中,在地应力和瓦斯的共同作用下,破碎的煤、岩和瓦斯由煤体或岩体内突然(一般为几秒到几分钟)向采掘空间抛出的异常的动力现象。

2. 瓦斯涌出量

瓦斯涌出量是指矿井建设和生产过程中涌进采掘空间的瓦斯量。对于某翼、某采区或某工作面的瓦斯涌出量,分别称为某翼、某采区或某工作面的瓦斯涌出量。

瓦斯涌出量大小的表示方法有绝对瓦斯涌出量和相对瓦斯涌出量两种。

（1）绝对瓦斯涌出量。绝对瓦斯涌出量是指矿井在单位时间内从煤层以及采落的煤（岩）涌入矿井风中的气体总量,矿井进行瓦斯抽放时,包括抽放瓦斯量,单位为 m³/d 或 m³/min。它与瓦斯浓度、风量的关系为:

$$Q_{CH_4} = Q C \tag{5-1}$$

式中　Q_{CH_4}——绝对瓦斯涌出量,m³/min;

　　　Q——瓦斯涌出地区的风量,m³/min;

　　　C——风流中瓦斯体积浓度,即风流中瓦斯体积与风流总体积的百分比,%。

（2）相对瓦斯涌出量。相对瓦斯涌出量是指矿井在正常生产条件下,一昼夜时间内平均每产出 1 t 煤排出的瓦斯量,计量单位为 m³/t。其计算公式为:

$$q_{CH_4} = 1\,440 \times \frac{Q_{CH_4}}{T_d} \tag{5-2}$$

式中　q_{CH_4}——相对瓦斯涌出量,m³/t;

　　　Q_{CH_4}——绝对瓦斯涌出量,m³/min;

　　　T_d——与瓦斯涌出量相应区域的平均日产煤量,t/d。

如果矿井月产为 A,则 T_d 值可按下式求出,即:

$$T_d = \frac{A}{n} \tag{5-3}$$

式中　n——月工作日数,d。

（四）矿井瓦斯等级鉴定

1. 矿井瓦斯等级

矿井瓦斯等级应当依据实际测定的瓦斯涌出量、瓦斯涌出形式以及实际发生的瓦斯动力现象、实测的突出危险性参数等确定。矿井瓦斯等级划分为：

（1）煤（岩）与瓦斯（二氧化碳）突出矿井（以下简称突出矿井）。具备下列情形之一的矿井为突出矿井：

① 发生过煤（岩）与瓦斯（二氧化碳）突出的；

② 经鉴定具有煤（岩）与瓦斯（二氧化碳）突出煤（岩）层的；

③ 依照有关规定有按照突出管理的煤层,但在规定期限内未完成突出危险性鉴定的。

（2）高瓦斯矿井。具备下列情形之一的矿井为高瓦斯矿井：

① 矿井相对瓦斯涌出量大于 10 m^3/t；

② 矿井绝对瓦斯涌出量大于 40 m^3/min；

③ 矿井任一掘进工作面绝对瓦斯涌出量大于 3 m^3/min；

④ 矿井任一采煤工作面绝对瓦斯涌出量大于 5 m^3/min。

（3）瓦斯矿井。同时满足下列条件的矿井为瓦斯矿井：

① 矿井相对瓦斯涌出量小于或等于 10 m^3/t；

② 矿井绝对瓦斯涌出量小于或等于 40 m^3/min；

③ 矿井各掘进工作面绝对瓦斯涌出量均小于或等于 3 m^3/min；

④ 矿井各采煤工作面绝对瓦斯涌出量均小于或等于 5 m^3/min。

2. 相关规定

（1）瓦斯矿井每 2 年进行一次瓦斯等级鉴定。高瓦斯矿井和突出矿井不再进行周期性瓦斯等级鉴定工作,但应每年测定和计算矿井、采区、工作面瓦斯涌出量。经鉴定或者认定为突出矿井的,不得改定为瓦斯矿井或高瓦斯矿井（以下统称非突出矿井）。

（2）新建矿井在可行性研究阶段,应当依据地质勘探资料、同一矿区的地质资料和相邻矿井相关资料等,对矿井内采掘工程可能揭露的所有平均厚度在 0.3 m 以上的煤层进行突出危险性评估,评估结果应当在可行性研究报告中表述清楚。

经评估认为有突出危险性煤层的新建矿井,建井期间应当对开采煤层及其他可能对采掘活动造成威胁的煤层进行突出危险性鉴定;未进行突出危险性鉴定的,按突出煤层管理。

（3）瓦斯矿井出现下列情况之一的,应当在 6 个月内完成瓦斯等级鉴定工作：

① 新建矿井建设完成的；

② 矿井核定生产能力提高的；

③ 改扩建矿井改扩建完成的；

④ 开采新水平或新煤层的；

⑤ 资源整合矿井整合完成的。

（4）瓦斯矿井生产过程中出现高瓦斯矿井情形之一的,煤矿企业应当立即认定该矿井为高瓦斯矿井,并报省级煤炭行业管理部门批准变更矿井瓦斯等级。

（5）非突出矿井或者突出矿井的非突出煤层出现下列情况之一的,该煤层应当立即按照突出煤层管理：

　　① 采掘过程中出现瓦斯动力现象的；

　　② 相邻矿井开采的同一煤层发生突出的；

　　③ 煤层瓦斯压力达到 0.74 MPa 以上的。

　　(6) 矿井有按照突出管理的煤层，可以直接申请省级煤炭行业管理部门批准认定为突出矿井；不直接申请认定的，应当在确定煤层按照突出管理之日起半年内完成该煤层的突出危险性鉴定。

　　(7) 矿井发生生产安全事故，经事故调查组分析确定为突出事故的，应当直接认定该煤层为突出煤层、该矿井为突出矿井。

二、煤与瓦斯突出防治

在煤矿井下由于地应力和瓦斯(二氧化碳)的共同作用，在极短的时间内，破碎的煤和瓦斯由煤体内或岩体内突然向采掘空间抛出的异常的动力现象，称为煤与瓦斯突出。

1. 煤与瓦斯突出的分类

按动力现象的力学特征，可分为突出、压出和倾出。

按突出强度可分为：

(1) 小型突出：强度小于 100 t。

(2) 中型突出：强度等于或大于 100 t、小于 500 t。

(3) 大型突出：强度等于或大于 500 t、小于 1 000 t。

(4) 特大型突出：强度等于或大于 1 000 t。

2.《煤矿安全规程》对采掘工作面防突的规定

　　(1) 矿井在采掘过程中，只要发生过一次煤(岩)与瓦斯突出(简称突出)，该矿井即为突出矿井，发生突出的煤层即为突出煤层。突出矿井及突出煤层的确定，由煤矿企业提出报告，经国家煤矿安全监察局授权单位鉴定，报省(自治区、直辖市)煤炭管理部门审批，并报省级煤矿安全监察机构备案。

　　(2) 开采突出煤层时，必须采取突出危险性预测、防治突出措施、防治突出措施的效果检验、安全防护措施等综合防治突出措施。

　　(3) 开采突出煤层时，每个采掘工作面的专职瓦斯检查工，必须随时检查瓦斯，掌握突出预兆。当发现有突出预兆时，瓦斯检查工有权停止工作面作业，并协助班组长立即组织人员按避灾路线撤出、报告矿调度室。

　　(4) 有突出危险的采掘工作面爆破落煤前，所有不装药的炮眼、孔都应用不燃性材料充填，充填深度应不小于爆破孔深度的 1.5 倍。

　　(5) 井巷揭穿煤层和在突出煤层中进行采掘作业时，必须采取震动爆破、远距离爆破、避难硐室、反向风门、压风自救系统等安全防护措施。

　　(6) 突出矿井的人员入井必须携带隔离式自救器。

3. 煤与瓦斯突出预防

《煤矿安全规程》规定：开采突出煤层时，必须采取突出危险性预测、防治突出措施、防治突出措施的效果检验、安全防护措施等"四位一体"的综合防治突出措施。

　　(1) 突出危险性预测：突出危险性预测分为区域突出危险性预测(简称为区域预测)和工作面突出危险性预测。区域预测，把煤层划分为突出煤层和非突出煤层。突出煤层经区域预测后可划分为突出危险区、突出威胁区和无突出危险区。在突出危险区域内,工作面进行采掘前应进行工作面预测。采掘工作面经预测后,可划分为突出危险工作面和无突出危险工作面。

(2)区域性防治突出措施:开采保护层。在突出矿井中,预先开采的、并能使其他相邻的有突出危险的煤层受到采动影响而减少或丧失突出危险的煤层称为保护层。

开采保护层的作用有:被保护层充分卸压,弹性潜能缓慢释放;煤层膨胀变形,形成裂隙与孔道,透气性增加;煤层瓦斯涌出后,煤的强度增加。

预抽煤层瓦斯。采用穿层钻孔与顺层钻孔相结合大面积预抽煤层瓦斯。

(3)局部防治突出措施:钻孔排放瓦斯,机掘综采工作面用机载防突钻机打超前排放钻孔;松动爆破,长钻孔控制预裂爆破;水力疏松煤体;物探与钻探相结合、超前排放钻孔和深孔松动爆破相结合的综合防突技术。

(4)防突措施效果检验。防突措施效果检验的目的在于提高防突措施效果。防突措施执行后,如经检验防突无效,则必须采用附加防突措施;如措施有效,则可在执行安全防护措施的情况下,继续进行采掘作业。在实施局部综合防突措施的煤巷掘进工作面,若预测指标为无突出危险,则只有当上一循环的预测指标也是无突出危险时,方可确定为无突出危险工作面,并在采取安全防护措施、保留足够的预测超前距的条件下进行掘进作业;否则,仍要执行一次工作面防突措施和措施效果检验。

4. 石门(井筒)揭煤的其他防突措施

石门和其他岩石井巷揭穿突出危险煤层时的防突出措施中,除抽放瓦斯外,还有水力冲孔、排放钻孔、水力冲刷、金属骨架等。

(1)水力冲孔。当石门揭煤打钻出现喷煤、喷瓦斯的自喷现象时,可采用水力冲孔措施进行揭煤。即以岩柱或煤柱作屏障,在向煤层打钻的同时送入一定压力的水(水压一般大于3 MPa),部分地破坏煤体可造成应力的不平衡,导致喷孔的发生和发展,喷出的煤、水和瓦斯可通过管道输送到远离工作面的地方分离。

(2)排放钻孔。排放钻孔是在石门掘至离煤层垂距5~8 m处,向有突出危险煤层沿倾斜和走向均匀地布置2~3圈钻孔,控制范围达到石门周边外3~5 m,形成足够的卸压和排放瓦斯范围,在设计要求的范围内,瓦斯压力全部降到0.74 MPa以下。这一措施适用于不同厚度和倾角的突出煤层,对瓦斯压力较高的煤层也有较好的防突效果。

(3)水力冲刷。水力冲刷是利用高压水枪冲刷石门工作面前方煤体,形成超前孔洞,使煤体得到卸压和排放瓦斯,以消除石门揭煤时的突出危险性。水力冲刷的主要问题是冲刷出的煤和瓦斯就地排放,形成了工作地点不安全的环境。

(4)金属骨架。金属骨架是用于石门揭煤的一种超前支架。在距煤层2~3 m时,在工作面上部和两侧周边打钻孔,钻孔要穿透煤层全厚并进入岩层0.5 m,单排孔间距一般不大于0.2 m,双排孔间距一般不大于0.3 m,然后在钻孔中插入长度大于孔深0.5 m以上的钢管或钢轨,将其尾部固定架牢,形成一个整体护架。金属骨架措施的防突作用:一是钻孔卸压;二是钻孔排瓦斯;三是保护煤体。主要作用是保护煤体,增大突出的阻力。

5. 突出矿井的安全管理

(1)编制防治突出的专项设计。在矿井新水平和新采区设计时,必须编制防治突出措施的专项设计。专项设计应包括开拓方式、煤层开采顺序、采煤方法、煤层突出危险性预测、保护层选择或预抽煤层瓦斯、局部防治突出措施等内容。突出矿井新水平、新采区移交生产前,必须经煤矿安全监察部门按管理权限进行防突专项验收,未通过验收的,不得移交生产。

（2）通过突出区域预测,对突出煤层进行分区管理。在突出煤层开采过程中,如果确切掌握了突出的区域分布规律,并具有可靠的测定资料,则可通过突出区域预测,划分出煤层不同区域的突出危险程度,并进行突出煤层的分区管理。

（3）加强地质预测工作,为突出预测提供可靠的技术资料。地质预测工作中,要及时掌握煤层厚度、倾角和走向的变化以及地质构造条件变化等,严防岩石巷道误穿煤层。突出煤层应编制瓦斯地质图。

（4）积累突出资料,掌握突出规律。突出矿井在每次突出发生后,必须指定专人负责收集资料,做好详细记录,填写突出卡片。特大型突出（强度等于或大于 1 000 t）发生后,除填写突出卡片外,还须编写专题报告,分析突出发生的原因,总结经验教训。每年年末应对已记录的突出卡片进行系统整理分析。

（5）应有可靠的通风系统。为了避免突出事故扩大,在突出矿井严禁任何两个工作面串联通风,并应有可靠的措施防止突出后破坏通风系统。对于一个突出矿井来说,如有条件,可以把矿井通风分为几个独立的分区系统,一旦一个区域发生突出,不致波及另外的区域。采掘工作面回风巷应畅通无阻,不应设置风门、风窗等设施。

（6）正确布置巷道。突出矿井的巷道布置,应符合下列要求：

① 主要巷道应布置在岩层或非突出煤层中。

② 井巷揭穿突出煤层的次数,应尽可能减少。

③ 井巷揭穿突出煤层的地点,应尽可能避开地质构造带。

④ 在突出煤层中的掘进工程量,应尽可能减少。

⑤ 开采保护层的采区,应充分利用保护层的保护范围。

⑥ 突出煤层的掘进工作面,应尽可能避开本煤层或邻近煤层采煤工作面的应力集中带。

⑦ 同一煤层的同一个阶段,在应力集中影响范围内不得布置两个工作面相向采煤或掘进。

（7）设置防治突出措施的专门机构。开采突出煤层的矿务局（总公司）、矿（公司）都应设置专门机构,负责掌握突出的动态和规律,填写突出卡片,积累资料,总结经验教训,制定防治突出的措施。

（8）进行防治突出措施的安全培训。突出矿井的井下工作人员必须学习防治突出的基础知识,熟悉本矿突出预兆的特征和征象。在突出煤层中工作的区队长,应由从事采掘工作不少于 3 年的工程技术人员或经过专门培训考试合格的人员担任。

（9）加强瓦斯检测。突出矿井中每个采掘工作面都应有专职瓦斯检查员,必须经常检查工作面瓦斯浓度,掌握突出预兆,当发现有突出危险时,有权停止工作面作业,并协助班组长立即组织人员按避灾路线撤出,并及时向矿调度室报告。突出工作面应装设瓦斯断电仪和瓦斯传感器。

三、瓦斯抽采

瓦斯抽采是防治煤与瓦斯突出,减少煤层瓦斯含量,减少采区瓦斯涌出量,防治采掘过程中瓦斯超限的有效方法,是治理瓦斯的核心,是消灭瓦斯事故,确保煤矿安全生产的根本措施。

1. 瓦斯抽采基本要求

（1）应当进行瓦斯抽采的煤层必须先抽采瓦斯；抽采效果达到标准要求后方可安排采掘作业。

（2）煤矿瓦斯抽采应当坚持"应抽尽抽、多措并举、抽掘采平衡"的原则。

瓦斯抽采系统应当确保工程超前、能力充足、设施完备、计量准确；瓦斯抽采管理应当确保机构健全、制度完善、执行到位、监督有效。

煤矿应当加强抽采瓦斯的利用，有效控制向大气排放瓦斯。

（3）应当抽采瓦斯的煤矿企业应当落实瓦斯抽采主体责任，推进瓦斯抽采达标工作。

（4）有下列情况之一的矿井必须进行瓦斯抽采，并实现抽采达标：

① 开采有煤与瓦斯突出危险煤层的；

② 一个采煤工作面绝对瓦斯涌出量大于 5 m³/min 或者一个掘进工作面绝对瓦斯涌出量大于 3 m³/min 的；

③ 矿井绝对瓦斯涌出量大于或等于 40 m³/min 的；

④ 矿井年产量为 1.0～1.5 Mt，其绝对瓦斯涌出量大于 30 m³/min 的；

⑤ 矿井年产量为 0.6～1.0 Mt，其绝对瓦斯涌出量大于 25 m³/min 的；

⑥ 矿井年产量为 0.4～0.6 Mt，其绝对瓦斯涌出量大于 20 m³/min 的；

⑦ 矿井年产量等于或小于 0.4 Mt，其绝对瓦斯涌出量大于 15 m³/min 的。

（5）煤矿企业主要负责人为所在单位瓦斯抽采的第一责任人，负责组织落实瓦斯抽采工作所需的人力、财力和物力，制定瓦斯抽采达标工作各项制度，明确相关部门和人员的责、权、利，确保各项措施落实到位和瓦斯抽采达标。

煤矿企业、矿井的总工程师或者技术负责人（以下统称技术负责人）对瓦斯抽采工作负技术责任，负责组织编制、审批、检查瓦斯抽采规划、计划、设计、安全技术措施和抽采达标评判报告等；煤矿企业、矿井的分管负责人负责分管范围内瓦斯抽采工作的组织和落实。煤矿企业、矿井的各职能部门负责人在其职责范围内对瓦斯抽采达标工作负责。

（6）煤矿企业应当建立瓦斯抽采达标评价工作体系，制定矿井瓦斯抽采达标评判细则，建立瓦斯抽采管理和考核奖惩制度、抽采工程检查验收制度、先抽后采例会制度、技术档案管理制度等。

（7）煤矿企业应当建立健全专业的瓦斯抽采机构。企业（集团公司）应当设置管理瓦斯抽采工作部门；矿井应当建立负责瓦斯抽采的科、区（队），并配备足够数量的专业工程技术人员。瓦斯抽采技术和管理人员应当定期参加专业技术培训，瓦斯抽采工应当参加专门培训并取得相关资质后上岗。

（8）矿井在编制生产发展规划和年度生产计划时，必须同时组织编制相应的瓦斯抽采达标规划和年度实施计划，确保"抽、掘、采平衡"。

（9）经矿井瓦斯涌出量预测或者矿井瓦斯等级鉴定、评估符合应当进行瓦斯抽采条件的新建、技改和资源整合矿井，其矿井初步设计必须包括瓦斯抽采工程设计内容。矿井瓦斯抽采工程设计应当与矿井开采设计同步进行；分期建设、分期投产的矿井，其瓦斯抽采工程必须一次设计，并满足分期建设过程中瓦斯抽采达标的要求。

（10）矿井确定开拓和开采布局时，应当充分考虑瓦斯抽采达标需要的工程和时间。煤层群开采的矿井,应当部署抽采采动卸压瓦斯的配套工程。

开采保护层时,必须布置对被保护层进行瓦斯抽采的配套工程,确保抽采达标。

在煤层底(顶)板布置专用抽采瓦斯巷道,采用穿层钻孔抽采瓦斯时,其专用抽采瓦斯巷道应当满足下列要求:

① 巷道的位置、数量应当满足可实现抽采达标的抽采方法的要求;

② 巷道施工应当满足抽采达标所需的抽采时间要求;

③ 敷设抽采管路、布置钻场及钻孔的抽采巷道采用矿井全风压通风时,巷道风速不得低于 0.5 m/s。

2.瓦斯抽采基本方法

瓦斯抽放方法可以分为五类:① 本煤层瓦斯抽放;② 邻近煤层瓦斯抽放;③ 采空区瓦斯抽放;④ 围岩瓦斯抽放;⑤ 综合抽放瓦斯。其中综合抽放瓦斯方法是前四类方法中两种或两种以上方法的配合使用。

(1)本煤层瓦斯抽放

本煤层瓦斯抽放就是在煤层开采之前或采掘的同时,用钻孔或巷道进行该煤层瓦斯的抽放工作。煤层回采前的抽放属于未卸压抽放,在受到采掘工作面影响范围内的抽放属于卸压抽放。

本煤层瓦斯抽放由于单孔抽放流量较小,当煤层透气性差时,钻孔工程量大;在巷道掘进期间由于瓦斯涌出量大,掘进困难。

(2)邻近煤层瓦斯抽放

开采煤层群时,回采煤层的顶、底板围岩将发生冒落、移动和卸压,透气性系数增加。回采煤层附近的煤层中的瓦斯,就能向回采煤层的采空区转移。能向开采煤层采空区涌出瓦斯的煤层,就叫做邻近煤层。邻近煤层瓦斯抽放即是在有瓦斯赋存的邻近煤层内预先开凿抽放瓦斯的巷道,或预先从开采煤层或围岩大巷内向邻近煤层打钻,将邻近煤层内涌出的瓦斯抽出。

(3)采空区瓦斯抽放

开采厚煤层或邻近煤层处于冒落带(含瓦斯邻近煤层距开采层距离小于 10 倍采高)时,其中大量的瓦斯会直接进入采空区。当回采工作面的采空区或老空区积存大量瓦斯时,往往被漏风带入生产巷道或工作面,造成瓦斯超限而影响生产,因而应对采空区的瓦斯进行抽放。

采空区抽放前应加固密闭墙、减少漏风;抽放时要及时检查抽放负压、流量、抽放瓦斯成分与浓度,发现问题及时调整;一旦发现一氧化碳浓度有异常变化时,说明煤层有自然发火倾向,应立即停止抽放,采取防范措施。

3.瓦斯抽采系统

瓦斯抽采系统主要由管道、瓦斯泵、流量计、安全装置等组成。

(1)抽放瓦斯的管道。瓦斯抽放管路由总管、分管及支管等组成,管材一般选用无缝钢管、焊接管等,支管也可选用玻璃钢管。

(2)瓦斯泵。常用的瓦斯泵有水环真空泵、离心式瓦斯泵和回转式瓦斯泵。水环真空泵的特点是真空度高、负压大、流量小、安全性好(工作室内充满介质,不会发生瓦斯爆炸),适用于抽出量较小、管路较长和需要抽放负压较高的矿井。离心式瓦斯泵负压低、流量小,适用于瓦斯抽出量大（20～1 200 m³/min）、管道阻力不高（4～5 kPa）的矿井。回转式瓦斯泵的特点是管道阻力变化时，瓦斯泵的流量几乎不变，所以供气均匀、效率高，缺点是噪声大，检修复杂。

由于水环真空泵安全性好，抽放负压大，所以使用较为广泛。

（3）流量计。为了全面掌握与管理井下瓦斯抽放情况，需要在总管、支管和各个钻场内安设测定瓦斯流量的流量计。孔板流量计比较简单、方便，目前井下一般采用孔板流量计。

（4）安全装置。① "三防"装置。所谓"三防"装置是指安设在地面瓦斯抽放泵吸气管路中具有防回火、防回气和防爆炸作用的安全装置。② 放水装置。瓦斯抽放管路上的放水装置可分为人工放水器和自动放水器两种。

四、瓦斯管理

（一）瓦斯爆炸的条件

一是瓦斯浓度达到一定范围，一般为 5%～16%；二是存在高温热源，一般认为是 650～750 ℃，高温热源存在时间大于瓦斯的引火感应期；三是有足够的氧气，混合气体中氧气的浓度不低于 12%。三者缺一不可。

（二）瓦斯爆炸的预防

预防瓦斯爆炸应从以下三个方面着手：一是防止瓦斯积聚，二是防止引燃火源，三是防止瓦斯爆炸灾害扩大。

1. 防止瓦斯积聚的措施

（1）加强通风

加强通风是防止瓦斯积聚的根本措施：

① 矿井必须根据规定配足风量。

② 所有矿井都要采用机械通风，且矿井主要通风机的安装、运转等均要符合《煤矿安全规程》的规定。

③ 每一个生产水平、每一个采区都要布置单独的回风道，实行分区通风。

④ 在瓦斯矿井中，采煤工作面、掘进工作面都应采用独立通风。

⑤ 采空区必须及时封闭。

⑥ 瓦斯矿井的掘进工作面，禁止使用扩散通风。对于用局部通风机通风的工作面，要根据瓦斯涌出量的大小确定风机能力和风筒口到工作面的距离。无论在工作或交接班时，都不准停风。如因检修、停电等原因停风时，都要撤出人员，切断电源。

（2）及时处理局部积存瓦斯

井下易于积存瓦斯的地点有：采煤工作面的上隅角、顶板冒落的空洞内、低风速巷道的顶板附近、停风的盲巷，采煤工作面采空区边界处以及采煤机附近、煤壁炮窝、柱头柱脚、煤巷掘进工作面的迎头处。应向瓦斯积存地点加大风量或提高风速，将瓦斯冲淡排出；引风将盲巷和顶板空洞内积存的瓦斯排出；必要时要采取抽放瓦斯的措施。

（3）抽放瓦斯

抽放瓦斯的方法一般是用在矿井瓦斯涌出量很大、用一般的技术措施效果不佳的情况下。

（4）加强检查

对于井下易于积聚瓦斯的地方要强化管理，经常检查其浓度，尽量使其通风状况合理。

若发现瓦斯超限及时处理。

2. 防止瓦斯燃烧的措施

井下引火源有明火、爆破和电火花、摩擦火花、冲击火花等，必须做到：

（1）禁止携带烟草及点火工具下井。

（2）井下禁止使用电炉，井下和井口房内不准从事电焊、气焊和使用喷灯焊接等工作。如果必须使用，则必须制定安全措施，并报上级批准。

（3）对电弧、火花也要进行严格的管理，在瓦斯矿井应选用矿用安全型、矿用防爆型或矿用安全火花型电气设备。在使用中应保持良好的防爆、防火花性能。电缆接头不准有"羊尾巴"、"鸡爪子"、明接头。要注意金属支柱在矿山压力作用下产生的摩擦火花。对电气设备的防爆措施，除广泛采用的防爆外壳外，采用低电流、低电压技术来限制火花强度。掘进工作面采用局部通风机与其他电气设备间的闭锁装置。

（4）停电、停风时，要通知瓦斯检查人员检查瓦斯；恢复送电时，要经过瓦斯检查人员检查后，才准许恢复送电工作。

（5）严格执行"一炮三检"制度。同时还必须加强对爆破工作的管理，封泥量一定要达到《煤矿安全规程》规定的要求，决不允许在炮泥充填不够或混有可燃物及炸药变质的情况下爆破。

（6）为防止机电设备防爆性能失效或工作时出现火花以及爆破产生火焰等引燃瓦斯，《煤矿安全规程》还就以下几种情况作了瓦斯浓度界限的规定：

① 采掘工作面风流中瓦斯浓度达到1%时，必须停止用电钻打眼；达到1.5%时，必须停止工作，切断电源，进行处理；采掘工作面个别地点积聚瓦斯浓度达到2%时，要立即进行处理，附近20 m内，必须停止机器运转，并切断电源。只有在瓦斯浓度降到1%以下，才可开动机器。

② 爆破地点附近20 m以内风流中的瓦斯浓度达到1%时，禁止爆破。

③ 采区回风巷、采掘工作面回风巷风流中瓦斯浓度超过1%时，必须停止作业，采取有效措施，进行处理。

④ 矿井总回风或一翼回风流中瓦斯浓度超过0.75%时，必须立即查明原因，进行处理。

3. 防止瓦斯灾害事故扩大的措施

（1）通风系统力求简单，实行分区通风，各水平、各采区和工作面应有独立的进、回风巷，无用的巷道应及时封闭，特别是连通进、出风井和总进、回风流的巷道都必须砌筑两道挡风墙，以防止瓦斯爆炸使风流短路。

（2）主要通风机必须装有反风装置，并应定期进行试验。为了保证实现反风，连通主要进、回风流的巷道内要装设两道方向相反的风门（双向风门）。

（3）要创造条件实现区域性反风。

（4）装有主要通风机的井口，必须设置防爆门，以防止爆炸波冲毁局部通风机。

（5）采掘工作面不经批准，不许使用串联通风。

（6）设置水棚或岩粉棚、岩粉带，使瓦斯或煤尘爆炸的范围减小。

（7）一旦发生瓦斯爆炸，主要通风机一定要保持正常运转状态，尽一切力量恢复由于爆炸而混乱的通风系统。

（8）发生瓦斯爆炸时，灾区人员要镇静，应尽快戴上自救器，无自救器的用湿毛巾掩住口鼻,逆着冲击波的方向迅速进入就近的避难硐室等待救援,在硐室中精神要放松。

（三）瓦斯积聚的处理

1. 有关规定

矿井必须从采掘生产管理上采取措施,防止瓦斯积聚。当发生瓦斯积聚时,必须及时处理。

矿井必须有因停电和检修主要通风机停止运转或通风系统遭到破坏以后恢复通风、排除瓦斯和送电的安全措施。恢复正常通风后,所有受到停风影响的地点,都必须经过通风、瓦斯检查人员检查,证实无危险后,方可恢复工作。所有安装电动机及其开关的地点附近20 m的巷道内,都必须检查瓦斯,只有瓦斯浓度符合《煤矿安全规程》规定时,方可开启。

临时停工的地点,不得停风;否则必须切断电源,设置栅栏,揭示警标,禁止人员进入,并向矿调度室报告。停工区内瓦斯或二氧化碳浓度达到3.0%或其他有害气体浓度超过《煤矿安全规程》的规定不能立即处理时,必须在24 h内封闭完毕。

恢复已封闭的停工区或采掘工作接近这些地点时,必须事先排除其中积聚的瓦斯。排除瓦斯工作必须制定安全技术措施。

严禁在停风或瓦斯超限的区域内作业。

局部通风机因故停止运转,在恢复通风前,必须首先检查瓦斯,只有停风区中最高瓦斯浓度不超过1.0%和最高二氧化碳浓度不超过1.5%,且符合《煤矿安全规程》开启局部通风机的条件时,方可人工开启局部通风机,恢复正常通风。

停风区中瓦斯浓度超过1.0%或二氧化碳浓度超过1.5%,最高瓦斯浓度和二氧化碳浓度不超过3.0%时,必须采取安全措施,控制风流排放瓦斯。

停风区中瓦斯浓度或二氧化碳浓度超过3.0%时,必须制定安全排瓦斯措施,报矿技术负责人批准。

在排放瓦斯过程中,排出的瓦斯与全风压风流混合处的瓦斯和二氧化碳浓度都不得超过1.5%,否则采区回风系统内必须停电撤人,其他地点的停电撤人范围应在措施中明确规定。只有恢复通风的巷道风流中瓦斯浓度不超过1.0%和二氧化碳浓度不超过1.5%时,方可人工恢复局部通风机供风巷道内电气设备的供电和采区回风系统内的供电。

2. 瓦斯积聚安全处理方法

通常,停风盲巷、顶板冒落空洞、回采工作面上隅角、采煤机附近、低风速的巷道顶板附近以及有瓦斯喷出的地点,均易积聚瓦斯。防止瓦斯积聚的主要措施是加强矿井通风管理,做到机械通风,风流要稳定连续,各用风地点配风合理,减少漏风,避免循环风;用有计划的检修来杜绝矿井主要通风机和局部通风机的无计划停电停风。处理瓦斯超限和积聚的方法,归纳起来有稀释排除、封闭隔绝和抽排瓦斯三种。

（1）排除瓦斯的原则

排放瓦斯前,凡是排出瓦斯流经的巷道和被排放瓦斯风流切断安全出口的采掘工作面、硐室等地点必须切断电源,撤出人员,并设专人进行警戒。

（2）排除盲巷积聚瓦斯方法

① 盲巷外断开风筒接头调节法

排瓦斯时在盲巷口外全风压供风的新鲜风流中,把风筒接头断开,利用改变风筒对合面的间隙大小,调节送入盲巷的风量,以达到有节制地排放巷道积聚瓦斯的目的。在缓缓排放瓦斯过程中,随着两个风筒接头由错开而逐渐对合,直至全部接合,送入盲巷的风量亦由小到大,直至局部通风机排出的全部风量。最后经检查确认安全可靠时即可恢复送电送风。

② 利用风筒预留的三通调节法

该调风方法是在风机出口与导风筒之间接一段三通风筒短节,此短节是在原风筒上选一合适位置,开一圆口,把另外的短节风筒缝在开口的风筒上,用胶水黏好接口。掘进巷道正常通风时,先把三通风筒转几圈,再用绳子捆死出风口,此时风机的全部风量都送入掘进工作面。当需排除巷道积聚的瓦斯时,提前打开三通的出风口,同时用绳子捆住导风筒,捆的程度要根据巷道内积聚的瓦斯浓度来确定,然后启动风机,这时风机的大部分风量经三通出风口排至巷道,来稀释排出的高浓度瓦斯,少量风进入盲巷。

③ 开启局部通风机附近的风门调节法

局部通风机大都安设在采区进风巷内,风筒(掘进面)回风直接进入采区回风巷中,两巷之间留有通车、行人的风门。掘进巷道正常通风时,风门全部处于关闭状态,当需排放巷道中积聚的瓦斯时,通过门扇的开启状态(半开或全开)调节风量,稀释盲巷内排出的高浓度瓦斯,使其在回风口处不超限,并逐步关住门扇,直至全关。

④ 利用煤矿智能型瓦斯排放器法

利用变频调速原理,调节风机转速和风量,改变盲巷口高浓度瓦斯的混合风流流量,使之与全风压巷道混合处的瓦斯浓度按排瓦斯措施所规定的限值进行排放。为实现自动控制排放瓦斯,依靠瓦斯探头监测,自动检测排放瓦斯巷出口、回风口处和风机进风口附近的瓦斯浓度,并经模糊控制器调节,控制变频器工作,实现自动、可靠、高效地排放瓦斯。

⑤ 稀释筒调节法

稀释筒是用钢板焊制的三通风筒,其上有两套阀门及控制把手。稀释筒安装在掘进巷道里口外全风压通风巷道中,瓦斯探头用来测定排出并经稀释的瓦斯浓度,根据该浓度的大小来控制和调节稀释筒阀门的开度。

(3) 封闭巷道积聚瓦斯的排放方法

长期停掘的巷道,在巷口已构筑了密闭墙,通风机也已拆除,其内积聚瓦斯甚多。在排除瓦斯之前需安装风机和风筒。根据巷道的长度准备足够的风筒,其中应备 1～2 节 3～6 m 长的短节。排除这类巷道的积存瓦斯,一般是采用分段排放法:

① 检查密闭墙外瓦斯是否超限,若超限就启动风机吹散稀释,若不超限,就在密闭墙上角开两个洞,随之开启风机吹风,起初风筒不要正对密闭吹,要视吹出的瓦斯浓度高低进行风向控制。

② 密闭拆除后,瓦检员和其他工作人员进入巷道检查瓦斯,随后延长风筒和排除瓦斯。巷道中风筒出口附近瓦斯浓度降至界限之下,可将风筒口缩小加大风流射程,吹出前方的高浓度瓦斯;当瓦斯降下来后,接上一个短节风筒,同样加大风流射程排除前方的瓦斯;取下短风筒接上长风筒(一般为 10 m)继续排放前方的积聚瓦斯,直至到掘进工作面。

③ 在排完巷道内瓦斯后,应全面检查巷道各处的瓦斯浓度,如局部地点仍有瓦斯超限,仍可采用断开风筒接头的方法,排除该区段的瓦斯。

(4) 顶板冒落空洞积聚瓦斯的处理

在不稳定的煤岩中,无论是掘进巷道还是回采工作面,冒顶是经常出现的,从而在巷道顶部形成空洞(冒高),有时可能达到很大的范围。由于冒顶处通风不良,往往积存着高浓度的瓦斯。处理该处积聚瓦斯的方法一般有两种。

① 充填空洞法

充填空洞法大多是先在冒高处的棚上铺上木板或荆笆,然后再用黄土将冒落空洞填满,或用注浆泵将聚氨酯搅拌,注入空洞内,发泡膨胀,填满空洞,这样可以消除瓦斯积聚的空间,免于瓦斯积存。该方法通常在冒顶面积不大的情况下使用。

② 风流吹散法

风流吹散法处理积聚瓦斯是普遍采用的措施。当冒高小于 2 m、体积不超过 6 m^3、巷道风速大于 0.5 m/s 条件下,可采用风障导风法,风障的材料可用木板、帆布或风筒布等。当冒高大于 2 m、冒高体积超过 6 m^3、巷道风速低于 0.5 m/s 时,同时又具有局部通风机送风的地点,可采用分支风管法(俗称风袖),一般是将导风筒开个小口并接上小风筒或胶管,利用风机的小部分送至高顶处,以吹散积聚的瓦斯。若巷道中无风机及风筒,但有压风管,也可从压风管上接出一个或多个分支管,伸到高顶处,送入压风吹散积聚的瓦斯。

③ 封闭抽放法

如果冒高处瓦斯涌出量很大,巷道风量又不足,若采用风流吹散法则排出的瓦斯致使巷道风流瓦斯超限,此时方可采用此法。

(5) 回采工作面上隅角瓦斯积聚的预防和处理

预防回采工作面上隅角积聚瓦斯的最根本措施,是合理地选择通风系统。W 形、Y 形通风系统可以很好地预防和处理上隅角瓦斯积聚。

① 引导风流稀释

引导风流稀释的实质是把新鲜风流引入到回采工作面的上隅角,将该处积聚的瓦斯稀释并带走。

风障法:当回采工作面上隅角积聚的瓦斯范围不大和浓度不高(3%左右)的情况下用此法。

尾巷法:常用于瓦斯涌出较大、超限严重的场所。在工作面的回风中有两条巷道。一条是最高允许浓度为 1.0% 的回风巷,另一条是瓦斯浓度最高可达 2.5% 的专用回风副巷(尾巷)。这样一来,工作面的风流部分进入回风巷,另一部分风流则经工作面上隅角进入尾巷。

② 抽排上隅角瓦斯

利用通风负压引排上隅角瓦斯,需设置风障,并将瓦斯引入铁风筒或伸缩性风筒中,风筒一直铺设到回风巷的安全地点,利用风筒两端的压差连续不断排放上隅角瓦斯,或在回风巷内提前铺设瓦斯抽放管进行抽放。

(6) 其他瓦斯积聚的处理

① 顶板附近瓦斯层状积聚的处理

瓦斯层就是瓦斯悬浮于巷道顶板附近并形成较稳定的带状积聚,其可在不同支护形式和任意断面中形成。防止和消除瓦斯层的主要方法是:增加巷道内的风速;增大巷道顶板附近的风速;用旋流风筒处理积聚的瓦斯;封闭隔绝瓦斯源。

② 刮板输送机底槽积聚的瓦斯处理

开采瓦斯煤层时,刮板输送机底槽往往积聚着高浓度瓦斯,主要是底槽内滞留的煤粉涌出的瓦斯所致。防止和处理瓦斯积聚的措施有:机头和机尾不要堆积过多的煤炭,减少底槽中的遗留煤粉量,保持底槽畅通,防止瓦斯积聚;工作面不出煤时,隔一定时间运转一会儿输送机,以消除瓦斯积聚;有压风管路的工作面,可用压风吹散底槽中的积聚瓦斯;在链板上安装专用钢丝刷,以消除底槽中的煤粉,钢丝刷的间距不大于 6 m;原煤层上分层回采时,输送机底槽的槽底封闭。

③ 采煤机附近积聚的瓦斯处理

当开采瓦斯煤层时,采煤机附近经常出现高浓度瓦斯积聚,容易积聚瓦斯地点是截割头附近和机体与煤壁之间。通常,在采煤机上安装瓦斯自动检测报警断电仪,一旦瓦斯超限就切断电源,停止割煤。加大工作面风量,提高机道和采煤机附近的风速,以消除其局部瓦斯积聚,当工作面风速不能满足防止采煤机附近瓦斯积聚时,应提高局部地点风速,通常采用小引射器加大采煤机附近的风速。

五、矿井瓦斯防治能力评估

1. 煤矿企业瓦斯防治能力评估的定义

煤矿企业瓦斯防治能力评估是指煤炭行业管理部门对从事高瓦斯或煤与瓦斯突出矿井生产建设的煤矿企业在瓦斯防治方面的从业经历、管理制度、技术装备、机构人员、资金保障等进行综合评价。

2. 评估目的

加强煤矿企业瓦斯防治能力建设,提高煤矿瓦斯防治水平,促进煤矿安全生产。

3. 评估对象

已经从事高瓦斯或煤与瓦斯突出矿井生产建设的煤矿企业及尚未从事高瓦斯或煤与瓦斯突出矿井生产建设的煤矿企业拟建设高瓦斯或煤与瓦斯突出矿井的。

4. 评估内容

煤矿企业瓦斯防治能力评估按照《煤矿企业瓦斯防治能力基本标准》要求进行。

5. 评估实施

煤矿企业申请瓦斯防治能力评估时须提交以下材料:① 煤矿企业发展概况、从事煤炭生产年限及近三年安全生产情况说明,企业及矿井相关负责人从业经历证明;② 煤矿企业纳入评估范围的分公司和控股子公司名单,及所属高瓦斯和煤与瓦斯突出矿井名单;③ 煤矿企业和纳入评估范围的分公司和控股子公司,及所属高瓦斯和煤与瓦斯突出矿井瓦斯防治机构及人员配备文件复印件;④ 反映所属高瓦斯和煤与瓦斯突出矿井瓦斯防治系统设施情况的说明;⑤ 煤矿企业瓦斯防治管理权限、管理程序规定,煤矿企业瓦斯防治规划、生产规划、年度目标制定及执行情况说明,煤矿企业瓦斯防治工作检查考核制度制定及执行情况说明;⑥ 煤矿企业瓦斯防治方案、防治效果评价制度制定及执行情况的说明;⑦ 近三年煤矿企业煤炭生产安全费用实际提取、使用和瓦斯防治资金投入的财务报表;⑧ 其他应提供的材料。

煤炭行业管理部门根据《煤矿企业瓦斯防治能力基本标准》,采取审查企业相关材料和现场核查、抽查相结合的方式,逐项进行评分。基本标准中必备指标全部达到要求,并且评估得分在 70 分以上的煤矿企业,具备瓦斯防治能力。基本标准中必备指标任一项达不到要求或评估得分在 70 分及以下的煤矿企业,不具备瓦斯防治能力。

第三节 矿井火灾防治

矿井火灾是煤矿主要灾害之一。矿井火灾一旦发生,轻则影响安全生产,重则烧毁煤炭资源和物资设备,造成人员伤亡,甚至引发瓦斯、煤尘爆炸。

一、矿井火灾概论

凡是发生在矿井井下或地面,威胁到井下安全生产,造成损失的非控制燃烧均称为矿井火灾。如地面井口房、通风机房失火或井下输送带着火、煤炭自燃等都是非控制燃烧,均属矿井火灾。导致矿井火灾发生的三个要素为:热源、可燃物和空气。火灾的三个要素必须同时存在,且达到一定的数量,才能引起矿井火灾;缺少任何一个要素,矿井火灾就不可能发生。

(一)矿井火灾的分类

(1)根据不同引火热源,矿井火灾可分为外因火灾和内因火灾。

(2)根据不同发火地点,矿井火灾分为井筒火灾、巷道火灾、采煤工作面火灾、煤柱火灾、采空区火灾和硐室火灾。

(3)根据不同燃烧物,矿井火灾可分为机电设备火灾、火药燃烧火灾、油料火灾、坑木火灾、瓦斯燃烧火灾和煤炭自燃火灾。

(二)矿井火灾危害

矿井火灾对煤矿生产及职工安全的危害主要有以下几个方面:

(1)产生大量的有毒有害气体。

(2)引发瓦斯、煤尘爆炸。

(3)毁坏设备设施。

(4)引起矿井风流状态紊乱。

(5)烧毁资源、冻结煤量、影响生产、造成重大经济损失。

二、矿井外因火灾及其预防

外因火灾是指由外部火源,如明火、爆破、瓦斯煤尘爆炸、机械摩擦、电路短路等原因造成的火灾。外因火灾主要包括电气火灾和带式输送机火灾。一般来说,在电气化程度较低的中、小型煤矿,大多数外因火灾是由于使用明火或违章爆破等引起的。在机械化、电气化程度较高的矿井,则大多是由于机电设备管理维护不善、操作使用不当、设备运转故障等原因所引起的。而且随着矿井电气化程度的不断提高,机电设备引起的外因火灾的比重也有增长的趋势。在井下吸烟、取暖、违章爆破、电焊及其他原因引起的外因火灾也时有发生。

外因火灾大多容易发生在井底车场、机电硐室、运输及回采巷道等机械、电气设备比较集中,而且风流比较畅通的地点。这类火灾一般发生得比较突然,发展速度也快。一个小火源,稍有疏忽,火势就可能蔓延扩大到很大的范围。如果发现不及时,处理方法不当,或是行动措施不果断,会给矿井带来严重损失以至发生惨痛的人身伤亡事故。

(一)外因火灾的种类

煤矿井下可燃物分布广、种类多,如坑木、荆条等竹木材料,皮带、胶质风筒、电缆等橡胶制品,棉纱、布头、纸等擦拭材料和煤、煤尘等固体可燃物,变压器油、液压油、润滑油等液体可燃物,瓦斯、氢气、一氧化碳等可燃性气体物质。

矿井外因火灾的引火源主要有以下几种。

1. 明火

明火是造成外因火灾的主要火源。它包括携带易燃品下井;井下吸烟;安全灯或火焰灯使用不当;用电炉、大灯泡烘烤或取暖;爆破或炸药燃烧引起明火;井下使用电焊、气焊、喷灯焊;瓦斯爆炸或瓦斯燃烧;煤尘爆炸以及地面井口附近火灾的火焰顺风流窜入井下等。

2. 电气设备

由于井下电气设备超负荷运转、电路短路等原因产生的电弧、电火花引起可燃物燃烧,造成电气火灾。如电缆、电线、电动机、电钻、变压器、油开关等使用不当以及保险丝(片)选用不当等引起的火灾。

3. 机械摩擦火

由机械设备运转不良造成运动机构摩擦发热,引起附近易燃物如木块、润滑油着火;皮带运输机托辊不转摩擦产生火花;采煤机械与夹石摩擦产生火花或静电火花等。

(二) 外因火灾的预防

1. 外因火灾预防的分析

外因火灾的预防主要从两个方面进行:一是防止失控的高温热源;二是尽量采用不燃或阻燃材料支护和不燃或难燃制品,同时防止可燃物大量积存。

煤矿井下失控的高温热源较多,如电气设备过负荷短路产生的电弧、电火花,不正确的爆破作业产生的爆炸火焰,机械设备运转不佳造成的摩擦火花,物品碰撞引起的冲击火花,违章吸烟,使用电炉、灯泡取暖,烧焊以及瓦斯、煤尘爆炸等都能形成外因火灾。

2. 及时发现外因火灾的方法

及时发现外因火灾是防止其发展和控制其危害的一个重要措施。随着科学技术的发展,及时发现外因火灾的方法逐渐增多,主要介绍以下几种:

(1) 标志气体。一般情况下,采用 CO 和 CO_2 等气体作为发生火灾的标志气体。通过对标志气体的监测,确定火灾是否发生。

(2) 温升变色涂料。温升变色涂料是早期发现发热的指示剂,当涂料覆盖物温度升高超出其额定值时即会变色;当温度下降到正常值时,则又恢复原色。因此,人们利用温升变色涂料的特性,将其涂敷在电机或机械设备的外壳上和容易发热的部位。根据颜色的变化,及时发现外因火灾初期的现象,采取有效措施,预防外因火灾的发生。

(3) 火灾检测器。根据外因火灾初期产生的温升、烟雾、烟尘、气体等特性,运用现代科学技术,研制了感温、感烟等火灾检测器。这些检测器可以及时发现初期火灾,进行报警,同时启动灭火装置,将火灾扑灭。

三、内因火灾及其预防

(一) 内因火灾发火原因

1. 煤炭自燃条件

煤炭自燃的必要充分条件是:

(1) 有自燃倾向性的煤被开采后呈破碎状态,堆积厚度一般要大于 0.4 m。

(2) 有较好的蓄热条件。

(3) 有适量的通风供氧。通风是维持较高氧浓度的必要条件,是保证氧化反应自动加速的前提。实验表明,氧浓度＞15％时,煤炭氧化方可较快进行。

（4）上述三个条件共存的时间大于煤的自然发火期。

上述四个条件缺一不可,前三个条件是煤炭自燃的必要条件,最后一个条件是充分条件。

2.煤的自燃倾向性

煤的自燃倾向性是煤自燃的固有特性,是煤炭自燃的内在因素。《煤矿安全规程》规定煤的自燃倾向性分为 3 类:Ⅰ类为容易自燃,Ⅱ类为自燃,Ⅲ类为不易自燃。新建矿井的所有煤层的自燃倾向性由地质勘探部门提供煤样和资料,送国家授权的相关单位做出鉴定。生产矿井延深新水平时,也必须对所有煤层的自燃倾向性进行鉴定。其目的:一是使防止煤层自燃的技术措施在煤层最短自然发火期内完成;二是在由隐患发展到着火温度最短需要的时间内完成治理措施,防止煤炭自燃。煤的自燃倾向性主要取决于以下几个方面:

（1）煤的化学成分

各种牌号的煤(即不同化学成分的煤)都有自然发火的可能,一般认为煤的炭化程度越高、挥发分含量越低、灰分越大,其自燃倾向性越弱;反之则越强。但是,煤的炭化程度的高低不是决定煤的自燃倾向性的唯一标志。因此,要求每一个矿井都必须将煤样送到有关单位进行煤的自燃倾向性鉴定,依据鉴定结果拟定正确的开采方法和经济有效的防火措施。

（2）煤的物理性质

煤体的破碎程度对煤的自燃倾向性影响很大。煤炭越破碎,与空气的接触面积越大,其着火温度反而会明显降低,氧化自燃越容易。因此,在矿井里最易发生自燃火灾的地方都是碎煤与煤粉集中堆积的地点,如采空区的四周边缘地带、受压破裂的煤柱、垮塌的煤壁、充满煤粉和碎煤的煤壁裂隙,以及煤巷局部冒高、在棚梁上形成浮煤堆积的地方。

（3）煤岩成分

煤岩成分有丝煤、暗煤、亮煤和镜煤 4 种。丝煤具有纤维结构,在低温下吸氧能力强,着火点低;亮煤和镜煤在温度升高时吸氧能力变得最强烈。因此,煤层中存在亮煤、镜煤和丝煤时,最容易自燃;暗煤量多时,煤层不易自燃。

水对煤炭自燃的影响有其特点,即对同一种煤炭,水分越多,则着火温度越高;但是,当其水分蒸发后,干燥的煤炭,其着火温度显著降低,这是因为浸过水的煤,其表面氧化层被清洗、水使煤体变得松散的缘故,因而煤体更易氧化自燃。

3.影响煤炭自燃的因素

（1）煤层的赋存条件

一般说来,煤层越厚,倾角越大,回采时会遗留大量浮煤和残煤;同时,煤层越厚,回采推进速度越慢,采区回采时间往往超过煤层的自然发火期,而且不易封闭隔绝采空区。因此,容易发生自燃火灾。据统计,80％的自燃火灾是发生在厚煤层的开采中。此外,断层、褶曲、破碎带及岩浆侵入区等地质构造地带,煤层松软易碎、裂隙多,吸氧性强,也容易发生自燃火灾。

煤层围岩的性质对煤炭自然发火也有很大影响。如围岩坚硬、矿压显现大,容易压碎煤体,形成裂隙,而且坚硬的顶板冒落难以压实充填采空区;同时,冒落后有时会连通其他采区,甚至形成连通地面的裂隙;这些裂隙及难以压实充填的采空区使漏风无法杜绝,为煤炭自然发火提供了充分的条件。

（2）开拓系统

开采有自然发火危险的煤层时,开拓系统布置十分重要。有的矿井由于设计不周,管理不善,造成矿井巷道系统十分复杂,通风阻力很大,而且主要巷道又都开掘在煤层中,切割煤体严重,裂隙多,漏风大,因而造成煤层自然发火频繁。而有的矿井,设计合理,管理科学,使矿井的通风系统简单适用,在多煤层（或分层）开采时,采用联合布置巷道,将集中巷道（运输、回风、上山、下山等）开掘在岩石中,同时减少联络巷数目,取消采区集中上山煤柱等,对防止煤炭自然发火起到了积极作用。

（3）采煤方法

本部分内容主要指回采速度的快慢和采出率的高低对煤层自然发火的影响。西南某矿区有两个相邻的矿井,自然条件基本相似,但在同一时期,一个矿井采煤工作面推进速度快,在煤层自然发火期内将采区采完封闭,结果无自然发火现象发生;而另一个矿井恰恰相反,采煤工作面推进速度慢,结果煤层自然发火严重。另据东北某矿区的统计资料:在同样煤层条件下,利用采出率比较低的非正规采煤法的采区,回采时间不到 10 个月,自然发火达 47 次;而利用人工假顶倾斜分层采煤法的采区,回采时间 13 个月,自然发火仅 7 次。因此,选择合理的采煤方法对预防煤炭自燃十分重要。

（4）通风条件

本部分内容主要指漏风问题。漏风风流流动的速度及数量对自然发火往往起主导作用。井下漏风使煤炭氧化,同时又将氧化生成的热量带走。煤炭氧化生成的热量及其聚积与风速大小有直接关系。当风速过小时,供氧不足,氧化生成的热量很少,容易散失掉,不易积热,不会发生煤炭自燃;当风速过大时,O_2 补给充足,但氧化生成的热量易被带走,同样不能形成热量的聚积,不会发生煤炭自燃。只有当漏风风流使煤炭有比较充分的供氧条件,而又不致于带走氧化生成的热量,可以形成热量的聚积时,煤炭才会发生自燃。

（5）采空区管理

及时封闭采空区,保证封闭严密及有效的采空区管理,是减少采空区漏风和防止煤炭自然发火的重要措施之一。在工作面结束后,由于设备拆除不及时,造成采空区无法做到停采后 45 d 内实行永久封闭,甚至发火后不得不将设备封在火区中;或者由于采煤超过终采线,造成冒落矸石串通巷道而无法封闭,使采空区漏风十分严重等都易造成煤炭自然发火。此外,采空区封闭前的准备工作及时与否（如密闭墙洞的预留）,封闭采空区回采边界线的泥浆带质量好坏及密闭墙的检测是否正常准确等,都对采空区漏风及煤炭自然发火有重要影响。

4. 煤的自然发火期

煤的自然发火期是自然发火程度在时间上的度量,发火期越短的煤层自然发火的危险程度越大。自然发火期是指在开采过程中暴露的煤炭,从接触空气到发生自燃的一段时间。统计确定煤层自然发火期,对矿井开拓开采以及生产管理都有重要意义。对于自然发火期较短的矿井一般不应采用煤巷开拓,采煤法要保证最大的回采速度和最高的采出率,采空区要在最短的时间内予以封闭。煤层自然发火期的确定方法如下:

（1）煤层中出现下列情况之一者,该煤层定为自然发火煤层:煤炭自燃引起明火;煤炭自燃发生烟雾;煤炭自燃发生煤油味;采空区测取的 CO 浓度超过矿井实际统计的临界指标。

（2）巷道中煤层自然发火期以自然发火地点在揭露煤之日起至发生自然发火时为止的

时间计算,一般以月为单位。

(3)采煤工作面中煤层自然发火期应以工作面开切眼之日起至发生自然发火时为止的时间计算,一般以月为单位。

(4)每一煤层的所有采煤工作面和巷道,都应进行自然发火期的统计,确定煤层最短发火期。

（二）内因火灾的预防措施

自燃火灾多发生在风流不畅通的地点,如采空区、压碎的煤柱、巷道顶煤、断层附近、浮煤堆积处等,给煤矿安全生产带来极大的影响,必须引起足够的重视。预防自燃火灾的措施主要有:开采技术措施、均压防灭火、预防性灌浆、阻化剂灭火、惰性气体防灭火、凝胶防灭火、泡沫防灭火等。

1.开采技术措施

由于开采技术和管理水平不同,会导致开采自燃倾向性相同煤层的不同矿井或同一矿井的不同采区,甚至同一采区的不同工作面,自然发火次数有明显的不同。矿井的开拓方式、采区巷道布置、回采方法和回采工艺、通风系统选择以及技术管理水平等因素,对煤层的自燃起着决定性的影响。从防止煤炭自然发火的角度,防止自燃火灾对于开拓、开采的要求是:注意提高回采率,减少煤柱和采空区遗煤,破坏自燃的物质基础;加快回采速度,回采后及时封闭采空区,缩短煤炭与空气接触的时间,减少漏风,消除自燃的供氧条件,破坏煤炭自燃的过程,从而达到防止自燃的目的。

采用放顶煤采煤法开采容易自燃和自燃的厚及特厚煤层时,必须编制防止采空区自然发火的设计,并遵守下列规定:

① 根据防火要求和现场条件,应选用注入惰性气体、灌注泥浆（包括粉煤灰泥浆）、压注阻化剂、喷浆堵漏及均压等综合防火措施。

② 有可靠的防止漏风和有害气体泄漏的措施。

③ 建立完善的火灾监测系统。

2.预防性灌浆

预防性灌浆就是利用不燃性材料和水按一定比例配成浆液,利用高度差产生的静压或水泵产生的动压,经输浆管路输送至可能发生自燃的采空区。浆液中的固体物沉降下来,水则经巷道排出。这种预防采空区遗留煤炭自燃的措施,叫做预防性灌浆。这是我国目前广泛采取的一种预防煤炭自燃的措施。

3.阻化剂防火

阻化剂是抑制煤氧结合、阻止煤氧化的化学药剂。所谓阻化剂防火就是将阻化剂喷洒于煤壁、采空区或压注入煤体之内,以抑制或延缓煤炭的氧化,达到防止自燃的目的。

采用阻化剂防灭火时,应遵守下列规定:

① 选用的阻化剂材料不得污染井下空气和危害人体健康。

② 必须在设计中对阻化剂的种类和数量、阻化效果等主要参数作出明确规定。

③ 应采取防止阻化剂腐蚀机械设备、支架等金属构件的措施。

4.凝胶防灭火

煤层自燃火灾的防治,需要具有既能很快地降低煤温,又很好地隔绝煤氧接触,并能惰化煤体表面,同时在防灭火过程中要安全可靠的技术。20世纪90年代初期,随着特厚煤层综采放顶煤开采技术的发展,常规的注水、灌浆、注阻化剂等防灭火技术均不能完全适应综放开采技术煤层火灾的防治要求。为此,根据煤体自燃机理,针对煤层火灾的特点,提出了"胶体"防灭火的思路,并进行了大量实验和应用研究,开发和研制出了适用于矿井不同条件的系列胶体灭火材料和相应注胶设备及应用工艺,成为煤矿一项主要的防灭火技术。该技术在现场实际灭火过程中已取得了很好的灭火效果。

采用凝胶防灭火时,应遵守下列规定:

① 选用的凝胶和促凝剂材料,不得污染井下空气和危害人体健康,使用时井巷空气成分必须符合《煤矿安全规程》的有关规定。

② 编制的设计中应明确规定凝胶的配方、促凝时间和压注量等参数。

③ 压注的凝胶必须充填满全部空间,其外表面应予喷浆封闭,并定期观测,发现老化、干裂时,应予重新压注。

5. 均压防灭火

所谓均压防灭火技术即设法降低采空区区域两侧风压差,从而减少向采空区漏风供氧,达到抑制和窒息煤炭自燃的方法。实践证明,均压防灭火技术与其他防灭火措施(阻化剂、灌浆、惰性气体、密闭等)相比具有以下特点:可以在不影响工作面生产的前提下实施及采用;均压通风加强了密闭区的气密性,减少了采空区的漏风,从而加速了密闭区(或采空区)里的空气惰化;工程量小、投资少、见效快。

采用均压技术防灭火时,应遵守下列规定:

① 应有完整的区域风压和风阻资料以及完善的检测手段。

② 必须有专人定期观测与分析采空区和火区的漏风量、漏风方向、空气温度、防火墙内外空气压差等的状况,并记录在专用的防火记录簿内。

③ 改变矿井通风方式、主要通风机工况以及井下通风系统时,对均压地点的均压状况必须及时进行调整,保证均压状态的稳定。

④ 应经常检查均压区域内的巷道中风流流动状态,应有防止瓦斯积聚的安全措施。

6. 氮气防灭火

氮气既可以迅速有效地扑灭明火,又可以防止采空区遗煤自燃。使用注氮灭火的火区具有恢复工作量小、不损坏设备等优点,因此,注氮防灭火技术引起了国内外煤矿工作者的重视。

根据氮的状态,注氮防灭火可分为气氮防灭火和液氮防灭火。气氮防灭火是利用地面或井下制氮设备制取的氮气通过管道进行防灭火工作。液氮防灭火一是直接向采空区或火区中注入液氮防灭火;二是先将液氮汽化后,再利用气氮防灭火。由于液氮输送不如气氮方便,目前,现场多用气氮防灭火。

采用氮气防灭火时,必须遵守下列规定:

① 氮气源稳定可靠。

② 注入的氮气浓度不小于97%。

③ 至少有1套专用的氮气输送管路系统及其附属安全设施。

④ 有能连续监测采空区气体成分变化的监测系统。

⑤ 有固定或移动的温度观测站(点)和监测手段。

⑥ 有专人定期进行检测、分析和整理有关记录、发现问题及时报告处理等规章制度。

向综放面采空区注入氮气,并使它渗入到采空区冒落区和裂隙带,形成氮气惰化带,可达到抑制采空区自燃的目的。

四、矿井火灾处理与控制

（一）火灾时期风流的紊乱及控制

1. 火风压

火灾时高温烟流流过巷道所在的回路中的自然风压发生变化,这种因火灾而产生的自然风压变化量,在灾变通风中称之为火风压。

2. 矿井火灾时期风流紊乱现象

矿井火灾时期产生的火风压,将引起矿井风流状态的紊乱变化。该变化可分为如下三类:

① 风流（烟流）逆转。由于火风压反抗机械风压的影响,致使矿井某些巷道风流方向发生变化,称为风流逆转。逆转主要发生在反向火风压大于正向机械风压的旁侧支路（主干风路是指从入风井经火源到回风井的通路,旁侧支路是指除主干风路外的其余支路）。

② 烟流逆退。在火风压作用下,加上巷道纵、横断面方向温度、压力梯度的影响,在着火巷火源上风侧新鲜风流继续沿巷道底部供风的同时,烟流沿巷道顶部逆向流出。烟流逆退可能发生在着火巷及与其相连接的主干风路上。

③ 烟流滚退。在新鲜风流沿巷道底部按原方向流入火源的同时,火源产生的烟流沿上风侧巷道顶部逆向回退并翻卷流向火源。烟气生成量越大、火源温度越高、巷道风速越低,发生滚退的概率越大。在一定条件下,这种现象也可能发生在下风侧。

逆转以同种流体单向流动为主,逆退是不同流体（烟流与新鲜风流）异向流动,滚退是在同一断面上,既有新风和烟流的异向流动又有烟流翻卷引起的同种流体异向流动。滚退是逆退和逆转发生的先兆。

3. 处理火灾时的控风方法

处理火灾时的控风方法有:正常通风、减少风量、增加风量、火烟短路、反风、停止主要通风机运转等。

处理矿井火灾时,要根据火源位置、火灾波及范围、遇险及受威胁人员所处的位置等具体情况合理控风。无论采取哪种控风方法,都必须满足下列基本要求:

（1）保证灾区和受火灾威胁区域内人员的安全撤退。

（2）采取一切办法防止火灾扩大,尽可能地创造接近火源直接灭火的条件。

（3）不得使火源附近瓦斯聚积到爆炸浓度,不容许流过火源的风流中瓦斯达到爆炸浓度,或使火源蔓延到有瓦斯爆炸危险的地区。

（4）防止出现再生火源。

（5）有利于防止火风压形成和风流逆转及烟流逆退。

（二）直接灭火法

1. 用水灭火

水是最经济、最有效、来源最广的灭火材料。一般采用水射流和水幕两种方式来灭火。

（1）用水灭火的注意事项

① 灭火人员应站在火源的上风侧,并要保持有畅通的排烟路线,及时将高温气体和水蒸气排出。如果人员站在下风侧会受到高温和火烟的侵害,并易受到冒顶和高温水蒸气的

伤害。

②　要有足够的水量。少量的水或微弱的水流,不但灭不了火,而且在高温下与煤生成 H_2 和 CO(水煤气),形成爆炸性混合气体。

③　扑灭火势猛烈的火灾时,不要把水射流直接喷射到火源中心。应先从火源外围开始喷水,随着火势的减小再逐渐逼近火源中心,以免产生大量水蒸气或燃烧的煤块、炽热的煤渣突然喷出而烫伤人员。

④　不能用水扑灭带电的电气火灾。

⑤　油类火灾若用水灭火时,只能使用雾状的细水,这样才能产生一层水蒸气笼罩在燃烧物的表面上,使燃烧物与空气隔离。若用水射流灭火可使燃烧的液体飞溅,又因油比水轻,可漂浮在水面上,易扩大火灾的面积。

⑥　要保证正常风流,以便火烟和水蒸气能顺利地排到回风流。

⑦　经常检查火区附近的瓦斯和风流变化情况。

(2)用水灭火的适用条件

用水灭火费用低、效果好、速度快。但用水灭火也有其局限性:电气火灾和油类火灾就不宜用水来扑灭;井巷顶板受高温作用后易破坏,被冷水冷却后易冒顶垮落;要铺设供水管路,并在地面要建造蓄水池。

一般用水灭火的适用条件为:

①　发火地点明确,人能够接近火源。

②　发火初期阶段,火势不大,范围较小,对其他区域无影响。

③　有充足的水源,供水系统完善。

④　火源地点通风系统正常,风路畅通无阻,瓦斯浓度低于 2%。

⑤　灭火地点顶板完好,能在支护掩护下进行灭火作业。

经验证明,在井筒和主要巷道中,尤其是在胶带运输机巷道中装设水幕,当火灾发生时立即启动,能很快限制火灾的蔓延扩展。

在火势无法控制,又无其他有效的灭火措施时,也可用水淹没火区。但在恢复生产时需付出大量的财力和人力。

2. 用砂子或岩粉灭火

把砂子或岩粉直接撒盖在燃烧物体上将空气隔绝,使火熄灭。砂子或岩粉不导电并有吸收液体的作用,故适用于扑灭包括电气和油类火灾在内的各类初起火灾。

砂子或岩粉成本低廉,易于长期保存,灭火时操作简单,所以在机电硐室、材料仓库、炸药库、绞车房、通风机房等地点,都应备有防火砂箱。

3. 用化学灭火器灭火

目前煤矿上使用的化学灭火器有两类:一类是泡沫灭火器,另一类是干粉灭火器。

4. 高倍数泡沫灭火

泡沫灭火器是一种简易的泡沫发生装置,发泡量较少,主要用于小范围的火灾。如果扑灭大范围的火灾,可用高倍数泡沫发生装置灭火。

高倍数泡沫是高倍数空气机械泡沫的简称,是以表面活性物为主要成分的泡沫剂,按一定比例混入压力水中,并均匀喷洒在发泡网上,借助风流吹动而连续产生气液两相、膨胀倍数很高(200～1 000)的泡沫集合体。

高倍数泡沫灭火成本低、水量损失小、速度快、效果明显,可在远离火区的安全地点进行灭火。

5. 燃油惰气灭火

燃油惰气灭火就是用惰气发生装置产生惰气,注入火区灭火。用惰气扑灭矿井火灾,一般是在不能接近火源,以及用其他方法直接灭火具有很大危险或不能获得应有效果时采用。它的主要优点是:惰化火区空气,既能灭火,又能抑制瓦斯爆炸;能使火区造成正压,减少向火区漏风;惰气容易进入冒落区的小孔、裂缝,起到灭火作用;灭火后的恢复工作比较安全、迅速、经济,设备损害率小。惰气灭火的种类较多,用于矿山灭火的,主要是运用燃油除氧原理的惰气发生装置,将制取的惰气发射到火区,用以扑灭封闭的火区或有限空间内的火灾。

6. 挖除火源

挖除火源灭火,就是将着火带及附近已经发热或正在燃烧的可燃物挖除并运出井外。这是一种扑灭火灾最简单、最彻底的方法,一般适用于火灾初始阶段,燃烧物较少,火势和火灾范围都不大的情况下,特别适用于煤炭自燃火灾。但前提条件是火源位于人员可直接到达的地点。

(三)隔绝灭火法

隔绝灭火就是建造密闭墙切断通往火区的空气,进而使氧含量降低,达到灭火的目的。这类灭火方法是在采用直接灭火法达不到预期效果,或人员不能接近火区时使用。

1. 封闭火区的顺序

隔绝灭火法构筑密闭墙时,选择什么顺序、在什么位置构筑非常重要。在多风路的火区构筑密闭墙时,应视火区范围、火势大小、瓦斯涌出量等情况综合分析后,决定火区巷道的封闭顺序。

在无瓦斯爆炸危险的矿井,应先考虑封闭主要进、回风巷,后封闭其他次要巷道。

在有瓦斯爆炸危险的矿井,应先考虑封闭其他次要巷道,封闭其他瓦斯源,后封闭主要进、回风巷。

火区封闭时,比较重要的是封闭主要进、回风巷道,它直接关系到灭火效果的好坏,也关系到灭火人员的安全。因此,合理地确定主要进、回风巷的封闭顺序非常关键。常用的有如下几种方法:

(1)先进后回,即先封闭进风巷,后封闭回风巷。采用这种封闭方法能迅速减少火区流向回风侧的烟流量,使火势减弱,为建造回风侧密闭墙创造安全条件。但进风侧构筑密闭墙将导致火区内风流压力急剧降低。

(2)先回后进,即先封闭回风巷,后封闭进风巷。这种封闭方法使燃烧生成物 CO_2 等惰性气体可反转流回火区,可能使火区大气惰化,有助于灭火。但这种方法一旦出现突发事故,人员不便撤走,所以一般不采用此种封闭顺序。

(3)进、回风同时封闭,即进风巷和回风巷两边同时构筑密闭墙。这种方法封闭时间短,能快速封闭火区,切断供氧,火区内瓦斯不易达到爆炸浓度,防火墙在完全封闭前还可保持火区通风,所以此种封闭顺序是首选的方法。在构筑密闭墙过程中要留有一定断面的通风口,保证供给的风量能使火区内瓦斯浓度在爆炸界限以下,当构筑完成时,应在约定时间内进、回风侧同时将通风口迅速封闭,并立即将人员撤出。在封闭过程中,必须设专人检查瓦斯、一氧化碳等有害气体的变化情况。如果瓦斯浓度达2%时,或有一定量的瓦斯向火区移动时,所有救灾人员应立即撤至安全地点。在"同时封闭"过程中注入 CO_2 或 N_2 等惰气,会有利于火区封闭的安全。

火区封闭后,火区内空气成分变化是比较复杂的。首先氧气浓度会迅速下降,同时瓦斯、二氧化碳和一氧化碳浓度会增大,其中有些气体具有可燃性和爆炸性。在封闭火区的经历中,曾有过封闭结束后发生瓦斯爆炸的事例,所以,封闭结束后,人员必须立即撤离现场。封闭的火区内可能发生瓦斯爆炸的时间,因火区大小、瓦斯涌出量、封闭条件不同而不同。

不管采用以上哪种封闭顺序,在有瓦斯爆炸危险的矿井,在封闭之前必须制定防止瓦斯爆炸的安全技术措施。

2. 封闭火区的方法和原则

(1) 封闭火区的方法

封闭火区的方法分为三种:

① 锁风封闭火区。从火区的进回风侧同时密闭,封闭火区时不保持通风。这种方法适用于氧浓度低于瓦斯爆炸界限(O_2 浓度 $<12\%$)的火区。这种情况虽然少见,但是如果发生火灾后采取调风措施,阻断火区通风,空气中的氧因火源燃烧而大量消耗,也是可能出现的。

② 通风封闭火区。在保持火区通风的条件下,同时构筑进回风两侧的密闭。这时火区中的氧浓度高于失爆界限(O_2 浓度 $>12\%$),封闭时存在着瓦斯爆炸的危险性。

③ 注惰气封闭火区。在封闭火区的同时注入大量的惰性气体,使火区中的氧浓度达到失爆界限所经过的时间比爆炸气体积聚到爆炸下限所经过的时间要短。

后两种方法,即封闭火区时保持通风的方法在国内外被认为是最安全和最有效的方法,应用较广泛。

(2) 封闭火区的原则

封闭火区的原则是:"密、小、少、快"。"密"是指密闭墙要严密,尽量少漏风;"小"是指密闭范围要尽量小;"少"是指密闭墙的道数要少;"快"是指密闭墙的施工速度要快。在选择密闭墙的位置时,人们首先考虑的是把火源控制起来的迫切性,以及在进行施工时防止发生瓦斯爆炸,保证施工人员的安全。密闭墙的位置选择合理与否不仅影响灭火效果,而且决定着施工安全性。过去曾有不少火区在封闭时因密闭墙的位置选择不合适而造成瓦斯爆炸。

3. 密闭墙的构筑注意事项

(1) 在保证灭火效果和工作人员的安全条件下,使被封闭的火区范围尽可能的小,密闭墙的数量尽可能的少。

(2) 为便于作业人员的工作,密闭墙的位置不应离新鲜风流过远,一般不应超过 10 m。也不要小于 5 m,以便留出另构筑密闭墙的位置。

(3) 密闭墙前后 5 m 范围内的围岩应稳定,没有裂缝,保证构筑密闭墙的严密性和作业人员的安全,否则应用喷浆或喷混凝土将巷道围岩的裂缝封闭。

(4) 为了防止火区封闭后引起火灾气体和瓦斯爆炸,在密闭墙与火源之间不应有旁侧风路存在,以免火区封闭后风流逆转,将有爆炸性的火灾气体和瓦斯带回火源而发生爆炸。

(5) 施工地点必须通风良好,施工现场要吊挂常开式电子瓦检器或瓦斯探头,监测风流情况。

(6) 施工前必须派专人由外向里逐步检查施工地点前后 6 m 范围内的支护、顶板情况,发现问题及时处理。先清理顶、帮和底矸,然后进行架棚,只有施工地点确认无危险后方可施工。

（7）施工前要做好准备工作，保证安全出口畅通。

（8）在密闭墙中，应根据需要安设取气样及测温度的管子，并装上放水管。

（9）保证墙体建筑质量，特别是要保证进风侧墙体的质量，砌墙时，应先留好通风口，将密闭用水泥或黄泥抹平后，方可堵上通风口。

（10）在火区进风侧初步建成防火墙并留有通风孔，然后约定好时间，按一定顺序调好风压，关闭进、回风防火墙。

五、火区的管理与启封

（一）火区管理

由于矿井发生火灾（包括内因火灾和外因火灾）而封闭的采掘空间或区域，称为火区。火区封闭后，应加强管理，防止漏风，使火区内的火尽快熄灭。同时要将火区安全启封，防止在启封过程中因复燃而造成新的事故。

1. 火区卡片管理

《煤矿安全规程》规定：煤矿企业必须绘制火区位置关系图，注明所有火区和曾经发火的地点。每一处火区都要按形成的先后顺序进行编号，并建立火区管理卡片。火区位置关系图和火区管理卡片必须永久保存。

绘制火区位置关系图的目的，就是要告诫人员，煤矿井下在什么地方有尚未熄灭的火区，在附近进行采掘作业时，要特别小心，防止与火区贯通，引起有害气体泄出，造成中毒窒息人身伤亡事故的发生和引起火灾气体爆炸。

2. 防火墙管理

防火墙是火区管理的重要构筑物，它的严密性在很大程度上决定着封闭火区的灭火效果，必须定期进行检查。防火墙的管理应遵守下列规定：

（1）每个防火墙附近必须设置栅栏、警标，禁止人员入内，并悬挂说明牌。

（2）应定期测定和分析防火墙内的气体成分和空气温度。

（3）必须定期检查防火墙外的空气温度、瓦斯浓度，防火墙内外空气压差以及防火墙墙体。发现封闭不严或有其他缺陷或火区有异常变化时，必须采取措施及时处理。

（4）所有测定和检查结果，必须记入防火记录簿。

（5）矿井做大的风量调整时，应测定防火墙内的气体成分和空气温度。

（6）井下所有永久性防火墙都应编号，并在火区位置关系图中注明。

防火墙的质量标准由煤矿企业统一制定。

要定期测定和分析防火墙内、外的空气成分、温度和压差，将测定结果连同测定日期和测定人员姓名标明在防火墙附近悬挂的说明牌上。

封闭火区的防火墙必须每天检查一次，瓦斯急剧变化时，每班至少检查一次。所有检查结果，都要记入防火记录簿中。

应将防火墙内外温度、气体组分的浓度和压差变化等绘制成随时间变化的曲线图，以便随时了解、掌握这些单项指标的变化趋势及规律。通风及防火部门的人员要按时审阅。

防火墙应用石灰刷白，以利于发现是否有漏风的地方。由防火墙发出的"咝咝"声可以作为防火墙是否漏风和渗出火灾瓦斯的征兆，对每一处漏风的地方，都应当立即用黏土、灰浆等抹平，喷一层砂浆或混凝土。

砌砖防火墙及料石防火墙应定期勾缝,防止漏风。

（二）火区启封

矿井火区封闭之后,在加强火区管理的同时,最重要的任务是了解何时及如何启封火区,尽快安全地恢复生产。尽管在火区启封方面已积累了不少的经验,但在火区启封工作中也曾出现不少错误的决策和行动,导致火区重燃和重封闭,甚至造成爆炸和伤亡事故。启封火区是一项比较复杂而又危险的工作,一定要谨慎从事。《煤矿安全规程》规定,封闭的火区,只有经取样化验证实火已熄灭后,方可启封或注销。火区同时具备下列条件时,方可认为火已熄灭：

（1）火区内的空气温度下降到 30 ℃以下,或与火灾发生前该区的日常空气温度相同。

（2）火区内空气中的氧气浓度降到 5%以下。

（3）火区内空气中不含有乙烯、乙炔,一氧化碳浓度在封闭期间内逐渐下降,并稳定在 0.001%以下。

（4）火区的出水温度低于 25 ℃,或与火灾发生前该区的日常出水温度相同。

（5）上述 4 项指标持续稳定的时间在一个月以上。

由于多方面的原因,所测得的火区内大气温度、一氧化碳和氧浓度并不能准确反映着火带的燃烧,特别是阴燃状况,而着火带的阴燃状况在防火墙外是难以了解的。所以,无法确定可靠的、实践可行的准确指标来判定火源是否熄灭。《煤矿安全规程》所规定的几项指标只能是在实践可行的前提下提供火区启封作业的相对安全保障。在火区启封时必须要制定安全措施和实施计划,并报主管领导批准。要做好一切应急准备工作,要有启封失败"死灰复燃"而必须重新再次封闭的思想与物质准备（重新封闭构筑防火墙的位置、方法、顺序、材料和安全避灾路线等）。

火区启封计划和安全措施应包括以下内容：

（1）火区基本情况及灭火注销情况。

（2）火区侦查顺序与防火墙启封顺序。

（3）启封时防止人员中毒、防止火区复燃和防止爆炸的通风安全措施。

（4）附图。

六、矿井火灾防治的安全管理

（一）外因火灾的安全管理

外因火灾安全管理的关键是严格遵守《煤矿安全规程》的有关规定,及时发现外因火灾初期征兆,并制止其发展。

1. 安全设施

（1）生产和在建矿井都必须制定井上、井下防火措施。矿井的所有地面建筑物、煤堆、矸石山、木料场等处的防火措施和制度,必须符合国家有关防火的各项规定,并符合当地消防部门的要求。

（2）木料场、矸石山、炉灰场与进风井的距离不得小于 80 m。木料场与矸石山的距离不得小于 50 m。

不得将矸石山或炉灰场设在进风井的主导风向上风侧,也不得设在表土 10 m 以内有煤层的地面上和设在有漏风的采空区上方的塌陷范围内。

（3）矿井必须设地面消防水池和井下消防管路系统。井下消防管路系统应每隔 100 m

设置支管和阀门,但在带式输送机巷道中应每隔 50 m 设置支管和阀门。地面的消防水池必须经常保持不少于 200 m³ 的水量。如果消防用水与生产、生活用水共用水池,应有确保消防用水的措施。

开采下部水平的矿井,除地面消防水池外,可利用上部水平或生产水平的水仓作为消防水池。

(4) 新建矿井的永久井架、井口房和以井口为中心的联合建筑,都必须用不燃性材料;对现有生产矿井用可燃性材料建筑的井架和井口房,必须制定防火措施。

(5) 进风井口应装设防火铁门。防火铁门必须严密并易于关闭,打开时不妨碍提升、运输和人员通行,并应定期检查、维修。如果不设防火铁门,必须有防止烟火进入矿井的安全措施。

2. 明火管理

(1) 井口房和通风机房附近 20 m 内,不得有烟火或用火炉取暖。暖风道和压入式通风的风硐必须用不燃性材料砌筑,并应至少装设两道防火门。

(2) 井筒、平硐与各水平的连接处及井底车场,主要绞车道与主要运输巷、回风巷的连接处,井下机电设备硐室,主要巷道内带式输送机机头前后两端各 20 m 范围内,都必须用不燃性材料支护。

在井下和井口房,严禁采用可燃性材料搭设临时操作间、休息室。

(3) 井下严禁使用灯泡取暖和使用电炉。

3. 电焊、气焊、喷灯焊接注意事项

井下和井口房内不得从事电焊、气焊和喷灯焊接等工作。如果必须在井下主要硐室、主要进风巷和井口房内进行电焊、气焊和喷灯焊接等工作,每次都必须制定安全措施,经矿长批准,由矿长指定专人在场检查和监督,并遵守下列规定:

(1) 电焊、气焊和喷灯焊接等工作地点的前后两端各 10 m 的井巷范围内,应是不燃性材料支护,并应有供水管路,有专人负责喷水。该地点应至少备有两个灭火器。

(2) 在井口房、井筒和倾斜巷道内进行电焊、气焊和喷灯焊接时,必须在工作地点的下方用不燃性材料设施接收火星。

(3) 电焊、气焊和喷灯焊接等工作地点的风流中,瓦斯浓度不得超过0.5%,只有在检查证明作业地点附近 20 m 范围内巷道顶部和支护背板后无瓦斯积存时,方可进行作业。

(4) 电焊、气焊和喷灯焊接等工作完毕后,工作地点应再次用水喷洒,并有专人在工作地点检查 1 h,发现异状,立即处理。

(5) 在有煤(岩)与瓦斯突出的矿井中,进行电焊、气焊和喷灯焊接时,在突出危险区内必须停止一切工作。

在煤层中未采用砌碹或喷浆封闭的井下主要硐室和主要进风大巷中,不得进行电焊、气焊和喷灯焊接等工作。

4. 各种油料的管理

井下使用的汽油、煤油和变压器油必须装入盖严的铁桶内,由专人押送至使用地点,剩余的汽油、煤油和变压器油必须运回地面,严禁在井下存放。

井下使用的润滑油、棉纱、布头和纸等,必须存放在盖严的铁桶内。用过的棉纱、布头和纸,也必须放在盖严的铁桶内,并由专人定期送到地面处理,不得乱放乱扔。严禁将剩油、废油泼洒在井巷和硐室内。

井下清洗风动工具时,必须在专业硐室内进行,且必须使用不燃性和无毒性洗涤剂。

5. 消防器材的管理

矿井必须在井上、井下设置消防材料库,并遵守下列规定:

(1)井上消防材料库应设在井口附近,并有轨道直达井口,但不得设在井口房内。

(2)井下消防材料库应设在每一生产水平的井底车场或主要运输大巷中,并应装备消防列车。

(3)消防材料库储存的材料、工具和数量应符合有关规定,并定期检查和更换,不得挪作他用。

井下爆炸材料库、机电设备硐室、检修硐室、材料库、井底车场、使用带式输送机或液力耦合器的巷道以及采掘工作面附近的巷道中,都应备有灭火器材,其数量、规格和存放地点应在《矿井灾害预防和处理计划》中确定。

所有井下工作人员都必须熟悉灭火器材的使用方法,并熟悉本工作区域内灭火器材的存放地点。

(二)内因火灾的安全管理

内因火灾防治的安全管理要本着"预防为主,加强预测,重点治理"的原则,从掘进、开采、停采实行全过程的安全管理。

1. 煤巷掘进阶段

(1)掘进期间应观测以下数据:① 定点连续监测巷道内 CO 和 CH_4 的浓度,并绘制出监测参数的变化曲线。② 定期测定区域均压系统状况。③ 绘制掘进巷道的素描图,并标明冒顶、断层、硐室等位置。④ 正常情况下,沿空掘进巷道,每周一次测定采空区温度并取气样分析。若出现异常,必须每班至少进行一次温度测定,每天进行一次钻孔气样分析。根据钻孔的温度和气体浓度,分别绘制出与时间的变化曲线。⑤ 沿空掘进揭露联络巷、溜煤眼、废弃巷道时,要及时采取措施,进行防灭火处理。

(2)根据掘进期间观测的数据,识别诊断自燃危险区域,预测其发展趋势,确定出发生灾变的危险区域及最短时间。

(3)预防措施有以下几种:① 根据隐患诊断和灾害预测,确定有效的预防措施和具体实施方案,并及时组织实施。② 在沿空巷道掘进期间,应同时铺设灌浆管路。③ 对于巷道冒顶、煤柱破碎区域或巷道揭露的断层、废弃巷道应首先进行背帮,用不燃材料充填喷浆和注凝胶处理,并根据现场条件设置测温、取气钻孔,钻孔孔深必须大于 2 m,用水泥或聚氨酯密封。④ 对相邻采空区的切眼和停采线附近 50 m 内应加强观测,发现隐患必须及时进行处理。

(4)记录危险区域的处理过程,并根据监测和钻孔观测值,检验预防措施的实施效果。

2. 工作面生产阶段

(1)生产期间的通风管理包括以下内容:① 正常回采时,每月测定一次实施区域性均压管理的均压状况;每旬至少测定一次进风巷和回风巷的风量,发现风量变化较大时,应立即汇报处理。② 定点连续监测工作面回风巷的 CO 浓度;采煤工作面回风隅角的 CO 浓度每班至少检测两次。③ 地测部门按规定统计工作面推进速度、采空区遗煤情况,把观测数据填入平面图。

（2）根据观测和监测参数诊断可能出现的隐患和自燃危险区域，预测其发展趋势、可能发生灾变的最短时间和工作面最小安全推进速度。

（3）预防措施有以下几种：① 对巷道自燃危险区域采用喷浆和注凝胶等措施；对采空区自燃危险区域采用加快推进速度、注氮、灌浆或气雾阻化剂等防治自然发火措施。② 对过溜煤眼、联络巷等与采空区相通的巷道，必须采取可靠的封堵措施。③ 根据预测预报结果，确定有效的预防措施和具体实施方案，并及时组织实施。

（4）记录危险区域的处理过程，并根据监测和钻孔观测值，检验预防措施的实施效果。

3. 停采封闭阶段

（1）采煤工作面停采、回撤期间，应及时调整工作面风量，并进行自燃危险性预测，有危险时应采取预防措施。

（2）停采后，必须加强工作面及回风流的气体和温度的监测。

（3）采煤工作面回采结束后，应及时组织回撤，并进行永久性封闭。从停采之日起，最迟不得超过 45 d，并预留注浆管路和观测孔。

（4）工作面封闭后，必须对停采线采取注浆等措施进行预防性处理；必须采取均压措施，降低采空区漏风。

（5）记录停采线附近的采空区状况、丢煤情况、处理情况等，存档备查。

第四节　矿井粉尘灾害防治

一、矿井粉尘的危害

矿尘具有很大的危害性，主要表现在以下几个方面。

1. 对环境的污染

污染工作场所，当煤尘浓度达到一定程度时影响作业人员的视线，会引起伤亡事故，影响劳动生产效率，还会影响设备安全运行。

此外，地面煤炭装运、煤堆、矸石堆（山）等由于风力作用也产生大量粉尘，使矿区周边空气环境受到严重污染，对居民健康和植物生长都造成十分不利的影响。

2. 煤尘爆炸

随着矿井开采强度的加大，煤尘爆炸威胁逐渐呈现出来。

自煤炭开采进入规模化生产时代以来，煤尘爆炸已经成为煤炭生产中一个严重危险因素。1960 年发生在山西大同矿务局老白洞煤矿的煤尘爆炸事故，死亡 684 人，为新中国成立以来煤矿工业死亡人数最多的一起事故。2005 年 11 月 27 日，黑龙江龙煤矿业集团七台河分公司东风煤矿发生一起煤尘爆炸事故，造成 171 人死亡，48 人受伤，直接经济损失 4 293 万元。

煤尘爆炸的危害性表现为对作业人员的伤害和设备的破坏两方面。

3. 机械损害

空气中的粉尘落到机器的转动部件上，会加速转动部件的磨损，降低机器的精度和寿命。

4. 职业病

目前，在煤矿里危害最大的职业病就是尘肺病。尘肺病是工人在生产中长期吸入大量微细矿尘而引起的以纤维组织增生为主要特征的肺部疾病。一旦患病,目前还很难彻底治愈。因其发病缓慢,病程较长,且有一定的潜伏期,不同于瓦斯、煤尘爆炸和冒顶等工伤事故那么触目惊心,因此往往不被人们所重视。而实际上由尘肺病引发的矿工致残和死亡人数,在国内外都远远高于各类工伤事故的总和。

二、矿井粉尘产生原因

矿井的主要尘源在采煤工作面、掘进工作面,煤(岩)装运、转载点,锚喷作业点,其他工作场所也产生大量粉尘。尽管井下各生产系统及各工序环节的产尘量并非一成不变,且受到多种条件的制约而经常发生变化,但一般按产尘来源分析,在现有防尘技术条件下,各生产环节所产生的浮尘比例关系大致是:采煤工作面产尘量占45%～80%,掘进工作面产尘量占20%～38%,锚喷作业点产尘量占10%～15%,运输通风巷道产尘量占5%～10%,其他作业点产尘量占2%～5%。

1. 工作面的产尘源

(1)采煤工作面

采煤工作面的主要产尘工序有采煤机落煤、装煤、液压支架移架、运输转载、运输机运煤、人工攉煤、爆破及放煤口放煤等。

(2)综采放顶煤工作面

综采放顶煤工作面的产尘环节主要有采煤机落煤、放煤、移架、装煤和运煤五大工序。

2. 掘进工作面

掘进工作面的产尘工序主要有机械破岩(煤)、装岩、爆破、煤矸运输转载及锚喷等。一般而言,掘进工作面各工序产生的粉尘含游离二氧化硅成分较多,对人体危害大,操作人员很有必要进行个体防护。统计资料也表明,掘进工人的尘肺病发病率比采煤工人高,这也是由于掘进工人接触的粉尘具有较高的游离二氧化硅所致。

3. 其他地点

巷道维修的锚喷现场、煤炭装载、转载、卸载点等也都产生高浓度粉尘,尤其是煤炭装载、转载、卸载点的瞬时粉尘浓度可高达每立方米数克,有时甚至达到煤尘爆炸浓度界限,十分危险,应予以充分重视。

三、煤尘爆炸事故的特征

1. 煤尘爆炸事故的类型

煤尘爆炸事故可分为两类:一类是单一的煤尘爆炸事故;另一类是瓦斯煤尘混合爆炸事故。煤尘爆炸事故主要指前者。

2. 煤尘爆炸的条件

(1)自身为爆炸危险煤尘。

(2)煤尘云的浓度达到爆炸危险性的浓度范围。

(3)着火源温度一般为610～1 015 ℃,多数为700～900 ℃。

3. 煤尘爆炸过程的特征

煤被破碎形成煤尘后,其比表面积显著增大,与氧的接触面积及吸附氧分子的数量亦相应增加。在高温热源作用下,氧分子与碳发生氧化反应产生的热量,促进了煤尘粒子在高温下的热分解而产生可燃气体,这些可燃气体与空气混合后便着火燃烧。局部燃烧放出的热量以分子热传导、辐射、对流等复合传热方式传给附近悬浮着的煤尘,又使这些煤粒子受热分解,产生可燃气体而着火燃烧,于是燃烧便如此循环地继续下去,随着每个循环的逐次进行,反应速度也逐次加快,正常燃烧非常迅速地转变成激烈的非正常燃烧,从而在极短的时间内,使空间气体的压力猛烈增高,形成了煤尘爆炸。

煤尘爆炸的动力和热力效应的作用,会产生空气膨胀和压力冲击,使沉积在巷道周边、支架、材料设备等上面的沉积煤尘再次飞扬起来形成煤尘云。爆炸火焰又将这些煤尘云点燃而形成第二次爆炸。如此循环,便可形成第三次、第四次等数次爆炸。其爆炸的火焰及爆炸波的传播速度都将一次比一次加快,爆炸压力也将一次比一次增高,呈跳跃式发展。因此,煤尘爆炸不仅表现出连续发生的特点,而且距爆源点越远其破坏性越严重。

4. 煤尘爆炸的参数与产物

(1) 煤尘爆炸的火焰温度一般为 1 600~2 242 ℃。

(2) 实际试验中测得的爆炸火焰传播速度一般为 610~1 800 m/s。

(3) 根据计算,爆炸冲击波的传播速度可达 2 340 m/s。

(4) 煤尘爆炸的理论压力为 735.5 kPa,但在有大量沉积煤尘的巷道中,距爆炸源越远,爆炸压力越大。试验表明,如果爆炸传播的通道中有障碍物、断面突然发生变化等情况出现,都会使爆炸压力突然上升。

(5) 煤尘爆炸会产生黏块与皮渣。煤尘爆炸时,结焦性煤尘(气煤、肥煤及焦煤的煤尘)会产生焦炭皮渣与黏块黏附在支架、巷道壁或煤壁等上面。根据这些爆炸产物,可以判断发生的爆炸是属于瓦斯爆炸还是煤尘爆炸。

(6) 煤尘爆炸会产生大量有毒有害气体。煤尘爆炸时,要产生比 CH_4 爆炸生成量多的有毒有害气体,其生成量与煤质和爆炸的强度等有关。其 CO 和 CO_2 的浓度较大,氧浓度很小,这是煤尘爆炸造成人员伤亡的主要原因。

(7) 煤尘爆炸时,它的挥发分含量将减少,对于不结焦煤尘,可利用这一特点来判断井下的爆炸事故中煤尘是否参与了爆炸。

5. 影响煤尘爆炸的主要因素

(1) 煤尘的挥发分。一般情况下,煤尘的挥发分含量越高,其爆炸性越强;挥发分含量越低,其爆炸性越弱,甚至无爆炸性。

(2) 煤尘的粒度。煤尘粒子越小,比表面积越大,与氧的接触面积亦越大,氧化反应就越剧烈。同时也增加了受热面积,加速了可燃气体的释放。实验证明:1 mm 以下的煤尘粒子虽然都可能参与爆炸,但 75 μm 以下的煤尘粒子爆炸性最强;粒径小于 30 μm 的煤尘,其爆炸性的增强趋势变缓;粒径小于 10 μm 的煤尘,其爆炸性随粒径减小而降低。

(3) 煤尘与 CH_4 共存的影响。CH_4 的存在,会扩大煤尘云爆炸浓度的上、下限范围。即下限浓度明显降低,上限浓度增高,其降低和增高的范围随 CH_4 浓度的增高而增大。

(4) 水分含量。水分蒸发时要吸收热量。同时,当煤尘含水量较高时,会促使尘粒结团。小粒子结团成大粒子而加速沉降,从而降低了形成煤尘云的能力。因此,煤尘的水分具有减弱和阻碍其爆炸的性质。但是,如果爆炸已经发生,煤尘自身所含水分的阻爆作用就很小了。美国试验表明,煤尘的水分即使达到了 25%,也仍然参与了强烈爆炸。

(5) 灰分含量。煤尘的爆炸性随其灰分含量的增加而降低。这是由于灰分能吸收煤尘在燃烧过程中释放出的热量而起冷却作用的原因所致。

四、预防煤尘爆炸的技术措施

煤尘爆炸后产生的冲击波毁坏巷道、损伤人员，产生大量 CO 对人员伤害很大，煤尘爆炸还会造成矿井火灾、巷道冒落等二次灾害。预防煤尘爆炸的技术措施主要包括减、降尘措施，防止煤尘引燃措施及隔绝煤尘爆炸措施等三个方面。

1. 减、降尘措施

减、降尘措施是指在煤矿井下生产过程中，通过减少煤尘产生量或空气中悬浮煤尘含量以达到从根本上杜绝煤尘爆炸的可能性。主要方法有煤层注水、水炮泥、喷雾降尘等。

2. 防止煤尘引燃的措施

防止煤尘引燃的措施与防止瓦斯引燃的措施大致相同。特别要注意的是，瓦斯爆炸往往会引起煤尘爆炸。此外，煤尘在特别干燥的条件下可产生静电，放电时产生的火花也能自身引爆。

3. 隔绝煤尘爆炸的措施

防止煤尘爆炸危害，除采取防尘措施外，还应采取降低爆炸威力、隔绝爆炸范围的措施。

（1）清除落尘

定期清除落尘，防止沉积煤尘参与爆炸可有效地降低爆炸威力，使爆炸由于得不到煤尘补充而逐渐熄灭。

（2）撒布岩粉

撒布岩粉是指定期在井下某些巷道中撒布惰性岩粉，增加沉积煤尘的灰分，抑制煤尘爆炸的传播。

（3）设置水棚

隔爆水棚按隔绝煤尘爆炸作用的保护范围，分为主要隔爆棚和辅助隔爆棚。

主要隔爆棚应设置的地点：

① 矿井两翼与井筒相连通的主要运输大巷和回风大巷；

② 相邻采区之间的集中运输巷道和回风巷道；

③ 相邻煤层之间的运输石门和回风石门。

辅助隔爆棚应设置的地点：

① 采、掘工作面进、回风巷；

② 采区内的煤层掘进巷道；

③ 采用独立通风并有煤尘爆炸危险的其他巷道。

（4）设置岩粉棚

岩粉棚是由安装在巷道中靠近顶板处的若干块岩粉台板组成，台板的间距稍大于板宽，每块台板上放置一定数量的惰性岩粉，当发生煤尘爆炸事故时，火焰前的冲击波将台板震倒，岩粉即弥漫于巷道中，火焰到达时，岩粉从燃烧的煤尘中吸收热量，使火焰传播速度迅速下降，直至熄灭。

（5）设置自动隔爆棚

自动隔爆棚是利用各种传感器，将瞬间测量的煤尘爆炸时的各种物理参量迅速转换成电讯号，指令机构的演算器根据这些讯号准确计算出火焰传播速度后选择恰当时机发出动作讯号，让抑制装置强制喷撒固体或液体等消火剂，从而可靠地扑灭爆炸火焰，阻止煤尘爆炸蔓延。

五、综合防尘措施

矿山作业采取综合防尘措施,才能达到有效的除尘效果,使工作面粉尘浓度达到国家规定的卫生标准。较行之有效的综合防尘八字措施:风(通风防尘)、水(湿式作业)、密(密闭尘源)、护(个体防护)、革(技术革新)、管(科学管理)、教(宣传教育)、查(定期检查)。

(一)通风防尘

通风防尘就是利用矿井通风手段,排出或稀释含尘空气,引进新鲜风流。

通风除尘必须具备一定的风速,《煤矿安全规程》规定的最低排尘风速是:掘进中的岩巷不应小于 0.15 m/s;采面、掘进中的煤巷、半煤巷不应小于 0.25 m/s。

在巷道中,风速过高会造成已落矿尘重新飞扬。《煤矿安全规程》规定井巷最高风速是:采矿场和采准巷道不得超过 4 m/s;运输巷道和采区进风道不得超过 6 m/s;提升人员和物料的井筒、主要进风道和回风道、修理中的井筒不得超过 8 m/s。

(二)湿式作业

湿式作业是利用水或其他液体,使之与尘粒相接触而捕集粉尘的方法,是防尘的根本性措施,它包括湿式凿岩、水封爆破、喷雾洒水、刷洗井巷周壁、喷雾净化风流等。在巷道中设置水幕净化风流是经常采用的有效防尘措施。矿井防尘用水量和贮水池集中供水,其水压根据所用凿岩机和喷雾器的工作水压来确定。供水水压可用贮水池与用水地点间的高差来保证,并可用中间降压站、自动减压阀或普通水阀门来调节。

(三)密闭尘源

通常产生强度高的产尘点,往往会使矿尘向外围扩散,不易控制。如果在不影响正常作业的前提下,将产尘地点密闭起来,并使密闭空间内保持一定的负压,矿尘就不会扩散。

(四)个体防护

在采取各种通风防尘措施之后,矿内空气仍会有一些微细矿尘,这时矿尘吸入人体的措施就是个体防护。

目前个体防护的工具主要是防尘口罩。对防尘口罩性能的要求是,对呼吸性粉尘的阻尘率应不低于 96%,并且呼吸阻力小,佩戴方便,不影响视野。

【案例 5-1】 八宝煤业公司瓦斯爆炸事故案例

2013 年 3 月 29 日和 4 月 1 日,吉林省吉煤集团通化矿业集团公司八宝煤业公司(以下简称八宝煤矿)相继发生两次瓦斯爆炸事故,共造成 53 人遇难、20 人受伤,直接经济损失 6 695.4 万元。

1. 矿井基本情况

八宝煤矿隶属于吉林省煤业集团有限公司(以下简称吉煤集团)通化矿业(集团)有限责任公司(以下简称通化矿业公司)。吉煤集团是吉林省属国有独资企业,该矿工商营业执照、煤炭生产许可证、安全生产许可证、矿长资格证和矿长安全资格证均在有效期内。

八宝煤矿有 6 个可采煤层,煤层自燃倾向性等级均为Ⅱ类,属自燃煤层,为高瓦斯矿井,煤尘具有爆炸危险性。该矿采用立井开拓,共有 5 个井筒,发生事故前有 5 个生产采区(其中 1 个综采区和 4 个水采区)。该矿目前最深开拓标高已达到 -780 m 水平,超出采矿许可证许可的 -600 m 水平。事故发生在 -416 采区 -4164 东水采工作面上区段采空区。-416 采区工作面采用自然垮落法管理顶板,埋管抽放采空区瓦斯。

2．事故发生经过

（1）"3·29"事故发生经过

2013年3月28日16时左右，－416采区附近采空区发生瓦斯爆炸，该矿采取了在－416采区－380石门密闭外再加一道密闭和新构筑－315石门密闭两项措施。29日14时55分，－416采区附近采空区发生第二次瓦斯爆炸，新构筑密闭被破坏，－416采区－250石门一氧化碳传感器报警，该采区人员撤出。通化矿业公司总工程师宁连江、副总工程师陈维良接到报告后赶赴八宝煤矿，研究决定在－315、－380石门及东一、东二、东三分层顺槽施工5处密闭。16时59分，宁连江、陈维良带领救护队员和工人到－416采区进行密闭作业。19时30分左右，－416采区附近采空区发生第三次瓦斯爆炸，作业人员慌乱撤至井底（其中有6名密闭工升井，坚决拒绝再冒险作业）。以上3次瓦斯爆炸事故均发生在－416采区－4164东水采工作面上区段采空区，未造成人员伤亡。该矿不仅没有按规定上报并撤出作业人员，且仍然决定继续在该区域施工密闭。21时左右，井下现场指挥人员强令施工人员再次返回实施密闭施工作业，21时56分，该采空区发生第四次瓦斯爆炸，该矿才通知井下停产撤人并向政府有关部门报告，此时全矿井下共有367人，共有332人自行升井和经救援升井，截至30日13时左右井下搜救工作结束，事故共造成36人死亡（其中1人于3月31日在医院经抢救无效死亡）。通化矿业公司为逃避国家调查，只上报28人遇难，隐瞒7名遇难人员不报。

（2）"4·1"事故发生经过和抢险救援情况

"3·29"事故搜救工作结束后，鉴于井下已无人员，且灾情严重，吉林省人民政府和国家安全监管总局工作组要求吉煤集团聘请省内外专家对井下灾区进行认真分析，制定安全可靠的灭火方案，并决定未经省人民政府同意，任何人不得下井作业。4月1日7时50分，监控人员通过传感器发现八宝煤矿井下－416采区一氧化碳浓度迅速升高，通化矿业公司常务副总经理王升宇召集副总经理李成敏、王立和八宝煤矿副矿长王清发等人商议后，违抗吉林省人民政府关于严禁一切人员下井作业的指令，擅自决定派人员下井作业。9时20分，通化矿业公司驻矿安监处长王玉波和王清发分别带领救护队员下井，到－400大巷和－315石门实施挂风障措施，以阻挡风流，控制火情。10时12分，该区附近采空区发生第五次瓦斯爆炸，此时共有76人在井下作业，经抢险救援59人生还（其中8人受伤），发现6人遇难并将遗体搬运出井，井下尚有11人未找到，事故共造成17人死亡、8人受伤。

鉴于该矿井下火区在逐步扩大，有再次发生瓦斯爆炸的危险，经专家组反复论证，吉林省人民政府决定采取先灭火后搜寻的处置方案。4月3日8时10分左右又发生第六次瓦斯爆炸，由于没有人员再下井，未造成新的伤亡。

3．事故原因和性质

（1）直接原因

八宝煤矿忽视防灭火管理工作，措施严重不落实，－4164东水采工作面上区段采空区漏风，煤炭自然发火，引起采空区瓦斯爆炸，爆炸产生的冲击波和大量有毒有害气体造成人员伤亡。

（2）间接原因

① 企业安全生产主体责任不落实，严重违章指挥、违规作业。

a. 八宝煤矿对井下采空区的防灭火措施不落实,管理不得力。一是采空区相通。该矿－416采区急倾斜煤层的区段煤柱预留不合理,开采后即垮落,不能起到有效隔离采空区的作用,导致上下区段采空区相通,向上部的老采空区漏风。二是密闭漏风。由于巷道压力大,造成－250石门密闭出现裂隙,导致漏风。三是防灭火措施不落实。没有采取灌浆措施,仅在封闭采空区后注过一次氮气,没有根据采空区内气体变化情况再及时补充注氮,导致注氮效果无法满足防火要求。四是未设置防火门。该矿违反《煤矿安全规程》规定,没有在－416采区预先设置防火门。

b. 八宝煤矿及通化矿业公司在连续3次发生瓦斯爆炸的情况下,违规施工密闭。一是违反《煤矿安全规程》规定进行应急处置。第一次瓦斯爆炸后,该矿在安全隐患未消除的情况下仍冒险组织生产作业;第二次瓦斯爆炸后,该矿才向通化矿业公司报告。二是处置方案错误,违规施工密闭。通化矿业公司未制定科学安全的封闭方案,而是以少影响生产为前提,尽量缩小封闭区域,在危险区域内施工密闭,且在没有充分准备施工材料的情况下,安排大量人员同时施工5处密闭,延长了作业时间,致使人员长时间滞留危险区。三是施工组织混乱。该矿施工组织混乱无序,未向作业人员告知作业场所的危险性。四是强令工人冒险作业。第三次瓦斯爆炸后,部分工人已经逃离危险区,但现场指挥人员不仅没有采取措施撤人,而且强令工人返回危险区域继续作业,并从地面再次调人入井参加作业。

c. 通化矿业公司违抗吉林省人民政府关于严禁一切人员下井作业的指令,擅自决定并组织人员下井冒险作业,再次造成重大人员伤亡事故。

d. 吉煤集团对通化矿业公司的安全管理不力。未认真检查通化矿业公司和八宝煤矿的"一通三防"工作,对该矿未严格执行采空区防灭火技术措施的安全隐患失察,不认真落实防灭火措施,导致了事故的发生;违规申请提高八宝煤矿的生产能力。

② 地方政府的安全生产监管责任不落实,相关部门未认真履行对八宝煤矿的安全生产监管职责。

a. 白山市安全生产监督管理局落实省属煤矿安全监管工作不得力,对八宝煤矿未严格执行采空区防灭火技术措施等安全隐患失察。

b. 白山市国土资源局组织开展矿产资源开发利用和保护工作不得力,未依法处理八宝煤矿越界开采的违法问题,并违规通过该矿采矿许可证的年检。

c. 白山市人民政府贯彻落实国家有关煤矿安全生产法律法规不到位,未认真督促检查白山市安全生产监督管理局等部门履行省属煤矿安全监管职责的情况。

d. 吉林省安全生产监督管理局组织开展省属煤矿安全监管工作不到位,将省属煤矿下放市(地)一级监管后,未认真指导和监督检查白山市安全生产监督管理局履行监管职责的情况,且对吉煤集团的安全生产工作监督检查不到位。

e. 吉林省能源局违规开展矿井生产能力核定工作,未认真执行关于煤矿建设项目安全管理的规定和煤矿生产能力核定标准,违规同意八宝煤矿生产能力由180万t/a提高至300万t/a。

f. 吉林省人民政府对煤矿安全生产工作重视不够,对省政府相关部门履行监督职责督促检查不到位。对吉煤集团盲目扩能的要求未科学论证。

③ 煤矿安全监察机构安全监察工作不到位。

吉林煤矿安全监察局及其白山监察分局组织开展煤矿安全监察工作不到位,对白山市安全生产监督管理局履行省属煤矿安全监管职责的情况监督检查不到位,对吉煤集团及八宝煤矿的安全监察工作不到位。

【案例 5-2】 响水煤矿"11·24"重大煤与瓦斯突出事故

2012 年 11 月 24 日 10 点 55 分,贵州省盘南煤炭开发有限责任公司响水煤矿河西采区发生一起重大煤与瓦斯突出事故,造成 23 人死亡,5 人受伤。

1. 矿井概况

贵州盘南煤炭开发有限责任公司响水煤矿始建于 2003 年,设计生产能力为 400 万 t/a,由河西、播土两个采区组成。河西采区设计能力 100 万 t/a,播土采区设计能力 300 万 t/a,矿井正处于建设之中,其中河西采区已建成。响水煤矿为煤与瓦斯突出矿井。

2. 事故情况

11 月 24 日 10:55 分,响水煤矿瓦斯监测监控系统显示:河西采区 1135 运输巷掘进工作面瓦斯异常,回风巷瓦斯浓度达到 4%,突出煤量 450 m³ 左右,瓦斯涌出量 40 000 m³ 左右。通风区调度立即向矿调度汇报,矿值班领导姬贵生立即要求矿调度查明情况并按程序向公司总经理及相关领导汇报。11:05 分,矿井瓦斯监测监控系统显示,总回风巷瓦斯浓度也达到 4%。发现异常情况后,响水矿立即按应急救援预案成立指挥部,并按预案启动相应救援措施:切断井下所有动力电源、撤出井下人员、安排救护队入井侦查等,同时分别向驻地县、市安监部门、六盘水煤监分局以及股东单位汇报。经分析,事故原因是:该矿河西采区 1135 工作面运输巷掘进未按设计采取区域防突措施,掘进作业导致煤与瓦斯突出。该事故暴露出以下主要问题:一是该矿未按照防突设计施工,停止了底板抽放岩巷超前掘进、预抽瓦斯的区域性防突措施的实施,区域防突措施效果不达标;二是遇到地质构造时,未采取相应安全技术措施;三是事故发生后,在 1135 运输巷掘进工作面瓦斯传感器和回风巷瓦斯传感器先后达 4% 的监测峰值时,调度员和通风管理人员出现将其判断为监控系统故障的失误,未在第一时间采取停电、撤人措施,贻误了宝贵救援时机;四是该矿培训工作不到位,应急处置能力差,职工缺乏自救意识;五是该矿有多家投资主体,安全生产管理机制不健全,主体责任落实不到位。

3. 救援情况

事故发生后,响水煤矿紧急启动事故应急预案进行抢险救灾。贵州煤监局局长李尚宽、副局长陈富庆,省国资委党组书记、主任韩先平、副主任胡永忠,六盘水市市委书记王晓光、市长何刚、副市长尹志华、市安监局局长蔡军、副局长吴学刚、水城煤监分局专员毕刚以及盘县县委书记陈少荣、县长邓志宏、副县长鲍吉克率县有关部门先后赶赴现场指导抢险救灾工作。有关股东单位先后派出有关领导、管理、技术、医疗、救护人员在第一时间赶到响水矿参加抢险救灾。

4. 经验教训

(1) 该矿未按照防突设计施工,停止了底板抽放岩巷超前掘进、预抽瓦斯的区域性防突措施的实施,区域防突措施效果不达标。

(2) 遇到地质构造时,未采取相应的安全技术措施。

（3）事故发生后,在 1135 运输巷掘进工作面瓦斯传感器和回风巷瓦斯传感器先后达 4%的监测峰值时,调度员和通风管理人员出现将其判断为监控系统故障的失误,未在第一时间采取停电、撤人措施,贻误了宝贵救援时机。

（4）该矿培训工作不到位,应急处置能力差,职工缺乏自救意识。

（5）该矿有多家投资主体,安全生产管理机制不健全,主体责任落实不到位。

【案例 5-3】 某矿煤炭自然发火事故

×年 12 月 12 日 14 时 30 分,某煤矿 4322 综放面停采撤架期间上端头发生一起煤炭自然发火事故。

1. 矿井及火区概况

该矿主采煤层为山西组第 3 层煤,平均厚度 8.29 m,矿井设计生产能力 300 万 t/a。该矿 3 层煤具有煤尘爆炸危险,有自然发火倾向,自然发火期平均 3~6 个月。矿井采用立井开拓方式,长壁式采煤方法,综采放顶煤采煤工艺。矿井通风方式为两翼对角式,主要通风机工作方式为抽出式。

4322 综放工作面 1999 年 11 月开始回采,至 2000 年 10 月底采至设计停采线。为减少断层损失煤量,依据 4303 综放面过 8 m 断层的成功经验,矿研究将停采线向外延长 70 m,推过王楼一号断层(该断层落差 5 m)。

在过断层过程中和过联络巷(4322—2#联络巷和 4324—2#联络巷)时顶板难以控制,冒顶频繁,工作面压力大、顶板破碎,普遍丢失顶煤,丢煤厚度最厚达 5.9 m。工作面没提起刀来,造成割底板进入全岩,导致工作面推进速度慢,特别从 10 月 11 日到 11 月 20 日 41 天只推进了 29.6 m,4322 面被迫于 11 月 20 日在 4322 二号联巷上停采。

12 月 12 日 13 点 10 分支架后煤层自然发火,并快速发展,烟雾迅速蔓延,采取调压措施仍不能将烟雾逼退,直接灭火无法进行,13 日 2 点决定封闭处理。

2. 事故经过

11 月 6 日发现 6#支架(支架编号自下而上)顶板有微量一氧化碳,7 日在同一位置的一氧化碳上升到 30 ppm。11 月 11 日在 1#支架后部顶板查出一氧化碳 218 ppm,之后在工作面下部架间窝,顶板都能查出一氧化碳,这段时间通风队在回风隅角向 1#架后部顶板打钻注水。11 月 20 日工作面停采,到 11 月 23 日整个工作面支架前梁顶板、架间钻孔内都能查出一氧化碳,并发现 64#,69#,106#支架破碎顶板有少量雾气。发现一氧化碳后通风队员立即全力以赴采取用煤电钻打眼插管、注阻化剂、注水、注黄泥浆等措施进行治理,特别针对出雾气的地点打钻注阻化泥浆,11 月 25 日后情况有所好转,26 日 40#、44#支架顶板又出现少量雾气,11 月 29 日开始向 4322 上顺槽沿空侧以及 4320 停采线压注黄泥浆。11 月 29 日 105#支架顶板气样分析一氧化碳高达 1 312 ppm,并首次分析出乙烯(C_2H_4),11 月 30 日夜班同一地点有煤焦油味,通风人员又在 105#架顶和其他地点注浆,并在 2#轨道下山向 4322 面上隅角打钻注浆。根据以往在撤面时支架间以及顶板出现一氧化碳时采取插管注水的治理经验,即在工作面架间采用煤电钻打孔注水处理,共计施工 300 多个孔。注水后一氧化碳浓度有所下降,12 月 1 日到 5 日工作面架间钻孔一氧化碳趋于稳定,随即开始边处理边撤架子工作。12 月 6 日到 7 日气样分析部分钻孔中的一氧化碳浓度在逐步升高,12 月 8 日 105#支架钻孔中一氧化碳浓度猛升到 6 201 ppm。12 月 9 日工作面下部垮落比较严实,工作面风量降到 229 m³/min,由于升压的作用工作面上部钻孔中一氧化碳浓度又迅速下降,但是下顺槽外工作面一氧化碳绝对涌出量从 12 月 10 日开始迅速升高。12 月 11 日 13 时西风井主要通风机停风 15 min 后发现进风隅角和 43#、44# 架后有微量青烟,注浆处理人员认为是雾气,进行注浆注水处理后雾气消失,同时 44# 架后局部出现 58 ℃的高温,经向 44#、43# 架后插管注水高温点消失,但有关人员没有认识到问题严重性。12 月 12 日 11 时左右现场注浆注水人员在 109# 架和进风隅角后部发现烟雾,现场人员又采取注水注浆处理,通风队值班人员没有及时汇报矿领导。13:10 分观察人员进入工作面,发现烟雾往外扩散到工作面上口,当时现场人员就立即采用水冲直接灭火,但未找到火点,烟雾逐渐扩大。反风结束到恢复通风后约 7 min 时间,烟雾进一步扩大,恢复正常通风后,烟雾扩至工作面上出口以外约 20 m 处,现场人员用水冲散烟雾,并开启工作面上顺风机,人员已到达工作面上口,准备进一步处理。但此时烟雾大,气温高,人员被迫撤出,已无法进行处理,14:20 汇报矿调度室。调度室值班人员立即通知矿领导并向集团公司通风处做了汇报,16:40 集团公司通风副总等领导到矿,立即与该矿研究治理措施。由集团公司通风副总在调度室统一指挥,现场采取建立调压气室,升压后仍不见效,工作面回风流中的一氧化碳浓度迅速上升。为了防止事故进一步扩大,13 日 2 时由总指挥决定采取封闭火区措施,上顺第一道密闭墙距工作面出口约 60 m,第二道闭在三叉门以里约 5 m 处;下顺第一道密闭墙距工作面出口约 30 m,第二道闭在三叉门以里。13 日中班完成火区封闭,上、下两头风机停止运转。接着对各道密闭墙进行了喷浆堵漏。

3. 事故原因

(1)生产过程中,工作面过断层没有按过断层的措施施工,使工作面推入底板岩石中,导致推进速度慢,41 天推进 29 m,超过最短发火期,频繁冒顶,留下大量顶煤、浮煤(最厚达 5.9 m),给发火创造了条件。

(2)对该矿的煤层自燃特性了解不清,对煤层自燃的早期指标气体等分析不够。(在实验条件下:该矿煤样起始温度为 33 ℃时,最短发火期为 30 天;起始温度为 28.7 ℃时,最短发火期为 34 天;起始温度为 20 ℃时,最短发火期为 46 天;出现 C_2H_4 时的煤温 91 ℃。如 11 月 29 日 105# 支架顶板气样分析一氧化碳高达 1 312 ppm,C_2H_4 浓度为 4.32 ppm,这时的煤温 91 ℃以上,距出现烟雾只有 10 d 左右的时间。)

(3)防火措施不当。高达数米的松散煤体堆积在支架后,为自然发火提供了良好的条件,所采用的注水、注浆等措施不能有效地包裹煤体,因此,虽然做了大量的工作,效果仍不明显。

(4)发现自燃隐患后,一直未向集团公司汇报,直到浓烟滚滚,无法控制时才向集团公司汇报,延误了时机。

(5)技术、装备储备不够。对利用地面灌浆系统灌注凝胶、胶体泥浆等技术一直未掌握,而这种技术正是处理此类问题的有效手段。

4. 事故教训

(1)特殊工序的管理应加强。如在工作面过断层时管理不到位,导致没有按设计和措施施工,未提起刀,使工作面推入到底板中,推进速度慢,丢了大量顶煤。

(2)防灭火设备不足,应尽早完善。如束管监测系统、制氮机等。

（3）"一通三防"安全体系未能起到作用。从对工作面过断层的管理,到对监测数据的分析和所采取的治理措施不当,甚至在有明显的自燃征兆情况下,还进行反风演习,这暴露出这一安全体系未能起到作用。

（4）加强新技术引进和培训,不断地提高整体素质与装备。

【案例5-4】 七台河东风煤矿"11·27"特别重大煤尘爆炸事故

2005年11月27日21时22分,黑龙江省龙煤矿业集团有限责任公司（以下简称龙煤集团）七台河分公司东风煤矿发生一起特别重大煤尘爆炸事故,造成171人死亡（其中地面皮带机房2人死亡）,伤48人（其中重伤8人）,直接经济损失4 293.1万元。

1. 矿井基本情况

东风煤矿原设计能力21万t/年,1985年完成矿井技术改造,改造后核定生产能力为40万t/年。1993年经过进一步技术改造后,2005年经黑龙江省经委批准该矿生产能力为50万t/年,2005年1～10月共生产原煤43.7万t,其中10月份生产5.265万t（计划生产4.1万t）。有职工3 444人。

该矿采用斜井、立井混合开拓方式,共有5个井筒。矿井划分两个开采水平,有6个采煤工作面,16个掘进工作面。采煤方法为走向长壁后退式,回采工艺为炮采,支护方式为单体液压支柱,顶板管理为全部垮落法。掘进工作面为爆破掘进、锚杆支护。矿井由双电源供电,主提升为皮带斜井集中运输,水平大巷运输采用10 t架线电机车、3 t底卸式矿车运输。

矿井通风方式为中央分列抽出式;中央4个斜井入风,边界立井回风。矿井总入风量6 153 m³/min;总回风量6 390 m³/min。该矿为高瓦斯矿井,相对瓦斯涌出量18.14 m³/t,绝对瓦斯涌出量为22.28 m³/min;主采煤层的煤尘爆炸指数为32.3%～35.25%,煤尘具有强爆炸性。矿井安装有KJF—2000型瓦斯监测系统。

矿井地面设有一处防尘和消防用水储水池。井下静压水池共计3座,防尘管路总长度约22 000 m,井下喷雾点110处,隔爆设施22处。皮带斜井、275皮带道及井底煤仓虽然安装了防尘设施,但没有实施正常的洒水消尘。

2. 事故发生和抢险救灾经过

2005年11月27日21:22分,东风煤矿值班矿领导和值班调度员听到巨响,随即停电,井上下通讯中断。经检查,发现皮带机房被摧毁,皮带斜井井颈塌陷;主要通风机停止运转,防爆门被冲开,反风设施被损坏。随后值班人员向公司调度室汇报,通知所有矿领导。当时判断可能是井下发生了爆炸事故,并立即组织力量进行事故抢险救灾。

事故发生后,龙煤集团和七台河分公司有关负责人赶到现场,成立抢险救灾指挥部,启动事故应急救援预案,制定抢险救灾工作方案,紧急调集救护队同时组织抢修地面供电系统和主要通风机及附属设施。27日22:57分,七台河分公司和七台河市救护队的7个中队陆续到达事故现场,随即分别从人车斜井、下料斜井进入灾区侦察。28日2:45分,矿井主要通风机正式启动。

28日凌晨,黑龙江煤矿安全监察局、黑龙江省安全生产监督管理局、黑龙江省经济委员会、龙煤集团有关负责人先后赶到现场,成立龙煤集团抢险救灾指挥部,急调鸡西、鹤岗、双鸭山分公司救护队参加抢险救灾。随后,国家安全生产监督管理总局局长李毅中、国家煤矿安全监察局局长赵铁锤和黑龙江省委书记宋法棠、省长张左己、副省长刘海生等带领有关人员赶赴事故现场,指导抢险救灾工作。抢险救灾期间,有 38 个救护小队共 398 名救护队员参加抢险救灾工作,共抢救井下遇险矿工 73 人。至 12 月 5 日,井下遇难 169 名矿工遗体全部找到并升井,抢险救灾工作结束。

3．事故原因、性质

（1）直接原因

经调查认定,这起事故发生的直接原因是:违规爆破处理 275 皮带道主煤仓堵塞,导致煤仓给煤机垮落、煤仓内的煤炭突然倾出,带出大量煤尘并造成巷道内的积尘飞扬达到爆炸界限,爆破火焰引起煤尘爆炸。

（2）间接原因

① 东风煤矿防尘制度不落实、安全管理和劳动组织管理混乱。该矿井下未制定可靠的综合防尘措施,防尘系统不健全,275 皮带道及井底煤仓虽安装了防尘设施,但没有实施正常的洒水消尘,造成巷道内积尘。该矿长期违规爆破处理煤仓堵塞,各区队随意领取、储存火工品。安全检查、安全例会流于形式。领导跟班下井制度不落实,各区队擅自招用临时工,多是先上岗后办招工手续,不经培训就上岗;特殊工种作业人员无证上岗现象严重;没有认真执行人员升、入井记录和检查制度。

② 东风煤矿没有认真贯彻国家的有关规定,超能力生产。没有贯彻《国务院关于预防煤矿生产安全事故的特别规定》,既未组织学习,也未提出贯彻落实的具体意见及建立安全生产隐患排查、治理和报告等制度,超能力生产,造成采掘失调、接续紧张。该矿 2005 年 1～10 月就有 7 个月份实际产量超过当月计划 10％以上,其中 10 月份实际产量超出当月计划 28.4％。

③ 七台河分公司对东风煤矿存在的严重事故隐患监管不力。对东风煤矿长期存在安全生产和劳动组织管理混乱问题疏于管理,监督检查不力;对东风煤矿超能力生产,造成采掘失调、接续紧张等问题未采取有效解决措施;对东风煤矿事故隐患整改情况不跟踪落实,监管不力。

④ 龙煤集团对安全生产管理工作检查、指导不到位。对下属单位未按要求认真组织全面的事故隐患排查并按期报送排查处理情况失察;对东风煤矿长期存在的重大事故隐患失察。

⑤ 黑龙江省经济委员会在通过龙煤集团对东风煤矿等实施行业管理工作中,未能全面履行煤矿安全生产监督管理职责。

⑥ 黑龙江煤矿安全监察局佳合监察分局监察不到位,未能发现东风煤矿综合防治煤尘等方面长期存在的重大事故隐患;对东风煤矿未彻底排查重大事故隐患的行为督促整改不力。

（3）事故性质

经调查认定,龙煤集团七台河分公司东风煤矿"11·27"特别重大煤尘爆炸事故是一起责任事故。

4．防范措施

（1）东风煤矿要加强安全管理。建立健全安全生产责任制;坚决杜绝超能力、超强度、超定员生产;认真落实干部下井带班制度;强化职工考勤、下井登记、检身和矿灯发放管理;

严格招工程序和加强用工管理,新招收的临时工必须经过安全培训,取得相应的资质才能上岗。

(2)东风煤矿要强化现场管理。加强矿井的隐患排查和治理工作。在煤仓、溜煤(矸)眼设置防止人员、物料坠入和煤、矸堵塞的设施。严格执行火工品领退制度,按照《煤矿安全规程》的有关规定进行爆破作业,在采用放炮方式处理煤仓堵塞时,必须用取得煤矿矿用安全标志的刚性被筒炸药或不低于该安全等级的煤矿许用炸药。

(3)东风煤矿要加强井下粉尘防治工作。健全粉尘防治制度,制定综合防尘措施,落实粉尘防治责任。必须完善防尘系统,确保正常运行,井下煤仓放煤口、溜煤眼、运输机转载点和卸载点必须安设喷雾装置或除尘器,杜绝打干眼。

(4)七台河分公司要加强对各下属煤矿企业的安全生产检查指导工作,督促下属煤矿企业制定并落实各项规章制度和操作规程,对检查中发现的问题要认真督促有关煤矿企业整改落实;强化对下属煤矿企业的技术指导,科学地制订生产计划和核定煤矿的生产能力。

(5)龙煤集团要强化煤矿企业的基础上工作。建立健全安全生产责任体系,严格煤矿安全管理人员的准入制度,建立和落实矿井隐患实施分级管理,定期排查、治理和报告制度;加大对煤矿企业的安全投入,提高矿井防灾抗灾能力。

(6)黑龙江省煤矿企业的所有进风井都要安设采暖设施,并确保能够正常使用,达到《煤矿安全规程》的规定,进风井以下的空气温度在2℃以上,确保井下能够实现正常的洒水消尘。

(7)黑龙江省人民政府及其有关部门要树立科学发展观,按照以人为本、建设和谐社会的要求,认真贯彻落实《国务院关于进一步加强安全生产工作的决定》和国务院第81次常务会议精神,建立健全煤矿安全生产监管体制,进一步明确各职能部门的具体职责,加大煤矿安全专项整治工作力度,加强煤矿安全监督管理。

第六章　煤矿爆破安全

第一节　爆破器材与起爆方法

一、煤矿许用炸药

经国家检测机关按特定的试验条件检验合格,允许在煤矿井下有瓦斯、煤尘爆炸危险条件下爆破作业时使用的炸药称为煤矿许用炸药。煤矿许用炸药对爆炸形成的有毒有害气体、炸药的威力、爆温、火焰长度及持续时间有严格的规定。

煤矿所有爆炸材料新产品,必须经国家授权的检验机构检验合格,并取得煤矿矿用产品安全标志后,方可在井下使用。

(一)煤矿许用炸药的类型

煤矿许用炸药的类型有煤矿铵梯炸药、煤矿含水炸药、被筒炸药、离子交换型高安全炸药等。

炸药按使用条件除煤矿许用炸药外,还分有岩石炸药和露天炸药。岩石炸药仅适用于无瓦斯的岩石掘进工作面,且必须距有瓦斯的煤(岩)层 10 m 以上。露天炸药限制相对较少,仅适用于露天爆破。

炸药最大的类别有工业炸药和国防炸药之分。常见的工业炸药有铵梯炸药、铵松蜡炸药、铵沥蜡炸药、铵油炸药、浆状炸药、水胶炸药、乳化炸药、硝酸甘油炸药、煤矿许用炸药等。

炸药是一种在外界能量作用下,自身进行高速的化学反应,同时产生大量的高温、高压气体和热量的物质。炸药爆炸时放出大量的热能、发生快速的反应、生成大量的气体又称为炸药爆炸三要素。

炸药由于能对周围介质做猛烈的破坏功(作用),往往又被称为猛炸药。还有一类感度很高的炸药,从燃烧转变为爆炸的时间极短,通常不直接用于做破坏功,而是用于引燃或引爆其他炸药,称为起爆药。

炸药按组成成分分为单质炸药(化合炸药)和混合炸药两大类。矿用炸药属混合炸药。

1.煤矿许用铵梯炸药

铵梯炸药的成分是硝酸铵、三硝基甲苯(TNT)、木粉、石蜡或沥青、工业食盐(NaCl)。

硝酸铵是铵梯炸药中的主要成分,含量在 $65\% \sim 85\%$ 之间,它是一种白色结晶粒状或粉状的弱性炸药,感度很低,不能被普通工业雷管所引爆。硝酸铵吸潮性强,易溶于水,吸潮后极易变硬结块,更加难以起爆。硝酸铵来源丰富、成本低廉,在炸药中作为氧化剂。

三硝基甲苯(TNT)是一种硝基化合物的单质炸药,为无色或淡黄色单斜形结晶。熔点 82 ℃,相对密度 1.65,沸点 240 ℃,溶于乙醚,易溶于丙酮及苯,不溶于水,感度高,突然受热、受到压力时容易爆炸,在铵梯炸药中用作敏化剂。三硝基甲苯可经皮肤、呼吸道、消化道进入人体并对人体造成危害。在生产条件下,主要经皮肤和呼吸道吸收。近年来,已经注意到三硝基甲苯被皮肤吸收后的危害性,并发现 TNT 通过皮肤而导致人体中毒甚至死亡的病例。TNT 的毒作用主要是对眼、肝脏、血液和神经系统的损害,因此三硝基甲苯的应用已经受限制。

工业食盐(NaCl)的作用:一是消焰剂,可以消除炸药爆炸时的火焰;二是阻化剂,阻止瓦斯的连锁反应,增加爆破引燃瓦斯的难度。食盐的量要有一定控制,过大会影响炸药爆炸威力。

2. 煤矿许用含水炸药

煤矿许用含水炸药分为煤矿许用水胶炸药和煤矿许用乳化炸药两种。

煤矿许用水胶炸药是在浆状炸药的基础上发展起来的,它是以氧化剂(硝酸铵)的饱和水溶液为主要原料,采用硝酸甲胺为主的水溶性敏化剂和密度调节剂(胶凝剂),连续相是氧化剂溶液,悬浮的固体颗粒为分散相,是一种水包油型炸药,可以保证其在小直径条件下具有雷管感度。

煤矿许用乳化炸药是一种油包水型的乳胶状炸药,由氧化剂水溶液、可燃剂、敏化剂、乳化剂和充氧剂等组成。氧化剂水溶液:硝酸铵($55\%\sim70\%$)和硝酸钠($8\%\sim16\%$)的饱和水溶液。可燃剂:主要是油性材料,是连续相、外相。敏化剂:采用猛炸药、发泡剂、空心微球、珍珠岩等。乳化剂:油状的 SP—80、失水梨醇等,材料来源丰富,成本低、生成有毒气体少、贮存使用安全性高、爆速大、猛度高、抗水性能好、起爆感度高,广泛用于民用爆破方面。

值得注意的是乳化炸药不能与水胶炸药同库储存。

3. 离子交换型高安全炸药

离子交换炸药是用氯化铵(NH_4Cl)和硝酸钠($NaNO_3$)混合加入敏化剂硝酸甘油制成的炸药。

化学方程式:$NH_4Cl + NaNO_3 = NH_4NO_3 + NaCl$

离子交换炸药的最大优点是爆轰选择性,即爆轰性能随着外部条件的改变而改变,特别适用于有煤与瓦斯突出危险的工作面,并具有较高的储存安全性能和间隙效用小等优点,是目前安全等级最高的炸药,可以达到五级。

4. 被筒炸药

以 2 号煤矿许用硝铵炸药(AM—2)为药芯,食盐为被筒,外裹以 42 mm 石蜡纸筒,做成被筒炸药。被筒炸药具有安全性能高,威力小的特点,常用于处理溜煤眼的堵塞。

(二)煤矿许用炸药的分级及选用

我国煤矿许用炸药的安全性等级分为五级,见表 6-1。级别越大,炸药的安全性越高,即一级的炸药安全性相对最低,五级的炸药安全性相对最高。当前煤矿使用较多的是一、二、三级许用炸药,四、五级高安全许用炸药成本高,只是在一些有特殊要求的环境中使用。

《煤矿安全规程》规定:煤矿井下爆破作业,不管有无瓦斯、煤尘爆炸危险,都必须使用煤矿许用炸药和煤矿许用电雷管,都必须严格按照矿井瓦斯的安全等级来选用。煤矿许用炸药的选用应遵守下列规定:

(1)瓦斯矿井的岩石掘进工作面必须使用安全等级不低于一级的煤矿许用炸药。

(2)瓦斯矿井的煤层采掘工作面、半煤岩掘进工作面必须使用安全等级不低于二级的煤矿许用炸药。

（3）高瓦斯矿井,必须使用安全等级不低于三级的煤矿许用炸药。有煤（岩）与瓦斯突出危险的工作面,必须使用安全等级不低于三级的煤矿许用含水炸药。

（4）在高瓦斯矿井和有煤（岩）与瓦斯突出危险的采掘工作面的实体煤中,为增加煤体裂隙、松动煤体而进行的 10 m 以上的深孔预裂控制爆破,可使用二级煤矿许用炸药,但必须制定安全措施。

（5）严禁使用黑火药和冻结或半冻结的硝酸甘油类炸药。同一工作面不得使用 2 种不同品种的炸药。不得使用过期或严重变质的爆炸材料。含水超过 0.5％的煤矿铵锑炸药不得使用。有水的工作面,必须选择抗水型炸药。

表 6-1　　　　　　　　　　　　　　常见煤矿炸药的种类

炸药名称	炸药安全等级	使用范围
2 号煤矿铵梯炸药	一级	低瓦斯矿井岩石掘进工作面
2 号抗水煤矿铵梯炸药	一级	低瓦斯矿井岩石掘进工作面
一级煤矿许用水胶炸药	一级	低瓦斯矿井岩石掘进工作面
3 号煤矿铵梯炸药	二级	低瓦斯矿井
3 号抗水煤矿铵梯炸药	二级	低瓦斯矿井
二级煤矿许用乳化炸药	二级	低瓦斯矿井
三级煤矿许用水胶炸药	三级	煤与瓦斯突出矿井
三级煤矿许用乳化炸药	三级	煤与瓦斯突出矿井
四级煤矿许用乳化炸药	四级	煤与瓦斯突出矿井
离子交换型高安全炸药	五级	煤与瓦斯突出矿井
五级煤矿许用食盐被筒炸药	五级	溜煤眼或煤与瓦斯突出矿井

二、常用起爆器材的安全管理

（一）火雷管简介

《煤矿安全规程》规定:煤矿井下严禁使用火雷管。

火雷管是由导火索的火焰冲能激发而引起爆炸的工业雷管。它由管壳、加强帽、起爆药（又分为主起爆药和次起爆药两种）等部分组成。火雷管只适用于小型爆破作业,以及无瓦斯、无矿尘爆炸危险的露天爆破工程用于起爆炸药、导爆索、导爆管等。

火雷管由于构造的关系,没有抗水性,不能同时起爆多个装药,无法采用爆破新技术,近距离点火,还会增加起爆过程的危险程度,又无法用仪表检测起爆网路,容易因操作失误而带来一系列的安全问题,成为一种较为落后需要淘汰的产品,已经被电雷管、导爆管雷管以及更先进的起爆器材所代替。火雷管现在基本没有厂家生产了,我们现在只需简单了解它,就不作进一步介绍了。

（二）电雷管的安全管理要点

煤矿井下起爆材料主要是电雷管。电雷管是利用桥丝通电后的电阻热能引发电雷管中的起爆药爆炸,再利用起爆药爆炸使雷管中猛炸药爆炸,然后引起矿用炸药爆炸。

电雷管按作用时间分为瞬发电雷管和延期电雷管两类,延期电雷管又可分为秒延期电雷管和毫秒延期电雷管等。井下只允许使用瞬发电雷管和毫秒延期电雷管中的煤矿许用电雷管。

煤矿许用电雷管是指经国家检测机关按特定的试验条件检验合格,允许在井下有瓦斯煤尘爆炸危险条件下进行爆破作业时使用的电雷管。

(1)瞬发电雷管

通电后瞬间起爆的雷管称为瞬发电雷管,要求从通电开始到起爆时间小于 13 ms。

瞬发电雷管由三部分组成:起爆药、猛炸药和电点火装置。起爆药是雷管的关键部分,常用二硝基重氮酚(DDNP)作起爆药。二硝基重氮酚的纯品为黄色结晶,挥发性小,化学热稳定性好,难溶于水,火焰感度高,爆发点 150 ℃,但爆炸威力低。为了克服二硝基重氮酚这一缺点,瞬发电雷管里加装猛炸药来提高雷管的起爆能力。猛炸药多为黑索金(RDX),它是一种白色结晶粉末,不溶厂水,感度较低(爆发点 260 ℃),但爆力(600 ml)和猛度(25 mm)较高。

瞬发电雷管可分为直插式和药头式两种,药头式电雷管结构如图 6-1 所示。

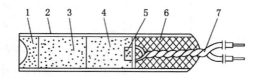

图 6-1　瞬发电雷管结构示意图

1——副起爆药(头遍药);2——纸管壳;3——副起爆药(二遍药);

4——正起爆药;5——桥丝;6——硫磺;7——脚线

(2)毫秒延期电雷管

毫秒延期电雷管是在瞬发电雷管的基础上增加延期装置而成。延期装置就是在电点火装置和起爆药之间插入了延期引爆元件(第一段除外)。毫秒延期电雷管的延期装置是特别配置的延期药,有一定的精度要求。通过改变延期药的组分、配比、药量以及密度来调节延期时间,延期时间以毫秒计。毫秒延期电雷结构如图 6-2 所示。

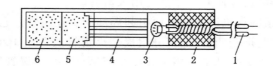

图 6-2　毫秒延期电雷管结构示意图

1——脚线;2——铜管壳;3——引火药头;4——铅延期体;5——正起爆药;6——副起爆药

(3)最大安全电流和最小发火电流

最大安全电流:在无限长时间内,以恒定直流通入电雷管时,不会使任何一发电雷管爆炸的最大电流值。其值在 150～450 mA 之间。考虑到一定的安全系数,国标规定,电雷管的安全电流为 50 mA,即 50 mA 的恒定直流电通入电雷管持续 5 min,不允许发生爆炸,称此电流为安全电流。

最小发火电流:长时间(通常以 1 min 为准)内以恒定直流通入雷管时,能使雷管 100%

爆炸的最小电流。国家规定,任何厂家生产的电雷管最小发火电流均不得超过 700 mA。实际上,最小发火电流一定会大于最大安全电流。在使用电雷管起爆时,一定要注意电雷管的最大安全电流和最小发火电流。

《煤矿安全规程》规定:在采掘工作面,必须使用煤矿许用瞬发电雷管或煤矿许用毫秒延期电雷管。使用煤矿许用毫秒延期电雷管时,最后一段的延期时间不得超过 130 ms。不同厂家生产的或不同品种的电雷管,不得掺混使用。严禁使用火雷管。

检查电雷管工作,必须在爆炸材料贮存硐室外设有安全设施的专用房间或硐室内进行。检查电雷管电阻要在有防护的专门场所进行,不得离储存炸药和起爆药包的地方太近。未经导通编号的电雷管不得发放使用。

(三) 导爆管雷管的安全管理要点

1. 导爆管

导爆管是一种对静电十分安全的起爆、传播器材。在 20 世纪 70 年代后期被引进国内后,以其安全可靠、操作简单等显著优点和良好的抗电性、抗爆性、抗冲击性和抗水性,在矿山、水电、交通、拆除等工程爆破中得到了迅速的推广和广泛应用。导爆管内径一般为 1.4 mm(±0.1),外径 3 mm(图 6-3),内壁涂有薄层炸药奥克托金、铝粉及其他添加物,每米约涂有 20 mg,当给以适当的起爆能时,内壁炸药便以 1 900~2 000 m/s 的速度传爆。导爆管本身没有炸药的特性,不会因振动、冲击、摩擦、火焰作用而爆炸。导爆传爆过程只能看到管内闪光,管体不会破裂。导爆管各项性能指标可查 WJ/T 2019—2004《塑料导爆管》的技术标准。

导爆管的主要安全性能:

(1) 较好的抗冲击性。当受到一般机械冲击时,只会破损不能被击发。

(2) 优良的抗静电和杂散电流性。传爆过程中不受杂散电流干扰,在高压电场下工作安全。

(3) 不怕明火。因明火将导爆管点燃,导爆管只会是平稳燃烧,其速度与同质的塑料管无区别,用水即可扑灭,不存在激发爆轰的可能性。

(4) 在传爆过程中管壁完整无损,对外界无任何破坏作用,且不能直接引爆炸药。

(5) 适用环境宽松。耐高温、耐低温、耐油,有的在 -40~80 ℃ 的环境中的可以正常使用。

《煤矿安全规程》规定煤矿井下采掘工作面爆破,不得使用导爆管或普通导爆索。

导爆管不能单独完成起爆过程,它必须与雷管组合在一起,就成为了导爆管雷管。

2. 导爆管雷管

导爆管雷管是一种能实现多段、等间隔微差爆破的新型爆破器材,可以直接起爆各种炸药、导爆管或导爆索(图 6-4),广泛地应用于无甲烷、无煤尘或无爆炸危险的各种爆破作业。它具有抗静电、抗杂散电流、抗射频、使用安全、操作方便、便于网络设计等优点,特别适用于复杂环境下(如金属矿山、靠近高压线的特殊爆破)的爆破作业,导爆管可根据用户需求长度调整,从 1 m 到任意长度可调,雷管具有极强的抗水防潮能力。导爆管雷管性能指标可查 GB 194117—2003《导爆管雷管》的技术标准。

在各种爆破作业中,不能因导爆管雷管在使用中比较安全,而忽视其不安全的一面,我们必须将导爆管雷管的管理与其他雷管的管理一样对待,做到轻拿、轻放、避免冲击。由于

图 6-3　导爆管实物照片

图 6-4　导爆管雷管实物照片

导爆管雷管目前还不能在煤矿使用,在此就不再作深入介绍了。

　　3. 数码电子雷管

　　数码电子雷管是用微型集成电路块(电子定时器)取代电雷管中的化学延时与电点火元件,不仅使延期精度有了很大的提高,而且控制了通往引火头的电源,从而最大限度地减少了由引火头能量需求引起的误差。每支雷管的延期时间可在 $0\sim100$ ms 范围内按毫秒量级编程设定,可在厂家把程序编好,也可在现场根据需要编程,其延时误差可控制在 0.2 ms 以内。

　　数码电子雷管的起爆系统包括全部可编程的电子雷管、编码器、起爆器。电子雷管内部结构包括微片、贮能电容、安全装置和常用起爆药。微片电路包括定时振荡器,排定延期时间程序,并有记忆内存,有从控制设备接受发射信息的通讯功能。电容可以贮存足够的能量,保证不用外电源。编码器的功能是注册识别、登记并调试每个雷管,然后设计每个雷管的延迟时间直接输入编码器内存。起爆器通过编码器把起爆信息传给每个雷管,保证准时起爆。

目前澳大利亚、南非、瑞典和日本等国家都在爆破工程的实践中相继推出了数码电子雷管产品。由于数码电子雷管起爆系统的高精度、高可靠性，延期时间的灵活性，对射频电、杂散电流的可控性，将会成为起爆器材领域中最引人注目的进展。

4. 电磁雷管

电磁雷管内有一组振荡器，振动频率为 1.5 万次。直流电将雷管充电，电压达到额定值后，拨动开关，将贮存电能与振荡器接通、输出高频电流，引爆电磁雷管。该雷管防静电和杂散电流，只接收一定频率电流，对其他频率电流不发生反应，抗干扰能力强，保密性强，安全性好。

（四）其他起爆器材的安全管理

1. 矿用起爆器

《煤矿安全规程》规定，在煤矿井下必须使用有煤矿安全标志（MA）的防爆型起爆器（矿用增安型除外）。

起爆器又称发爆器或爆破器，一直以来普遍采用电容式起爆器，20 世纪出现了性能更优的锂电高能起爆器（图 6-5），一次可起爆 2 千发电雷管，起爆器有防爆型和非防爆型两种。

图 6-5　LD—2000 型锂电高能起爆器

晶体管电容式起爆器的检查、使用和保管要求如下：

（1）检查

下井前领取起爆器时，应检查起爆器外壳、固定螺丝、接线柱等是否完整，毫秒开关是否灵活，发现破损或发爆能力不足时，应立即更换。入井前要对氖气灯泡做一次试验性检查，如氖气灯泡在起爆器充电时间少于规定时间闪亮，表明起爆器正常；如充电时间大于规定时间闪亮，应更换电池。氖气灯泡不亮时，立即更换电池。

若使用时间过长，应检查它能否在 3～6 ms 内输出足够的电能和自动切断电源，停止供电。

电容式起爆器应定期检查,检查时用新电池做电源,测量输出电流和主电容充电电压以及充电时间。若测量的数值低于额定值,为不合格,应进行大修。

（2）使用

使用电容式起爆器时,必须按下列程序和要求操作:

① 使用前,应先检查氖气灯泡在规定时间内是否发亮,如在规定时间内发亮,则证明发爆能力正常,然后方可准备与爆破母线连接。

② 爆破工在接到班长发出的爆破命令,并收到瓦斯检查工交来的爆破牌以后,确认人员已全部撤离,并发出规定的信号后,方可解开母线接头接到起爆器的接线柱上,以免发生早爆伤人。

③ 将起爆器与母线连接好后,将开关钥匙接入毫秒开关内,按逆时针方向,转至充电位置,待氖气灯亮后,立即按顺时针方向转至放电位置。如不立即转至放电位置,不但浪费电力,而且由于主电容端电压连续上升,可能引起起爆器内部元件损坏。在爆破后,开关停在"放电"位置上,拔出钥匙由爆破工保管好,并解下母线,扭成短路挂好。每次爆破后,应及时将防尘小盖盖好,防止煤尘或潮气侵入。

（3）保管

起爆器必须由爆破工妥善保管,上下井随身携带,班班升井检查。在井下要挂在支架上或放在木箱里,不要放在潮湿或淋水地点,以免受潮。

《煤矿安全规程》规定:起爆器的把手、钥匙与起爆器接线盒的钥匙,必须由爆破工随身携带,严禁转交别人。不到爆破通电时,不得将把手或钥匙插入起爆器或电力起爆接线盒内,爆破后,必须立即将把手或钥匙拔出,摘掉母线并扭成短路。在一个采煤工作面,严禁使用 2 台起爆器同时进行爆破。

起爆器发生故障,应及时送到井上由专人维修,不得在井下修理,更不得撞击、敲打,起爆器充电时间超过规定,必须及时更换电池;长期不用的起爆器,必须取出电池。

严禁将两个接线柱连线短路打火花检查有无残余电荷和用起爆器检查母线是否导通,因为它不仅容易击穿电容及其他元件,更容易引起瓦斯煤尘爆炸。

2. 煤矿许用导爆索

导爆索是一种能传递爆轰波的索状起爆材料(图 6-6)。其本身需要用电雷管起爆,引爆后的导爆索以很高的速度传递爆轰波给炸药,直接把炸药引爆,也可以作为独立的引爆能源。导爆索分为普通导爆索和煤矿许用导爆索(又称安全导爆索)。煤矿许用导爆索可以用于煤矿井下有瓦斯和煤尘爆炸危险的采掘工作面,普通导爆索则不然。随着深孔爆破的不断推广,在孔深 2.5 m 以上的炮眼中使用得越来越多。

煤矿许用导爆索的优点是:能提高炸药的爆速和爆破稳定性;用于深孔爆破时,若全长敷设导爆索,可消除炮眼内的间隙效应,可靠地起爆长药包,可使隔一定距离的炮眼同时起爆;雷管与导爆索在炮眼外连接时,处理拒炮没有危险性,也不受杂散电流的影响;防水性能好。

煤矿许用导爆索的缺点是:所需炮眼的直径较大(药包一侧间隙在 6.5 mm 以上),成本高;爆破网络无法用仪表检测;爆音大,影响炸药爆炸反应和爆炸威力。

在生产、运输、储存和使用时,严禁冲击和挤压导爆索,当需要剪断时,只准用快刀剪断,不准点燃。

《煤矿安全规程》规定：煤矿井下不得使用导爆管或普通导爆索，严禁使用火雷管。因为导火索与火雷管是配套使用的，同时也意味着严禁使用导火索。

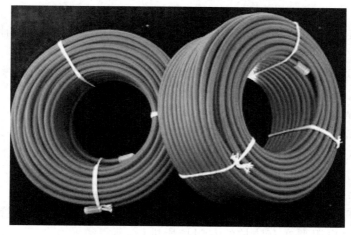

图 6-6　导爆索实物照片

三、电力起爆法的安全管理

利用起爆器材，并辅以一定的工艺方法引爆炸药的过程称为起爆。起爆所采用的工艺、操作和技术的总和称为起爆方法。现行的起爆方法主要分成两大类：一类是电力起爆法；另一类是非电力起爆法。非电力起爆法又分导火索起爆法、导爆索起爆法和导爆管起爆法。

（一）电力起爆法

利用电雷管通电后起爆产生的爆炸能引起炸药爆炸的方法称为电力起爆法。它是通过由电雷管、导线和起爆电源三部分组成的起爆网路来实现的。

1. 电力起爆法的优点

电力起爆法使用范围十分广泛，在露天或井下、小规模或大规模爆破，以及其他工程爆破中，均可使用。其优点包括以下几点：

（1）整个施工过程中，从挑选雷管到连接起爆网路等所有工序，都能用仪表进行检查并能按设计计算数据，及时发现施工和网路连接中的质量和错误，从而保证了爆破的可靠性和准确性。

（2）能在安全隐蔽的地点远离起爆药包群，使爆破工作在安全条件下顺利进行。

（3）能准确地控制起爆时间和药包群之间的爆炸顺序，因而可保证良好的爆破效果。

（4）可同时起爆大量雷管等。

2. 电力起爆法的缺点

（1）普通电雷管不具备抗杂散电流和抗静电的能力。所以，在有杂散电流的地点或露天爆破遇有雷电时，危险性较大，此时应避免使用普通电雷管。

（2）电力起爆准备工作量大，操作复杂，作业时间较长。

（3）电爆网路的设计计算、敷设和连接要求较高，操作人员必须要有一定的技术水平。

（4）需要可靠的电源和必要的仪表设备等。

《煤矿安全规程》规定：井下爆破必须使用发爆器。开凿或延深通达地面的井筒时，无瓦斯的井底工作面中可使用其他电源起爆,但电压不得超过 380 V,并必须有电力起爆接线盒。

3.电力起爆法的连接要求

实践证明,接头不紧牢会造成整条网路的电阻变化不定,因而难以判断网路电阻产生误差的原因和位置。为了保证有良好的接线质量,应注意以下几点:

(1)接线人员开始接线应先擦净手上的泥污,刮净线头的氧化物、绝缘物、露出金属光泽,以保证线头接触良好;作业人员不准穿化纤衣服。

(2)接头牢固扭紧,线头应有较大接触面积。

(3)各个裸露接头彼此应相距足够距离,不允许相互接触,形成短路,为防止接头接触岩石、矿石或落入水中,可用绝缘胶布包裹。

整条线路连接好后,应有专人按设计进行复核。

(二)起爆操作注意事项

(1)选用同厂同批生产的电雷管,并用爆破电桥或爆破欧姆表检查雷管的电阻。

(2)检查雷管电阻要在有防护的专门场所进行,不得离贮存炸药和起爆药包的地点太近。

(3)必须按设计的爆破网路接线,接线前要切断工作面电源。

(4)整个爆破网路必须从工作面向爆破站方向敷设。

(5)接线头牢固、悬空、接头间保持一定距离。

(6)加强装药连线的组织工作。

第二节　爆破作业安全管理

一、爆破作业的基本要求

(一)有关概念及要求

爆破作业是指利用炸药的爆炸能量对介质做功,以达到预定工程目标的作业。

煤矿爆破作业技术管理是指煤矿在整个爆破作业过程中为了防止与爆破有关事故的发生而进行的一系列组织活动。它是以爆破技术为主的安全管理措施,是根治爆破事故和瓦斯、煤尘爆炸事故发生的重要一环。而爆破作业管理的首要任务之一是加强对爆破作业人员的管理(爆破作业人员是指从事爆破工作的工程技术人员、爆破工、安检员、保管员和押运员),尤其是爆破工的管理。根据国家规定,煤矿井下爆破工属特种作业人员,必须到具备三级以上资质的煤矿安全培训机构进行专门的安全培训,经考核合格取得特种作业人员操作资格证后,方可上岗作业。井下爆破工作必须由专职爆破工担任。在煤(岩)与瓦斯(二氧化碳)突出煤层中,专职爆破工必须固定在同一工作面。

爆破作业必须编制爆破作业说明书,爆破工必须依照爆破作业说明书进行爆破作业。

井上、井下接触爆炸材料的人员,必须穿棉布或抗静电衣服。所有爆破工作人员,包括爆破工、送药人员、装药人员,必须熟悉爆炸材料性能和《煤矿安全规程》的有关规定。

自由面:被爆破的岩石或煤体与空气接触的界面。

最小抵抗线:药包中心到自由面的最短距离。爆破作业自由面越多,爆破效果就越好,爆破能量利用率就越高,炸药的单位消耗量就越少。为了有效地进行爆破,总是要设法创造自由面,合理布置炮眼和选择合理的爆破方式,如工作面的掏槽,就是为了增加自由面,为后续的爆破创造有利的条件。

炸药在煤岩体内爆炸后,其爆炸能量是向着抵抗力方向释放的。对于一定的装药来说,若其最小抵抗线超过某一临界值,则炸药爆炸在自由面上看不到爆破的迹象,爆破作用只发生在介质内部,即所谓的爆破内部作用。若装药的最小抵抗线小于其临界抵抗线,即炸药在自由面附近爆破,炸药爆炸后形成一个倒锥形凹坑,即爆破漏斗,它是爆破破坏的基本形式。

毫秒爆破:成组炮眼装药以若干毫秒为间隔先后分组起爆的爆破方法,又称微差爆破。工作面炮眼必须按一定的顺序起爆。选择起爆顺序的原则是后起爆的炮眼能充分利用先起爆炮眼已形成的自由面。毫秒爆破的优点主要有:增强破碎作用,减小抛掷作用和抛掷距离,降低爆破产生的炮震作用,可以在有瓦斯和煤尘爆炸危险的工作而使用(总延期时间不超过 130 ms),实现全断面一次爆破,提高掘进速度。

(二)爆破作业说明书

爆破作业说明书是采掘作业规程的主要内容之一,是爆破作业贯彻《煤矿安全规程》的具体体现,是爆破工进行爆破作业的依据。爆破作业前,爆破工及相关人员应认真阅读爆破说明书,熟悉说明书内要求的爆破参数、爆破条件以及爆破后所要达到的要求和效果。

根据《煤矿安全规程》规定,爆破说明书必须符合下列内容和要求:

(1)炮眼布置图必须标明采煤工作面的高度和打眼范围或掘进工作面的巷道断面尺寸,以及炮眼的位置、个数、深度、角度及炮眼编号,并用正面图、平面图和剖面图表示(图 6-7)。

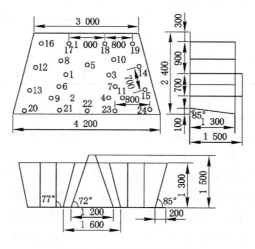

图 6-7　某井巷炮眼布置图

(2)炮眼说明表必须说明炮眼的名称、深度、角度,使用炸药、雷管的品种,装药量,封泥长度,连线方式和起爆顺序,及爆破效果等,见表 6-2。

(3)必须编入采掘作业规程,并及时修改补充。

除《煤矿安全规程》规定的内容和要求外,爆破说明书还应包括预期爆破效果表,要对炮眼利用率、每个循环进度和炮眼总长度、炸药和雷管总消耗及单位消耗量等进行规定,见表 6-3。

表 6-2　　　　　　　　　　　　　某井巷炮眼说明表

炮眼序号	炮眼名称	个数	角度/(°)		眼距/mm		装药量/g	起爆顺序	连线方式
			水平	垂直	水平	垂直			
1～5	掏槽眼	5	72		1 200	700	450	1	串
6～7	配槽眼	2	77		1 600		300	1	
8～11	二圈眼	4			2 000		300	2	
12～15	帮眼	4	80			700	300	3	
16～19	顶眼	4				800	225	4	联
20～24	底眼	5		85	800		300	5	
合计		24					7 650		

说明:1. 炸药使用银环牌三级煤矿许用乳化炸药;

　　　2. 雷管使用银环牌煤矿许用毫秒延期电雷管。

表 6-3　　　　　　　　　　　　　某井巷预期爆破效果表

编号	指标名称	单位	数量
1	炮眼利用率		0.89
2	每次爆破工作面进度	m	1.2
3	每次爆破实体岩石	m³	10.368
4	单位炸药消耗量	kg/m³	0.738
5	每米巷道炸药消耗量	kg/m	6.375
6	每立方米岩体炮眼长度消耗	m/m³	3.11
7	每立方米岩体雷管消耗	个/m³	2.31
8	每米巷道雷管消耗	个/m	20

在实际爆破作业中,由于工作面条件复杂多变,当爆破条件发生变化时,应及时修改爆破说明书的内容,使爆破说明书的内容尽量与实际情况相适应。

(三)爆破作业一般要求

《煤矿安全规程》规定:爆破作业必须执行"一炮三检制"、"三人连锁放炮制"等制度。

"一炮三检制"是指在采掘工作面装药前、爆破前和爆破后都要由专职瓦斯检查工检查瓦斯情况,如果爆破地点附近 20 m 以内风流中的瓦斯浓度达到或超过 1.0%时,不准装药、爆破;爆破后如果瓦斯浓度达到或超过 1.0%时,必须立即处理,不准用电钻打眼。

"三人连锁放炮制"是指爆破工、班组长和瓦斯检查工在工作面开展爆破工作时,三人必须同时自始至终在现场参加爆破的全过程,并执行换牌等安全操作制度,确保爆破工作的安全。

井下爆破工作必须由专职爆破工担任。母线与脚线连接,检查线路和通电爆破,只准爆破工一人操作。脚线的连接工作可由经过专门训练的班组长协助爆破工进行,班组长不得兼任爆破工。

《煤矿安全规程》还规定:对突出煤层的采掘工作面,掘进上山时不应选用松动爆破、水力冲孔、水力疏松等措施。

二、爆破作业安全管理要点

（一）煤矿采掘工作面炮眼布置

1. 掘进工作面炮眼布置

掘进工作面的炮眼布置主要依据作业规程中的爆破作业图表进行。煤矿绝大多数的巷道都是拱形或梯形的,炮眼的种类一般有掏槽眼、辅助眼和周边眼三种。

根据掏槽角度不同,掏槽方式可分为斜眼掏槽、直眼掏槽和混合掏槽三大类。斜眼掏槽又分单向掏槽法和多向掏槽法,多向掏槽法中又有楔形和锥形两种形式;直眼掏槽又分直线掏槽、螺旋式掏槽和角柱式掏槽三种形式,而角柱式掏槽又有三角柱掏槽、菱形掏槽和五星掏槽等方法。

根据岩石的坚固性系数不同和井巷的质量要求不同,炮眼的深度和间距也有所不同。目前在煤层和软岩中都是使用高效的综合掘进机,只是较坚硬的岩石中采用爆破掘进,且都在进行深孔爆破,每次爆破进尺 3 m 左右,大大提高了掘进速度和工程效率。

2. 采煤工作面炮眼布置

爆破采煤是一种较为落后的采煤工艺,将会逐步淘汰。但在南方由于矿井地质条件复杂,煤层埋藏不稳定,无法实行综合机械化采煤,目前实行炮采还是南方小煤矿广泛使用的采煤方法之一,如果不关闭小煤矿,炮采工艺一时还难以被淘汰。

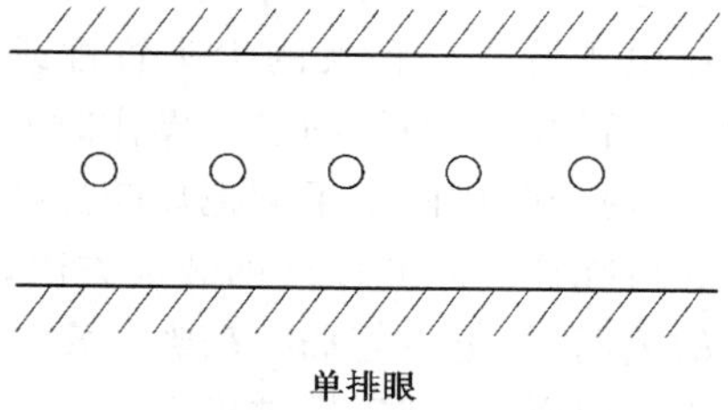

采煤工作面的炮眼布置种类分为:单排眼(图6-8)、双排眼(包括对眼、三花眼、三角眼)(图6-9)、三排眼(五花眼)(图6-10)。一般煤层厚度在 1 m 以下的采用单排眼,在 1～2 m 的采用双排眼,2 m 以上的采用三排眼。

单排眼

图 6-8

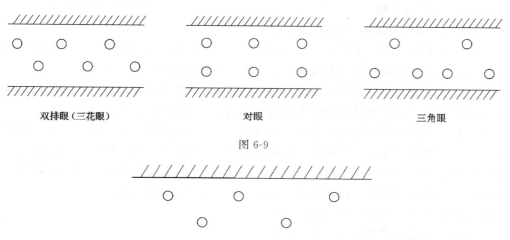

双排眼（三花眼）　　　　　　　对眼　　　　　　　　三角眼

图 6-9

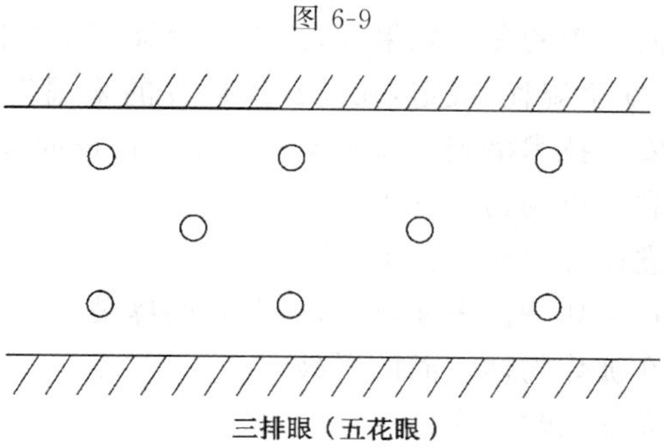

三排眼（五花眼）

图 6-10

（二）装药及起爆的安全管理要点

1. 装药的安全管理要点

（1）起爆药卷的制作

起爆药卷的制作必须由爆破工亲自完成。制作起爆药卷要在爆破地点附近,选择顶板好、支架完整,避开电缆、铁轨、铁管、钢丝绳、金属网、金属支柱、刮板输送机等导电体和电气设备的安全地点进行。制作起爆药卷时严禁乱扔、乱放雷管和炸药,并禁止坐在爆炸材料箱上操作。

从成束的电雷管抽取单个雷管时,应该先把电雷管脚线理顺,然后一只手抓住雷管脚线散尾一端,另一只手把单个雷管管体放在手心,大拇指和食指捏住管口一端脚线,用力均匀地将雷管抽出,不要手拉脚线硬拽管体,或者手拉管体硬拽脚线,以免损坏管口、桥丝或拽爆雷管。并要防止折断脚线、损坏脚线绝缘层,避免管体受到震动或冲击。抽出单个电雷管后,必须将其脚线扭结成短路。

电雷管只许由药卷的顶部(非聚能穴一端)装入。装入的方法有两种,一种方法是用一根比电雷管直径稍大的尖头竹棍或木棍,在药卷顶部扎一个圆孔,把电雷管全部插入药卷中,然后用脚线缠绕固定。操作时不得用电雷管代替尖棍扎眼。另一种方法是把药卷顶部的封口打开,用两个手掌把炸药揉搓松软,然后把电雷管沿药卷面中心全部插进去,用脚线把封口扎住。除此以外的装配方法,诸如把电雷管直接从药卷侧面插进去、把电雷管捆在药卷的侧面、把电雷管插入药卷带窝心(聚能穴)的一头,都是错误的。这些做法都不利于药卷的正常引爆,不利于爆破安全。

《煤矿安全规程》的有关规定:爆破工必须把炸药、电雷管分开存放在专用的爆炸材料箱内,并加锁;严禁乱扔、乱放。爆炸材料箱必须放在顶板完好、支架完整,避开机械、电气设备的地点。爆破时必须把爆炸材料箱放到警戒线以外的安全地点。

（2）炮眼的装药结构

常见的装药结构有正向装药和反向装药两种。

正向装药:起爆药卷位于眼口这边,聚能穴朝向眼底,传爆方向由眼口传向眼底,这种装药为正向装药,以正向装药进行爆破作业的为正向爆破,如图 6-11(a)所示。

反向装药:起爆药卷位于眼底这边,聚能穴朝向眼口,传爆方向由眼底传向眼口,这种装药为反向装药,以反向装药进行爆破作业的为反向爆破,如图 6-11(b)所示。

从爆破产生的火焰来看,在不装炮泥的条件下,反向起爆要比正向起爆产生的火焰要长,所以反向起爆要比正向起爆的爆破效果好,而正向起爆则安全性更优。考虑到井下工人的实际水平和素质,《煤矿安全规程》规定:在高瓦斯矿井的采掘工作面采用毫秒爆破时,若采用反向起爆,必须制定安全技术措施。双突矿井不得使用反向起爆。

垫药:把反向起爆药卷以里的药卷称为垫药。

盖药:把正向起爆药卷以外的药卷称为盖药。

糊炮:直接将炸药放在被炸物体表面,用黄泥盖着的爆破。

明炮:直接将炸药放在被炸物体表面的爆破。

煤矿井下禁止使用"糊炮"和"明炮"。

（3）装药的有关要求

《煤矿安全规程》规定,装药前和爆破前有下列情况之一的,严禁装药、爆破:

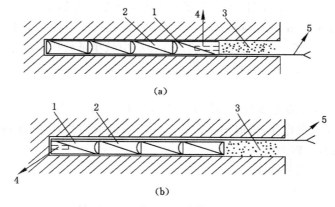

图 6-11　正向装药与反向装药

（a）正向装药；（b）反向装药

1——起爆药卷；2——被动药卷；3——炮泥；4——电雷管；5——脚线

① 采掘工作面的控顶距离不符合作业规程的规定，或安全设施不齐全；或支护不齐全；或者支架有损坏，或者伞檐超过规定。

② 爆破地点附近 20 m 以内风流中瓦斯浓度达到 1.0%。

③ 在爆破地点 20 m 以内，矿车，未清除的煤、矸或其他物体堵塞巷道断面 1/3 以上。

④ 炮眼内发现异状、温度骤高骤低、有显著瓦斯涌出、煤岩松散、透老空等情况。

⑤ 采掘工作面风量不足。

⑥ 炮眼深度小于 0.6 m 时，不得装药、爆破；在特殊条件下，如挖底、刷帮确需浅眼爆破时，必须制定安全措施，炮眼深度可以小于 0.6 m，但必须封满炮泥。

（4）炮眼的封堵

煤矿井下爆破引起瓦斯、煤尘爆炸事故，很多是由于炮眼封泥不足引起的。

炮泥的种类：用来封闭炮眼的惰性材料统称为炮泥。常用的炮泥有两种：

① 黏土炮泥：黏土和沙子按 1∶3 的比例混合，加入含有 2%～3% 的食盐水拌和搓制而成，长度在 100～150 mm，炮泥中不得混入石子。

② 水炮泥：用水枪将水注入聚乙烯塑料袋内，做成长 250～300 mm 的长条水袋。

炮泥的作用：炸药爆炸要求有个坚固的外壳，周围介质对炸药药包密封得越坚固，就越有利于炸药爆炸生成的高温、高压气体产物的积聚，延缓其膨胀扩散，使得后爆炸药分解得更完全，传爆的速度也更快，从而大大提高了整个炸药包的威力。

对封泥质量和数量的要求：封泥质量的好坏，不仅影响爆破效果，更重要的是影响到爆破安全。《煤矿安全规程》规定：严禁用煤粉、块状材料或其他可燃性材料制作炮眼封泥。主要原因是因为它们具有可燃性，能消耗炸药中的氧；它们燃烧后飞向空中，易引起瓦斯、煤尘爆炸；它们没有可塑性，起不到炮泥的作用。

炮眼封泥应用水炮泥，水炮泥外剩余的炮眼部分，应用黏土炮泥或用不燃性的、可塑性松散材料制成的炮泥封实。

无封泥、封泥不足不实的炮眼严禁爆破。严禁裸露爆破。

炮眼深度和炮眼的封泥长度应符合下列要求：

① 炮眼深度为 0.6～1 m 时,封泥长度不得小于炮眼深度的 1/2;炮眼深度超过 1 m 时,封泥长度不得小于 0.5 m;炮眼深度大于 2.5 m 时,封泥长度不得小于 1 m。

② 工作面有 2 个或 2 个以上自由面时,在煤层中最小抵抗线不得小于 0.5 m,在岩层中最小抵抗线不得小于 0.3 m。浅眼装药爆破大岩块时,最小抵抗线和封泥长度都不得小于 0.3 m。

③ 光面爆破时,周边光爆炮眼应用炮泥封实,且封泥长度不得小于 0.3 m。光面爆破是指沿开挖边界布置密集炮孔,采取不耦合装药或装填低威力炸药,在主爆区之后起爆,以形成平整的轮廓面的爆破作业。

2. 爆破连线技术及安全要点

(1) 连线方式

为保证爆破网路中每个雷管在网路断电前都能得到足够的发火电冲能,以及尽量简化连线操作、缩短连线时间,必须合理选择爆破连线方式。爆破连线方式有串联、并联和混联。

串联网路:把相邻电雷管脚线彼此(手拉手)连接起来,然后再把两端脚线通过端线与母线连接起来,母线接到电源上(图 6-12)。这种网路连线简单,操作方便,不易误连和漏连,连线后便于检查,且节省导线,适用于发爆器作电源,使用安全,因此在井下应用最普遍。其缺点是只要一处断路,就会导致整个网路不爆。因此在装药前对雷管必须逐个做导通实验,在连线后必须逐个检查连线接点,并用检测仪器检查整个网路是否导通、电阻是否超限。

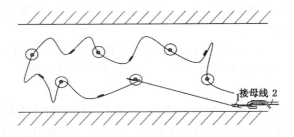

图 6-12　采煤工作面爆破网路串联连线法

并联网路:把各个雷管的两根脚线分别连到两根母线上。采用并联法连线时即使个别雷管有毛病,其他雷管仍可起爆,但这种连线方法接线复杂,要求爆破电源电流大,在井下不多使用。

混联网路:并联和串联的结合,适用于巷道断面大、炮眼数目多的掘进断面。必须注意的是这种连接法的每一组雷管数目要大致相等,以使每组的电阻值近似相等,否则电阻大的一组分流电流过小,会出现"拉炮"现象。

各种连线方式见图 6-13。

(2) 连接线的要求

爆破母线和连接线应符合下列要求:

① 煤矿井下爆破母线必须符合标准。

② 爆破母线和连接线、电雷管脚线和连接线、脚线和脚线之间的接头必须相互扭紧并悬挂,不得与轨道、金属管、金属网、钢丝绳、刮板输送机等导电体相接触。

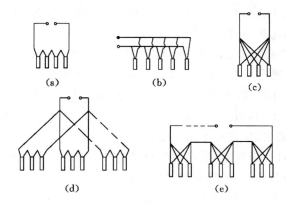

图 6-13　网路连接方式

(a) 串联；(b) 分段并联；(c) 并簇联；(d) 串并联；(e) 并串联

③ 巷道掘进时，爆破母线应随用随挂。不得使用固定爆破母线，特殊情况下，在采取安全措施后，可不受此限。

④ 爆破母线与电缆、电线、信号线应分别挂在巷道的两侧。如果必须挂在同一侧，爆破母线必须挂在电缆的下方，并应保持 0.3 m 以上的距离。

⑤ 只准采用绝缘母线单回路爆破，严禁用轨道、金属管、金属网、水或大地等当作回路。

⑥ 爆破前，爆破母线必须扭结成短路。

3. 起爆的安全管理要点

(1) 爆破警戒

爆破前，班组长必须亲自布置专人在警戒线和可能进入爆破地点的所有通路上担任警戒工作。警戒人员必须在安全地点警戒。警戒线处应设置警戒牌、栏杆或拉绳，并在绳子上挂上牌子，上面写着"爆破！禁止入内"等字样，做到"人、绳、牌"三警并举。警戒是爆破作业中的重要一环，它能有效防止人员进入爆破区域，保证爆破作业的安全。警戒距离，采煤工作面一般不小于 30 m，掘进工作面直线爆破警戒距离不得小于 75 m，在有直角弯的工作面爆破警戒距离不得小于 50 m。

(2) 起爆的有关安全规定

① 爆破前，必须加强对机器、液压支架和电缆等的保护或将其移出工作面。

② 井下爆破必须使用发爆器。开凿或延深通达地面的井筒时，无瓦斯的井底工作面中可使用其他电源起爆，但电压不得超过 380 V，并必须有电力起爆接线盒。

③ 发爆器或电力起爆接线盒必须采用矿用防爆型（矿用增安型除外）。

④ 每次爆破作业前，即在爆破母线与起爆电源或起爆器连接之前，爆破工必须做电爆网路全电阻检查。严禁用发爆器打火放电检测电爆网路是否导通。

⑤ 发爆器必须统一管理、发放。必须定期校验发爆器的各项性能参数，并进行防爆性能检查，不符合规定的严禁使用。

⑥ 爆破工必须最后离开爆破地点，并必须在安全地点起爆。起爆地点到爆破地点的距离必须在作业规程中具体规定。

⑦ 发爆器的把手、钥匙或电力起爆接线盒的钥匙，必须由爆破工随身携带，严禁转交他

人。不到爆破通电时,不得将把手或钥匙插入发爆器或电力起爆接线盒内。爆破后,必须立即将把手或钥匙拔出,摘掉母线并扭结成短路。

⑧ 爆破前,班组长必须清点人数,确认无误后,方准下达起爆命令。

⑨ 爆破工接到起爆命令后,必须先发出爆破警号,至少再等 5 s,方可起爆。

⑩ 爆破后,待工作面的炮烟被吹散,爆破工、瓦斯检查工和班组长必须首先巡视爆破地点,检查通风、瓦斯、煤尘、顶板、支架、拒爆、残爆等情况。如有危险情况,必须立即处理。

采取震动爆破措施时,应遵守下列规定:

必须编制专门设计。爆破参数,爆破器材及起爆要求,爆破地点,反向风门位置,避灾路线及停电、撤人和警戒范围等,必须在设计中明确规定。

震动爆破工作面,必须具有独立、可靠、畅通的回风系统,爆破时回风系统内必须切断电源,严禁人员作业和通过。在其进风侧的巷道中,必须设置 2 道坚固的反向风门。与回风系统相连的风门、密闭、风桥等通风设施必须坚固可靠,防止突出后的瓦斯涌入其他区域。

远距离爆破时,回风系统必须停电撤人。爆破后,进入工作面检查的时间应在措施中明确规定,但不得小于 30 min。

在掘进工作面应全断面一次起爆,不能全断面一次起爆的,必须采取安全措施;在采煤工作面,可分组装药,但一组装药必须一次起爆。

三、爆破有害效应

1. 爆破的有害效应

爆破时对爆区附近保护对象可能产生的有害影响称为爆破的有害效应,如爆破引起的地震、个别飞散物、空气冲击波、噪声、水中冲击波、动水压力、涌浪、粉尘、有毒气体等。

煤矿井下爆破产生的有害效应主要有高温气体、有害气体、地震效应、爆炸冲击波、飞石等,对作业环境、周围建筑物、人体都会产生影响,控制不好还会酿成瓦斯、煤尘爆炸等重大事故。

2. 煤矿井下降低爆破有害效应的措施

(1) 减少或消除炸药爆炸时有毒气体危害的主要措施有:正确选择工业炸药的配方、正确使用合格的炸药、要有足够的封泥长度、要加强洒水和通风。地下爆破作业工作面炮烟浓度应每月测定一次,爆破炸药量增加或更换炸药品种时,应在爆破前后测定爆破有害气体浓度。地下爆破作业有害气体允许浓度见表 6-4。做好爆破器材防水处理,确保装药和填塞质量,避免残爆、拒爆和爆燃。

表 6-4 地下爆破作业点有害气体允许浓度

有害气体名称		CO	N_nO_m	SO_2	H_2S	NH_3	Rn
允许浓度	按体积/%	0.002 4	0.000 25	0.000 50	0.000 66	0.004 00	3 700 Bq/m³
	按质量/(mg/m³)	30	5	15	10	30	

(2) 减少和消除地震效应、爆炸冲击波、飞石危害的主要措施有:熟悉掌握被爆岩石机理、严格按爆破作业规程作业、加强支护、加强爆破安全警戒等。爆破时爆破安全距离要符合有关规定且所有人员都要撤离到安全距离以外。

(3) 爆破噪声为间歇性脉冲噪声,是空气冲击波衰减的结果。《爆破安全规程》规定:在城镇爆破中每一个脉冲噪声应控制在 120 dB 以下。复杂环境条件下,噪声控制要由安全评估确定。煤矿要加强对爆破噪声的控制,采取吸声、隔声、消声及隔振和阻尼等技术减少噪声对人员的危害,同时爆破作业人员要加强个体防护。

第三节　爆炸材料储存、运输、使用、销毁的安全管理

爆炸材料储存、运输、使用、销毁的安全管理标准依据是《民用爆炸物品生产、销售企业安全管理规程》(GB 28263—2012),必须依据该标准做好爆炸材料储存、运输、使用、销毁的安全管理工作。

一、爆炸材料储存的安全管理

(一)地面爆炸材料库的安全管理要点

地面爆炸材料库按其使用性质、服务年限可分为永久性地面库和地面临时库。永久性地面库还可分为矿区总库和地面分库。

矿区建有爆炸材料成品总仓库即为矿区总库,该总库对地面分库或地面临时库及各生产矿井下爆炸材料库供应爆炸材料。建有爆炸材料制造厂的矿区总库,所有库房贮存的各种炸药总量不得超过该厂 1 个月的生产量,雷管总容量不得超过该厂 3 个月的生产量。

使用年限在 2 年以下的地面临时性爆炸材料库,库房内炸药存放量不得超过 3 t,雷管存放量不得超过 1 万发,并不得超过该库所供应单位 10 天的需要量。

开凿井筒或平硐时,可在距井筒或平硐口以及周围主要建筑物 50 m 以外加设横堤,或 250 m 以外不加横堤的专用房或硐室内贮存 1 天使用的爆炸材料,但最大炸药贮存量不得超过 500 kg。

各类民爆物品宜单独品种专库存放,仓库内严禁储存无关物品。

(二)井下爆炸材料库的安全管理要点

《煤矿安全规程》对煤矿井下爆炸材料库的管理的规定如下:

(1)井下爆炸材料库应采用硐室式或壁槽式。爆炸材料必须贮存在硐室或壁槽内,硐室之间或壁槽之间的距离,必须符合爆炸材料安全距离的规定。井下爆炸材料库应包括库房、辅助硐室和通向库房的巷道。辅助硐室中,应有检查电雷管全电阻、发放炸药、电雷管编号以及保存爆破工的空爆炸材料箱和发爆器等专用硐室。

(2)井下爆炸材料库的布置必须符合下列要求:

井下爆炸材料库应包括库房、发放硐室和通向库房的巷道。

库房距井筒、井底车场、主要运输巷道、主要硐室以及影响全矿井或大部分采区通风的风门的法线距离:硐室式的不得小于 100 m,壁槽式的不得小于 60 m。

库房距行人巷道的法线距离:硐室式的不得小于 35 m,壁槽式的不得小于 20 m。

库房距地面或上下巷道的法线距离:硐室式的不得小于 30 m,壁槽式的不得小于 15 m。

库房与外部巷道之间,必须用 3 条互成直角的连通巷道相连。连通巷道的相交处必须延长 2 m,断面积不得小于 4 m²,在连通巷道尽头,还必须设置缓冲砂箱隔墙,不得将连通巷道的延长段兼作辅助硐室使用。库房两端的通道与库房连接处必须设置齿形阻波墙。

每个爆炸材料库房必须有 2 个出口,一个出口供发放爆炸材料及行人,出口的一端必须

装有能自动关闭的抗冲击波活门;另一出口布置在爆炸材料库回风侧,可铺设轨道运送爆炸材料,该出口与库房连接处必须装有1道抗冲击波密闭门。

库房地面必须高于外部巷道的地面,库房和通道应设置水沟。

(3)井下爆炸材料库必须砌碹或用非金属不燃性材料支护,不得渗漏水,并应采取防潮措施。爆炸材料库出口两旁的巷道,必须砌碹或用不燃性材料支护,支护长度不得小于5 m。库房必须备有足够数量的消防器材。

(4)井下爆炸材料库的最大贮存量,不得超过该矿井3天的炸药需要量和10天的电雷管需要量。井下爆炸材料库的炸药和电雷管必须分开贮存。每个硐室贮存的炸药量不得超过2 t,电雷管不得超过10天的需要量;每个壁槽贮存的炸药量不得超过400 kg,电雷管不得超过2天的需要量。库房的发放爆炸材料硐室允许存放当班待发的炸药,但其最大存放量不得超过3箱。

(5)在多水平生产的矿井内、井下爆炸材料库距爆破工作地点超过2.5 km的矿井内、井下无爆炸材料库的矿井内可设立爆炸材料发放硐室,但必须遵守爆炸材料发放硐室的贮存量不得超过1天的供应量,其中炸药量不得超过400 kg等相关规定。

(6)井下爆炸材料库必须采用矿用防爆型(矿用增安型除外)的照明设备,照明线必须使用阻燃电缆,电压不得超过127 V。严禁在贮存爆炸材料的硐室或壁槽内装灯。不设固定式照明设备的爆炸材料库,可使用带绝缘套的矿灯。任何人员不得携带矿灯进入井下爆炸材料库房内。库内照明设备或线路发生路障时,在库房管理人员的监护下检修人员可使用带绝缘套的矿灯进入库内工作。

(7)煤矿企业必须建立爆炸材料领退制度、电雷管编号制度和爆炸材料丢失处理办法。电雷管(包括清退入库的电雷管)在发给爆破工前,必须用电雷管检测仪逐个做全电阻检查,并将脚线扭结成短路。严禁发放电阻不合格的电雷管。煤矿企业必须按民用爆炸物品管理条例的规定,建立爆炸材料销毁制度。

爆炸材料只有分别贮存在硐室或壁槽内,才能保障库房以致整个矿井的安全。因库内硐室之间或壁槽之间的距离是按《煤矿安全规程》规定额定贮存量的前提下,依照爆破材料殉爆安全距离的规定进行计算的(殉爆是指一个药包的爆炸可以激发相隔一定距离处的另一药包爆炸的现象,而相隔距离的最大限度值称为殉爆距离)。

爆炸材料库和爆炸硐室附近30 m范围内,严禁爆破。爆破材料如不按《煤矿安全规程》规定贮存,一旦发生爆炸、燃烧事故,将会造成库房内、外部人员重大伤亡。

二、爆炸材料运输的安全管理

(一)地面运输的安全管理要点

根据《民用爆炸物品生产、销售企业安全管理规程》(GB 28263—2012)规定:

生产区至总仓库区的运输路线通过企业外部公路时,由企业和当地交通安全管理部门确定运输路线,不应随意更改。

在社会公路上运输民爆物品时,应使用符合国家有关爆破器材运输车安全技术标准要求的专用运输车。

人力手推车运输工业炸药时,所载工业炸药质量不宜超过300 kg,运输过程中应采取防滑、防摩擦产生火花等安全措施;人力手推车运输散装工业炸药药粉时应保持车厢清洁、干净,装药高度不应超过车厢高度,并应有防止工业炸药药粉撒落的安全措施。

人工传送起爆药时,应有专用道路并保持道路平整;传送人员和传送工具应有明显标志;传送人员行走时应与他人保持 5 m 以上间距。

运输民爆物品的汽车司机除应取得相应的驾照外,还应具有 50 000 km 和三年以上安全驾驶经历,并由企业安全部门考核批准后方可上岗。

从事运输和装卸民爆物品的作业人员,应掌握所运输和装卸民爆物品的理化性能及应急措施。不应穿带有铁钉的工作鞋和易产生静电的工作服,严禁将火种带入装卸作业区。

从事民爆物品运输的管理人员应经培训且考试合格后持证上岗;企业应对民爆物品运输管理人员定期进行安全教育和应急事故训练;每年应对民爆物品运输管理人员的素质进行一次安全审核,不符合要求应及时调整。

(二) 井下爆炸材料运输安全管理要点

《煤矿安全规程》对煤矿井下爆炸材料库的管理规定如下:

(1) 在地面运输爆炸材料时,除必须遵守民用爆炸物品管理条例外,还应遵守下列规定:

① 运输爆炸材料的车辆,出车前必须经过检查。车厢不得用栏杆加高,并必须插有标有"危险"字样的黄旗。夜间运输时,车辆前后应有标志危险的信号灯;长途运输爆炸材料时,必须用封闭式后开门专用棚车。

② 爆炸材料应用帆布覆盖、捆紧,装有爆炸材料的车辆,严禁在车库内逗留。

③ 严禁用煤气车、拖拉机、自翻车、三轮车、自行车、摩托车、拖车运输爆炸材料。

④ 车辆运输雷管、硝酸甘油类炸药时,装车高度必须低于车厢上缘 100 mm。用车辆运输雷管时,雷管箱不得侧放或立放,层间必须垫软垫。运输硝酸铵类炸药、含水炸药、导火索、导爆索时,装车高度不得超过车厢上缘。

⑤ 蒸汽机车进入爆炸材料库区时,机车与最近库房的距离不得小于 50 m,并必须关闭燃烧室和炉灰箱,停止鼓风。机车烟筒必须有挡火星装置的完整的炉灰箱。

(2) 在井筒内运送爆炸材料时,应遵守下列规定:

① 电雷管和炸药必须分开运送;但在开凿或延深井筒时,符合《煤矿安全规程》中的其他规定的,不受此限。同类起爆材料也不受限,如雷管和导火索是可以一同运输的。

② 必须事先通知绞车司机和井上、下把钩工。

③ 运送硝酸甘油类炸药或电雷管时,罐笼内只准放 1 层爆炸材料箱,不得滑动。运送其他类炸药时,爆炸材料箱堆放的高度不得超过罐笼高度的 2/3。如果将装有炸药或电雷管的车辆直接推入罐笼内运送时,车辆必须符合有关安全规程的相关规定。

④ 在装有爆炸材料的罐笼或吊桶内,除爆破工或护送人员外,不得有其他人员。

⑤ 罐笼升降速度,运送硝酸甘油类炸药或电雷管时,不得超过 2 m/s;运送其他类爆炸材料时,不得超过 4 m/s。吊桶升降速度,不论运送何种爆炸材料,都不得超过 1 m/s。司机在启动和停绞车时,应保证罐笼或吊桶不震动。

⑥ 交接班、人员上下井的时间内,严禁运送爆炸材料。

⑦ 禁止将爆炸材料存放在井口房、井底车场或其他巷道内。

(3) 井下用机车运送爆炸材料时,应遵守下列规定:

① 炸药和电雷管不得在同一列车内运输。如用同一列车运输,装有炸药与装有电雷管的车辆之间,以及装有炸药或电雷管的车辆与机车之间,必须用空车分别隔开,隔开长度不

得小于 3 m。

② 硝酸甘油类炸药和电雷管必须装在专用的、带盖的有木质隔板的车厢内,车厢内部应铺有胶皮或麻袋等软质垫层,并只准放 1 层爆炸材料箱。其他类炸药箱可以装在矿车内,但堆放高度不得超过矿车上缘。

③ 爆炸材料必须由井下爆炸材料库负责人或经过专门训练的专人护送。跟车人员、护送人员和装卸人员应坐在尾车内,严禁其他人员乘车。

④ 列车的行驶速度不得超过 2 m/s。

⑤ 装有爆炸材料的列车不得同时运送其他物品或工具。

(4)水平巷道和倾斜巷道内有可靠的信号装置时,可用钢丝绳牵引的车辆运送爆炸材料,但炸药和电雷管必须分开运输,运输速度不得超过 1 m/s。运输电雷管的车辆必须加盖、加垫,车厢内以软质垫物塞紧,防止震动和撞击。

严禁用刮板输送机、带式输送机等运输爆炸材料。

(5)由爆炸材料库直接向工作地点用人力运送爆炸材料时,应遵守下列规定:

① 电雷管必须由爆破工亲自运送,炸药应由爆破工或在爆破工监护下由其他人员运送。

② 爆炸材料必须装在耐压和抗撞冲、防震、防静电的非金属容器内。电雷管和炸药严禁装在同一容器内。严禁将爆炸材料装在衣袋内。领到爆炸材料后,应直接送到工作地点,严禁中途逗留。

③ 携带爆炸材料上、下井时,在每层罐笼内搭乘的携带爆炸材料的人员不得超过 4 人,其他人员不得同罐上下。

④ 在交接班、人员上下井的时间内严禁携带爆炸材料人员沿井筒上下。

三、爆炸材料使用的安全管理

1. 爆炸材料领用的安全管理要点

(1)井上、下接触爆炸材料的人员,必须穿棉布或抗静电衣服。

(2)领取的爆炸材料必须符合国家规定的质量标准和使用条件;井下爆破作业,必须使用煤矿许用炸药和煤矿许用电雷管。不得领用过期或严重变质的爆炸材料。不能使用的爆炸材料必须交回爆炸材料库。

(3)根据生产计划,爆破工作量和消耗定额,确定当班领用爆炸材料的品种、规格和数量,填写爆破工作指示单,由当班班组长审批后签章。

(4)爆破工必须携带"中华人民共和国特种作业人员操作资格证"和班组长签章的爆破工作指示单到爆破材料库领取爆炸材料。

(5)领取爆炸材料时,必须全面检查品种、规格和数量,并从外观上检查其质量。质量不合格的不得领取。

(6)必须在发放硐室领取,不得携带矿灯进入库内。

(7)爆破器材包括各种炸药、导爆管、导爆索、非电导爆系统、起爆药和爆破剂等。严禁将爆破器材发给承包户和个人保存。

2. 爆炸材料清退的安全管理要点

(1)每次爆破作业完成后,爆破工应将爆破的炮眼数,使用爆炸材料的品种、数量、爆破情况、爆破事故及处理情况等,认真填写在爆破作业记录中。

（2）在工作结束后，必须把剩余以及不能使用的爆炸材料收起并交回爆破材料库，并保证每一卷炸药、每一发雷管的来源和去向清楚，保证"实领、实用、缴回"三个环节中爆炸材料的品种，规格和数量相一致。

（3）所领取的爆炸材料不得遗失，不得转交他人，更不得私自销毁、抛弃和挪作他用，严禁私藏爆炸材料。

（4）爆破工在清退爆破器材时，应与库管员要当面点清，做到账、卡、物相符。

四、爆炸材料销毁的安全管理

由于管理不当，贮存条件不好、贮存时间过长或超过保质期，致使爆破材料安全性能不合格或失效变质时，必须及时销毁。

《民用爆炸物品生产、销售企业安全管理规程》（GB 28263—2012）对爆炸材料销毁有诸多规定，现把与煤矿爆破相关的介绍如下：

（1）爆炸材料销毁应建立完整的民爆物品销毁记录，每次销毁均应清点民爆物品的数量，账物应一致，并由参与销毁的主要操作人员共同签字。

（2）销毁工作不应单人进行，销毁操作人员应是专职人员并经培训且考试合格后持证上岗。

（3）用爆炸法、烧毁法进行销毁时，引爆或点火前应发出音响警告信号；在销毁场以外销毁时，应按规定在销毁场地四周安排警戒人员，严格控制所有可能进入危险区域的人员和车辆。

（4）起爆器的手柄或钥匙应始终由指定的爆破工随身携带。爆破工应亲自接通爆破线和启动起爆器，严禁其他人员进行上述作业。

（5）销毁工作结束后应检查和清理现场、熄灭余烬，确认无残留爆炸物后方可离开场地。

（6）企业应建立严格的民爆物品销毁制度，制定具体的销毁安全规程。销毁过程应在技术人员和安全人员的监护下进行。

（7）销毁方法应根据民爆物品的特点采用炸毁法、烧毁法、溶解法或化学分解法。新研制的民爆物品销毁方法应由研制单位经试验后提出，由企业安全负责人和企业技术负责人审批后方可进行。

（8）待销毁的民爆物品严禁在阳光下暴晒；严禁将销毁不彻底的民爆物品随地散失和任意处理。

（9）严禁在夜间、暴风、雷雨、大雪、大雾和风向不定等恶劣天气进行销毁作业。

第四节　爆破事故的致因及预防

一、早爆事故的致因及防治

在正式通电起爆前，雷管、炸药突然爆炸。

1. 早爆的主要原因

（1）杂散电流、静电感应、射频感应电流、雷电等。

（2）雷管脚线或爆破母线与漏电电缆相接触时。

（3）雷管、炸药受到机械冲击、撞击、挤压、摩擦，或者是爆破器具保管不当等。

（4）在一处进行爆破，有可能引起另一处炮眼爆炸等。

2.早爆防治

（1）采取措施减少杂散电流、静电、射频、雷电等感应电流干扰。

（2）电雷管脚线和连接线，脚线与脚线之间的接头，都必须悬空。

（3）将母线扭成短路。

（4）加强机电设备和电缆的检查和维修。

（5）存放炸药、电雷管和装配引药的处所应安全可靠。

（6）使用导爆管雷管或其他更先进雷管取代电雷管。

二、拒爆事故的致因及防治

拒爆是指通电后未能引起炮眼中炸药爆炸的现象。如通电后未出现任何爆炸现象，即为全网路拒爆。

拒爆是爆破作业中最经常发生的爆破故障，且极易造成人身伤亡事故。因此，分析其产生原因，可以找到正确的预防和处理方法，减少和杜绝拒爆、残爆的发生。

1.拒爆的原因

（1）使用的炸药变质、超过保质期。

（2）雷管电阻丝折断；雷管变质或雷管制造质量差。

（3）装药、装炮泥未按规定进行操作，雷管脚线折断或绝缘不良，造成不通电或电流短路。

（4）连接的雷管数超过发爆器的起爆数。

（5）发爆器的电流小或有故障，不能引爆电雷管。

（6）发爆器与爆破母线、母线与脚线、脚线与脚线间连接不实，有短路；或与水、金属、岩石等导体、非导体接触，造成断路、短路、漏电；或阻力大电流不能正常通过，不易起爆；或连线时漏连、误接，使网路中无电流或电流太小。

2.拒爆的预防

（1）不领取变质的炸药和不合格的雷管。

（2）按操作规程的规定装药。装药时用木或竹质炮棍推入孔中，防止损坏或折断雷管脚线。

（3）选用能力足够的发爆器并保持其完好；领取发爆器时认真检查其性能，随班领取，防止碰撞、摔打，严禁用接线柱短路打火的方式检查残余电流；发爆器的起爆能力要大于一次爆破的雷管个数。

（4）在进行发爆器与母线、母线与脚线、脚线与脚线连接时，爆破工的手要洗净擦干再拧接线头并要拧紧。

（5）要保持爆破母线的完好，妥善保管，及时进行处理。

（6）炮眼连线方式不要随意改动。连好线后爆破工要全面检查一次，以防错连或漏连。

3.拒爆的处理方法

通电后如出现全网络不爆时，爆破工必须先取下把手或钥匙，并将爆破母线从电源上摘下，扭结成短路，再等一定时间（使用瞬发电雷管时，至少等 5 min；使用延期电雷管时，至少等 15 min），才可沿线检查，找出拒爆的原因。采取的措施如下：

（1）用欧姆表检查网路并进行爆破处理。

① 若表针读数小于零，说明网路有短路处，应依次检查导线，查出短路处并处理，重新通电起爆。

② 若表针走动小，读数大，说明有连接不良接头，电阻大，应依次检查线路接头，查出后将其扭结牢固，重新爆破。

③ 若表针不走动，说明网路导线或雷管桥丝有折断，此时应改变连线方法，如采用中间并联法（如图 6-14 所示），依次逐段重新爆破，或一眼一放，查出拒爆后，按拒爆处理规定予以处理。

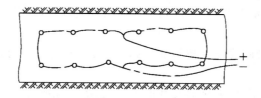

图 6-14　中间并联法

（2）爆破工也可用导通表检测网路，若网路导通，则可重新爆破；若网路不导通，说明有断路，需逐段检查，查出问题加以处理，然后可重新爆破。

处理拒爆时，必须遵守下列规定：

（1）由于连线不良造成的拒爆，可重新连线起爆。

（2）在拒爆炮眼至少 0.3 m 以外另打与拒爆炮眼平行的新炮眼，重新装药起爆。

（3）严禁用镐刨或从炮眼中取出原来放置的起爆药卷或从起爆药卷中拉出电雷管；不论有无残余炸药严禁将炮眼残底继续加深，严禁用压风吹拒爆（残爆）炮眼。

（4）处理拒爆的炮眼爆炸后，爆破工必须详细检查炸落的煤、矸，收集未爆的电雷管。

（5）处理拒爆、残爆时，必须在班组长指导下进行，并应在当班处理完毕。如果当班未能处理完毕，当班爆破工必须在现场向下一班爆破工交接清楚。

三、放空炮事故的致因及防治

1. 放空炮的主要原因

（1）充填炮眼的炮泥质量不好。如以煤块、煤岩粉和药卷纸等作为充填材料或充填的长度不符合规定，致使封泥最小抵抗线的阻力无法克服炸药爆破后的爆破力，由阻力最小处（即炮眼口）冲出，导致空炮。

（2）炮眼间距过大，炮眼方向与最小抵抗线方向重合，两者都会使爆破力由抵抗最弱点冲出，造成眼壁和炮眼口不同程度的破坏，产生空炮。

2. 放空炮的预防方法

（1）充填炮眼的炮泥质量要符合《煤矿安全规程》的规定，水炮泥水量充足，黏土炮泥软硬适度。

（2）保证炮泥的充填长度和炮眼封填质量符合《煤矿安全规程》的规定。

（3）要根据煤、岩层的硬度、构造发育情况和施工要求进行布置炮眼，炮眼的间距、角度和深度要合理，装药量要适当。

四、爆破伤人事故的原因及预防

（一）爆破崩人的原因及预防

1. 爆破崩人的原因

（1）爆破母线短，躲避处选择不当，造成飞煤、飞石伤人。

（2）爆破时，未执行《煤矿安全规程》中有关爆破警戒的规定，有漏警戒的通道，或警戒人员责任心不强，人员误入正在爆破作业的地点。爆破未完成，擅自进入工作面检查、作业。

（3）处理拒爆、残爆未按《煤矿安全规程》规定的程序和方法操作，随意使用《煤矿安全规程》严禁使用的处理方法，致使拒爆炮眼突然爆炸崩人。

（4）通电以后出现拒爆时，等候进入工作面的时间过短，或误认为是电爆网路故障而提前进入，造成崩人。

（5）连线前，电雷管脚线没有扭结成短路，导致杂散电流等通过爆破网路或雷管，造成雷管突然爆炸而崩人。

（6）爆破作业制度不严，发爆器及其把手、钥匙乱扔乱放；任意使用固定爆破母线，造成爆破工作混乱，当工作面有人工作时，另有他人用发爆器通电起爆，造成崩人。

（7）一个采煤工作面使用两个发爆器同时进行爆破。

2. 预防爆破崩人的措施

（1）爆破母线要有足够的长度，躲避处要选择能避开飞石、飞煤袭击的安全地点，掩护物要有足够的强度。

（2）爆破时，安全警戒必须执行《煤矿安全规程》的规定，班组长必须亲自布置专人在警戒线和可能进入爆破地点的所有通路上担任警戒工作。爆破未结束，任何人都不能进入爆破地点；警戒人员必须在安全地点警戒；必须指定责任心强的人当警戒员，一个警戒员不准同时警戒两个通路；警戒位置不能距离爆破地点过近；爆破后，只有在班组长通知解除警戒，方可到爆破地点检查爆破结果及其他情况。

（3）通电以后装药炮眼不响时，如使用瞬发雷管，至少等 5 min，如使用延期电雷管至少等 15 min，方可沿线路检查，找出炮不响的原因，不能提前进入工作面，以免炮响崩人。

（4）爆破工应最后一个离开爆破地点，并按规定发出数次爆破警号，爆破前应清点人数。

（5）采取有效措施，避免因杂散电流造成突然爆炸崩人。

（6）爆破工爆破后要认真、细心地检查工作面爆破情况，以防止遗留拒爆、残爆炮眼。处理拒爆、残爆时必须按《煤矿安全规程》规定的程序和方法操作。

（7）爆破工应妥善保管好炸药、雷管、发爆器及其把手、钥匙，仔细检查煤、岩中有无散落的爆炸材料，以免造成意外伤人。

（二）爆破炮烟熏人的原因及预防

1. 炮烟熏人的原因

（1）掘进工作面停风、或风量不足，风筒有破损漏风处，或局部通风机的风筒口距离迎头太远，无法把炮烟吹散排出。

（2）掘进工作面爆破后，炮烟尚未排除就急于进入爆破地点。

（3）炸药变质引起炸药爆燃，使一氧化碳、氮的氧化物大量增加，导致作业人员中毒的可能性增大。

（4）采煤工作面爆破时，爆破工在回风流中起爆，或爆破距离过近，炮烟浓度大，而又不能及时躲避。

（5）长距离单孔掘进工作面爆破后，炮烟长时间飘流在巷道中，使人慢性中毒。

（6）工作面杂物堆积影响通风或使用串联通风。

（7）未按规定使用水炮泥，封泥长度和质量达不到要求。

2. 预防炮烟熏人的措施

（1）掘进工作面停风或风量不足，或局部通风机的风筒口距离迎头太远时，禁止爆破。对于爆破后出现上述情况时，应采取有效措施，增加迎头风量，如把风筒漏风处堵上等，使炮烟吹散排出。

（2）掘进工作面爆破后，待炮烟吹散吹净，作业人员方可进入爆破地点作业。

（3）不使用硬化、含水量超标、过期变质的炸药。

（4）控制一次爆破量，避免产生的炮烟量超过通风能力。

（5）采掘工作面避免串联通风，回风巷应保证有足够的通风断面，不应在巷道内长期堆积坑木、煤、矸等障碍物。

（6）装药时，要清理干净炮眼内的煤、岩粉和水，保证炸药爆炸时的零氧平衡。

（7）爆破时，除警戒人员以外，其他人员都要在进风巷道内躲避等候；单孔掘进巷道内所有人员要远离爆破地点，同时风量要充足。

（8）作业人员通过较高浓度的炮烟区时，要用潮湿的毛巾捂住口鼻，并迅速通过。

（9）爆破前后。爆破地点附近应充分洒水，以利吸收部分有害气体和煤岩粉。如果条件允许，也可洒一定浓度的碱性溶液，如石灰水等，可以更好地减少炮烟。

（10）炮眼封孔时应使用水炮泥，并且封泥的质量和长度符合作业规程的规定，以抑制有害气体的生成。

五、爆破冒顶事故的原因及防治

1. 爆破冒顶事故的原因

（1）支架不符合质量标准。采煤工作面支柱迎山角不够；支柱支设在浮煤上；支柱初撑力不够；掘进工作面支架架设不正，出现前倾后仰；支架背帮接顶不牢。

（2）炮眼角度不正确。

（3）炮眼排距与煤岩硬度不适应，爆破时有大块矸石爆出。

（4）支架与煤壁间的空隙不够。采煤工作面炮道宽度不够。掘进工作面支架紧靠煤壁。

（5）炮眼浅，装药量过多。

（6）炮泥过软且封泥长度过短。

2. 预防爆破冒顶事故的措施

（1）加固工作面支架。采煤工作面支柱要有迎山角，并符合《煤矿安全规程》的规定，保证其有足够的初撑力，支柱采用打斜撑的方法进行加固。掘进工作面支架必须架正架牢，背帮接顶；支架不采用肩窝加楔、钉拉板、支扣寸等方法加固。

（2）根据岩层硬度、自由面个数、顶（底）板情况确定炮眼位置、个数、角度等。

（3）根据工作面煤岩构造及炮眼深度、角度、个数，合理确定装药量。

（4）支架与煤壁间留足空隙空间。

（5）炮泥硬度适中,封泥长度符合要求。

3.爆破崩倒支架的处理方法

（1）崩倒支架但未造成局部冒顶时,采煤工作面应先检查顶板,清除悬矸,后补齐支柱,支柱必须迎山支稳支牢;掘进工作面应先检查后方支架完好情况,清理好退路,迅速架设支架,并背帮接顶,钉好拉杆或扣寸。

（2）崩倒支架的地方发生局部冒顶时,不得将冒落下来的煤矸全部运出,必须在完整的支架掩护下,用打撞楔的方法处理。

第五节　防止重大爆破事故的措施

一、防止爆破引起瓦斯、煤尘爆炸事故的措施

1.炸药爆炸引起瓦斯、煤尘燃烧和爆炸的机理

炸药爆炸引起瓦斯、煤尘燃烧和爆炸主要有三个原因:

（1）炸药爆炸生成的高温、高压气体是引起瓦斯、煤尘燃烧和爆炸的主要因素。正氧平衡炸药爆炸生成的气体中含有游离氧、氮的氧化物等气体,氧具有较强的氧化作用,氮的氧化物对瓦斯、煤尘的燃烧与爆炸起到催化剂的作用,很容易引起瓦斯、煤尘爆炸。负氧平衡炸药爆炸生成的气体中有一氧化碳、氢气、固体碳,它们与空气接触时,温度可达到 1 800 ℃～3 000 ℃,这个温度远远高于瓦斯、煤尘的爆发点,其作用时间一旦超过瓦斯煤尘的感应时间,就会发火,产生二次火焰,极易引起瓦斯、煤尘爆炸。变质炸药、起爆能不足、填塞不好,可能引起炸药爆炸不完全,产生上述有害气体。爆热和爆温越大,引燃瓦斯的可能性就越大。

（2）炽热固体颗粒与瓦斯、煤尘接触时间超过其感应时间,使瓦斯、煤尘燃烧和爆炸。

（3）炸药爆炸产生空气冲击波,使空气受到绝热压缩,如压缩温度超过瓦斯爆发点,而且冲击波作用时间大于其感应时间,就能使瓦斯、煤尘爆炸。当爆炸点附近有障碍物时,由于冲击波经过折射叠加作用,冲击波的强度将会成倍增加,温度会急剧递增,煤尘经过预热,增大了引起瓦斯、煤尘事故的危险。

2.防止爆破引起瓦斯、煤尘燃烧和爆炸的措施

（1）加强矿井通风管理,确保供给井下足够的新鲜空气,及时稀释、排除瓦斯和煤尘,为安全爆破创造条件。

（2）重视局部通风,局部通风机安装位置合理,严禁掘进工作面出现循环风等隐患。

（3）严格控制采掘工作面爆破处高冒瓦斯及上隅角瓦斯,确保采掘工作面安全爆破。

（4）贯穿巷道爆破,在被贯穿巷道相距 20 m 时,必须停止一个工作面的掘进,停掘的巷道必须保证正常通风,在即将贯通之前,还必须再次检查瓦斯、煤尘。

（5）严格执行"一炮三检制"和"三人连锁爆破制"。

（6）用爆破法破碎井下大块岩石时,严禁采用糊炮或明爆,必须进行打眼,用正规的爆破方法进行破碎,但最小抵抗线不得小于 0.3 m。

（7）井下严禁用明火爆破,在有瓦斯或煤尘爆炸危险的采掘工作面,应采用瞬发电雷管和毫秒延期电雷管爆破。

（8）装药前,必须将炮眼内的碎煤粉清除干净,防止爆破引燃煤尘而造成灾害。

(9) 装药时,必须同时装填水炮泥,在水炮泥以外至炮眼眼口用软硬适度的固体炮泥填充,填充长度符合《煤矿安全规程》的规定。

(10) 爆破必须使用符合安全要求的煤矿许用电雷管和煤矿许用炸药。不使用质量不合格或超过保质期的炸药和雷管,一旦炸药出现爆炸不完全,不仅爆破效果差,而且在含瓦斯、煤尘条件下,可能引起爆炸事故。

(11) 严格控制炮眼的装药量,不能因装药过多而引起爆破事故。

(12) 爆破前,必须执行对工作面进行防尘制度,防尘系统不完善或防尘系统不供水,严禁爆破。

(13) 处理卡在溜煤(矸)眼中的煤、矸采用松动爆破时,必须采用取得煤矿矿用产品安全标志的用于溜煤(矸)眼的煤矿许用刚性被筒炸药或不低于该安全等级的煤矿许用炸药;每次爆破只准使用1个煤矿许用电雷管,最大装药量不得超过 450 g;爆破前必须检查溜煤(矸)眼内堵塞部位的上部和下部空间的瓦斯;爆破前必须洒水。

(14) 在采掘工作面爆破前,必须对支架进行全面加固,防止因爆破打垮支架造成煤尘飞扬和冒顶事故。

二、防止爆破引起火灾事故的措施

(1) 加强入井验身检查制度,井下严禁吸烟和使用明火。

(2) 井口房和通风机房附近 20 m 内,不得有烟火或用火炉取暖。

(3) 井下严禁使用灯泡和电炉。

(4) 在井下和井口房严禁采用可燃性材料搭设临时操作间、休息间。

(5) 井下进行电焊、气焊和喷灯焊接等工作必须符合《煤矿安全规程》的有关规定。

(6) 井下使用的电线、电缆、皮带、风筒等,都必须选用阻燃型材料,尽量选用不燃性支架支护井巷。

(7) 矿井必须设地面消防水池和井下消防管路系统,并满足《煤矿安全规程》的要求。

(8) 矿井水平与水平之间要设置防火门,采区与采区之间的联络石门中设隔爆水棚或岩粉棚。

(9) 矿井必须分水平设立井下消防材料库,库中材料数量要符合相关规定。

(10) 井下通风设施的构筑符合质量标准。

(11) 井下爆破作业必须使用煤矿许用炸药和煤矿许用电雷管,不得使用过期或严重变质的爆破材料。

(12) 井下严禁放明炮和放糊炮。

(13) 严禁非正规方法采煤。

(14) 炮泥软硬适度,封泥长度符合《煤矿安全规程》的规定。

三、防止爆破引起水灾事故的措施

(1) 煤矿企业应查明矿区和矿井的水文地质条件,编制中长期防治水规划和年度防治水计划,并组织实施。

(2) 水文地质条件复杂的矿井,必须针对主要含水层建立地下水动态观测系统,进行地下水动态观测和水害预报,并制定相应的"查、探、放、堵、截、排"综合防治措施。

(3) 地质测量部门要及时向有关部门或单位提供精确的矿井水患资料与图纸。

（4）矿井必须做好水害分析预报，坚持"预测预报有疑必探，先探后掘先治后采"的探放水原则。

（5）采掘工作面探水过程中，出现煤层发潮变暗、煤壁挂汗和挂红、空气变冷、发生雾气，顶板淋水增大，出现压力水流、水叫声；底板鼓起；涌水量增大，出现异状；打眼时发现岩石发软、片帮、来压，在钻孔中水有压力，水量增大，顶钻等异常情况，必须立即停止作业，查明原因，撤出人员，采取有效的防透水措施。

（6）井下防水闸门要时刻保持完好。

（7）若发生突然透水，逃避水灾时，必须向上山方向撤离。

（8）炮眼或掘进工作面有出水征兆，超前距不够或偏离探水方向，掘进工作面迎头支架不牢固或空顶距超过规定时，不允许装药、爆破。

四、防止爆破引起顶板垮塌事故的措施

（1）掘进工作面必须根据岩石性质严格控制空顶距。遇断层、褶曲等地质构造破碎带或层理裂隙发育时，工作面支架必须跟紧迎头。

（2）严格执行敲帮问顶制度，危石必须及时挑下，无法挑下时必须采取可靠的支护措施。

（3）在地质构造带掘进时，必须缩小棚距，并采用拉杆或扣寸等将支架连成一体，防止支架垮落。

（4）严格按作业规程布置炮眼位置、方向和深度，炮眼装药量适度。防止炮眼距煤层顶板太近，或炮眼内装药过多，而在爆破时引起顶板垮塌。

（5）顶板破碎地点必须适当增大炮眼布置的距离，减少装药量。

（6）爆破前，必须检查支柱、支架是否牢固，否则必须及时加固。被爆破崩倒、崩断的支架要及时修复，在空顶距超过规定和支架支护质量低劣的地点禁止爆破。

（7）在掘进工作面开口、巷道贯通前，支架必须采取加固措施。

（8）在煤岩松软、过老巷或采空区下方，必须采取特殊的支架控顶措施。用浅打眼、少装药、放小炮的方法，也可采用不爆破手工掘进方式，尽量减少对顶板的震动和破坏。

（9）炮采工作面支柱必须保证有足够支护强度和密度，上下出口必须加设超前抬棚，设密集支柱或木垛。

【案例 6-1】 ××煤矿掘进工作面爆破引起瓦斯爆炸事故案例

2012年4月23日0时30分，××煤矿2221掘进工作面发生一起瓦斯爆炸事故，造成9人死亡，16人受伤，事故直接经济损失996万元。

1. 矿井概况

矿井属瓦斯矿井，瓦斯相对涌出量6.8 m³/t，煤尘具有爆炸性，2号煤为易自燃煤层，矿井水文条件为简单型。现主采煤层为2号和3号煤层。

事故前井下正在进行2231西翼岩巷、2221东翼煤巷、2231东翼石门掘进作业以及2231东翼回采工作面作业。事故发生在2221东翼煤巷掘进工作面。

该矿煤矿安全管理机构和行政管理机构配有矿长、生产副矿长、安全副矿长、机电副矿长、总工程师，均参加培训并取得了安全资格证书。安全管理机构下设生产技术科、通风安全科、调度室、机电科等，但各职能科室未设专职负责人，由各分管副矿长兼任。煤矿建立了矿领导带班下井制度，但在事故发生当班带班矿领导未下井。

2. 事故发生及抢救经过

事故发生在 2221 东翼煤巷掘进工作面,该工作面为梯形巷道,上宽 2 m,下宽 2.6 m,净高 2.0 m。巷道内设有甲烷传感器。

2221 东翼掘进工作面采用爆破落煤,人工装车,矿车运输,使用 2 号岩石炸药和秒延期电雷管,均未取得 MA 标志,为非煤矿许用炸药和雷管。在实际爆破操作中,采用分次起爆方式,每一循环分 4 次爆破,在事故前爆破后有瓦斯超限现象。

事故发生前,当班井下共有 25 人下井,其中 2221 东翼煤巷掘进工作面 8 人(4 人为中班作业人员,4 人为夜班等待接班人员)。2012 年 4 月 22 日 13 时 30 分许,该煤矿中班人员陆续到达井口,由各班班长召开班前会布置工作任务后,各班人员相继下井,进入各自作业地点工作。约 16 时 30 分,因正在工作的变电站发生故障,全矿停电,根据矿有关规定,停电后井下人员应撤出,约 18 时,井下中班人员全部升井。19 时左右,矿井恢复供电,电工沈××先后恢复了绞车房等地面设备的供电,并给井下中央变电所送电。随后沈××和瓦斯检查工全××一起下井,到达中央变电所向各工作面配电点送电,又先后到各掘进工作面开启了局部通风机,于 21 时左右升井。2221 东翼煤巷掘进工作面中班作业人员由于停电未完成当班进尺,送电后,闫××、石××、刘××、易××4 人于 19 时 50 分再次下井进行打眼爆破作业,其他掘进面也陆续有人下井作业,到事故发生时,井下共有作业人员 25 人。

23 日 0 时 30 分左右,井口信号工赵×发现主井信号长铃不断,副井磕车无法提升,井口有一股烟尘,以为是绞车故障,打电话向井长胡××进行了汇报。约 0 时 40 分,胡××到达井口,安排人员检修绞车,但绞车未发现故障,于是安排准备上夜班的工人李××下井查看情况(1 时 20 分左右)。李××下井 40 多分钟后,未与地面联系,地面电话也无法联系他,随后胡××带领王××下井查看情况。30 多分钟后也一直未和地面联系,井口检身工张××意识到可能出事了,马上打电话向矿长刘×汇报,刘×立即赶到井口,约 3 时左右,王××从主井升井,汇报说井下可能发生了瓦斯爆炸,破坏比较严重。随后赶来的董事长郭××安排人员赶往风井检测气体,测得一氧化碳浓度超出 500 ppm,确定是瓦斯爆炸。

刘×立即带领人员下井抢救并恢复人车运行,郭××安排人员恢复通讯,随后带领王××和张××下井救援。下井了解情况后,郭××安排张××升井通知副矿长菅××,尽快给县政府有关部门汇报,并请求救护队救援。经过全力抢救,到 5 时 40 分左右,受伤的 15 名工人全部升井,一名工人从主井自行爬出。到 23 日 18 时,9 名遇难矿工遗体全部运出地面,事故抢险救援行动结束。

3. 事故原因

(1) 直接原因

该矿 4 月 22 日 16 时 30 分停电后,2221 东翼煤巷掘进工作面停风,造成瓦斯积聚,在矿井恢复供电后,瓦斯排放不彻底。由于工作面分次爆破,爆破落煤后,工作面瓦斯大量涌出,导致作业区域瓦斯进一步积聚并达到爆炸界限。该矿 2221 东翼煤巷掘进工作面使用非煤矿许用 2 号岩石炸药,且采用分次爆破,在最后一次爆破时,抵抗线不足,爆破产生的高温火焰引爆了积聚的瓦斯。

(2) 间接原因

① 该矿未严格执行"一通三防"管理规定,未安排专职瓦斯检查工;未执行"一炮三检"制度,未设置瓦斯电闭锁装置,局部通风管理不到位。

② 该矿违反《煤矿安全规程》有关规定,采购和使用非煤矿许用 2 号岩石炸药和普通秒延期电雷管。

③ 该矿安全管理人员配备不足,安全生产责任制落实不到位,安全管理基础薄弱,未严格落实矿领导带班下井制度。

④ 该矿对职工的安全教育培训不到位,职工对瓦斯的危害性认识程度低,思想麻痹大意,违章作业,自保、互保意识差。

⑤ 该县煤矿安全监管部门对该矿的日常安全监督检查不到位,安全监管工作存在漏洞。

⑥ 该县火工品监管部门对煤矿行业所用雷管炸药缺乏专业认知,审批工作存在漏洞。

4. 防范措施

① 严格执行矿领导带班下井制度,加强现场监督检查,认真执行各项安全管理制度和安全隐患排查制度,真正把煤矿安全生产各项规章制度和技术措施落实到作业班组和岗位,有效防范和遏制煤矿事故。

② 煤矿企业井下使用火工品时应严格遵守《煤矿安全规程》有关规定,严禁没有煤安标志的炸药和雷管入井。

③ 切实做好从业人员的安全教育和培训工作,保证从业人员具备必要的安全生产知识,增强职工自保、互保意识,严格执行"三大规程",坚决杜绝违章指挥和作业。

④ 加强通风队伍建设,完善"一通三防"管理机构,强化"一通三防"的管理工作,进一步建立健全瓦斯管理制度,落实瓦斯防治安全技术措施。

⑤ 加强火工品监管力度,杜绝非煤矿许用火工品进入煤矿使用。

⑥ 加强对煤矿安全监督管理工作,确保对煤矿实施有效监管,切实履行好地方政府煤矿安全监管责任。

第七章　煤矿机电运输提升安全

第一节　煤矿电气安全

一、煤矿电气安全概述

（一）触电危害

1. 电流对人体的作用

煤矿井下空间狭小，淋水大、潮湿、矿尘多、顶板冒落等因素极易造成电缆及电气设备漏电，引发人身触电事故。人身触电事故是指人体触及带电体或人体接近高压带电体时有电流流过人体而造成的人身伤害事故。触电伤害的主要形式可分为电击和电伤两大类。

电击的实质是电流通过人体内部，造成人体内部器官的损伤和破坏，甚至导致死亡。电伤是强电流瞬间通过人体的某一局部或电弧对人体表面造成的烧伤。触电死亡事故多是电击造成。

按照人体触电的方式和电流通过人体的途径，电击触电有三种情况：

（1）单相触电，指人体触及单相带电体的触电事故，对高压触电，人体虽然没有触及，但因超过了安全距离，高压电对人体产生电弧放电，也属于单相触电。

（2）两相触电，指人体同时触及两相带电体的触电事故，危险性很大。

（3）跨步电压触电，当带电体接地有电流流入地下时，电流在接地点周围产生电压降，人在接地处两脚之间出现了跨步电压，由此引起的触电事故叫跨步电压触电。

2. 触电的危险性因素

（1）通过人身电流的大小。通过人身的电流 5 mA 电流时，就有触电感觉，交流在 15~20 mA 以下，直流在 50 mA 以下时，一般对人体伤害较轻。如果长期通过人体工频交流 30~50 mA 就有生命危险。超过上述电流数值，则对人的生命是绝对危险的。因此，我国规定 30 mA·s 为安全电流。流经人身的电流与作用于人身电压有关。作用于人身电压越高则通过人身的电流越大，也就越危险。流经人身电流的大小，与人身电阻有关。人身电阻越大，通过人身电流就越小；人身电阻越小，则通过人身的电流越大，也就越危险。人身电阻是一个变动幅度很大的数值，他随人的皮肤（有无损伤、潮湿程度等）、触电时间、电压等因素而变动，通常我们取人身电阻为 1 000 Ω 作为计算的依据。

（2）触电对人的伤害程度与电流作用于人身的时间有关。即使是安全电流，若流经人体的时间过久，也会造成伤亡事故。这是因为随着电流在人体内维持时间的增加，人体发热出汗，人身电阻会逐渐减小，而电流随之增大。反之，即使流经人身的电流较大，若能在很短的时间内脱离接触，也不致造成生命危险。

（3）触电电流流经人体的途径。电流通过头部会使人立即昏迷，甚至造成死亡；电流通过心脏、呼吸系统和中枢神经系统时,危险性最大。从外部看,左手至脚的触电最危险。

(4)触电电流的频率。常用的 50～100 Hz 的工频交流电对人体伤害最重。直流电比交流电危险性小。

(5)人的精神状态和健康状态。触电伤害程度与人体状况有密切关系。女性比男性对电流敏感性高,身体患病或醉酒的人,由于抵抗能力差,触电后果更为严重。

(二)人身触电原因及预防措施

1. 人身触电原因

(1)作业人员违反《煤矿安全规程》有关规定,带电作业、带电安装、带电检查、修理、处理故障。

(2)不执行停送电制度,停电开关没闭锁、没按要求悬挂"有人工作,严禁送电"警示牌,执行谁停电谁送电安全作业制度不严,误送电。

(3)没设可靠的漏电保护、漏电保护失效或甩掉不用。

(4)不按要求使用绝缘用具,带电拉隔离开关等误操作导致人身触电。

(5)不按要求携带较长的导电材料,在有架线的巷道行走或作业时触及架线。

(6)工作中,触及破损电缆、裸露带电体等。

2. 触电预防措施

(1)井下不得带电检修、搬迁电气设备(包括电缆和电线)。检修或搬迁前,必须切断电源,检查瓦斯,在其巷道风流中瓦斯浓度在 1% 以下时,再用同电源电压相适应的验电笔检验。检验无电后,方可进行导体对地放电。所有开关把手在切断电源时都应闭锁,并悬挂"有人工作,不准送电"牌,只有执行这项工作的人员,才有权取下此牌并送电。

(2)操作井下电气设备,必须遵守下列规定:

① 非专职或值班电气人员,不得擅自操作电气设备。

② 操作高压电气设备主回路时,操作人员必须戴绝缘手套,并穿电工绝缘靴或站在绝缘台上。

③ 手持式电气设备的操作手柄和工作中必须接触的部分,应有良好绝缘。

(3)防止人身触电或接近带电导体。

① 将电气设备的裸露带电部分安装在一定高度,或围以遮拦。《煤矿安全规程》规定,井下电机车架空导线的悬挂高度,自轨面算起不得小于下列数值:在行人的巷道内、车场内以及人行道同运输巷道交叉的地方不小于 2 m;在不行人的巷道内不小于 1.9 m;在井底车场内,从井底到乘车场不小于 2.2 m 等。

② 井下各种电气设备的导电部分和电缆接头都必须封闭在坚固的外壳中,并在操作手柄和盖子之间设置机械闭锁装置,保证电气设备接通电源后不能打开盖子,盖子打开后,便不能接通电源。

③ 各变(配)电所的入口或门口都悬挂"非工作人员,禁止入内"牌,无人值班的变(配)电所,必须关门加锁;井下硐室内有高压电气设备时,入口处和室内都应在明显地点加挂"高压危险"牌。

④ 对人员经常接触的电气设备,采用较低的工作电压。例如井下照明、手持式电气设备、电话、信号装置的额定供电电压,都不应超过 127 V;控制回路电压,不应超过 36 V 等。

(4)井下采用变压器中性点不接地系统,设置漏电保护、保护接地等安全用电技术措施。

（5）严格遵守各项安全用电制度和《煤矿安全规程》相关规定。

二、矿用产品安全标志及识别

（一）防爆电气设备的类型、标志及使用条件

（1）隔爆型电气设备。它是将正常工作或事故状态下可能产生火花的部分放在一个或分放在几个外壳中，这种外壳除了将其内部的火花、电弧与周围环境中的爆炸性气体隔开外，当进入壳内的爆炸性气体混合物被壳内的火花、电弧引爆时外壳不致被炸坏，也不会使爆炸物通过连接缝隙引爆周围环境中的爆炸性气体混合物。这种特殊的外壳叫隔爆外壳。具有隔爆外壳的电气设备叫隔爆型电气设备。隔爆电气设备具有良好的耐爆性，其标志为"d"。

（2）增安型电气设备。对于那些在正常运行条件下不会产生电弧、火花和危险温度的矿用电气设备，为了提高其安全程度，在设备的结构、制造工艺以及技术条件等方面采取一系列措施，从而避免了设备在运行和过载条件下产生火花、电弧和危险温度，实现了电气防爆。能制成增安型电气设备的仅是那些在正常运行中不产生电弧、火花和过热现象的电气设备，如变压器、电动机、照明灯具等电气设备。增安型电气设备的标志是"e"。

（3）本质安全型电气设备。本质安全电路就是在规定的试验条件下，正常工作或规定的故障状态下产生的电火花和热效应均不能点燃规定的爆炸性混合物的电路。全部采用本质安全电路的电气设备称为本质安全型电气设备。本质安全型电气设备是通过限制电路的电气参数（如降低电压、减小电流等），进而限制放电能量实现电气设备防爆的。所以它不需要专门的防爆外壳，这就大大缩小了设备的体积和重量，简化了设备的结构。本质安全型电气设备的标志为"i"。

（4）浇封型电气设备。它是将电气设备有可能产生点燃爆炸性混合物的电弧、火花或高温的部分浇封在浇封剂中，避免这些电气部件与爆炸性混合物接触，从而使电气设备在正常运行或认可的过载和故障情况下均不能点燃周围的爆炸性混合物。浇封型电气设备的标志为"m"。

（5）气密型电气设备。它将电气设备或电气部件置入气密的外壳。这种外壳能防止壳外部可燃性气体进入壳内。气密性电气设备的标志为"h"。

（6）充砂型电气设备。它是在电气设备的外壳内填充石英砂粒，将设备的导电部件或带电部分埋在石英砂防爆填料层之下，使之在规定的条件下，在壳内产生的电弧、传播的火焰、外壳壁或石英砂材料表面温度都不能点燃周围爆炸性混合物。充砂型电气设备的标志为"q"。

（7）正压型电气设备。它是将电气设备置入外壳内（壳内无可燃性气体释放源），将壳内充入保护性气体，并使壳内保护气体的压力高于周围爆炸性环境的压力，以阻止外部爆炸性混合物进入壳内，实现电气设备的防爆。正压型电气设备的标志为"p"。

（8）充油型电气设备。全部或部分部件浸在油内，使设备不能点燃油面以上的或外壳外的爆炸性混合物的防爆电气设备。充油型电气设备的标志为："o"。

（9）无火花型电气设备。它是指在正常运行条件下，不会点燃周围爆炸性混合物，且一般不会发生有点燃作用的故障的电气设备。无火花型电气设备的标志为："n"。

（10）特殊型电气设备。它是指由主管部门制订暂行规定，经国家认可的检验机构检验

证明,具有防爆性能的电气设备。该型防爆电气设备须报国家技术监督局备案。特殊型电气设备的标志为:"s"。

防爆电气设备按使用环境不同分为两类。Ⅰ类是用于煤矿井下的防爆电气设备,主要用于含有甲烷混合物的爆炸性环境。Ⅱ类是用于工厂的防爆电气设备,主要用于含有除甲烷外的其他各种爆炸性环境。矿用防爆型设备铸"Ex"字样和煤矿矿用产品安全标志"MA",适用于有瓦斯煤尘爆炸危险的场所。矿用防爆设备种类较多,但使用最多的是矿用隔爆型设备和本质安全型设备。

为了保证各种类型电气设备在运行中不产生引燃爆炸性混合物的温度,对Ⅱ类电气设备运行时能允许的最高表面温度分为 $T_1 \sim T_6$ 组,分组情况见表7-1。

表 7-1 电气设备的允许最高表面温度

电气设备类型	温度组别	设备允许最高表面温度/℃	说　明
Ⅰ类	—	150	设备表面可能堆积粉尘
	—	450	采取措施防止粉尘堆积
Ⅱ类	T_1	450	$450 \leqslant t$
	T_2	300	$300 \leqslant t < 450$
	T_3	200	$200 \leqslant t < 300$
	T_4	135	$135 \leqslant t < 200$
	T_5	100	$100 \leqslant t < 135$
	T_6	85	$85 \leqslant t < 100$

注:表中 t 为可燃性气体、蒸汽的引燃温度。

（二）防护等级

电气设备应具有坚固的外壳,外壳应具有一定的防护能力,并达到一定的防护等级标准。防护等级就是防外物和防水能力。防外物是指防止外部固体进入设备内部和防止人体触及设备内的带电或运动部分的性能。防水是防止外部水分进入设备内部,对设备产生有害影响的防护性能。

防护等级用字母IP连同两位数字来标志。例如IP43中的IP是外壳防护等级标志,第一位数字4表示防外物4级,第二位数字3表示防水3级。数字越大表示等级越高,要求越严格。防外物共分7级,防水共分9级。

（三）电气间隙和爬电距离

由于煤矿井下空气潮湿、粉尘多、环境温度较高,严重影响电气设备的绝缘性能。为了避免电气设备由于绝缘强度降低而产生短路电弧、火花放电等现象,对电气设备的爬电距离和电气间隙作出了具体规定。只有满足电气间隙的要求,裸露导体之间和它们对地之间才不会发生击穿放电,才能保证电气设备的安全运行。

电气间隙是指两个不同电位的裸露导体之间的最短空气距离,即电气设备中有电位差的金属导体之间通过空气的最短距离。电气间隙通常包括:一是带电零件之间以及带电零件与接地零件之间的最短空气距离,二是带电零件与易碰零件之间的最短空气距离。

（四）防爆电气设备的选用

井下防爆电气设备的选用应按表7-2进行。

表 7-2 　　　　　　　　　　　　　　　　井下电气设备选用规定

使用场所　　　　类　　别	煤(岩)与瓦斯(二氧化碳)突出矿井和瓦斯喷出区域	瓦　斯　矿　井				
		井底车场、总进风巷和主要进风巷		翻车机硐室	采区进风巷	总回风巷、主要回风巷、采区回风巷、工作面和工作面进回风巷
		低瓦斯矿井	①高瓦斯矿井			
1. 高低压电机和电气设备	②矿用防爆型(矿用增安型除外)	矿用一般型	矿用一般型	矿用防爆型	矿用防爆型	矿用防爆型(矿用增安型除外)
2. 照明灯具	③矿用防爆型(矿用增安型除外)	矿用一般型	矿用防爆型	矿用防爆型	矿用防爆型	矿用防爆型(矿用增安型除外)
3. 通信、自动化装置和仪表、仪器	矿用防爆型(矿用增安型除外)	矿用一般型	矿用防爆型	矿用防爆型	矿用防爆型	矿用防爆型(矿用增安型除外)

注:① 使用架线电机车运输的巷道中及该巷道的机电设备硐室内可以采用矿用一般型电气设备(包括照明灯具、通信、自动化装备和仪表、仪器);

② 煤(岩)与瓦斯突出矿井的井底车场的主泵房内,可使用矿用增安型电动机;

③ 允许使用经安全检测鉴定,并取得煤矿矿用产品安全标志的矿灯。

（五）隔爆型电气设备的常见失爆现象

1. 隔爆外壳的失爆现象

(1) 隔爆外壳应清洁完整无损,有清晰的防爆标志和安全标志。

(2) 隔爆外壳有裂纹、开焊、严重变形的为失爆。严重变形指变形长度超过 50 mm,同时深度凸凹深度超过 5 mm 者。

(3) 隔爆壳内外有锈皮脱落为失爆。

(4) 闭锁装置不全,变形损坏起不到闭锁作用的为失爆。

(5) 隔爆室的观察窗口的透明板松动,破裂或使用普通玻璃的为失爆。

(6) 隔爆设备隔爆腔之间严禁直接贯通,去掉防爆设备接线盒内隔爆绝缘座为失爆。

(7) 螺纹隔爆结构螺距的最少啮合扣数、最小拧入深度不符合规定,拧紧程度用手再拧入半圈以上者。

2. 隔爆结合面的失爆现象

(1) 隔爆结合面的最小宽度 L 和最大间隙 W 符合规定,不符合的为失爆。

(2) 隔爆结合面的缺陷或机械伤痕,将其伤痕两侧高于无伤表面的凸起部分磨平后,不得超过下列规定:

① 隔爆面上对局部出现的直径不大于 1 mm,深度不大于 2 mm 的砂眼,在 40、25、15 mm 有效长度的隔爆面上,每 1 cm² 范围内不超过 5 个;10 mm 有效长度的隔爆面上不得超过 2 个。

② 产生的机械伤痕,宽度与深度不大于 0.5 mm,其长度应保证剩余无伤隔爆面有效长度不小于规定长度的 2/3。

(3) 隔爆接合面不得有锈蚀及油漆,应涂防锈油或磷化处理。如有锈迹,用棉纱擦净后,留有青褐色氧化亚铁云状痕迹,用手摸无感觉者仍算合格。涂防锈油时,应在隔爆面上形成一层薄膜为宜,涂油过多为不完好;油不得干硬,油中不得有机械性杂物或其他颗粒状杂物(油脏为不完好)。

(4)隔爆结合面的表面粗糙度 Ra 不大于 $6.03~\mu m$;操纵杆的表面粗糙度 Ra 不大于 $3.2~\mu m$。

(5)隔爆接合面法兰厚度小于原设计的 85% 为失爆。

(6)用螺栓固定的隔爆接合面在下列情况下使间隙过大而失爆:

① 缺螺栓、弹簧垫圈等防松装置;

② 弹簧垫圈未压平或螺栓松动;

③ 螺栓或螺孔滑扣,未采取规定措施。

(7)同一部件螺栓、螺母等规格应一致,螺母必须上满扣,否则为失爆。

(六)防爆电气设备的安全检查

1. 矿井电气设备选用

煤矿井下周围环境气体中爆炸性气体瓦斯的浓度,随着工作地点不同变化很大。因此,煤矿井下电气设备包括小型电器,必须根据工作地点不同进行选择,并符合有爆炸危险环境场所的规定要求。

2. 隔爆型电气设备的安全检查

(1)隔爆型电气设备是否经过考试合格的防爆电气设备检查员检查其安全性能,并取得合格证。

(2)外壳完整无损,无裂痕和变形。

(3)外壳的紧固件、密封件、接地件是否齐全完好。

(4)隔爆接合面的间隙、有效宽度和粗糙度是否符合规定,螺纹隔爆结构的拧入深度和啮合扣数是否符合规定。

(5)电缆接线盒和电缆引入装置是否完好,零部件是否齐全,有无缺损,电缆连接是否牢固、可靠。与电缆连接时一个电缆引入装置是否只连接一条电缆;密封圈外径与电缆引入装置内径之差,是否大于 $2~mm$;电缆与密封圈之间是否包扎其他物;不用的电缆引入装置是否用厚度不小于 $2~mm$ 钢板堵死。

(6)连锁装置功能完整,保证电源接通打不开盖,开盖送不上电;内部电气元件、保护装置是否完好无损、动作可靠。

(7)接线盒内裸露导电芯线之间的空气间隙,$660~V$ 时是否小于 $10~mm$;$380~V$ 以下是否不小于 $6~mm$;导电芯线是否有毛刺,上紧接线螺母时是否压住绝缘材料;外壳内部是否随意增加了元部件,是否能防止某些电气距离小于规定值。

(8)在设备输出端断电后,壳内仍有带电部件时,是否在其上装设防护绝缘盖板,并标明"带电"字样,以防止人身触电事故。

(9)接线盒内的接地芯线是否比导电芯线长,即使导线被拉脱,接地芯线仍保持连接;接线盒内保持清洁,无杂物和导电线丝。

(10)隔爆型电气设备安装地点有无滴水、淋水,周围围岩是否坚固;设备放置是否与地平面垂直,最大倾斜角度不得超过 $15°$。

(11)是否使用失爆设备及失爆的小型电器。

第二节　井下供电系统与电气设备安全管理

一、井下供电系统安全管理

（一）供电系统双回路分列运行的安全管理及检查要点

1. 矿井供电系统

矿井供电系统的选择，取决于矿区范围、煤层倾角、埋藏深度、设计年产量、开采方式、涌水量大小以及机械化、电气化程度等因素。典型的矿井供电系统主要有深井、浅井、平硐三种形式。

（1）深井供电系统

对于开采煤层较深、年产量大的矿井，通常经过井筒将 6 kV（或 3 kV）高压电能送入井下，一般将这种供电方式称为深井供电。深井供电系统的特征是高压电能用电缆送到井下，并直接送到采区，如图 7-1 所示。它的一般供电模式为：地面变电所——井下中央变电所——采区变电所（或移动变电站）——工作面配电点。

为保证供电可靠性，在地面变电所和井下中央变电所都采用单母线分段。所有主要用电设备均与两段母线连接，当任意一段母线发生故障或检修时，主要用电设备均可由另一段母线供电。井下一、二级负荷一般占大部分，故依《煤矿安全规程》规定，井下中央变电所的电源引入线至少要用两条电缆，且它们应分接于地面变电所的不同母线段上；在正常工作时，诸段同时运行，而在任一回路停止供电时，其余回路应能承担井下全部负荷的供电。为便于在井筒中安装和敷设，一般要求下井电缆的截面不超过 120 mm²。

（2）浅井供电系统

如果煤层埋藏较浅，且电力负荷较小，可通过井筒或钻孔将低电压（660 kV）送入井下，这种供电方式称为浅井供电。如图 7-2 所示为浅井供电系统，其特征是高压电能不下井，而是由地面变电所的 380 V 或 660 V 低压电经过井筒中的低压电缆直接送到井底车场的配电所（取代了井下中央变电所），供井底车场附近的低压动力和照明用电。

供电系统究竟采用哪种供电方式，应根据矿井的具体情况经技术经济比较后确定，如建井初期采用浅井供电，后期则采用深井供电。但无论采用哪种供电方式，都必须符合供电可靠、安全和经济的原则。

2.《煤矿安全规程》对矿井供电的要求

（1）矿井应有两回路电源线路。当一回路发生故障停止供电时，另一回路应能担负矿井全部负荷。

（2）对井下各水平中央变（配）电所、主排水泵房和下山开采的采区排水泵房供电的线路，不得小于两回路。当任一回路停止供电时，其余回路应能负担全部负荷。主要通风机、提升人员的立井绞车、抽放瓦斯泵等主要设备房，应各有两回路直接由变（配）电所馈出的供电线路；条件受限制时，其中一回路可引自上述同种设备房的配电装置。

上述供电线路应来自各自的变压器和母线段，线路上不应分接任何负荷。

上述设备的控制回路和辅助设备，必须有与主要设备同等可靠的备用电源。

（3）严禁井下配电变压器中性点直接接地。严禁由地面中性点直接接地的变压器或发电机直接向井下供电。

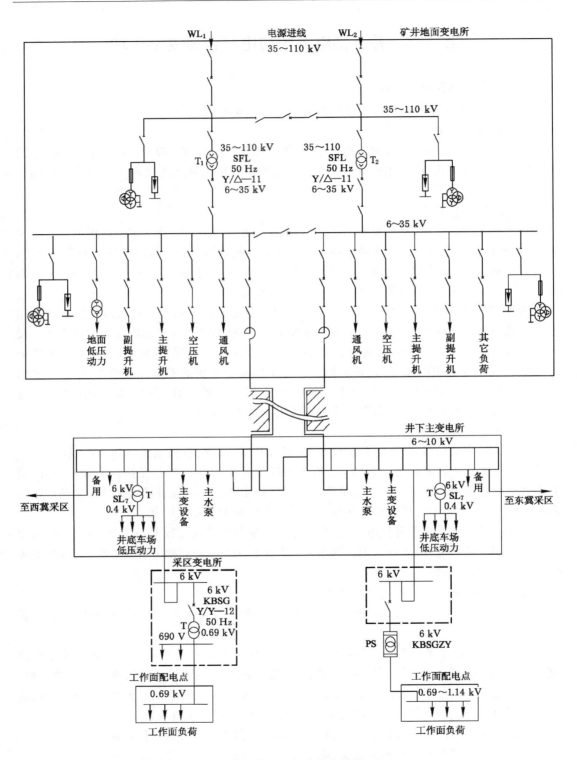

图 7-1　典型的深井供电系统

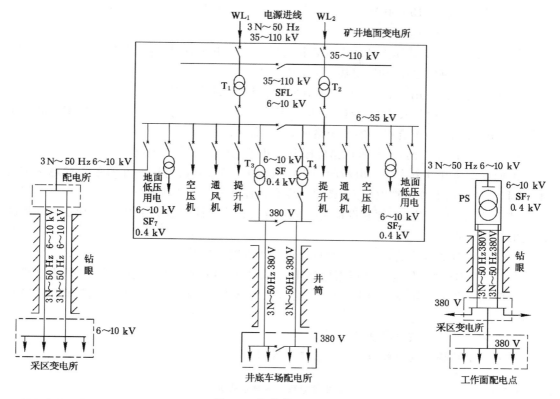

图 7-2　浅井供电系统图

（4）经由地面架空线引入井下供电线路和电机车架线,必须在入井处装设避雷装置;由地面直接入井的轨道,露天架空引入(出)的管路,必须在井口附近将金属体进行不少于两处的良好的集中接地;通信线路必须在入井处装设熔断器和避雷装置。

（5）井下低压配电系统同时存在 2 种或 2 种以上电压时,低压电气设备上应明显地标出其电压额定值。

（6）矿井必须备有井上、下配电系统图,井下电气设备布置示意图和电力、电话、信号、电机车等路线平面敷设示意图,并随着情况变化定期填绘。同时图中应注明:

① 电动机、变压器、配电设备、信号装置、通信装置等装设地点。

② 每一设备的型号、容量、电压、电流种类及其技术性能。

③ 馈出的短路、过负荷保护的整定值,熔断器熔体的额定电流值以及被保护干线和支线最远点两相短路电流值。

④ 线路电缆的用途、型号、电压、截面和长度。

⑤ 保护接地装置的安设地点。

（7）电气设备不应超过额定值运行。

井下防爆设备变更额定值使用和进行技术改造时,必须经国家授权的矿用产品质量监督检验部门检验合格后,方可投入运行。

（8）井下各级配电电压和各种电气设备的额定电压等级,应符合下列要求:

① 高压,不超过 10 000 V。

② 低压,不超过 1 140 V。

③ 照明、信号、电话和手持式电气设备的供电额定电压,不超过 127 V。

④ 远距离控制线路的额定电压,不超过 36 V。

采区电气设备使用 3 300 V 供电时,必须制定专门的安全措施。

(9) 防爆电气设备入井前,应检查其"产品合格证"、"防爆合格证"、"煤矿矿用产品安全标志"及安全性能;检查合格并签发合格证后,方准入井。

(10) 矿井高压电网,必须采取措施限制单相接地电容电流不超过 20 A。

地面变电所和井下中央变电所的高压馈电线上,必须装设有选择性的单相接地保护装置;供移动变电站的高压馈电线上,必须装设有选择性的动作于跳闸的单相接地保护装置。

井下低压馈电线上,必须装设检漏保护装置或有选择性的漏电保护装置,保证自动切断漏电的馈电线路。

每天必须对低压检漏装置的运行情况进行 1 次跳闸试验。

(11) 直接向井下供电的高压馈电线上,严禁装设自动重合闸。手动合闸时,必须事先同井下联系。井下低压馈电线上有可靠的漏电、短路检测闭锁装置时,可采用瞬间 1 次自动复电系统。

3. 矿井供电系统安全检查要点

矿井供电系统的安全检查要点见表 7-3 所列。

表 7-3　　　　　　　　　　　矿井供电系统安全检查要点

序号	检查项目及内容	检查情况	备注
1	应由两回路电源线路		
2	两回电源线路都不得分接任何负荷		
3	矿井电源应采用分列运行方式		
4	任一回路均能担负矿井全部负荷		
5	严禁装设负荷定量器		
6	10 kV 及其以下的矿井架空电源线路不得共杆架设		
7	严禁井下变压器中性点直接接地		
8	电气设备不应超过额定值运行		
9	硐室外严禁使用油浸式低压电气设备		
10	井上下必须设防雷电装置		

(二) 井下低压电网保护及安全检查要点

1. 漏电保护

当电气设备或导线的绝缘损坏或人体触及一相带电体时,电源和大地形成回路,有电流流过的现象,称为漏电。

(1) 漏电的原因

① 电缆和电气设备长期过负荷运行,使绝缘老化而造成漏电。

② 运行中的电气设备受潮或进水,造成对地绝缘电阻下降而漏电。

③ 电缆与设备连接时,接头不牢,运行或移动时接头松脱,某相碰壳而造成漏电。

④ 电气设备内部随意增加电气元件,使外壳与带电部分之间电气间隙小于规定值,造成某一相对外壳放电而发生接地漏电。

⑤ 橡套电缆受车辆或其他器械的挤压、碰砸等,造成相线和地线破皮或护套破坏,芯线裸露而发生漏电。

⑥ 铠装电缆受到机械损伤或过度弯曲而产生裂口或缝隙,长期受潮或遭水淋使绝缘损坏而发生漏电。

⑦ 电气设备内部遗留导电物体,造成某一相碰壳而发生漏电。

⑧ 设备接线错误,误将一相火线接地或接头毛刺太长而碰壳,造成漏电。

⑨ 移动频繁的电气设备的电缆反复弯曲使芯线部分折断,刺破电缆绝缘与接地芯线接触而造成漏电。

⑩ 操作电气设备时,产生弧光放电造成一相接地而漏电。

(2) 漏电的危害

漏电会给人身、设备以致矿井造成很大威胁,其危害主要有四个方面:

① 人接触到漏电设备或电缆时会造成触电伤亡事故。

② 漏电回路中碰地、碰壳的地方可能产生电火花,有可能引起瓦斯煤尘爆炸。

③ 漏电回路上各点存在电位差,若电雷管引线两端接触不同电位的两点,可能使雷管爆炸。

④ 电气设备漏电时不及时切断电源会扩大为短路故障,烧毁设备,造成火灾。

(3) 漏电保护

① 保护方式:漏电保护、选择性漏电保护、漏电闭锁。

② 漏电保护的作用:监视电网绝缘;迅速切断漏电故障线路的电源,防止漏电故障引发各种危害;补偿电容电流。

(4) 安全检查重点

① 值班电工是否每天对检漏继电器运行情况进行一次检查和试跳,是否有试验记录。

② 电缆与设备连接是否牢固(各接头、触点接触是否良好,有无松动脱落或烧毁的现象)。

③ 漏电保护是否甩掉不用。

2. 过流保护

(1)过电流原因

过电流是指流过电气设备和电缆的实际电流超过额定值。其现象有短路、过负荷和断相。

① 短路:煤矿井下供电系统,其短路故障可分为两相短路和三相短路。短路电流不流经负载,这时电流很大,可达额定电流的几倍、几十倍,甚至更大,其危害是能够在极短时间内烧毁电气设备,引起火灾或引起瓦斯、煤尘爆炸事故。

② 过负荷:流过电气设备和电缆的实际电流超过其额定电流和允许过负荷时间。其危害是电气设备和电缆出现过负荷后,温度将超过所用绝缘材料的最高允许温度,损坏绝缘,如不及时切断电源,将会发展成漏电和短路事故。

电气设备和电缆过负荷的原因主要有以下几个方面:

a. 电气设备和电缆的容量选择过小，致使正常工作时负荷电流超过了额定电流。

b. 对生产机械的误操作，例如在刮板输送机机尾压煤的情况下，连续点动启动，就会在启动电流的连续冲击下引起电动机过热，甚至烧毁。

c. 电源电压过低或电动机机械性堵转都会引起电动机过负荷。

③ 断相：三相交流电动机的一相供电线路或一相绕组断线。此时，运行中的电动机叫单相运行，由于其转矩比三相运行时小得多，在其所带负载不变的情况下，必然过负荷，甚至烧毁电动机。

造成断相的原因有：断路器有一相熔断；电缆与电动机或开关的接线端子连接不牢而脱落等。

（2）过流保护的目的

过流保护的目的，就是线路或电气设备发生过流故障时，能及时切断电源，防止过电流故障引发电气火灾、烧毁设备等现象。

（3）过流保护安全检查重点

① 所有电气设备的额定电流应大于或等于它的长时最大实际工作电流。

② 电缆截面的选择是否符合设备容量的要求。

③ 高、低压开关设备切断短路电流的能力。

④ 熔断保护中的熔丝是否用铜丝、铁丝代替。

⑤ 继电保护整定是否合理，能否切断最小短路电流。

3. 保护接地

保护接地：在变压器中性点不接地系统中，将电气设备正常情况下不带电的金属外壳及构架等与大地作良好的电气连接。

漏电保护的侧重点是故障发生后的跳闸时间，一旦发生漏电或人身触电，应尽快切断电源，将故障存在的时间减少到最短。井下保护接地的侧重点，在于限制裸露漏电电流和人身触电电流的大小，最大限度地降低严重的程度。两种保护在煤矿井下低压电网中相辅相成，缺一不可，它们对保证井下低压电网的安全运行具有重要作用。

（1）《煤矿安全规程》对保护接地的规定

① 电压在 36 V 以上和由于绝缘损坏可能带有危险电压的电气设备的金属外壳、构架，铠装电缆的钢带（或钢丝）、铅皮或屏蔽护套等必须有保护接地。

② 接地网上任一保护接地点的接地电阻值不得超过 2 Ω。每一移动式和手持式电气设备至局部接地极之间的保护接地用的电缆芯线和接地连接导线的电阻值，不得超过 1 Ω。

③ 所有电气设备的保护接地装置（包括电缆的铠装、铅皮、接地芯线）和局部接地装置，应与主接地极连接成一个总接地网。

④ 主接地极设置地点：

a. 主接地极应在主、副水仓中各埋设 1 块。主接地极应用耐腐蚀的钢板制成，其面积不得小于 0.75 m²、厚度不得小于 5 mm。

b. 在钻孔中敷设的电缆不能与主接地极连接时，应单独形成一分区接地网，其接地电阻值不得超过 2 Ω。

c. 矿井各个水平都要设立主接地极。若该水平无水仓，则该水平的接地网必须与其他水平的主接地极连接。

d. 矿井内分区从井上独立供电者,可单独设主接地极,其总接地电阻值不超过 2 Ω。

⑤ 应装设局部接地极的地点:

a. 采区变电所(包括移动变电站和移动变压器房)。

b. 装有电气设备的硐室和单独装设的高压电气设备。

c. 低压配电点或装有 3 台以上电气设备的地点。

d. 无低压配电点的采煤机工作面的运输巷、回风巷、集中运输巷(胶带运输巷)以及由变电所单独供电的掘进工作面,至少应分别设置 1 个局部接地极。

e. 连接高压动力电缆的金属连接装置。

⑥ 局部接地极可设置于巷道水沟内或其他就近的潮湿处。设置在水沟中的局部接地极应用面积不小于 0.6 m² 、厚度不小于 3 mm 的钢板或具有同等有效面积的钢管制成,并应平放于水沟深处。设置在其他地点的局部接地极,可用直径不小于 35 mm、长度不小于 1.5 m 的钢管制成,管上应至少钻 20 个直径不小于 5 mm 的透孔,并垂直全部埋入底板;也可用直径不小于 22 mm、长度为 1 m 的 2 根钢管制成,每根管上应钻 10 个直径不小于 5 mm 的透孔,2 根钢管相距不得小于 5 m,并联后垂直埋入底板,垂直埋深不得小于 0.75 m。

⑦ 连接主接地极的接地母线,应采用截面不小于 50 mm² 的铜线,或截面不小于 100 mm² 的镀锌铁线,或厚度不小于 4 mm、截面不小于 100 mm² 的扁钢。

电气设备的外壳与接地母线或局部接地极的连接,电缆连接装置两头的铠装、铅皮的连接,应采用截面不小于 25 mm² 的铜线,或截面不小于 50 mm² 的镀锌铁线,或厚度不小于 4 mm、截面不小于 50 mm² 的扁钢。

⑧ 橡套电缆的接地芯线,除用作监测接地回路外,不得兼作他用。

(2) 保护接地安全检查重点

① 主接地极、局部接地极是否按《煤矿安全规程》设置。

② 保护接地线是否完整,接头是否松动、锈蚀,接地线是否断裂、或断面减小。

③ 每台电气设备是否单独与接地母线连接。

④ 接地线与接地母线连接是否焊接。用螺钉连接是否用镀锌、镀锡螺钉和螺母接牢。

(三)"三专两闭锁"及双风机双电源的安全管理要点

1. "三专两闭锁"及双风机双电源的作用

(1) "三专"的作用:对局部通风机实行专用变压器、专用开关、专用线路供电来保证供电的连续性,不间断地向掘进工作面通风。

(2) 风电闭锁的作用:是掘进动力设备工作前应先通风吹散瓦斯,当瓦斯浓度降到 1.0% 以下时,再开动掘进动力设备;由于故障原因局部通风机停止通风时,掘进动力设备也同时停电,这样可防止由于电火花或机械火花引起的瓦斯爆炸事故。

(3) 瓦斯电闭锁的作用是:由于瓦斯喷出量大时局部通风机不能将其及时吹散或稀释,则由瓦斯监控系统对掘进工作面的动力电源实行闭锁。当瓦斯浓度达到 1% 时,瓦斯监控器发生警报;当瓦斯达到 1.5% 时,立即切断掘进工作面的动力电源,防止电火花和机械火花引起瓦斯爆炸。

(4) 双风机双电源的作用:当正常工作的局部通风机故障时,备用局部通风机能自动启动,保持掘进工作面正常通风。

2.《煤矿安全规程》对"三专两闭锁"及双风机双电源的规定

(1) 高瓦斯矿井、煤(岩)与瓦斯(二氧化碳)突出矿井、低瓦斯矿井中高瓦斯区的煤巷、半煤岩巷和有瓦斯涌出的岩巷掘进工作面正常工作的局部通风机必须配备安装同等能力的备用局部通风机,并能自动切换。正常工作的局部通风机必须采用"三专"(专用开关、专用电缆、专用变压器)供电,专用变压器最多可向4套不同掘进工作面的局部通风机供电;备用局部通风机电源必须取自同时带电的另一电源,当正常工作的局部通风机故障时,备用局部通风机能自动启动,保持掘进工作面正常通风。

(2) 其他掘进工作面和通风地点正常工作的局部通风机可不配备安装备用局部通风机,但正常工作的局部通风机必须采用"三专"供电;或正常工作的局部通风机配备安装一台同等能力的备用局部通风机,并能自动切换。正常工作的局部通风机和备用局部通风机的电源必须取自同时带电的不同母线段的相互独立的电源,保证正常工作的局部通风机故障时,备用局部通风机正常工作。

(3) 正常工作和备用局部通风机均失电停止运转后,当电源恢复时,正常工作的局部通风机和备用局部通风机均不得自行启动,必须人工开启局部通风机。

(4) 使用局部通风机供风的地点必须实行风电闭锁,保证当正常工作的局部通风机停止运转或停风后能切断停风区内全部非本质安全型电气设备的电源。正常工作的局部通风机故障,切换到备用局部通风机工作时,该局部通风机通风范围内应停止工作,排除故障;待故障被排除,恢复到正常工作的局部通风后方可恢复工作。使用2台局部通风机同时供风的,2台局部通风机都必须同时实现风电闭锁。

3. 安全检查重点

(1) 正常工作的局部通风机必须采用"三专"供电。

(2) 正常工作的局部通风机配备安装一台同等能力的备用局部通风机,并能自动切换。

(3) 正常工作的局部通风机和备用局部通风机的电源必须取自同时带电的不同母线段的相互独立的电源。

(4) 使用局部通风机供风的地点必须实行风电闭锁和瓦斯电闭锁。

二、电气设备与机电硐室的安全管理

1. 电气设备安全管理的内容

(1) 井下不得带电检修、搬迁电气设备、电缆和电线。检修或搬迁前,必须切断电源,检查瓦斯,在其巷道风流中瓦斯浓度低于1.0%时,再用与电源电压相适应的验电笔检验;检验无电后,方可进行导体对地放电。控制设备内部安有放电装置的,不受此限。所有开关的闭锁装置必须能可靠地防止擅自送电,防止擅自开盖操作,开关把手在切断电源时必须闭锁,并悬挂"有人工作,不准送电"字样的警示牌,只有执行这项工作的人员才有权取下此牌送电。

(2) 容易碰到的、裸露的带电体及机械外露的转动和传动部分必须加装护罩或遮栏等防护设施。

(3) 井下安全供电"十不准"制度:

① 不准带电检修;

② 不准甩掉无压释放器、过电流保护装置。

③ 不准甩掉漏电断电器、煤电钻综合保护装置和局部通风机风电、瓦斯电闭锁装置。

④ 不准明火操作、明火打点、明火爆破。

⑤ 不准用铜、铝、铁等代替保险丝。

⑥ 停风、停电的采掘工作面,未经检查瓦斯,不准送电。

⑦ 有故障的线路不准强行送电。

⑧ 电气设备的保护装置失灵后,不准送电。

⑨ 失爆电气设备,不准使用。

⑩ 不准在井下拆卸矿灯。

(4)"三无"、"四有"、"两齐"、"三全"、"三坚持"制度:

"三无":无"鸡爪子"、无"羊尾巴"、无明接头。

"四有":有过流和漏电保护装置、有螺丝和弹簧垫、有密封圈和挡板、有接地装置。

"两齐":电缆吊挂整齐、设备硐室清洁整齐。

"三全":防护装置全、绝缘用具全、图纸资料全。

"三坚持":坚持使用检漏继电器,坚持使用煤电钻照明和信号综合保护装置,坚持使用风电、瓦斯电闭锁。

2. 机电硐室的安全管理要点

(1)永久性井下中央变电所和井底车场内的其他机电设备硐室,应砌碹或用其他可靠的方式支护。采区变电所应用不燃性材料支护。

硐室必须装设向外开的防火铁门。铁门全部敞开时,不得妨碍运输。铁门上应装设便于关严的通风孔。装有铁门时,门内可加设向外开的铁栅栏门,但不得妨碍铁门的开闭。

从硐室出口防火铁门起 5 m 内的巷道,应砌碹或用其他不燃性材料支护。硐室内必须设置足够数量的扑灭电气火灾的灭火器材。

井下中央变电所和主要排水泵房的地面标高,应分别比其出口与井底车场或大巷连接处的底板标高高出 0.5 m。

(2)采掘工作面配电点的位置和空间必须能满足设备检修和巷道运输、矿车通过及其他设备安装的要求,并用不燃性材料支护。

(3)变电硐室长度超过 6 m 时,必须在硐室的两端各设 1 个出口。

(4)硐室内各种设备与墙壁之间应留出 0.5 m 以上的通道,各种设备之间,应留出 0.8 m 以上的通道。对不需从两侧或后面进行检修的设备,可不留通道。

(5)带油的电气设备必须设在机电设备硐室内,严禁设集油坑。

硐室不应有滴水。硐室的过道应保持畅通,严禁存放无关的设备和物件。带油的电气设备溢油或漏油时,必须立即处理。

(6)硐室入口处必须悬挂"非工作人员禁止入内"字样的警示牌。硐室内必须悬挂与实际相符的供电系统图。硐室内有高压电气设备时,入口处和硐室内必须在明显地点悬挂"高压危险"字样的警示牌。

采区变电所应设专人值班。无人值班的变电硐室必须关门加锁,并有值班人员巡回检查。

硐室内的设备,必须分别编号,标明用途,并有停送电的标志。

三、矿用电缆的安全使用

1. 矿电电缆分类

矿用电缆分为铠装电缆、矿用橡套软电缆和塑料电缆三种。

（1）铠装电缆：就是用钢丝或钢带把电缆铠装起来。其最大优点是纸的绝缘强度高，适用作高压电缆，在井下多用于对固定设备和半固定设备供电。由于钢丝或钢带耐拉力强，所以钢丝铠装电缆多用于立井井筒或急倾斜巷道中；而钢带铠装电缆多用于水平巷道或缓倾斜巷道。铠装电缆的导线芯线有铝线和铜线两种，所以分为铝芯和铜芯两种电缆。为了使电缆柔软，芯线多由多根细铝线或细铜线绞合而成。铝芯电缆的优点是重量轻，价格便宜。但铝芯的接头不好处理，容易氧化，造成接触不良而发热；特别是在出现短路故障时，有短路电弧产生的灼热铝粉，更容易引起矿井瓦斯和煤尘爆炸。

（2）矿用橡套电缆：分普通橡套电缆、阻燃橡套电缆和屏蔽橡套电缆三种。对于井下移动设备的供电，多采用柔软性好、能够弯曲的橡套电缆。

① 普通橡套电缆的外护套由天然橡胶制成。由于天然橡胶可以燃烧，而且燃烧分解出的气体有助燃作用，容易造成火灾，所以特别是有瓦斯、煤尘爆炸危险的煤矿井下，不宜使用普通橡套电缆。

② 阻燃橡套电缆的护套采用氯丁橡胶制成。氯丁橡胶同样可以燃烧，但燃烧分解产生氯化氢气体，将火焰包围起来，使它与空气隔离，因而很快熄灭，不会沿电缆继续燃烧。因此煤矿井下应使用这种阻燃橡套电缆。

③ 屏蔽电缆：每根主芯线的橡胶绝缘内护套的外面，缠绕有用导电橡胶带制成的屏蔽层；接地芯线的外面没有橡胶绝缘，而是直接缠绕有导电橡胶带；电缆中心的垫心，也是用导电橡胶制作。

（3）塑料电缆：允许工作温度高，绝缘性能好，护套耐腐蚀，敷设的落差不受限制等。若电缆外部有铠装的，则与铠装电缆的使用条件相同；若外部无铠装，则与橡套电缆的使用条件相同。因此在条件许可时，应尽量采用塑料电缆。

2. 井下电缆的选用应遵守的规定

（1）电缆敷设地点的水平差应与规定的电缆允许敷设水平差相适应。

（2）电缆应带有供保护接地用的足够截面的导体。

（3）严禁采用铝包电缆。

（4）必须选用取得煤矿矿用产品安全标志的阻燃电缆。

（5）电缆主线芯的截面应满足供电线路负荷的要求。

（6）对固定敷设的高压电缆：

① 在立井井筒或倾角为45°及其以上的井巷内，应采用聚氯乙烯绝缘粗钢丝铠装聚氯乙烯护套电力电缆、交联聚乙烯绝缘粗钢丝铠装聚氯乙烯护套电力电缆。

② 在水平巷道或倾角在45°以下的井巷内，应采用聚氯乙烯绝缘钢带或细钢丝铠装聚氯乙烯护套电力电缆、交联聚乙烯钢带或细钢丝铠装聚氯乙烯护套电力电缆。

③ 在进风斜井、井底车场及其附近、中央变电所至采区变电所之间，可以采用铝芯电缆，其他地点必须采用铜芯电缆。

④ 固定敷设的低压电缆，应采用 MVV 铠装或非铠装电缆或对应电压等级的移动橡套软电缆。

⑤ 非固定敷设的高低压电缆,必须采用符合 MT818 标准的橡套软电缆。移动式和手持式电气设备应使用专用橡套电缆。

（7）照明、通信、信号和控制用的电缆,应采用铠装或非铠装通信电缆、橡套电缆或 MVV 型塑力缆。

（8）低压电缆不应采用铝芯,采区低压电缆严禁采用铝芯。

3. 敷设电缆(与手持式或移动式设备连接的电缆除外)应遵守的规定

（1）电缆悬挂:

① 在水平巷道或倾角在 30°以下的井巷中,电缆应用吊钩悬挂。

② 在立井井筒或倾角在 30°及其以上的井巷中,电缆应用夹子、卡箍或其他夹持装置进行敷设。夹持装置应能承受电缆重量,并不得损伤电缆。

（2）水平巷道或倾斜井巷中悬挂的电缆应有适当的弛度,并能在意外受力时自由坠落。其悬挂高度应保证电缆在矿车掉道时不受撞击,在电缆坠落时不落在轨道或输送机上。

（3）电缆悬挂点间距,在水平巷道或倾斜井巷内不得超过 3 m,在立井井筒内不得超过 6 m。

（4）沿钻孔敷设的电缆必须绑紧在钢丝绳上,钻孔必须加装套管。

（5）电缆不应悬挂在风管或水管上,不得遭受淋水。电缆上严禁悬挂任何物件。电缆与压风管、供水管在巷道同一侧敷设时,必须敷设在管子上方,并保持 0.3 m 以上的距离。在有瓦斯抽放管路的巷道内,电缆(包括通信、信号电缆)必须与瓦斯抽放管路分挂在巷道两侧。盘圈或盘"8"字形的电缆不得带电,但给采、掘机组供电的电缆不受此限。

（6）井筒和巷道内的通信和信号电缆应与电力电缆分挂在井巷的两侧,如果受条件所限:在井筒内,应敷设在距电力电缆 0.3 m 以外的地方;在巷道内,应敷设在电力电缆上方 0.1 m以上的地方。

（7）高、低压电力电缆敷设在巷道同一侧时,高、低压电缆之间的距离应大于 0.1 m。高压电缆之间、低压电缆之间的距离不得小于 50 mm。

（8）井下巷道内的电缆,沿线每隔一定距离、拐弯或分支点以及连接不同直径电缆的接线盒两端、穿墙电缆的墙的两边都应设置注有编号、用途、电压和截面的标志牌。

4. 电缆的连接应符合的要求

（1）电缆与电气设备的连接,必须用与电气设备性能相符的接线盒。电缆线芯必须使用齿形压线板(卡爪)或线鼻子与电气设备进行连接。

（2）不同型电缆之间严禁直接连接,必须经过符合要求的接线盒、连接器或母线盒进行连接。

（3）同型电缆之间直接连接时必须遵守下列规定:

① 橡套电缆的修补连接(包括绝缘、护套已损坏的橡套电缆的修补)必须采用阻燃材料进行硫化热补或与热补有同等效能的冷补。在地面热补或冷补后的橡套电缆,必须经浸水耐压试验,合格后方可下井使用。在井下冷补的电缆必须定期升井试验。

② 塑料电缆连接处的机械强度以及电气、防潮密封、老化等性能,应符合该型矿用电缆的技术标准。

第三节　矿井提升系统安全管理

一、矿井提升设备的安全要求

（一）提升系统的检修、检查的要求

为确保提升系统的安全运行，必须对设备进行预防性计划检修，具体包括日检、周检、月检、小修、中修、大修，并要制定出检修周期、检修内容和质量标准等。

对所安装的提升设备，经验收后方可投入使用。投入运行后的设备，必须每年进行一次检查，每2年进行一次测试，认定合格后方可继续使用。检查验收和测试的内容包括：

① 《煤矿安全规程》所规定的各种保险装置。

② 天轮的垂直和水平程度、有无轮缘变形和轮辐弯曲现象。

③ 电气、机械传动装置和控制系统的情况。

④ 各种调整和自动记录装置以及深度指示器的动作状况和精密程度。

⑤ 检查常用闸和保险闸的各部间隙及连接、固定情况，并验算其制动力矩和防滑条件。

⑥ 测试保险闸空动时间和制动减速度。对摩擦式提升机，要检验在制动过程中钢丝绳是否打滑。

⑦ 测试盘形闸的贴闸压力。

⑧ 井架的变形、损坏、锈蚀和振动情况。

⑨ 井筒罐道的垂直度及固定情况。

检查和试验结果必须写成书面报告，对所发现的缺陷，必须提出整改措施。

《煤矿安全规程》规定：提升装置的各部分，包括提升容器、连接装置、防坠器、罐耳、罐道、阻车器、罐座、摇台、装卸设备、天轮和钢丝绳，以及提升绞车各部分，包括滚筒、制动装置、深度指示器、防过卷装置、限速器、调绳装置、传动装置、电动机和控制设备以及各种保护和闭锁装置等，每天必须由专职人员检查一次，每月还必须组织有关人员检查一次。发现问题，必须立即处理，检查和处理结果都应留有纪录。

（二）提升容器的安全运行

（1）立井中升降人员，应使用罐笼或带乘人间的箕斗。在井筒作业或因其他原因，需要使用普通箕斗或救急罐升降人员时，必须制定安全措施。凿井期间，立井中升降人员可采用吊桶，但必须遵守有关规定。

（2）专为升降人员和升降人员与物料的罐笼（包括有乘人间的箕斗）必须符合下列要求：

① 乘人层顶部应设置可以打开的铁盖或铁门，两侧装设扶手。

② 罐底必须满铺钢板，如果需要设孔时，必须设置牢固可靠的门；两侧用钢板挡严，并不得有孔。

③ 进出口必须装设罐门罐帘，高度不得小于1.2 m。罐门或罐帘下部边缘至罐底的距离不得超过250 mm，罐帘横杆的间距不得大于200 mm。罐门不得向外开，门轴必须防脱。

④ 提升矿车的罐笼内必须装有阻车器。

⑤ 单层罐笼和多层罐笼的最上层净高（带弹簧的主拉杆除外）不得小于1.9 m，其他各层净高不得小于1.8 m。带弹簧的主拉杆必须设保护套筒。

⑥ 罐笼内每人占有的有效面积应不小于 0.18 m²。罐笼每层内 1 次能容纳的人数应明确规定。超过规定人数时,把钩工必须制止。

(3) 提升装置的最大载重量和最大载重差,应在井口公布,严禁超载和超载重差运行。箕斗提升必须采用定重装载。

(4) 升降人员或升降人员和物料的单绳提升罐笼、带乘人间的箕斗,必须装设可靠的防坠器。

(5) 检修人员站在罐笼或箕斗顶上工作时,必须遵守下列规定:

① 在罐笼或箕斗顶上,必须装设保险伞和栏杆。

② 必须佩戴保险带。

③ 提升容器的速度,一般为 0.3～0.5 m/s,最大不得超过 2 m/s。

④ 检修用信号必须安全可靠。

(6) 立井中用罐笼升降人员时的加速度和减速度,都不得超过 0.75 m/s²。最大速度不得超过下列公式所求得的数值,且最大不得超过 12 m/s。

$$v = 0.5\sqrt{H}$$

式中　v——最大提升速度,m/s;

　　　H——提升高度,m。

立井中用吊桶升降人员的最大速度,在使用钢丝绳罐道时,不得超过上述公式求得数值的 1/2;无罐道时,不得超过 1 m/s。

(7) 立井升降物料时,提升容器的最大速度,不得超过用下列公式所求得数值:

$$v = 0.6\sqrt{H}$$

式中　v——最大提升速度,m/s;

　　　H——提升高度,m。

立井中用吊桶升降物料时的最大速度:在使用钢丝绳罐道时,不得超过用上述公式求得数值 2/3;无罐道时,不得超过 2 m/s。

(三)提升信号及信号把钩工

1. 井口和井底系统必须有把钩工

人员上下井时,必须遵守乘罐制度,听从把钩工指挥。开车信号发出后严禁进出罐笼。严禁在同一层罐笼内人员和物料混合提升。

2. 提升信号装置及信号工

每一提升装置,必须装有从井底信号工发给井口信号工和从井口信号工发给提升机司机的信号装置。井口信号装置必须与提升机的控制回路闭锁,只有在井口信号工发出信号后,提升机才能启动。除常用的信号装置外,还必须有备用信号装置。井底车场与井口之间,井口与提升机司机台之间,除有上述信号装置外,还必须装设直通电话。

一套提升装置服务几个水平使用时,从各水平发出的信号必须有区别。

井底车场的信号必须经由井口信号工转发,不得直接向提升机司机发信号。但有下列情况之一时,不受此限:

① 发送紧急停车信号。

② 箕斗提升(不包括带乘人间的箕斗的人员提升)。

③ 单容器提升。

④ 井上下信号连锁的自动化提升系统。

用多层罐笼升降人员或物料时，井上、下各层出车平台都必须设有信号工。各信号工发送信号时，必须遵守下列规定：

① 井下各水平的总信号工收齐该水平各层信号工的信号后，方可向井口总信号工发出信号。

② 井口总信号工收齐井口各层信号工信号并接到井下总信号工信号后，才可向提升机司机发出信号。

信号系统必须设有保证按上述顺序发出信号的闭锁装置。

3. 立井罐笼提升时，井口必须设置的安全设施及有关规定

在立井提升的地面井口和各个水平的井口，都必须装有防止人员、矿车及其他物件坠入井底的安全门、阻车器，防止发生人员、矿车等坠井事故。《煤矿安全规程》规定，井口安全门必须同提升信号及罐位信号闭锁，只有在人员上下时，安全门才能打开，其他时间处于关闭；井口阻车器必须同罐位信号闭锁，只有罐笼在井口停车位置停稳后，才能打开阻车器；为防止摇台同罐笼发生冲撞，摇台必须同提升信号闭锁，即摇台未抬起，发不出开车信号。

（四）提升钢丝绳及连接装置

1. 钢丝绳的使用和维护

在钢丝绳的使用中，一定要满足《煤矿安全规程》中规定的滚筒直径与钢丝绳直径的比值要求，以减轻钢丝绳的弯曲疲劳；绳槽直径必须合理，绳槽过小时会引起钢丝绳过度挤压而提前断丝，绳槽过大时会使钢丝绳在绳槽中支持面积减小，增大其接触应力，导致绳与绳槽的加速磨损。

有接头的钢丝绳，只准在下列设备中使用：

① 平巷运输设备。

② 30°以下倾斜井巷中专为升降物料的绞车。

③ 斜巷无极绳绞车。

④ 斜巷架空乘人装置。

⑤ 斜巷钢丝绳牵引带式输送机。

在倾斜井巷中使用的钢丝绳，其插接长度不得小于钢丝绳直径的1 000倍。

钢丝绳使用过程中应注意涂油，定期并正确地涂油对提高钢丝绳使用寿命作用很大。涂油的主要作用有：

① 保护外部钢丝不受锈蚀。

② 起润滑作用，减少股间和丝间的磨损。

③ 阻止湿气和水分侵入绳内，并经常补充绳芯油量。涂油应采用专用的钢丝绳油，并注意与钢丝绳厂家制造时所用的油脂相适应。摩擦轮式提升绳只准使用增摩脂。

严禁用布条之类的东西捆缚在钢丝绳上作提升容器位置的标记，这样会破坏钢丝绳在捆缚处的防护和润滑，导致该处严重锈蚀，国内外都曾因此发生过断绳事故。

2. 日常检查及定期检验

为确保钢丝绳的使用安全，防止断绳事故发生，对钢丝绳要进行定期地检查和试验。提升钢丝绳，每天必须以不大于0.3 m/s的速度进行详细检查，并记录断丝情况。钢丝绳如果遭受卡罐或突然停车等猛烈拉力时，必须立即停车检查。钢丝绳做多层缠绕时，由下层转到

上层的临界段必须加强检查,并且每季度移绳 1/4 圈。

提升用钢丝绳(30°以下斜井提物例外)和平衡尾绳,在使用前都要经过试验。试验合格的备用钢丝绳,必须妥善保管,防止损坏或锈蚀。

除摩擦式提升机用钢丝绳和平衡尾绳以及 30°以下斜井专为升降物料用的钢丝绳外,提升钢丝绳在使用过程中要定期做剁头试验。

提升钢丝绳的定期检验应使用符合条件的设备和方法进行,检验周期应符合下列要求:

① 升降人员或升降人员和物料用的钢丝绳,自悬挂时起每隔 6 个月检验一次;悬挂吊盘的钢丝绳,每隔 12 个月检验一次。

② 升降物料用的钢丝绳,自悬挂时起 12 个月时进行每一次检验,以后每隔 6 个月检验一次。摩擦轮式绞车用的钢丝绳、平衡钢丝绳以及直径为 18 mm 及其以下的专为升降物料用的钢丝绳(立井提升用绳除外),不受此限。

3. 钢丝绳的使用期限及更换标准

摩擦轮式提升钢丝绳的使用期限应不超过 2 年,平衡钢丝绳的使用期限应不超过 4 年。到期后如果钢丝绳的断丝、直径缩小和锈蚀程度不超过《煤矿安全规程》的规定,可继续使用,但不得超过 1 年。

井筒中悬挂水泵、抓岩机的钢丝绳,使用期限一般为 1 年;悬挂水管、风管、输料管、安全梯和电缆的钢丝绳,使用期限为 2 年。到期后经检查鉴定,锈蚀程度不超过《煤矿安全规程》的规定,可以继续使用。

提升装置使用中的钢丝绳做定期检验时,安全系数有下列情况之一的,必须更换:

① 专为升降人员用的小于 7。

② 升降人员和物料用的钢丝绳,升降人员时小于 7,升降物料时小于 6。

③ 专为升降物料和悬挂吊盘用的小于 5。

各种股捻钢丝绳在 1 个捻距内断丝断面积与钢丝总面积之比,达到下列数值的,必须更换:

① 升降人员或升降人员和物料用的钢丝绳为 5%。

② 专为升降物料用的钢丝绳、平衡钢丝绳、防坠器的制动钢丝绳(包括缓冲绳)和兼作运人的钢丝绳牵引带式输送机的钢丝绳为 10%。

③ 罐道钢丝绳为 15%。

④ 架空乘人装置、专为无极绳运输用的和专为运物料的钢丝绳牵引带式输送机用的钢丝绳为 25%。

以钢丝绳标称直径为准计算的直径减小量达到下列数值时,必须更换:

① 提升钢丝绳或制动钢丝绳为 10%。

② 罐道钢丝绳为 15%。使用密封钢丝绳外层钢丝厚度磨损量达到 50%时,必须更换。

钢丝绳在运行中遭受到卡罐、突然停车等猛烈拉力时,必须立即停车检查,发现下列情况之一者,必须将受力段剁掉或更换全绳:

① 钢丝绳产生严重扭曲或变形。

② 断丝超过《煤矿安全规程》第四百零五条的规定。

③ 直径减小量超过《煤矿安全规程》第四百零六条的规定。

④ 遭受猛烈拉力的一段长度伸长 0.5%以上。在钢丝绳使用期间,如断丝数突然增加

或伸长突然加快,必须立即更换。

钢丝绳的钢丝有变黑、锈皮、点蚀麻坑等损伤时,不得用作升降人员。

钢丝绳锈蚀严重,或点蚀麻坑形成沟纹,或外层钢丝松动时,不论断丝数多少或绳径是否变化,必须立即更换。

4.连接装置

立井提升容器与提升钢丝绳的连接,应采用楔形连接装置。每次更换钢丝绳时,必须对连接装置的主要受力部件进行探伤检验,合格后方可继续使用。楔形连接装置的累计使用期限,单绳提升不得超过10年,多绳提升不得超过15年。

倾斜井巷运输时,矿车之间的连接、矿车与钢丝绳之间的连接,必须使用不能自行脱落的连接装置,并加装保险绳。

倾斜井巷运输用的钢丝绳连接装置,在每次换钢丝绳时,必须用2倍于其最大静荷重的拉力进行试验。

倾斜井巷运输用的矿车连接装置,必须至少每年进行1次2倍于其最大静荷重的拉力试验。

(五)制动与安全保护装置

1.制动装置的有关规定和要求

为了使制动装置能发挥作用,保证提升机安全顺利地工作,制动装置的使用和维护必须按照《煤矿安全规程》第四百二十八条至四百三十三条及有关技术规范的要求进行。

(1)提升机必须装备有司机不离开座位即能操纵的常用闸(即工作闸)和保险闸(即安全闸)。保险闸必须能自动发生制动作用。当常用闸和保险闸共同使用1套闸瓦制动时,操纵和控制机构必须分开。双滚筒提升机的2套闸瓦的传动装置必须分开。对具有2套闸瓦只有1套传动装置的双滚筒绞车,应改为每个滚筒各自有其控制机构的弹簧闸。提升机除设有机械制动外,还应设有电气制动装置。严禁司机离开工作岗位和擅自调整制动闸。

(2)保险闸必须采用配重式或弹簧式的制动装置,除可由司机操纵外,还必须能自动抱闸,并同时自动切断提升装置电源。常用闸必须采用可调节的机械制动装置。

(3)保险闸或保险闸第一级由保护回路断电时起至闸瓦接触到闸轮上的空动时间:压缩空气驱动闸瓦式制动闸不得超过0.5 s;储能液压驱动式制动闸不得超过0.6 s;盘式制动闸不得超过0.3 s。对斜井提升,为保证上提紧急制动不发生松绳而必须延时制动时,上提空动时间不受此限。盘式制动闸的闸瓦与制动盘之间的间隙应不大于2 mm。保险闸施闸时,杠杆和闸瓦不得发生显著的弹性摆动。

(4)提升机的常用闸和保险闸制动时,所产生的力矩与实际提升最大静荷重旋转力矩之比K不得小于3。在调整双滚筒提升机滚筒旋转的相对位置时,制动装置在各滚筒闸轮上所发生的力矩,不得小于该滚筒所悬重量(钢丝绳重量和提升容器重量之和)形成的旋转力矩的1.2倍。计算制动力矩时,闸轮和闸瓦摩擦系数应根据实测确定,一般采用0.30～0.35,常用闸和保险闸的力矩应分别计算。

(5)在立井和倾斜井巷中,提升装置的保险闸发生作用时,全部机械的减速度必须符合表7-4的规定。

表 7-4		全部机械的减速度规定值		单位:m/s²
倾角 运行状态	$\theta<15°$	$15°\leqslant\theta\leqslant30°$	$>30°$
上提重物	$\leqslant Ac$	$\leqslant Ac$	$\leqslant5$
下放重载	$\geqslant0.75$	$\geqslant0.3Ac$	$\geqslant1.5$

注:$Ac=g(\sin\theta+f\cos\theta)$。式中,$Ac$ 为自然减速度,m/s²;g 为重力加速度,m/s²;θ 为井巷倾角,(°);f 为绳端载荷的运行阻力系数,一般取 $0.01\sim0.015$。

　　摩擦式提升绞车常用闸或保险闸的制动,除必须符合上述(3)、(4)条的规定外,还必须满足以下防滑要求:

　　① 各种载荷(满载或空载)和各种提升状态(上提或下放重物)下,保险闸所能产生的制动减速度的计算值不得超过滑动极限。钢丝绳在摩擦轮间摩擦系数的取值不得大于0.25,由钢丝绳自重所引起的不平衡重必须计入。

　　② 在各种载荷及各种提升状态下,保险闸发生作用时,钢丝绳都不出现滑动。严禁用常用闸进行紧急制动。

　　(6)提升机除有制动装置外,应加设定车装置,以便调整位置或修理制动装置时使用。

　　2. 提升系统的安全保护

　　(1)在提升速度大于 3 m/s 的提升系统内,必须设防撞梁和托罐装置。防撞梁不得兼作他用,必须能够挡住过卷后上升的容器或平衡锤;托罐装置必须能够将撞击防撞梁后再下落的容器或配重托住,并保证其下落的距离不超过 0.5 m。

　　(2)立井提升装置的过卷高度和下放距离应符合下列规定:

　　① 罐笼和箕斗提升,过卷高度和过放距离不得小于表 7-5 中所设数值。

　　② 吊桶提升,其过卷高度不得小于表 7-5 确定数值的 1/2。

　　③ 在过卷高度或过放距离内,应安设性能可靠的缓冲装置,缓冲装置应能将全速过卷(过放)的容器或平衡锤平稳地停住,并保证不再反向下滑(或反弹),吊桶提升不受此限。

　　④ 过放距离内不得积水和堆积杂物。

表 7-5		立井提升装置的过卷高度和过放距离			
提升速度/(m/s)	$\leqslant3$	4	6	8	$\geqslant10$
过卷高度、过放距离/m	4.0	4.75	6.5	8.25	10.0

注:提升速度为表中所列速度的中间值时,用插值法计算。

　　(3) 提升装置必须装设下列保险装置,并符合要求:

　　① 防止过卷装置,当提升容器超过正常终端停止位置(或出车平台)0.5 m 时,必须能自动断电,并能使保险闸发生制动作用。

　　② 防止过速装置,当提升速度超过最大速度15%时,必须能自动断电,并能使保险闸发生作用。

　　③ 过负荷和欠电压保护装置。

　　④ 限速装置,提升速度超过 3 m/s 的提升机必须装设限速装置,以保证提升容器(或平

衡锤)到达终端位置时的速度不超过 2 m/s;如果限速装置为凸轮板,其在一个提升行程内的旋转角度应不小于270°。

⑤ 深度指示器失效保护装置,当指示器失效时,能自动断电并使保险闸发生作用。

⑥ 闸间隙保护装置,当闸间隙超过规定值时,能自动报警和自动断电。

⑦ 松绳保护装置,缠绕式提升机必须设置松绳保护装置并接入安全回路和报警回路,在钢丝绳松弛时能自动断电并报警。箕斗提升时,松绳保护装置动作后,严禁煤仓放煤。

⑧ 满仓保护装置,当箕斗提升的井口煤仓仓满时能报警或自动断电。

⑨ 减速功能保护装置,当提升容器(或平衡锤)到达减速位置时,能示警并开始减速。

防止过卷装置、防止过速装置、限速装置和减速功能保护装置应设置为相互独立的双线形式。立井、斜井缠绕式提升机应加设定车装置。此外还应有提升容器的防坠装置及防止圆尾绳旋转的回转装置等。

（六）倾斜井巷提升安全

1.《煤矿安全规程》中对倾斜井巷提升的具体规定

(1)斜井提升容器的最大速度和最大加、减速度应符合下列要求:

① 升降人员时的速度,不得超过 5 m/s,并不得超过人车设计的最大允许速度;升降人员时的加速度和减速度,不得超过 0.5 m/s²。

② 用矿车升降物料时,速度不得超过 5 m/s。

③ 用箕斗升降物料时,速度不得超过 7 m/s;当铺设固定道床并采用大于或等于38 kg/m钢轨时,速度不得超过 9 m/s。

(2)人员上下的主要倾斜井巷,垂深超过 50 m 时应采用机械运送人员。

(3)倾斜井巷运送人员的人车必须有顶盖,车辆上必须装有可靠的防坠器。当断绳时,防坠器能自动发生作用,也能人工操纵。

(4)倾斜井巷运送人员的人车必须有跟车人,跟车人必须坐在设有手动防坠器把手或制动器把手的位置上。每班送人员前,必须检查人车的连接装置、保险链和防坠器,并必须先放 1 次空车。

(5)用架空乘人装置运送人员时应遵守下列规定:

① 巷道倾角不得超过设计规定的数值。

② 蹬座中心至巷道一侧的距离不得小于 0.7 m,运行速度不得超过1.2 m/s,乘坐间距不得小于 5 m。

③ 驱动装置必须有制动器。

④ 吊杆和牵引钢丝绳之间的连接不得自动脱扣。

⑤ 在下人地点的前方,必须设有能自动停车的安全装置。

⑥ 在运行中人员要坐稳,不得引起吊杆摆动,不得手扶牵引钢丝绳,不得触及邻近的任何物体。

⑦ 严禁同时运送携带爆炸物品的人员。

⑧ 每日必须对整个装置检查一次,发现问题,及时处理。

(6)斜井人车必须设置使跟车人在运行途中任何地点都能向司机发送紧急停车信号的装置。多水平运输时,从各水平发出的信号必须有区别。人员上、下地点应悬挂信号牌,任一区段行车时,各水平必须有信号显示。

（7）倾斜井巷内使用串车提升时必须遵守下列规定：

① 在倾斜井巷内安设能够将运行中断绳、脱钩的车辆阻止住的跑车防护装置。

② 各车场安设能够防止带绳车辆误入非运行车场或区段的阻车器。

③ 在上部平车场入口安设能够控制车辆进入摘挂钩地点的阻车器。

④ 在上部平车场接近变坡点处，安设能够阻止未连接的车辆滑入斜巷的阻车器。

⑤ 在变坡点下方略大于一列车长度的地点，设置能够防止未连挂的车辆继续往下跑车的挡车栏。

⑥ 各车场安设甩车时能发出警号的信号装置。

上述挡车装置必须经常关闭，放车时方准打开。兼作行驶入车的倾斜井巷，在提升人员时，倾斜井巷中的挡车装置和跑车防护装置必须是常开状态，并可靠地锁住。

（8）倾斜井巷使用绞车提升时必须遵守下列规定：

① 轨道的铺设质量符合《煤矿安全规程》的规定，并采取轨道防滑措施。

② 托绳轮（辊）按设计要求设置，并保持转动灵活。

③ 倾斜井巷上端有足够的过卷距离。过卷距离根据巷道倾角、设计载荷、最大提升速度和实际制动力等参量计算确定，并有 1.5 倍的备用系数。

④ 串车提升的各车场设有信号硐室及躲避硐；运人斜井各车场设有信号和候车硐室，候车硐室具有足够的空间。

（9）斜井提升时，严禁蹬钩、行人。运送物料时，开车前把钩工必须检查牵引车数、各车的连接和装载情况。牵引车数超过规定、连接不良或装载物料超重、超高、超宽或偏载严重有翻车危险时，严禁发出开车信号。

2. 防跑车装置和跑车防护装置

倾斜井巷使用串车运输时，为防止因脱扣、连接装置折断等原因引发跑车事故，降低事故危害，必须装设防跑车装置和跑车防护装置。

（1）防跑车装置。防跑车装置就是能够防止在倾斜井巷中发生跑车的装置，主要有防跑车保险绳和防跑车阻车器等。

（2）对跑车防护装置的要求：

① 在阻挡跑车时，吸收能量大，缓冲效果好，把跑车和跑车防护装置撞击造成的损失降到最低。

② 跑车事故处理后，跑车防护装置复位方便，能及时恢复正常行车。

③ 正常行车时，跑车防护装置的能量消耗小。

④ 结构简单，动作可靠，检查维护方便。

第四节　矿井运输系统安全管理

一、矿井主运输系统各种安全保护设施

（一）斜巷运输安全保护设施的作用及要求

1. 斜巷巷道

（1）每个采区必须设有人行道（不包括装备机械运人设备的采区），人行道坡度达 15° 时要设有台阶，台阶宽度不小于 0.7 m，步距合适，通风良好，与每个工作面上下平巷畅通。运输机上山兼作人行道的,人行道宽度不小于 0.8 m,坡度达 15°时要砌台阶,台阶宽度不小于 0.7 m,同时刮板输送机要设隔板,防止煤炭溢出,以利于行人。

（2）巷道的净高、净宽、断面和安全距离必须符合《煤矿安全规程》的相关规定。斜井和主要上下山设永久水沟,水沟畅通。

（3）斜井和斜长 300 m 以上的采区轨道上下山(包括车场)都要实行封闭管理,禁止行人,各通道口挂禁止行人牌板。确实无法实行封闭管理的巷道,要制定行人安全措施。

（4）在斜井和轨道上下山施工时,在运送综采支架等大型设备时,要保证上车场变坡点下略大于一运送设备的长度处有常闭挡车栏,下车场有常闭挡车栏,并正常使用。

（5）斜巷巷道施工时,必须有可靠的防跑物料、矸石等措施。

（6）在轨道上下山各车场的信号附近安设局部通风机时,局部通风机距信号不得小于 10 m,必须有消音器,防止局部通风机产生的噪音对信号造成干扰。打点信号器、电话等,严禁设在片口的"牛鼻子"处,要设在信号室内,人员要在信号室内操作,信号室的位置和规格要在设计和规程中明确规定。保险绳与滑头的连接方式,必须采用插接方式固定连接。

（7）主要提升的上部平车场、采区提升的上部平车场的地面应使用水泥混凝土进行铺设硬化。

（8）各车场设置照明灯,光线充足。管线整齐、周围环境清洁、无杂物。

2. 挡车设施

（1）在斜巷上部平车场入口处根据现场实际情况,装设阻车器或挡车棍,以防止车辆进入摘挂钩地点。运输大巷轨道线路岔口处装设阻车器或挡车棍,有效防止外来车辆进入大巷,影响列车正常运输。斜井禁止使用单吊梁式挡车器。

（2）双钩提升的上部平车场,在接近变坡点处,空车道要装设标准定型产品阻车器,重车道要装设一组防逆行式阻车器。双钩串车提升时设错码信号。单钩提升的上部平车场距变坡点 1～2 m 处装设自动复位的阻车器。

（3）采区内斜巷及联络斜巷上车场为平车场时,安装联动挡车门,实现待下放车辆全部进入斜坡后,变坡点以下的挡车栏才处于非挡车状态。

（4）采区内斜巷每 100 m 设一组跑车防护装置(超速挡车器)。不足 100 m 斜巷可不安装超速挡车器。井巷内各甩车场道岔以下设一道常闭式挡车器。

（5）上、下车场如有气源,上车场联动挡车门、下车场常闭挡车栏应尽可能实现气动控制操作,以代替手动操作。挡车门、挡车栏控制要逐步实现气动控制操作。

（6）1.2 m 及以上绞车提升斜巷,在上变坡点以下略大于一列车的长度,应安装跑车防护装置,以实现与绞车联动和电气闭锁。

（7）专用人车斜井,上车场为平车场时,在上部设一道阻车器,在车场入口处根据现场实际需要装设阻车器或挡车棍。

（8）下山掘进,上车场为平车场时,下山施工到开始提升时,在上车场距变坡点 1～2 m 处设一道能自动复位脚踏阻车器,变坡点处及以下略大于一列车长度的地方,装设一组联动挡车门,施工进行到装车点距变坡点 30 m 左右时,要在装车点以上 5～10 m 处装设手动式挡车栏,并随装车点同步前移。

（9）施工的下山(斜井)如果装备人行车运送人员,在人行车运人时间内,严禁使用超速挡车器,防急停伤人。

（10）上、下山掘进，使用耙装机时，在耙装机后 3～6 m 处安装一组手动式挡车栏，并随耙装机同步前移。装车点距起坡点达 20 m 时，在起坡点以上 5～10 m 处装设一道常闭挡车栏。装车点距起坡点达 80 m 时，在起坡点以上 10～15 m 处装设一道超速挡车器，以后每 100 m 装设一道超速挡车器，或在设计的中间车场以上 15～20 m 处设一道超速挡车器。

3. 安全信号和设施

（1）各车场和车房设信号，信号要声光俱备，集中上板管理，应使用通讯声光信号。

（2）多水平提升的倾斜井巷，必须使用多水平提升信号装置。双钩提升的要设置有错码信号。各车场与绞车房之间的信号必须集中统一转发。

（3）斜巷上车场为平车场时，要装设顶车信号和机车停车终点位置标志。

（4）各车场、车房、中间通道口设有通讯装置。

（5）各车场设岗位责任制、操作规程、技术特征等牌板及巷标、"行车时严禁行人"牌板，位置设在变坡点处。200 m 以上巷道，巷道内设里程标。

4. 硐室

（1）提升兼作行人上下山每隔 40 m 都要设置躲避硐室，各车场设置躲避硐并设红灯，设在人行道侧及车场范围内。

（2）斜巷各车场必须设信号硐室，主要上下山信号硐室位置宜为：甩车场（上、中部）设在甩车方向的对面；上车场为平车场时设在人行道一侧；底部车场设在起坡点以上 1 m 处重车道侧（或甩车方向的对面）。斜巷各乘人车场必须设候车室，候车室必须有足够空间并设座板（椅）、照明等。

（3）小绞车应安装在硐室内，硐室空间要满足绞车安装、电气设备摆放要求，便于维修和操作。

（二）平巷运输安全保护设施的作用及要求

1. 平巷巷道

（1）轨道运输平巷的净断面、人行道宽度和安全间隙必须符合《煤矿安全规程》的规定。

主要运输大巷，水沟盖板要齐全、稳固，管线、电缆按标准敷设，人行道上禁止堆放物料，无浮矸杂物。

（2）对架线机车要求：

① 实行挂牌管理。

② 架线尾端和绝缘点设明显标志。

③ 整流盘加设阻流圈。

④ 电机车集电弓与车体连接处应加强绝缘，绝缘间隙不得小于 100 mm。

（3）在巷道内施工作业时，在施工地点两端 40 m 处设警示红灯信号，以示机车停运或慢行。

（4）大巷中途如需停车装卸物料时，停留的车辆要掩好，有防止自动滑行的措施；大巷运输要逐步取消押车工（平巷人行车除外），并在车场设专职人员，负责调车和摘挂钩工作；采区装载点、卸载站（翻笼）进出车线实行封闭管理。

（5）电瓶车运输必须使用正规的连接器连车，严禁使用绳子或其他代用品。电瓶车必须有顶棚，装设机车行车保护装置。

（6）电机车应装备脉冲调速装置。

（7）井下架线机车必须装备逆变电源、机车或列车闪光红尾灯（定型产品）；司机室有顶棚和门。

（8）同一水平使用3台及以上机车时必须装备机车通讯设备。

（9）现有生产矿井的主运大巷同一水平使用机车数达5台及以上，应装备信号集中闭塞系统，信号集中闭塞系统应具有地面实时监测功能；同一水平使用3台及以上机车的运输大巷应装备带有电气闭锁的信号装置。

（10）在弯道或司机视线受阻的区段，应设置列车占线闭塞信号；在新建和改扩建在大型矿井井底车场和运输大巷，应设置信号集中闭塞系统。

2. 安全信号和设施

（1）巷道交叉点、风门、弯道、来往人员频繁的通道口以及前方有车辆或视线有障碍处必须装设路标、警标及声光报警信号，提醒司机减速慢行并发警号。

（2）运输巷道人行道宽度不符合要求的地段，必须在人行道侧每隔40 m设躲避硐，并设安全警标或红灯信号。

（3）主要运输大巷、石门及井底车场要有充足的照明。

（4）主要运输大巷人行道要用水泥抹面或铺设水泥板，沿线要有明显标志或隔离桩；横跨轨道处要有行人明显标志。

（5）大巷长度超过1 500 m时装备平巷人车，并装备押车工信号装置。

（6）与轨道运输大巷相通的各支线岔口处，应装设阻车器或挡车棍。

（7）列车或单独机车都必须前有照明，后有红灯。

（8）大巷及岔口等处设置巷标、里程标、弯道标和道岔牌板。

（9）各岗位设岗位责任制、操作规程、技术特征等牌板。

3. 牵引网路

（1）井下架线必须使用铜线，淘汰钢铝线，架线终端装设轨道二级绝缘（并有标志），轨道回流线良好，架线终端设标志，锚段应成三角形。

（2）平巷人车乘人车场应装设自动停送电开关，双轨道乘人车场必须装设区间信号闭锁，人员上下车时，必须切断该区段架线电源和禁止其他车辆进入乘人车场，并设醒目的站名标志、乘车须知、列车时刻表和列车去向指示。

（三）滚筒驱动带式输送机运输安全设施及要求

（1）必须装设驱动滚筒防滑保护、堆煤保护和防跑偏装置。

（2）应装设温度保护、烟雾保护和自动洒水装置。

（3）在主要运输巷道内安设的带式输送机还必须装设：

① 输送带张紧力下降保护装置和防撕裂保护装置。

② 在机头和机尾防止人员与驱动滚筒和导向滚筒相接触的防护栏，卸煤仓口装有铁篦子。

（4）倾斜井巷中使用的带式输送机，上运时，必须同时装设防逆转装置和制动装置；下运时，必须装设制动装置。

（5）带式输送机应加设软启动装置，下运带式输送机应加设软制动装置。

（6）钢丝绳芯带式输送机应设断带保护装置。

（7）推广应用接头检测装置、胶带防纵向撕裂保护装置、急停闭锁装置和煤仓煤位保护装置。

（8）启动电气设备必须有过电流和欠电压保护。

各种保护的作用：

① 驱动滚筒防滑保护装置是当驱动滚筒与输送带打滑摩擦时,能够使带式输送机自动停机的装置。

② 堆煤保护装置是当输送机机头发生堆积煤时,能够使带式输送机自动停机的装置。

③ 防跑偏保护装置是当输送带发生跑偏时能够使输送带自动纠偏和在严重跑偏时,能够使输送机自动停机的装置。

④ 温度保护、烟雾和自动洒水装置是当输送带在驱动滚筒上打滑,使输送带与驱动滚筒摩擦,驱动滚筒与输送带的温度升高、热量积聚、产生烟雾时,能够监测到温度信号、烟雾信号,实现自动停机,并能自动洒水,把事故消灭在萌芽状态的装置。

⑤ 张紧力下降保护装置的作用是当输送带张紧力下降输送带和驱动滚筒间产生打滑时使输送机自动停机并报警。

⑥ 防撕裂保护装置是当输送带撕裂时能够使输送机自动停机,防止撕裂事故扩大的装置。

⑦ 逆止保护装置的作用就是防止倾斜上运的带式输送机发生逆转飞车事故。

⑧ 软启动装置的作用就是使胶带输送机启动平稳,可以减少启动电流对电网的冲击,减轻启动力矩对负载带来的机械振动。

⑨ 断带保护装置是当胶带机出现断带时,能自动停机并报警的装置。

⑩ 溜槽防堵开关,用于监测皮带输送机系统溜槽堵塞。当溜槽内形成堵塞时,自动报警并紧急停机。

⑪ 煤仓煤位保护装置,煤仓中设高低两个煤位电极,煤仓由于无空车不能放煤时,煤位将逐步升高,当煤位上升到高位电极时,煤位保护动作,从首台胶带输送机开始,各台输送机因机尾堆煤依次停车。

⑫ 急停闭锁装置,在控制箱正面右下角设有急停闭锁开关,利用该开关的左右旋转,可对本台或前台输送机实行急停闭锁。

(四) 固定带式输送机安全设施及要求

(1) 应避开工程地质不良地段、老空区,必要时采取安全措施。

(2) 应在适当地点设置行人栈桥。

(3) 带式输送机下面的过人地点,必须设置安全保护设施。

(4) 应设防护罩或防雨棚,必要时设通廊。倾斜带式输送机人行走廊地面应防滑,并设置扶手栏杆。

(5) 封闭式带式输送机必须设置通风、除尘及防火设施,暗道应按一定距离设置通向地面的安全通道。

(6) 在转载点和机头处应设置消防设施。

(五) 蓄电池电机车安全设施及要求

(1) 采区内使用蓄电池电机车运输时必须装备防爆特殊型机车和防爆型电机。

(2) 蓄电池电机车通过的风门,必须符合下列要求：

① 风门宽度在司机操作侧距蓄电池电机车间隙不小于 0.4 m,另一侧不小于 0.3 m。

② 必须设有列车通过时能发出在风门两侧都能接收到的声光信号。

③ 风门上设观察窗,在风门一侧能观察到风门另一侧的灯光情况。

(3) 井口附近要设专用车存车线。

（六）连接装置

（1）2 m及以上和提升人行车的绞车必须使用符合《煤矿安全规程》和设计要求的专用钢丝绳连接装置,其插接型钩头的插接长度不少于钢丝绳4~5个捻距。

（2）斜巷提升(包括内齿轮绞车运输)必须使用斜巷专用连接装置,并设有防脱销装置。

（3）使用花车、平板车运送设备材料时应使用三环或多环链,也可以使用安全系数符合要求的专用钢丝绳套连接。

（4）必须使用保险绳,其插接长度不少于钢丝绳直径的20倍。

（5）平巷矿车运输一律使用标准的链环和插销,其直径不小于26 mm。花车允许使用正规绳套连接。

（6）平巷人车运输必须使用标准三环链或弹性连接装置,销子直径不小于40 mm,具有防脱功能。

（七）其他

（1）轨道线路要求:

① 在生产矿井中主要运输线路(大巷、井底车场、斜井、地面干线)轨型不得低于22 kg/m;新建、改扩建或延深的矿井中运行7 t及其以上机车的轨道线路或行驶3 t及以上矿车的线路,采用不低于30 kg/m的钢轨,运行7 t以下机车的轨道线路,采用不低于22 kg/m的钢轨。采区主要上下山线路轨型不得低于22 kg/m,运送综采设备,沿途的轨道轨型不得低于22 kg/m。其他线路:新铺设的轨道轨型不得低于18 kg/m,同一巷道内不允许使用不同轨型的轨道。

② 运行斜巷人行道线路轨型不得小于22 kg/m;使用插爪式人行车,必须使用木轨枕。

③ 运送综采设备的轨道线路轨型不得小于22 kg/m,使用标准道岔或采区标准道岔,弯道曲率半径不小于6 m,中间轨枕间距不大于0.7 m。

④ 井下必须使用标准道岔,道岔轨型不得低于线路轨型。道岔轨型与线路轨型不一致时,必须在道岔前后加设一节与道岔轨型相同的过渡轨道,其长度应大于4.5 m,并采用异型鱼尾板,达到接头平顺。

⑤ 斜井轨道每50 m设一处轨道防滑器。

⑥ 轨道提升斜巷必须装备托绳轮,其间距不得大于20 m。巷道有起伏,钢丝绳磨顶棚时,要装设天轮。中部和下部车场钢丝绳磨侧帮要装设立轮。

⑦ 斜井、大巷和主要上下山使用的木轨枕必须经过防腐处理。

（2）立井井口、井底出车侧必须装设防逆行挡车器,进车侧必须设阻车器和推车机。

（3）必须装备机械清车设备、矿车维修设备,包括整形机、扒装机等。必须装备轨道施工和维护设备,如轨距尺、液压弯轨器、钻孔机、复轨器、弓锯床、钻床、整形机、水平尺、直角尺、塞尺、钢板尺等。

（4）推广新技术:掘进施工中推广使用胶带运输方式;推广使用无极绳车;推广使用架空乘人装置;推广使用行人检测系统(斜巷人机闭锁系统);推广使用电机车复合闸瓦、新材料(如碳素滑板等)集电弓、电机车速度表、制动气刹装置等;推广使用架线分段供电装置;推广长轨焊接技术;推广采区煤仓装备液压闸门;推广使用卡轨车、单轨吊等;推广使用司控道岔、气动道岔、气动阻车器;推广使用钢丝绳在线检测检验技术等。

二、矿井主运输系统安全保护设施安全管理

（一）斜巷运输安全保护设施安全管理

（1）在轨道运输的倾斜巷道中，必须装设防跑车和跑车防护安全设施，在设计运输斜巷时，必须同时设计相应的防跑车和跑车防护安全设施。

（2）凡装设有防跑车和跑车防护安全设施的斜巷必须坚持使用，管理责任到人，并定期检查维修试验，责任单位每天要安排专人对挡车杠、阻车器、捕车器等安全设施进行检查维修试验，并认真填写记录，建立"一坡三挡"安全设施管理档案。

（3）安全设施要包保到人，实行挂牌管理，管理牌上要注明安装管理单位、包保人姓名、安装时间。管理牌要挂在安装安全设施处的巷道帮一侧明显处。

（4）使用单位建立"一坡三挡"安全设施管理档案，具体要求如下：

① 建档内容包括"一坡三挡"安全设施规格型号、安设地点、巷道坡度、距斜巷上变坡点的距离及维护和管理负责人等。

② "一坡三挡"安全设施的管理原则是：谁使用，谁维护，谁负责。区组要责成专人负责，每天对"一坡三挡"安全设施状况进行一次检查，并建立检查记录和隐患整改记录，确保"一坡三挡"安全设施安全有效。

③ 生产技术部、安检科每周要定期检查和抽查"一坡三挡"安全设施的状况，并存有检查记录和隐患整改记录。

（5）斜巷运输选用的安全设施，必须符合国家或行业安全标准，并根据具体使用条件进行选型设计。

（6）斜巷运输安全设施必须做到灵敏、操纵灵活、挡车可靠。

（7）运输斜巷下车场起坡点和各甩道偏口起坡点必须安设一道常闭安全挡车杠，手动式安全挡车杠操作地点应设安全操作硐室，距离挡车杠不小于 5 m，安全挡车杠正常处于关闭，车辆通过时打开，车辆通过后立即关闭。

（8）下山掘进时，迎头向上要安设两道安全挡车杠，第一道距迎头或耙装机尾不超过15 m，第二道距第一道不超过所提列车长度再加 3 m 的距离，两挡车杠随掘进或耙装机前移。

（9）上山掘进时，下车场起坡点向上 5 m 安设第一道常闭安全挡车杠，距迎头或扒装机尾不超过 15 m 安设第二道常闭安全挡车杠，此挡车杠随掘进前移。

（10）斜巷下车场各甩道口常闭安全挡车杠要实现气控，由下口挂钩工在下口躲避硐控制操作；下山掘进常闭安全挡车杠也要有专人操作。

（11）安全挡车杠强度必须符合设计要求。

（12）安全设施安装后必须坚持使用，任何人不得以任何借口弃之不用或随意拆除，凡没有装设挡车装置的提升斜巷不得作业。

（二）平巷运输安全设施安全管理

1. 平巷巷道

（1）轨道运输平巷的净断面、人行道宽度和安全间隙必须符合《煤矿安全规程》规定，不符合规定的要制定规划限期整改。

（2）主要运输大巷，水沟盖板要齐全、稳固，管线、电缆按标准敷设，人行道上禁止堆放物料，无浮矸杂物。

（3）运输大巷中的转载机必须安装在壁龛内。

（4）运输巷两侧（包括管、线、电缆）与运输设备最突出部分之间的距离要求。

① 新建矿井、生产矿井新掘运输巷的一侧，从巷道道碴面起 1.6 m 的高度内，必须留有宽 0.8 m（综合机械化采煤矿井为 1 m）以上的人行道，管道吊挂高度不得低于 1.8 m；巷道另一侧的宽度不得小于 0.3 m（综合机械化采煤矿井为 0.5 m）。巷道内安设输送机时，输送机与巷帮支护的距离不得小于 0.5 m；输送机机头和机尾处与巷帮支护的距离应满足设备检查和维修的需要，并不得小于 0.7 m。巷道内移动变电站或平板车上综采设备的最突出部分，与巷帮支护的距离不得小于 0.3 m。

② 生产矿井已有巷道人行道的宽度不符合上条的要求时，必须在巷道的一侧设置躲避硐，2 个躲避硐之间的距离不得超过 40 m。躲避硐宽度不得小于 1.2 m，深度不得小于 0.7 m，高度不得小于 1.8 m，躲避硐内严禁堆积物料。

③ 在人车停车地点的巷道上下人侧，从巷道道碴面起 1.6 m 的高度内，必须留有宽 1 m 以上的人行道，管道吊挂高度不得低于 1.8 m。

④ 在双轨运输巷中，2 列列车最突出部分之间的距离，对开时不得小于 0.2 m，采区装载点不得小于 0.7 m，矿车摘挂钩地点不得小于 1 m。

（5）主要运输巷道轨道的铺设要求。

① 扣件必须齐全、牢固并与轨型相符。轨道接头的间隙不得大于 5 mm，高低和左右错差不得大于 2 mm。

② 直线段 2 条钢轨顶面的高低差，以及曲线段外轨按设计加高后与内轨顶面的高低差都不得大于 5 mm。

③ 直线段和加宽后曲线段轨距上偏差为 +5 mm，下偏差为 −2 mm。

④ 在曲线段内应设置轨距拉杆。

⑤ 轨枕的规格应符合标准要求，间距偏差不得超过 50 mm。道碴的粒度及铺设厚度应符合标准要求，轨枕下应捣实。对道床应经常清理，应无杂物、无浮煤、无积水。

⑥ 同一线路必须使用同一型号的钢轨。道岔的钢轨型号不得低于线路的钢轨型号。

（6）巷道内施工。

① 在主要运输大巷从事巷道、轨道、架线、设备和设施的施工和维修时，必须制定安全技术措施。

② 在运输大巷掘进新开门时制定的安全措施必须经矿总工程师批准，防止架线触电，确保人行道畅通和行车行人安全。

③ 在巷道内施工作业时，在施工地点两端 40 m 处设警示红灯信号，以示机车停运或慢行，机车运行时要发出信号。严禁在施工警戒区内会车。

④ 采区正式投产后，严禁采用电瓶车在主运大巷线路上调车。

2. 带式输送机

（1）带式输送机运输。

① 带式输送机运输物料的最大倾角，上行不得大于 16°，严寒地区不得大于 14°；下行不得大于 12°。特种带式输送机除外。

② 钢丝绳芯输送带的静安全系数，不得小于表 7-6 中钢丝绳芯输送带的静安全系数值。

表 7-6　　　　　　　　　　　　　钢丝绳芯输送带的静安全系数

接头型式 静安全系数值 工作条件	采用一级或二级 接头型式的输送机	采用三级接头 型式的输送机
有利	7.0	7.4
一般	8.0	8.4
不利	9.5	10.0

③ 带式输送机的运输能力应与前置设备能力相匹配。

（2）带式输送机运行。

① 严禁用输送采剥物料的带式输送机运送工具、材料、设备和人员。

② 输送带与滚筒打滑时,严禁在输送带与滚筒间楔木板和缠绕杂物。

③ 采用绞车拉紧的带式输送机必须配备可靠的测力计。

④ 严禁人员攀越输送带。

（3）带式输送机维修。

① 维修时必须停机上锁,并有专人监护。

② 在地下或暗道内用电焊、气焊或喷灯焊检修带式输送机时,必须制定安全措施。

（4）清扫滚筒和托辊时,带式输送机必须停机上锁,并有专人监护。清扫工作完毕后解锁送电,并通知有关人员。

3. 电机车

（1）架线电机车运行的轨道。

① 两平行钢轨之间,每隔 50 m 应连接 1 根断面不小于 50 mm^2 的铜线或其他具有等效电阻的导线。

② 线路上所有钢轨接缝处,必须用导线或采用轨缝焊接工艺加以连接。连接后每个接缝处的电阻,不得大于表 7-7 钢轨接缝处电阻中所列出的值。

表 7-7　　　　　　　　　　　　　　钢轨接缝处电阻最大值

轨型/(kg/m)	15	18	22	24	30	33	38	43
电阻/Ω	0.000 27	0.000 24	0.000 21	0.000 20	0.000 19	0.000 18	0.000 17	0.000 16

③ 不回电的轨道与架线电机车回电轨道之间,必须加以绝缘。第一绝缘点设在 2 种轨道的连接处;第二绝缘点设在不回电的轨道上,其与第一绝缘点之间的距离必须大于 1 列车的长度。对绝缘点必须经常检查维护,保持可靠绝缘。

在与架线电机车线路相连通的轨道上有钢丝绳跨越时,钢丝绳不得与轨道相接触。

④ 架线电机车使用的直流电压,不得超过 600 V。

⑤ 自轨面算起,电机车架空线的悬挂高度应符合下列要求:

a. 在行人的巷道内、车场内以及人行道与运输巷道交岔的地方不小于 2 m;在不行人的巷道内不小于 1.9 m。

b. 在井底车场内,从井底到乘车场不小于 2.2 m。

c. 在地面或工业场地内,不与其他道路交岔的地方不小于 2.2 m。

⑥ 电机车架空线与巷道顶或棚梁之间的距离不得小于 0.2 m。悬吊绝缘子距电机车架空线的距离,每侧不得超过 0.25 m。电机车架空线悬挂点的间距,在直线段内不得超过 5 m,在曲线段内不得超过表 7-8 中的规定值。

表 7-8　　　　　　　　　　电机车架空线曲线段悬挂点间距最大值

曲率半径/m	25～22	21～19	18～16	15～13	12～11	10～8
悬挂点间距/m	4.5	4	3.5	3	2.5	2

(2) 线路和机车:

① 主要运输大巷、车场的轨道、架线达到优良品,其他达到合格品。行驶架线电机车的轨道,曲线半径不得小于 12 m。

② 对架线实行挂牌管理,架线尾端和绝缘点设明显标志。

③ 架线电压不得超过 600 V,整流盘加设阻流圈。

④ 禁止用架线电源作照明电源。

⑤ 每年对机车、司机等进行一次年审。

⑥ 对架线电机车必须按《煤矿安全规程》等规定的试验周期、内容、方法和要求进行制动距离试验。

⑦ 电机车集电弓与车体连接处应加强绝缘,绝缘间隙不得小于 100 mm,并逐步去掉集电弓子拉绳。

(3) 机车运输:

① 机车司机必须停车上下,机车运行中严禁将身体露出车外。

② 牵引列车或机车单独运行时都必须前有照明,有效照射距离不小于 40 m,后有红灯。

③ 机车在车场调配车辆时,不准摘去连接装置。上部平车场,在规定停车位置至变坡点之间禁止使用机车顶车,下车场禁止使用钩头带车。

④ 大巷中途不准停留车辆,如需中途停车装卸物料时,必须经运输调度站批准,停留的车辆要掩好。

⑤ 机车在遇有行人、会车、过弯道、岔口、行人过道平桥、车场时必须减速鸣笛。机车不准超载和超速运行。

⑥ 大巷运输要取消押车工(平巷人行车除外),并在车场设专职人员,负责调车和摘挂钩工作。

⑦ 主要运输大巷禁止人工拥车,特殊情况需人工拥车的,需经运输调度站批准。

⑧ 高速铁路、采区装载点、卸载站(翻笼)进出车线实行封闭管理。

⑨ 严禁闯红灯,严禁拉电机车集电弓子进行调速行驶。

⑩ 严禁在机车上方乘坐人员和存放物料工具等。

⑪ 正常运行中严禁顶车。严禁电机车异道顶(拉)车。

⑫ 当发现行驶车辆前方发生紧急情况时,应采用摆灯作为紧急停车信号,一般情况下不得随意使用。

⑬ 当电机车发生故障需要维修时,必须切断架空线电源或进入机车维修间进行,严禁在架空线带电情况下从事维修机车的工作。

⑭ 电机车上要配备维修工具。

⑮ 机车正常运行时,必须在列车前端。

⑯ 同一区段轨道上,不得行驶非机动车辆。如果需要行驶时,必须经井下运输调度站同意。

⑰ 巷道内应装设路标和警标。机车行近巷道口、硐室口、弯道、道岔、坡度较大或噪声大等地段,以及前面有车辆或视线有障碍时,都必须减低速度,并发出警号。

⑱ 2 机车或 2 列车在同一轨道同一方向行驶时,必须保持不少于 100 m 的距离。

⑲ 列车的制动距离每年至少测定 1 次。运送物料时不得超过 40 m;运送人员时不得超过 20 m。

（4）蓄电池电机车运输:

① 电瓶车应符合完好标准,发现灯、铃、闸、控制器闭锁失效、电器失爆等问题之一者不经整改,禁止使用。

② 正常运行中严禁顶车(在车场调车时除外)。

③ 在调车线、车场需要顶车时严禁摘掉连接装置顶车。

④ 必须使用正规的连接器连车,严禁使用绳批子或其他代用品。

⑤ 2.5 t 机车牵引 1 t 矿车时,不得超过 6 个车,5 t 机车牵引车数不得超过 12 个车,8 t 机车不得超过 20 个车。运输综采支架等大型设备时,2.5～5 t 电瓶车牵引 1 辆,8 t 电瓶车牵引 2 辆。

⑥ 严禁进入架线机车运输巷道,因特殊情况确需进入架线下时,须制定安全措施,确保架线停电,且电瓶车必须有顶棚。

⑦ 严禁司机在车内站立、身体探出车外或在车下操作机车。

（5）瓦斯矿井中使用机车运输:

① 低瓦斯矿井进风(全风压通风)的主要运输巷道内,可使用架线电机车,但巷道必须使用不燃性材料支护。

② 在高瓦斯矿井进风(全风压通风)的主要运输巷道内,应使用矿用防爆特殊型蓄电池电机车或矿用防爆柴油机车。如果使用架线电机车,必须遵守下列规定:

a. 沿煤层或穿过煤层的巷道必须砌碹或锚喷支护;

b. 有瓦斯涌出的掘进巷道的回风流,不得进入有架线的巷道中;

c. 采用碳素滑板或其他能减小火花的集电器;

d. 架线电机车必须装设便携式甲烷检测报警仪。

③ 掘进的岩石巷道中,可使用矿用防爆特殊型蓄电池电机车或矿用防爆柴油机车。

④ 瓦斯矿井的主要回风巷和采区进、回风巷内,应使用矿用防爆特殊型蓄电池电机车或矿用防爆柴油机车。

⑤ 煤(岩)与瓦斯突出矿井和瓦斯喷出区域中,如果在全风压通风的主要风巷内使用机车运输,必须使用矿用防爆特殊型蓄电池电机车或矿用防爆柴油机车。

⑥ 机车司机必须按信号指令行车,在开车前必须发出开车信号。机车运行中,严禁将头或身体探出车外。司机离开座位时,必须切断电动机电源,将控制手把取下,扳紧车闸,但

不得关闭车灯。

⑦ 必须定期检修机车和矿车,并经常检查,发现隐患,及时处理。机车的闸、灯、警铃(喇叭)、连接装置和撒砂装置,任何一项不正常或防爆部分失去防爆性能时,都不得使用该机车。

(6) 各种车辆的两端必须装置碰头,每端突出的长度不得小于 100 mm。

(7) 井下矿用防爆型蓄电池电机车的电气设备,必须在车库内打开检修。

(8) 井下蓄电池充电室内必须采用矿用防爆型电气设备。测定电压时,可使用普通型电压表,但必须在揭开电池盖 10 min 以后进行。

4. 倾斜井巷使用绞车提升

(1) 托绳轮(辊)按设计要求设置,并保持转动灵活。

(2) 倾斜井巷上端有足够的过卷距离。过卷距离根据巷道倾角、设计载荷、最大提升速度和实际制动力等参量计算确定,并有 1.5 倍的备用系数。

(3) 串车提升的各车场设有信号硐室及躲避硐。

(4) 任何情况下都不准把斜坡作为停(存)车场。

三、矿井辅助运输系统安全保护设施安全管理

(1) 用人车运送人员时,应遵守下列规定:

① 每班发车前,应检查各车的连接装置、轮轴和车闸等。

② 严禁同时运送有爆炸性的、易燃性的或腐蚀性的物品,或附挂物料车。

③ 列车行驶速度不得超过 4 m/s。

④ 人员上下车地点应有照明,架空线必须安设分段开关或自动停送电开关,人员上下车时必须切断该区段架空线电源。

⑤ 双轨巷道乘车场必须设信号区间闭锁,人员上下车时,严禁其他车辆进入乘车场。

(2) 乘车人员必须遵守下列规定:

① 听从司机及乘务人员的指挥,开车前必须关上车门或挂上防护链。

② 人体及所携带的工具和零件严禁露出车外。

③ 列车行驶中和尚未停稳时,严禁上、下车和在车内站立。

④ 严禁在机车上或任何 2 车箱之间搭乘。

⑤ 严禁超员乘坐。

⑥ 车辆掉道时,必须立即向司机发出停车信号。

⑦ 严禁扒车、跳车和坐矿车。

(3) 用架空乘人装置运送人员时应遵守下列规定:

① 巷道倾角不得超过设计规定的数值。

② 蹬座中心至巷道一侧的距离不得小于 0.7 m,运行速度不得超过 1.2 m/s,乘坐间距不得小于 5 m。

③ 驱动装置必须有制动器。

④ 吊杆和牵引钢丝绳之间的连接不得自动脱扣。

⑤ 在下人地点的前方,必须设有能自动停车的安全装置。

⑥ 在运行中人员要坐稳,不得引起吊杆摆动,不得手扶牵引钢丝绳,不得触及邻近的任何物体。

⑦ 严禁同时运送携带爆炸物品的人员。

⑧ 每日必须对整个装置检查 1 次,发现问题,及时处理。

(4) 井巷中采用钢丝绳牵引带式输送机或钢丝绳芯带式输送机运送人员时,应遵守下列规定:

① 在上、下人员的 20 m 区段内输送带至巷道顶部的垂距不得小于 1.4 m,行驶区段内的垂距不得小于 1 m。下行带乘人时,上、下输送带间的垂距不得小于 1 m。

② 输送带的宽度不得小于 0.8 m,运行速度不得超过 1.8 m/s。钢丝绳牵引带式输送机的输送带绳槽至带边的宽度不得小于 60 mm。

③ 乘坐人员的间距不得小于 4 m。乘坐人员不得站立或仰卧,应面向行进方向,并严禁携带笨重物品和超长物品,严禁抚摸输送带侧帮。

④ 上、下人员的地点应设有平台和照明。上行带下人平台的长度不得小于 5 m,宽度不得小于 0.8 m,并有栏杆。上、下人的区段内不得有支架或悬挂装置。下人地点应有标志或声光信号,在距下人区段末端前方 2 m 处,必须设有能自动停车的安全装置。在卸煤口,必须设有防止人员坠入煤仓的设施。

⑤ 运送人员前,必须卸除输送带上的物料。

⑥ 应装有在输送机全长任何地点可由搭乘人员或其他人员操作的紧急停车装置。

⑦ 钢丝绳芯带式输送机应设断带保护装置。

(5) 人力推车时,必须遵守下列规定:

① 1 次只准推 1 辆车。严禁在矿车两侧推车。同向推车的间距,在轨道坡度小于或等于 5‰时,不得小于 10 m;坡度大于 5‰时,不得小于 30 m。

② 推车时必须时刻注意前方。在开始推车、停车、掉道、发现前方有人或有障碍物,从坡度较大的地方向下推车以及接近道岔、弯道、巷道口、风门、硐室出口时,推车人必须及时发出警号。

③ 严禁放飞车。

④ 巷道坡度大于 7‰时,严禁人力推车。

(6) 长度超过 1.5 km 的主要运输平巷,上下班时应采用机械运送人员。

(7) 人员上下的主要倾斜井巷,垂深超过 50 m 时,应采用机械运送人员。

(8) 严禁使用固定车厢式矿车、翻转车厢式矿车、底卸式矿车、材料车和平板车等运送人员。

(9) 倾斜井巷运送人员的人车必须有顶盖,车辆上必须装有可靠的防坠器。当断绳时,防坠器能自动发生作用,也能人工操纵。

(10) 倾斜井巷运送人员的人车必须有跟车人,跟车人必须坐在设有手动防坠器把手或制动器把手的位置上。每班运送人员前,必须检查人车的连接装置、保险链和防坠器,并必须先放 1 次空车。

(11) 斜井人车必须设置使跟车人在运行途中任何地点都能向司机发送紧急停车信号的装置。多水平运输时,从各水平发出的信号必须有区别。人员上、下地点应悬挂信号牌。任一区段行车时,各水平必须有信号显示。

(12) 斜井提升时,严禁蹬钩、行人。

(13) 运送物料时,开车前把钩工必须检查牵引车数、各车的连接和装载情况。牵引车数超过规定,连接不良或装载物料超重、超高、超宽或偏载严重有翻车危险时,严禁发出开车信号。

（14）矿用防爆型柴油机车。

① 排气口的排气温度不得超过 70 ℃,其表面温度不得超过 150 ℃。

② 排出的各种有害气体被巷道风流稀释后,其浓度必须符合《煤矿安全规程》的规定。

③ 各部件不得用铝合金制造,使用的非金属材料应具有阻燃和抗静电性能。油箱及管路必须用不燃性材料制造。油箱的最大容量不得超过 8 h 的用油量。

④ 燃油的闪点应高于 70 ℃。

⑤ 必须配置适宜的灭火器。

（15）单轨吊车、卡轨车、齿轨车和胶套轮车的运行坡度、运行速度和载荷重量不得超过设计规定的数值,胶套轮材料和钢轨的摩擦系数不得小于0.4。设备最突出部分与巷道之间以及对开列车最突出部分之间的间隙,必须符合《煤矿安全规程》的规定。

（16）单轨吊车、卡轨车、齿轨车和胶套轮车的牵引机车和驱动绞车,应具有可靠的制动系统,并满足以下要求:

① 保险制动和停车制动的制动力应为额定牵引力的 1.5～2 倍。

② 必须设有既可手动又能自动的保险闸。保险闸应具备以下性能:

a. 运行速度超过额定速度 15％时能自动施闸;

b. 施闸时的空动时间不大于 0.7 s;

c. 在最大载荷最大坡度上以最大设计速度向下运行时,制动距离应不超过相当于在这一速度下 6 s 的行程;

d. 在最小载荷最大坡度上向上运行时,制动减速度不大于 5 m/s²。

③ 保险制动和停车制动装置,应设计成失效安全型。

（17）在单轨吊车、卡轨车、齿轨车和胶套轮车的牵引机车或头车上,必须装设车灯和喇叭,列车的尾部设有红灯。在钢丝绳牵引的单轨吊车和卡轨车的运输系统内,必须备有列车司机与牵引绞车司机联络用的信号和通信装置。

四、煤矿常见运输事故的发生原因及防治措施

矿井运输是煤矿安全生产的重要环节。由于矿井运输具有工作范围广,战线长,设备设施流动性大,涉及人员多等客观因素,造成运输事故频发。认真分析当前机电运输事故多发的原因,探讨新的行之有效的安全管理方法,吸取教训,采取有针对性的防范措施,提升安全管理水平,对煤矿安全生产具有重要的意义。

（一）煤矿常见运输事故

1. 行人违章

（1）不按规定行走,不注意前、后来往的车辆,遇到车辆运行不及时躲避,造成伤亡事故。

（2）不遵守井下的有关规定,爬车、跳车、蹬车造成挤伤、摔伤、碰伤或触电。

（3）乘坐乘人车时身体伸出车外,被对面来车刮、碰、撞造成伤亡。

2. 司机违章

（1）超速。机车或列车行驶速度超过规定,在过弯道、道岔、车场、巷道口、前方有行人,视线受到障碍物影响而未能减速行驶,造成事故。

（2）撞车。两列车或两机车在同一线路上相向行驶发生碰撞,造成事故。

（3）追尾。两列车或两机车在同一线路上同向行驶而发生碰撞,造成事故。

（4）违章带车。在平巷或车场内,用链条连接牵引另一平行道上的车组或反向顶矿车组,造成机车或矿车掉道伤人。

（5）人力推车时,不注意前、后行人和车辆,或放飞车,或违反规定一人推一部以上车辆,或侧向推车,造成碰伤、撞伤、挤伤等伤人事故。

3. 运输安全设施不到位及管理不严密

（1）巷道中杂物多、巷道变形未及时修复;缺少必要的阻车器、信号灯等造成事故。

（2）职工在上下车、修理巷道、电机车上处理故障、甚至在巷道内行走时,都有可能触碰到电机车架空线,导致触电事故。

（3）爆破工在运送爆炸材料时,不按规定进行运送,使雷管受挤压或震动过大而爆炸伤人。

（二）煤矿常见运输事故的发生原因

1. 人员管理不到位

煤矿有句至理名言:"没有抓不好的安全,只有不到位的管理"。在运输安全管理方面,存在着职责不明、标准不高、管理不严、规章制度流于形式,对运输安全隐患不能及时发现和整改,最终造成事故。

2. 违章操作

职工在工作中责任心不强,为了图省事、怕麻烦、赶时间,心存侥幸心理而违章操作是导致事故发生的主要原因。如绞车司机超载超挂,用异物代替连接链,不使用保险绳,保护装置不维修、不检查、形同虚设等。

3. 技术管理不到位

采用技术要求不达标的劣质运输设备;使用维修后仍不合格的运输设备;使用对设备技术要求不清楚的设备等,如采用绞车选型、钢丝绳校验不正确的设备,导致运输事故的发生。

4. 设备陈旧老化,带病运行

在煤矿建设时,煤矿设备的投入必须成套,而且相互之间必须配套,所以一次性投入的资金数目相当大,无论是国企还是私企,都难以承受。由于投入不足,致使煤矿机电设备更新速度较慢,设备相对老化,更新不及时,甚至带病运行,如绞车的声光信号不完善、不可靠、制动闸不可靠、提升绳锈蚀严重、断丝超标等,不及时更换处理,最终导致事故。

5. 安全设施不健全、不可靠

安全设施投入不足,考核不严,机运标准化工作难以到位,安全可靠性差,运输设备不完善、不可靠,是导致斜巷运输事故多发的重要原因。

6. 运输环境不合格

运输、设计或施工上不符合安全要求,如斜巷运输,上部车场的方向、长度、坡度、绞车窝位置不合理;斜巷弯度大、多次变坡、支护形式选择不合理、巷压大,箍绳、刮车、杂物等问题,不符合安全运行要求,最终酿成事故。

7. 安全监督不力

安监部门没有尽职尽责,对安全隐患的排查和整改流于形式,没有及时发现并责令整改,这也是矿井运输事故多发的原因之一。

8. 职工安全意识差,缺乏安全培训

(1) 特种作业人员安全意识淡薄,麻痹大意,没有牢固树立"安全第一"的思想,违反了"三大规程"及有关安全规定,违章指挥、违章操作时有发生。

(2) 特种作业人员文化程度参差不齐,掌握特种作业技术不娴熟。特别是采掘一线职工多是农民工,文化基础差,无长期工作打算,学习业务技术的积极性差,素质低,给机电运输安全带来了极大隐患。

(3) 特种作业人员的安全培训教育不够,特别是人员紧缺的单位,职工都在满负荷甚至超负荷状态下工作,有的岗位还打破了8小时工作制,要求工人上连班,因此,要抽出人员进行脱产培训更难,从而导致无证上岗。

9. 特种作业人员的频繁调换岗位

对于矿山某些技术性工种,某些企业领导不去考虑学识水平,不讲究用工要求,而是当做好工种,通过人情关系把一些不合格的人员充塞进去,加之一些人员不钻研技术业务,违章违纪现象比较突出。另外,临时性工作调整时安全培训工作没有及时到位也带来了安全隐患。

10. 安全制度不严,遗留安全隐患

(1) 岗位责任制不健全,对某些工作相互扯皮,隐患得不到及时整改落实。

(2) 安全制度执行不严,对安全考核不够严厉,安全奖罚不及时兑现,影响了管理人员反"三违"的积极性。

(3) 对事故处理未严格按"三不放过"原则分析处理,处罚太轻甚至层层保护,不严肃追究责任,职工受不到教育,防范措施不到位,结果是事故重复发生。

(三) 煤矿运输事故的防范措施

(1) 深刻吸取矿井运输事故教训,提高对加强运输管理重要性和紧迫性的认识,完善机构,落实责任,牢固树立"安全第一"的思想。

① 抓好干部队伍建设。目前多数乡镇煤矿没有专人管理运输工作,使矿井运输管理处于半真空状态,还有的矿井把防跑车装置作为应付监管监察部门检查的摆设。必须进一步加强和完善管理机构,特别是专业技术干部队伍和一线管理人员队伍建设,强化领导和责任,提高干部队伍的管理水平。

② 加强现场管理。进一步更新观念,从强化设备、技术等基础管理入手,掌握安全生产管理规律,积极探索导致运输事故多发在企业管理中的深层次原因。

(2) 加强用工管理,科学安排岗位人员,杜绝违章指挥。

① 矿井运输技术性较强,把业务好、责任心强的人充实到岗位中。

② 加强企业安全文化建设,用企业安全生产效益留住人,减少人员流失,稳定从业人员队伍,特别是特种作业人员队伍。

③ 加强作业场所劳动组织管理,做到人员任务具体、分工明确。消除目前一些煤矿企业为追求经济效益,减少开支,想方设法减少各运输环节操作人员,一人顶多岗的混乱局面。

(3) 强化安全宣传教育和培训,提高员工的运输安全意识和安全技能。

① 强化新上岗的从业人员安全培训,保证培训时间和培训内容,了解和掌握本单位安全生产情况及安全生产基本知识、规章制度、职工权利和义务、安全职责和操作规程、操作技能及强制性标准、自救互救和急救方法、疏散和现场紧急情况的处理、安全设备设施和个人

防护用品的使用和维护等知识。

② 强化对实施新工艺、新技术或者使用新设备、新材料时的有针对性的安全培训。

③ 强化日常安全教育,采取多种形式利用班前、班后等时间开展安全常识教育,认真贯彻学习矿井运输各工种操作规程,教育从业人员严格执行作业规程,充分发挥挡车装置、阻车装置应有的作用,为搞好安全生产打下坚实的基础,减少和杜绝运输事故的发生。

④ 强化对特种作业等关键岗位人员的培训,按照国家有关法律、法规的规定接受专门的安全培训,经考核合格,取得特种作业操作资格证书后上岗作业。

（4）建立健全切实可行的管理制度。

要根据本矿运输系统的实际状况,对企业各项制度进行认真的梳理和完善,并健全运输系统各工种的操作规程,使有关矿井运输管理的各项规章制度能真正服务于煤矿安全生产,发挥作用。

① 进一步细化矿井提升运输设备使用管理,认真落实提升设备、设施的定期检测检验和日常检查管理工作。建立设备入井检验制度、设备定期检查制度、各种安全装置定期试验制度。

② 建立设备、设施的台账管理。建立设备安装验收管理制度,加强施工和验收等环节的管理和监督,防止设备恶性事故发生。

③ 结合企业安全生产实际,进一步建立完善并严格执行矿井运输管理制度。严格执行岗位责任制和设备操作规程,设备交接班制度,及时填写设备运行和检修记录。

（5）加强安全监管,严格落实各项规章制度。

① 加强矿井运输的监督和管理。必须把日常的监督检查与重点检查相结合,动态检查与专项检查相结合,及时排查出矿井运输存在的问题和隐患,及时解决。

② 建立矿井运输安全的责任体系,明确每位职工在矿井运输工作中的职责,形成人人遵章守纪、按章操作的职业道德风尚。

③ 严格落实矿井运输的各项管理制度,执法必严,违法必究,坚决克服那种有令不行、有禁不止的现象。

④ 对待事故的处理,要严肃认真,不仅要追究事故直接人员的责任,还要追究有关领导的责任。

（6）强化轨道辅助运输管理。加强对煤矿各运输环节的安全管理,认真检查及时整改井下运输系统各环节存在的问题,及时消除安全隐患,确保运输安全。

（7）科学安排,合理调度人车,确保运输安全。使人车管理和使用更加科学化、人性化。

第五节　矿井安全监控系统的功能及安全管理

一、矿井安全监控系统的功能

矿井安全监控系统是主要用来监测甲烷浓度、一氧化碳浓度、二氧化碳浓度、氧气浓度、硫化氢浓度、矿尘浓度、风速、风压、湿度、温度、馈电状态、风门状态、风筒状态、局部通风机开停、主要风机开停等,并实现甲烷超限声光报警、断电和甲烷风电闭锁控制等功能的系统。煤矿安全监控系统具有模拟量、开关量、累计量采集、传输、存储、处理、显示、打印、声光报警、控制等功能,由主机、传输接口、分站、传感器、断电控制器、声光报警器、电源箱、避雷器等设备组成的系统。

1. 监控系统中心站硬件功能

中心站是煤矿环境安全和生产工况监控系统的地面数据处理中心，用于完成信息的采集、处理、存贮、显示和打印功能，同时还可对局部生产环节或设备发出控制指令。中心站由主控计算机及其外围设备和监控系统软件组成，通常设置在煤矿监控中心或生产调度室内。

2. 监控系统软件功能

监控系统软件是在主控计算机中运行的监控程序，它是中心站硬件系统的指挥机构，也是介于用户和硬件设备之间的人机界面。它在很大程度上决定了监控系统的性能。其功能如下：

① 实时监测、实时显示（报警、断电、馈电异常等重要信息）。

② 分类显示、调用显示、曲线、状态图、模拟图等显示。

③ 数据存储与打印输出。

④ 分类查询：报警查询、断电查询、馈电异常查询等。

⑤ 操作界面：主菜单参数设置、页面编辑、列表/曲线/状态图/柱状图显示、模拟图显示、查询、控制、打印、帮助。

⑥ 操作权限管理。

⑦ 自检及系统参数设置。

3. 煤矿监控系统井下分站基本功能

① 为所挂传感器提供电源，备用电源不低于 2 h。

② 采集各传感器的实测参数，设备运行状况、开停状态，且实时显示。

③ 通过工业网络快速向地面的系统中心站传送巡检参数。

④ 执行地面中心站发往井下的各种控制命令。

⑤ 对异常状况进行断电控制。

4. 煤矿安全监控系统报警级别

煤矿安全监控系统报警分为四级，即零级报警、一级报警、二级报警、三级报警。

零级报警：瓦斯浓度超限或主要通风机停止运行时间不超过 1 min。由煤矿安全监控系统中心站负责处理。

一级报警：瓦斯浓度超限时间超过 1 min(含)少于 30 min；主要通风机停止运行时间超过 1 min(含)少于 10 min。由煤矿安全监控系统中心站和县级瓦斯远程监控中心响应处置。

二级报警：瓦斯浓度超限时间超过 30 min(含)少于 60 min；主要通风机停止运行时间超过 10 min(含)少于 20 min。由煤矿安全监控系统中心站、县级瓦斯远程监控中心和市级瓦斯远程监控中心响应处置。

三级报警：瓦斯浓度超限时间超过 60 min 或瓦斯传感器值大于或等于 3%；主要通风机停止运行时间超过 30 min。由煤矿、县(市、区)、市(州)和省瓦斯远程监控中心响应处置。

二、矿井安全监控系统的安全管理

(一) 矿井安全监控系统装备要求

(1) 瓦斯矿井必须装备煤矿安全监控系统。

(2) 煤矿安全监控系统必须 24 h 连续运行。

（3）接入煤矿安全监控系统的各类传感器稳定性应不小于 15 天。

（4）煤矿安全监控系统传感器的数据及状态必须传输到地面主机。

（5）煤矿必须按矿用产品安全标志证书规定的型号选择监控系统的传感器、断电控制器等关联设备,严禁对不同系统间的设备进行置换。

（6）国有重点煤矿必须实现矿务局(公司)所属高瓦斯和煤与瓦斯突出矿井的安全监控系统联网;国有地方和乡镇煤矿必须实现县(市)范围内高瓦斯和煤与瓦斯突出矿井安全监控系统联网。

（7）煤矿区队长以上管理人员、安检员、班组长、爆破工、电钳工下井时必须携带便携式甲烷检测仪或甲烷检测报警矿灯。

（8）煤矿采掘工、打眼工、在回风流工作的工人下井时宜携带甲烷检测报警矿灯或甲烷报警矿灯。

（二）设计和安装要求

（1）煤矿的采区设计、采掘作业规程和安全技术措施,必须对安全测控仪器的种类、数量和位置,信号电缆和电源电缆的敷设,断电区域等作出明确规定,并绘制布置图和断电控制图。

（2）安装前,使用单位必须根据已批准的作业规程或安全技术措施提出《安装申请单》,分别送通风和机电部门。安装断电控制系统时,使用单位或机电部门必须根据断电范围要求,提供断电条件,并接通井下电源及控制线,在连接时必须有安全监测工在场监护。

（3）为防止甲烷超限断电时切断安全测控仪器的供电电源,安全测控仪器的供电电源必须取自被控开关的电源侧,严禁接在被控开关的负荷侧。

（4）模拟量传感器应设置在能正确反映被测物理量的位置。开关量传感器应设置在能正确反映被监测状态的位置。声光报警器应设置在经常有人工作便于观察的地点。

（5）井下分站,应设置在便于人员观察、调试、检验及支护良好、无滴水、无杂物的进风巷道或硐室中,安设时应垫支架,使其距巷道底板不小于 300 mm,或吊挂在巷道中。

（6）隔爆兼本质安全型等防爆电源,宜设置在采区变电所,严禁设置在断电范围内。隔爆兼本质安全型防爆电源严禁设置在下列区域:

① 瓦斯矿井和高瓦斯矿井的采煤工作面和回风巷内;

② 煤与瓦斯突出矿井的采煤工作面、进风巷和回风巷;

③ 掘进工作面内;

④ 采用串联通风的被串采煤工作面、进风巷和回风巷;

⑤ 采用串联通风的被串掘进巷道内。

（7）为保证安全监控系统的断电和故障闭锁功能,断电控制器与被控开关之间必须正确接线。具体方法由煤矿主要技术负责人审定。

（8）与安全测控仪器关联的电气设备,电源线和控制线在拆除或改线时,必须与安全测控管理部门共同处理。检修与安全测控仪器关联的电气设备,须在安全测控仪器停止运行时,经矿主要负责人或主要技术负责人同意,并制定安全措施后方可进行。

（三）使用与维护

1. 检修机构

（1）煤矿应建立安全测控仪器检修室,负责本矿安全测控仪器的调校、维护和维修工作。暂时不具备条件的小型煤矿可将安全测控仪器送到检修中心进行调校和维修。

（2）国有重点煤矿的矿务局（公司）、产煤县（市）应建立安全测控仪器检修中心，负责安全测控仪器的调校、维修、报废鉴定等工作，有条件的可配置甲烷校准气体，并对煤矿进行技术指导。

（3）安全测控仪器检修室应配备甲烷传感器、测定器检定装置、稳压电源、示波器、频率计、万用表、流量计、声级计、甲烷校准气体、标准气体等仪器装备；安全测控仪器检修中心除应配备上述仪器装备外，宜配备甲烷校准气体配气装置、气相色谱仪或红外线分析仪等。

2. 校准气体

（1）甲烷校准气体宜采用分压法原理配制，选用纯度不低于99.9%的甲烷、氮气和氧气作原料气，对混合气瓶抽真空处理后，按配气要求的比例和程序，控制压力和流量，依次向混合气瓶充入甲烷、氮气和氧气原料气。配制好的甲烷校准气体应以标准气体为标准，用气相色谱仪或红外线分析仪分析定值，其不确定度应小于5%。

（2）甲烷校准气体配气装置应放在通风良好，符合国家有关防火、防爆、压力容器安全规定的独立建筑内。配气气瓶应分室存放，室内应使用隔爆型的照明灯具及电器设备。

（3）高压气瓶的使用管理应符合国家有关气瓶安全管理的规定。

3. 调校

（1）安全测控仪器设备必须定期调校。

（2）安全测控仪器使用前和大修后，必须按产品使用说明书的要求测试、调校合格，并在地面试运行24～48 h方能下井。

（3）采用催化燃烧原理的甲烷传感器、便携式甲烷检测报警仪、甲烷检测报警矿灯等，每隔10天必须使用校准气体和空气样，按产品使用说明书的要求调校一次。调校时，应先在新鲜空气中或使用空气样调校零点，使仪器显示值为零，再通入浓度为1%～2%CH$_4$的甲烷校准气体，调整仪器的显示值与校准气体浓度一致，气样流量应符合产品使用说明书的要求。

（4）除甲烷以外的其他气体测控仪器应每隔10天采用空气样和标准气样进行调校。风速传感器选用经过标定的风速计调校。温度传感器选用经过标定的温度计调校。其他传感器和便携式检测仪器也应按使用说明书要求定期调校，使各项指标符合规定。

（5）安全测控仪器的调校包括零点、显示值、报警点、断电点、复电点、控制逻辑等。

（6）为保证甲烷超限断电和停风断电功能准确可靠，每隔10天必须对甲烷超限断电闭锁和甲烷风电闭锁功能进行测试。

（7）安全测控仪器在井下连续运行6～12个月，必须升井检修。

4. 维护

（1）井下安全监测工必须24 h值班，每天检查煤矿安全监控系统及电缆的运行情况。使用便携式甲烷检测报警仪与甲烷传感器进行对照，并将记录和检查结果报地面中心站值班员。当两者读数误差大于允许误差时，先以读数较大者为依据，采取安全措施，并必须在8 h内将两种仪器调准。

（2）下井管理人员发现便携式甲烷检测报警仪与甲烷传感器读数误差大于允许误差时，应立即通知安全测控部门进行处理。

（3）安装在采煤机、掘进机和电机车上的机（车）载断电仪，由司机负责监护，并应经常检查清扫,每天使用便携式甲烷检测报警仪与甲烷传感器进行对照,当两者读数误差大于允许误差时,先以读数最大者为依据,采取安全措施,并立即通知安全监测工,在 8 h 内将两种仪器调准。

(4)炮采工作面设置的甲烷传感器在爆破前应移动到安全位置,爆破后应及时恢复设置到正确位置。对需要经常移动的传感器、声光报警器、断电控制器及电缆等,由采掘班组长负责按规定移动,严禁擅自停用。

(5)井下安全使用的分站、传感器、声光报警器、断电控制器及电缆等由所在采掘区队的区队长、班组长负责管理和使用。

(6)传感器经过调校检测误差仍超过规定值时,必须立即更换;安全测控仪器发生故障时,必须及时处理,在更换和故障处理期间必须采用人工监测等安全措施,并填写故障记录。

(7)低浓度甲烷传感器经大于 $4\%CH_4$ 的甲烷冲击后,应及时进行调校或更换。

(8)电网停电后,备用电源不能保证设备连续工作 1 h 时,应及时更换。

(9)使用中的传感器应经常擦拭,清除外表积尘,保持清洁。采掘工作面的传感器应每天除尘;传感器应保持干燥,避免洒水淋湿;维护、移动传感器应避免摔打碰撞。

5. 便携仪

(1)便携式甲烷检测报警仪和甲烷报警矿灯等检测仪器应设专职人员负责充电、收发及维护。每班要清理隔爆罩上的煤尘,下井前必须检查便携式甲烷检测报警仪和甲烷检测报警矿灯的零点和电压值,不符合要求的禁止发放使用。

(2)使用便携式甲烷检测报警仪和甲烷报警矿灯等检测仪器时要严格按照产品说明书进行操作,严禁擅自调校和拆开仪器。

6. 报 废

安全测控仪器符合下列情况之一者,可以报废:设备老化、技术落后或超过规定使用年限的;通过修理,虽能恢复精度和性能,但一次修理费用超过原价 80% 以上,不如更新经济的;严重失爆不能修复的;遭受意外灾害,损坏严重,无法修复的;国家或有关部门规定应淘汰的。

(四)煤矿安全监控系统及联网信息处理

1. 地面中心站的装备

(1)煤矿安全监控系统的主机及系统联网主机必须双机或多机备份,24 h 不间断运行。当工作主机发生故障时,备份主机应在 5 min 内投入工作。

(2)中心站应双回路供电并配备不小于 8 h 在线式不间断电源。

(3)中心站设备应有可靠的接地装置和防雷装置。

(4)联网主机应装备防火墙等网络安全设备。

(5)中心站应使用录音电话。

2. 煤矿安全监控系统信息的处理

(1)地面中心站必须 24 h 有人值班。值班人员应认真监视监视器所显示的各种信息,详细记录系统各部分的运行状态,接收上一级网络中心下达的指令并及时进行处理,填写运行日志,打印安全监控日报表,报矿主要负责人和矿井主要技术负责人审阅。

(2)系统发出报警、断电、馈电异常信息时,中心站值班人员必须立即通知矿井调度部门,查明原因,并按规定程序及时报上一级网络中心。处理结果应记录备案。

（3）调度值班人员接到报警、断电信息后，应立即向矿值班领导汇报，同时按规定指挥现场人员停止工作，断电时撤出人员，处理过程应记录备案。

（4）当系统显示井下某一区域瓦斯超限并有可能波及其他区域时，中心站值班员应按瓦斯事故应急预案切断瓦斯可能波及区域的电源。

3. 联网信息的处理

（1）煤矿安全监控系统联网实行分级管理。国有重点煤矿必须向矿务局（公司）安全监控网络中心上传实时测控数据，国有地方和乡镇煤矿必须向县（市）安全监控网络中心上传实时测控数据。网络中心对煤矿安全监控系统的运行进行监督和指导。

（2）网络中心必须 24 h 有人值班。值班人员应认真监视测控数据，核对煤矿上传的隐患处理情况，发现异常情况要详细查询，按规定进行处理。填写运行日志，打印报警信息日报表，报值班领导审阅。

（3）联网网络中心值班人员发现煤矿瓦斯超限报警、馈电状态异常情况等必须通知煤矿核查情况，按应急预案进行处理。

（4）煤矿安全监控系统中心站值班人员接到网络中心发出的报警处理指令后，要立即处理落实，并将处理结果向网络中心反馈。

（5）网络中心值班人员发现煤矿安全监控系统通讯中断或出现无记录情况，必须查明原因，并根据具体情况下达处理意见，处理情况记录备案，上报值班领导。

（6）网络中心每月应对瓦斯超限情况进行汇总分析，报当地煤炭行业主管部门和煤矿安全监察分局。

（五）管理制度与技术资料

（1）应建立安全测控管理机构。安全测控管理机构由煤矿主要技术负责人领导，配备足够的人员。

（2）煤矿应制定瓦斯事故应急预案、安全测控岗位责任制、操作规程、值班制度等规章制度。

（3）从事安全测控仪器管理、维护、检修、值班人员应经培训合格，持证上岗。

（4）煤矿应建立账卡及报表。

（5）煤矿必须绘制煤矿安全测控布置图和断电控制图，并根据采掘工作的变化情况及时修改。

（6）煤矿安全测控布置图和断电控制图应报当地煤炭行业主管部门、煤矿安全监察分局和上级网络中心备案。

（7）煤矿安全监控系统和网络中心应每 3 个月对数据进行备份，备份的数据介质保存时间应不少于 2 年。

（8）图纸、技术资料的保存时间应不少于 2 年。

【案例 7-1】　宏发煤矿"2·16"重大运输事故案例

2012 年 2 月 16 日 0 点 30 分，湖南省衡阳市耒阳市宏发煤矿发生一起重大运输事故，造成 15 人死亡，3 人重伤。

1. 事故情况

该矿为个体私营企业，证照齐全，属低瓦斯矿井。该矿通过耒阳市煤炭局组织的复工验收（耒阳市政府规定先复工验收、后复产验收），允许开展井下巷道维修、设备维护等工作。

初步分析,事故的直接原因是:该矿违规使用矿车在斜井(坡度 28°)运送人员,且运料车与乘人矿车混挂(4 节载人矿车在前,4 节料车在后),运行中第 2 节与第 3 节料车连接绳套(用钢丝绳和绳卡子自制的绳套)拉脱,导致 2 节料车和 4 节矿车跑车。事故暴露出的直接问题有:

(1) 严重违规使用矿车运送人员且与料车混挂。

(2) 违规挂车 8 节(超规定)。

(3) 违规使用自制钢丝绳绳套替代连接装置,且井筒中未设置防跑车的挡车装置。

(4) 串车未挂保险绳。

2. 事故教训

据初步了解,该矿存在借复工维修之名组织生产、多井筒出煤、新招员工未经培训下井等问题,这是一起严重违规违章造成的重大责任事故,损失惨重,影响恶劣。为深刻吸取事故教训,切实加强煤矿安全生产工作,特提出以下要求:

(1) 切实抓好煤矿复产验收工作。地方各级煤矿安全监管、煤炭行业管理部门和各驻地煤矿安全监察机构要密切配合,在地方政府的统一领导下,进一步研究完善煤矿复产验收工作方案,做到严格有序恢复生产建设。要严把验收质量关,坚持"谁验收、谁签字、谁负责",对不符合条件的不得批准复产。停产放假或停产检修的煤矿企业要落实停产或检修期间的安全措施;企业申请复产时,必须经过地方有关部门逐级验收审批合格,方可恢复生产;恢复生产、建设时,煤矿必须制定安全保障技术措施,保证各个系统正常运转。要严防煤矿企业以复工维修名义,违法组织生产。

(2) 严厉打击非法违法行为。各地区要进一步完善和落实地方政府统一领导、相关部门共同参与的联合执法机制,加强对煤矿企业的日常执法、重点执法和跟踪执法,始终保持高压态势,形成严厉打击非法违法行为的工作合力。对存在非法违法行为的矿井要切实做到"四个一律",即对非法生产经营建设和经停产整顿仍未达到要求的,一律依法关闭取缔;对非法违法生产建设的有关单位和责任人,一律按规定上限予以处罚;对非法违法生产建设的单位,一律依法责令停产整顿,并严格落实监管措施;对触犯法律的有关单位和人员,一律依法严格追究法律责任。

(3) 加强煤矿运输安全管理。所有煤矿企业要高度重视运输安全管理工作,立即开展有针对性的大检查。矿井要完善提升运输系统的各类安全保护装置,主要提升装置必须严格按照《煤矿安全规程》的规定,装设保险装置和后备保护装置,运行时严禁甩掉保险装置。各种保险装置必须动作灵敏、性能可靠。斜井提升连接装置必须装设保险绳,确保安全可靠。斜井井巷中防跑车与跑车防护装置等安全设施必须齐全、完善,提升时严格执行"行车不行人、行人不行车"的规定。必须采用专用乘人装置运送人员,严禁使用矿车、材料车等运送人员;用人车运送人员时,严禁附挂物料车,严禁提升运输设备超负荷或带病运转,严禁使用不合格产品。

(4) 切实加大安全培训力度。各煤矿企业要落实安全培训责任,加大培训力度,对全体煤矿职工特别是农民工(包括劳务工、轮换工、协议工、季节工等)进行严格的安全培训,使职工掌握安全操作技能和强制性标准、安全生产规章制度和劳动纪律以及应急避险等安全逃生设备设施的使用和维护等知识。煤矿企业必须按照有关规定要求,坚持全员培训,明确培训内容,确保培训时间,培训考核不合格者,一律不得上岗作业。相关部门要对煤矿企业职工特别是井下农民工的培训情况进行监督检查,发现未经培训上岗或培训不符合要求的,责令限期改正;逾期未改正的,依法责令煤矿企业停产整顿。

(5)切实加大事故查处力度。事故发生地有关部门要积极配合驻地煤矿安全监察机构按照"四不放过"和"科学严谨、依法依规、实事求是、注重实效"的原则,严肃事故查处,严格责任追究。对非法违法生产建设行为引发的煤矿事故,要综合运用法律、经济和行政等手段,依法加大责任追究力度。要及时向社会公布事故调查处理结果,自觉接受社会和舆论监督。要严格执行事故通报、约谈、分析和跟踪督导"四项制度",着力用事故教训推动煤矿安全生产工作。

【案例7-2】 花草滩煤矿"9·6"重大运输提升事故

2012年9月6日18时06分,甘肃省张掖市宏能煤业公司花草滩煤矿副立井井筒套内壁作业过程中,距井底236.4 m处的辅助盘发生倾斜、侧翻,导致在两个辅助盘上作业的10名工人坠井后全部遇难,直接经济损失501.468万元。

1. 事故单位概况

花草滩煤矿设计可采储量为4 710.96万t,设计生产能力90万t/a,设计服务年限为40.3年。设计采用双立井开拓方式,冻结法施工,设计主井深531 m,净直径5.5 m;副井深549 m,净直径6.5 m。矿井采用中央并列式通风方式,主井进风,副井回风。

事故发生在副井筒距井口211.6 m的2层辅助盘至448 m的井底内。

副立井采用钢筋混凝土浇筑支护。冻结段采用外壁内壁双层加强支护,外壁掘砌和基岩段掘砌均采用自上而下短段掘砌混合作业方式,断面净直径7.5 m,钢筋砼浇注厚度1 m。截止2012年8月7日已施工448 m,当日开始套内壁作业施工,采用金属块模倒模法,内壁钢筋砼浇注的作业方式,事故发生前,已从井底向上施工236.4 m,套内壁后净直径6.5 m。地面架设局部通风机,自井口向下压风至205 m处,以下无供风设施。副立井采用多绳提升,副立井北南两侧各安设主、副绞车单钩提升。副绞车提升人员、模板和下放钢筋等材料,主绞车下放砼,井底积有4 m深的养护淋水。

副井井下吊盘直径6.2 m,层间距4 m,用10根(中间4根、周围6根)250槽钢焊接连接,稳绳兼罐道绳4根。为加快施工进度,施工方在吊盘底部连接两个辅助盘,吊盘、上辅助盘、下辅助盘均使用4根钢丝绳软连接。上辅助盘距离吊盘10 m,用于绑扎钢筋、组模和放砼,下辅助盘距离上辅助盘10.3 m,用于卸模和洒水养护,多项施工工艺同时作业。吊盘安设有1部矿用防爆通讯电话机4个信号器。上辅助盘通过10 m长的铁丝与吊盘信号器连接作为上辅助盘的信号装置。

提升模板时,用4根钢丝绳固定装模板的吊筐四角,通过一根长12 m的钢丝绳与吊桶底部连接。提升时吊桶带动吊筐上升,通过上辅助盘的南侧提升孔到达上辅助盘。

2012年8月21日,该立井发生过一起吊筐刮擦辅助盘的涉险事故,8月23日召开班前会口头要求在用吊筐提升模板前井下信号工必须先电话通知井口信号房。

2. 事故发生经过

2012年9月6日11时30分,施工队长李武斌组织召开班前会,参加班前会的人员有班长刘占发(兼辅助盘信号工)、工人张艳清(吊盘信号工)、盛五盈(放料工)、韩世峰、李涛、王具芳、姬大伟、周世军、田旭、陈永祥、曹伟欣、吕彦辉、乔百柱、刘世金、马培军、郭增良、王建业、张雄、杨振亮共 19 人。会后施工人员相继入井到达吊盘，班长刘占发安排张艳清、盛五盈 2 人在吊盘发信号和放砼，刘占发、韩世峰、李涛、王具芳、姬大伟、曹伟欣、乔百柱、刘世金、郭增良、王建业、张雄、杨振亮 12 人在上辅助盘组模，吕彦辉、田旭、陈永祥、周世军、马培军等 5 人在下辅助盘拆模板，随后施工人员进入各自岗位开始作业。17 时左右，刘占发安排盛五盈下到上辅助盘帮助组模，张艳清一人在吊盘发信号兼放砼。

18 时，刘占发在未给井口信号房打电话的情况下，直接发快提信号给井口信号房提升装有模板的吊筐，绞车运行后刘占发又连续发了 2 次快提信号，在吊筐接近提升孔时速度突然加快，摇摆上升的吊筐挂住上辅助盘并使之倾斜，同时带动下辅助盘倾斜。在上辅助盘的刘占发发现异常立即发出停车信号，并和韩世峰、李涛、王具芳、郭增良、王建业、张雄、杨振亮等 7 人爬到绑扎好的钢筋架和安装好的模板上。井口信号工石晓娟接到急停信号后，马上给绞车房发了慢提和急停的信号（施工方规定绞车运行后要停车必须先发慢提信号后发急停信号），绞车司机马小建接到信号后立即停车，但此时吊筐已经挂带辅助盘向上运行了 7~8 m，致使上、下辅助盘倾斜侧立，导致未挂安全带在上辅助盘的 5 名工人和下辅助盘的 5 名工人坠落井底。

3. 事故性质

经过调查取证、救护队现场侦察，技术认定和综合分析，认定该起事故是一起责任事故，类别为其他事故。

4. 事故原因

（1）直接原因

副井套内壁施工作业过程中，信号工误传信号，在提升装有模板的吊筐时，吊筐挂带上辅助盘南侧提升孔上升，导致两层辅助盘倾斜侧立，致使在辅助盘上作业的 10 名工人坠井。

（2）间接原因

① 技术管理薄弱。施工方未严格按照设计组织施工，变更施工组织设计未按程序上报。加装辅助盘套内壁作业未编制作业规程，安全技术措施的编制存在缺陷，技术措施审核审批把关不严。两层辅助盘、吊筐及其连接装置为施工方自行加工，对施工工艺和设备设施的安全可靠性考虑不够，对卸模、安模、绑扎钢筋、注砼等多项施工工序平行作业可能产生的事故隐患认识不到位。提升模板时吊筐未直接与绞车钢丝绳钩头连接，而是违章与吊桶底部连接，提升时不可避免发生摇摆。提升孔未采用喇叭口导向，在吊筐提升摇摆时不能纠偏。未及时调整安全带生根位置，任由作业人员安全带无根施工。

② 提升信号不可靠。未按照规定在辅助盘设置声光信号，辅助盘信号工用铁丝拉打吊盘信号器时无法判断所发出信号的准确性。井下无直接发给绞车司机紧急停车的信号，导致吊筐顶到吊盘时不能立即停车。套壁作业时吊盘上升活动频繁，绞车的深度指示器标识的吊盘位置随时变化调整，导致绞车司机对吊盘的所在位置判断不准确，井下吊盘未安设视频探头，绞车司机只能听从信号开停绞车，无法完整了解吊桶及吊筐通过提升孔的运行状态。

③ 安全管理制度落实不到位。施工单位未严格落实安全主体责任，在井下作业现场未按照规定安排专职安全员和信号工，未严格落实矿领导带班下井制度和隐患排查治理制度。

对井下作业人员未按规定佩戴安全带的行为未加制止,对提升信号不可靠的事故隐患未及时采取有效措施予以消除。建设单位未严格落实安全管理责任,矿长及部分管理人员未持证上岗,未督促施工方及时整改存在的事故隐患。监理单位未严格落实安全监理责任,部分监理人员无证上岗,对施工单位安全管理工作监理不到位。

④ 现场管理混乱。施工方副井作业现场无专职信号工、安全员和带班矿领导,随意调配特殊岗位人员,作业人员随意顶班替班,劳动组织混乱。建设方和监理方对施工现场安全监督管理不到位,对作业人员未按规定佩带安全带、井下未按规定安设信号装置的事故隐患未及时整改,对施工方未按施工组织设计施工未予制止。

⑤ 职工教育培训不到位。职工的培训时间和培训内容均达不到要求,部分新工人未经培训即下井作业;安全技术措施贯彻不到位;部分特殊工种无证上岗、特殊岗位单人单岗;从业人员安全意识淡薄,未按规定佩戴安全带,违章作业现象突出。

⑥ 安全防范意识不强。对8月21日发生的同类涉险事故未引起高度重视,发现事故隐患后未编制补充安全技术措施。非专职井下信号工在模板提升时未执行"先电话、后信号"的要求,未在吊筐提起适当高度后发暂停信号进行稳筐。

⑦ 地方政府及监管部门在落实安全生产工作方面存在差距。山丹县煤炭安全生产监督管理局煤矿相关技术力量薄弱,监管工作不够深入,检查工作不够细致。张掖市安全生产监督管理局对山丹县相关部门未正确履行职责监督管理不够。

5. 事故防范和整改措施

(1) 立即对存在重大隐患的关键部位和环节进行整改。立即停止采用挂设二层辅助盘的作业方式;严禁使用吊筐悬挂在吊桶底的提升方式;各提升容器安全间隙、吊筐与其提升孔最大外缘之间的安全间隙要满足安全升降的要求,钢丝绳要处于安全完好状态;要进一步完善改进矿井提升信号系统,辅助盘必须增加专门的信号系统,井下所有水平、吊盘和辅助盘必须加设直接通往地面绞车房的紧急停车信号,井下关键部位必须加设视频监控探头;及时调整安全带生根位置,加强对悬空作业人员加挂保险带、佩戴自救器等的监督检查。

(2) 切实加强煤矿建设项目的安全管理。要严格落实煤矿建设项目安全责任,建设单位必须全面负起安全管理职责,对项目施工相关单位进行统一协调管理;施工单位必须落实煤矿建设施工安全的主体责任;监理单位对煤矿安全施工承担全面的监理责任,对存在事故隐患的,应当要求立即整改并向建设单位及时报告。

(3) 严格现场管理和技术管理。严格落实煤矿领导带班下井制度,规范各种安全规程、作业规程和操作规程的制定、审批和实施,保证各项制度和措施落实到位;制订科学合理的施工进度计划,严禁抢工期、赶进度。

(4) 加强职工安全培训。进一步落实"三项岗位人员"持证上岗制度,加强职工教育培训,督促从业人员熟悉有关安全生产规章制度和安全操作规程,提高安全防范意识,强化自我保安能力。

(5) 进一步强化政府安全生产监管。加大对煤矿建设项目的监督检查力度,促进隐患排查治理,坚决防止重特大事故的再次发生。

【案例 7-3】　良田煤矿供电事故案例

（一）矿井概况

1. 矿井供电概况

矿井供电电源来自涟源市伏口镇 35 kV 变电站，LGJ—3×70 mm² 架空线 10 kV 输送到矿，供电距离 3 km。自备有一台 150 kW 柴油发电机组作为备用电源。矿井在主井地面安装有二台变压器，一台 KS9—315/10/0.69 型变压器中性点不接地专供井下用电，一台 S9—160/10/0.4 型变压器中性点接地供地面动力和照明用电。老井安装有一台 S7—125/10/0.4 型变压器中性点不接地专供井下用电。因变电所进行改造进行了重新安装，检漏继电器拆除后未安装运行。

2. 事故地点概况

事故发生在老井＋259 m 运输大巷距二级暗斜井绞车房 45 m 处。该运输大巷采用料石砌碹支护。沿新主井铺设一趟 MY1000，3×120＋1×70 电力电缆至新、老井联络平巷，然后通过一台 DW80—350 馈电开关（位于＋300 m）控制，后一路采用 MYJV—3×16 电缆向老井一级暗斜井绞车供电；一路采用 MYJV—3×35 电缆向＋259 m 水平及以下供电，铺设电缆 440 m 至＋259 m 运输大巷距二级暗斜井绞车房 45 m 处由一个 MBF—200A 的接线盒分线向二级暗斜井绞车和＋259 m 回风巷送电。下井电压等级 660 V。

（二）事故经过

×年 1 月 9 日 11 时 40 分，生产副矿长李××找到老井井下电钳工李××，要他对＋259 m 运输大巷接线盒进行维修。由于到了下班时间，生产副矿长李××便没有和电钳工李××一起下井。电钳工李××于 12 时换好衣服开始下井，由于控制接线盒的馈电开关（DW80—350 型）距离接线盒有 440 m，李××想切断电源太麻烦，恰好遇到准备去井底车场吃班中餐的二水平绞车司机邓××，便喊上邓××一起进行维修、更换接线盒。至 12 时 30 分李××拆卸了 5 个端盖螺母后，手不小心触摸到接线盒内裸露的接线柱，当即被高压的电流击倒在地，邓××伸手去拉李××时也触电倒地。本次事故共造成 2 人死亡，直接经济损失 62 万元。

（三）事故原因

1. 事故直接原因

（1）老井＋259 m 运输大巷距二级暗斜井绞车房 45 m 处接线盒悬挂不牢固，掉落后被矿车碰撞导致外盖破损，接线柱外露。

（2）电钳工李××维修接线盒时，违章带电作业触摸到接线盒内接线柱触电身亡；邓××在没有断开电源便直接拖拽李××亦触电身亡，扩大了事故。

2. 事故间接原因

（1）机电管理混乱。

① 接线盒悬挂维护不及时，且严重失爆。

② 地面变电所改造时，将井下供电主变压器总开关出线侧的检漏继电器拆除没有及时安装恢复使用，人体触电时不能立即切断事故地点的电源。

③ 仍使用淘汰的 DW80 系列开关（没有漏电保护装置）。

④ 矿井没有按规定填绘井上、下配电系统图和井下电气设备布置示意图。

（2）劳保装备不全。电工作业时没有佩戴绝缘手套、穿绝缘靴。

（3）特种作业人员配备不足，且无证上岗。

① 老井井下供电系统复杂，且线路严重老化，设备、线路维护工作量很大，只配备一名没有取得井下电钳工操作证的电钳工。

② 老井分两班维修作业，没有配备专职瓦斯检查员和安全员。

（4）安全教育培训不到位。一是井下作业人员缺少必要的机电方面的安全常识；二是全员轮训质量不高，内容不全，职工安全意识淡薄。

（5）安全生产责任制落实不到位。

① 安全、生产副矿长和机电负责人分别负责新井和老井安全工作，没有纳入统一管理，责任制不落实。

② 生产副矿长安排电钳工维修作业时，没有及时通知撤离井下作业人员并要求断电和悬挂"有人工作，不准送电"的警示牌。

（四）事故防范和整改措施

（1）良田煤矿必须确保向井下供电主变压器总开关出线侧检漏继电器正常运转，必须立即组织合格的电钳工对＋259 m运输大巷距二级暗斜井绞车房45 m处接线盒和井下所使用的DW80—350馈电开关予以更换。

（2）老井必须停止生产，新井必须暂停技改施工，按照事故调查组提出的整改措施和要求进行认真整改，并制定整改方案，落实整改措施和安全技术规定；隐患整改到位后必须严格按照有关批准的技改设计和安全专篇组织技改施工，老井严禁组织原煤生产，下井人数不得超过20人。

（3）配齐机电管理人员和操作人员，严格机电管理。

① 井下电工必须按现场工作量要求配齐并经培训合格持证上岗，非专职电工或非值班电气人员不得擅自操作电气设备。

② 井下不得带电检修、搬迁电气设备、电缆和电线。检修或搬迁前，必须切断电源，检查瓦斯，在其巷道风流中瓦斯浓度低于1.0％时，再用与电源电压相适应的验电笔检验。所有开关的闭锁装置必须能可靠地防止擅自送电，防止擅自开盖操作，开关把手在切断电源时必须闭锁，并悬挂"有人工作，不准送电"字样的警示牌，只有执行这项工作的人员才有权取下此牌送电。

③ 井下电工作业时必须戴绝缘手套，并穿电工绝缘靴。

④ 井下低压馈电线上，必须装设检漏保护装置或有选择性的漏电保护装置，保证自动切断漏电的馈电线路，每天必须对低压检漏装置的运行情况进行1次跳闸试验。

（4）及时更换淘汰设施设备。严禁使用非阻燃电缆、风筒和DW80系列开关等淘汰产品。

（5）健全安全生产管理机构，落实安全生产管理责任。

① 良田煤矿必须健全安全生产管理机构，只能一套系统，一套安全生产管理班子，明确专门的安全副矿长、生产副矿长和机电负责人，明确安全生产管理人员职责，落实管理责任，不得采取分片管理模式。

② 切实完善矿领导跟班制度,做到班班有人盯守,对发现的隐患必须跟踪整改到位。

③ 必须严格执行监管指令,并积极整改监管部门指出的安全隐患。

(6) 强化安全教育培训。对新入矿工人必须进行 72 小时的入井前强制性安全教育培训,对在职职工必须进行定期轮训,保证从业人员具备必要的煤矿瓦斯、顶板、水灾、火灾和机电方面基本知识,增强自保互保、自救互救能力。

第八章　煤矿事故应急管理

应急管理，就是为了应对突发事件而进行的一系列有计划有组织的管理过程，主要任务是有效地预防和处置各种突发事件，最大限度地减少突发事件的负面影响。应急管理一般是指针对突发、具有破坏力事件所采取的预防、响应和恢复的活动与计划。应急工作的主要目标是：对突发事故灾害做出预警；控制事故灾害发生与扩大；开展有效救援，减少损失和迅速组织恢复正常状态。应急管理是一个动态的过程，包括预防、准备、响应和恢复 4 个阶段。

第一节　煤矿事故应急救援体系

由于自然灾害或人为原因，当煤矿事故或灾害不可避免的时候，有效的应急救援行动是唯一可以抵御事故或灾害蔓延并减缓危害后果的有力措施。因此，如果在煤矿事故或灾害发生前建立完善的应急救援系统，制订周密计划，而在煤矿事故发生时采取及时有效的应急救援行动，以及煤矿事故后的系统恢复和善后处理，可以拯救生命、保护财产、保护环境。

一、煤矿应急救援的基本原则

煤矿事故应急救援工作是在预防为主的前提下，贯彻统一指挥、分级负责、区域为主、煤矿企业自救和社会救援相结合的原则。其中预防工作是事故应急救援工作的基础，除了平时做好事故的预防工作，避免或减少事故的发生外，落实好救援工作的各项准备措施，做到预先准备，一旦发生事故就能及时实施救援。煤矿重大事故所具有的发生突然、扩散迅速、危害范围广的特点，也决定了煤矿救援行动必须迅速、准确和有效。因此，救援工作实行统一指挥下的分级负责，以区域为主，并根据事故的发展情况，采取煤矿企业自救和社会救援相结合的形式。

二、煤矿应急救援的任务

煤矿应急救援的基本任务包括以下几个方面：

（1）立即组织营救受害人员，组织撤离或采取措施保护受威胁区域内的其他人员，并开展自救与互救工作。抢救受害人员是首要任务，在应急救援行动中，快速、有效、有序地实施现场救援与安全转送伤员是降低伤亡率，减少事故损失的关键。同时要指导群众防护，组织群众撤离。

（2）迅速控制危险源，防止灾害事故的蔓延与扩大，并对事故造成的危害、危害区域、危害程度等进行检验、监测、评估。及时控制事故是应急救援工作的重要任务。只有及时控制住危险源，防止事故的继续扩展，才能及时有效地进行救援。

（3）做好现场清洁，消除危害后果。针对事故对人体、动植物、土壤、水源、空气等造成的现实危害和可能的危害，迅速采取封闭、隔离、洗消等措施，防止对人继续危害和对环境的污染。

（4）查清事故原因，评估危害程度。事故发生后应及时调查事故的发生原因和事故性质，评估出事故的危害范围和危害程度，查明人员伤亡情况，做好事故调查工作。

三、煤矿应急救援体系

国家矿山应急救援体系是国家安全生产应急救援体系的主要组成部分。按照统一领导、分级管理、条块结合、属地为主、统筹规划、合理布局、依托现有的建设原则，从救援管理系统、救援队伍系统、技术支持系统、装备保障系统、通信信息系统和矿山应急救援机制 6 个方面建立和完善国家矿山应急救援体系。

1. 矿山应急救援管理系统

矿山应急救援工作在国家和各级地方政府的领导下指挥机构的日常工作。矿山应急救援管理系统如图 8-1 所示。

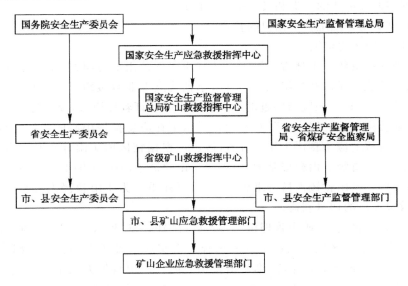

图 8-1　矿山应急救援管理系统

（1）国家安全生产监督管理总局矿山救援指挥中心。其负责组织协调全国矿山应急救援工作。

（2）省级矿山救援指挥中心。在各省（自治区、直辖市）煤矿安全监察局的领导下，负责组织、指挥矿山应急救援工作，业务上接受国家安全生产监督管理总局矿山救援指挥中心的领导。

（3）市、县矿山应急救援管理部门。在市、县矿山安全生产监督管理部门的领导下，负责组织、指导和协调所辖区域的矿山应急救援工作，业务上接受上级应急救援部门的领导。

（4）矿山企业应急救援管理部门。负责建立企业内部应急救援组织、制订应急救援计划、检查应急救援设施、储备应急救援物资、组织应急救援训练等。

2. 矿山应急救援队伍系统

矿山应急救援队伍系统由国家矿山应急救援队、区域矿山应急救援队、基层矿山救援队组成。

（1）矿山救护队的任务

煤矿救护队必须认真执行党的安全生产方针，坚持"加强战备，严格训练，主动预防，积极抢险"的原则，时刻保持高度的警惕，做到"招之即来，来之能战，战之能胜"。

煤矿救护队的任务是：

① 救护井下遇险遇难人员；

② 处理井下火、瓦斯、煤尘、水和顶板等灾害事故；

③ 参加危及井下人员安全的地面灭火工作；

④ 参加排放瓦斯、震动性爆破、封闭火区、反风演习和其他需要佩戴氧气呼吸器的安全技术工作；

⑤ 参加审查矿井灾害预防和处理计划，协助矿井搞好安全和消除事故隐患的工作；

⑥ 负责辅助救护队的培训和义务指导工作；

⑦ 协助煤矿搞好职工救护知识的教育。

（2）煤矿救护队的组织

有矿山企业的县级以上地方各级人民政府应建立矿山应急组织，矿山企业必须建立专职或兼职人员组成的矿山救援组织。不具备单独建立专业救援组织的小型矿山企业，除应建立兼职的救援组织外，还应与邻近的专业救援组织签订救援协议，或者与邻近的矿山企业联合建立专业救援组织。国家（区域）矿山救援队伍在应急指挥中心的组织协调下，参加全国矿山重特大事故的应急救援工作。各省（区、市）根据辖区内矿山分布及受自然灾害威胁程度，建立 1～3 个省级矿山救援基地，由省级矿山救援指挥中心组织、指导并参加矿山事故的应急救援工作。矿山救援人员按隶属关系，由所在单位为矿山救援人员每年缴纳人身保险金，保障救援人员的切身利益。

各省（直辖市、自治区）矿山管理机构将本省（区）的采矿地区，一般以 100 km 为服务半径，合理划分为若干个区域。在每个区域选择一个交通位置适中、战斗力较强的矿山救护队，作为重点建设的矿山救护中心，即矿山救护大队。矿山救护大队是本区域的救灾专家、救护装备和演习训练中心，负责区域内矿山重大灾变事故的处理与调度、指挥，对直属中队实行领导，并对区域内其他矿山救护队、辅助矿山救护队进行业务指导。矿山救护大、中队长应由熟悉矿山救护业务、具有中专以上文化程度、能够佩戴氧气呼吸器、从事矿山救护工作不少于 3 年，并经培训取得资格证的人员担任。矿山救护中队是独立作战的基层单位，由 3 个以上的小队组成。矿山救护中队距服务矿山行车时间一般不超过 30 min。矿山救护小队是执行作战任务的最小战斗集体。辅助矿山救护队应根据矿山的生产规模、自然条件、灾害情况确定编制，原则上应由 9 人以上组成。辅助矿山救护队员，应由符合矿山救护队员条件的工人、工程技术人员和干部兼职组成。

《煤矿安全规程》规定：煤矿救护队应由不少于 2 个中队组成，是本矿区的救护指挥中心和演习训练、培训中心。

（3）煤矿救护队的作用

煤矿救护队是煤矿事故救援体系的重要组织体制之一，是处理矿井火火、瓦斯、煤尘、水和顶板等灾害事故的专业队伍。煤矿救护队员是煤矿井下一线特种作业人员。

煤矿救护队是非生产单位，它的贡献不能用经济效益、生产效率等指标来衡量。

3. 矿山应急救援装备保障系统

国家(区域)矿山应急救援队配备先进,具备较高技术含量,满足跨区域重特大、复杂事故应急救援所需的大型、关键装备,为重大、复杂事故的抢险救灾提供可靠的装备支持。根据矿山事故灾难应急救援工作的需要和矿山救援新技术、新装备的开发应用,建立必要的救援资源储备,包括具有较高技术含量的先进救灾装备、设施等,以提高国家应对复杂矿山事故的能力。

区域救援骨干队伍除按队伍级别进行装备外,还应根据区域内矿山灾害特点,配备较先进和关键性的救灾技术装备,一旦发生较大灾变事故,即可迅速投入使用,并对其他矿山救护队也能提供有力的装备支持。区域救护大队是我国矿山应急救援的中坚力量,要不断加强技术装备建设并加快更新改造的步伐,要具有与其作用和地位相称的装备水平。

矿山救护队还要根据有关要求进行应急救援设施、设备、材料的储备,如建立消防系统、消防材料库等。矿山救护队还应对矿山应急救援装备材料的储备、布局和状态实施有效监督。各矿山企业要保证对矿山救护队伍资金的投入,并根据法律、法规和规程要求,配备必要的装备,保持装备的完好性。

在应急救援中,储备的资源不能满足救灾需求,国家安全生产监督管理总局需要紧急征用国家及有关部门的救援装备时,涉及的部门必须全力支持,积极配合,保证救灾的顺利进行。征用救援装备所需的费用,由当地政府和事故单位予以解决。

4. 矿山救援技术支持系统

矿山抢险救灾工作具有技术性强、难度大、情况复杂多变、处理困难等特点。一旦发生爆炸或火灾等灾变事故,往往需要动用数支矿山救护队。为了保证矿山抢险救灾的有效、顺利进行,最大限度地减少灾害损失,必须建立矿山救援技术支持系统。根据煤矿应急救援组织结构,它将分级设立、分级运作,统一指挥、统一协调,形成强有力的技术支撑。

矿山救援技术支持系统包括国家矿山救援技术专家组、矿山救护专业委员会、国家矿山救援技术研究中心、国家矿山救援技术培训中心。

(1)国家矿山救援技术专家组。该专家组是国家安全生产专家组的组成部分,为国家矿山应急救援工作的发展战略与规划,矿山应急救援法规、规章、技术标准的制(修)订提供专家意见;为特大、复杂矿山灾变事故的应急处理提供专家支持,包括现场救灾技术支持和通过远程会商视频系统等方式的技术支持;总结和评价矿山救援和事故抢险救灾工作经验等。国家矿山救援技术专家组设瓦斯(煤尘)、水灾、火灾、顶板、综合、医疗6个专业组,分别对各种事故的应急救援提供技术支持。

(2)矿山救护专业委员会。矿山救护专业委员会主要负责开展矿山救护调研活动,参与各种法规、规章、政策的制定和矿山救护比武的组织筹划,是政府和矿山救护队之间的桥梁和纽带,为矿山应急救援体系和矿山事故的应急救援提供技术支持。

(3)国家矿山救援技术研究中心。现已在煤炭科学研究总院、中国矿业大学、西安科技大学、武汉安全环保研究院4家科研院校挂牌成立国家矿山救援技术研究中心。由该研究中心负责研究重大灾害成因、防治技术、抢救技术、鉴定技术等,并在重特大事故抢险救灾时,提供技术支持。国家矿山救援技术研究中心业务上接受国家安全生产监督管理总局矿山救援指挥中心的领导,完成国家安全生产监督管理总局矿山救援指挥中心委托的任务,必要时对矿山事故的应急救援提供现场技术支持。

（4）国家矿山救援技术培训中心。国家矿山救援技术培训中心负责全国救护中队以上指挥员的定期、强制培训。培训内容包括矿山安全知识（包括煤矿和非煤矿山）、政策法规、灾变通风、救护技术与战例、创伤急救、决策指挥等。目前已在华北科技学院、平顶山煤矿安全技术培训中心两家教育培训单位挂牌成立国家矿山救援技术培训中心。

5. 矿山应急救援通信信息系统

建立完善的矿山抢险救灾通信信息系统，使国家安全生产监督管理总局矿山救援指挥中心与国家生产安全救援指挥中心，国家安全生产监督管理总局调度中心及省级矿山救援指挥中心，各级矿山救护队，各级矿山医疗救护队，各矿山救援技术研究、培训中心，矿山应急救援专家组，地（市）、县（区）应急救援管理部门和矿山企业之间，建立并保持畅通的通信信息通道，并逐步建立起救灾移动通信和远程视频系统。

应急指挥中心负责建立、维护、更新有关应急救援机构、省级应急救援指挥机构、国家（区域）矿山救援队、矿山医疗救护中心、矿山应急救援专家组的通信联系数据库，负责建设、维护、更新矿山应急救援指挥系统、决策支持系统和相关保障系统。各省（区、市）安全监督管理部门或省级煤矿安全监察机构负责本区域内有关机构和人员的通信保障，做到即时联系、信息畅通。矿山企业负责保障本单位应急通信、信息网络的畅通。

6. 矿山应急救援机制

（1）资金保障机制

矿山应急救援工作既是矿山企业安全生产过程中的一部分，也是重要的社会公益性事业，关系到国家财产和人民生命安全。为此，矿山应急救援体系的资金保障应实行国家、地方、企业和社会保险共同投资的机制。

① 国家将国家安全生产监督管理总局矿山救援指挥中心的建设、通信信息、救援基金及运行费用等列入财政，对救援技术及装备的研制开发给予资金支持，对国家级和二级区域矿山救援基地的装备进行定期更新和改造。

② 地方政府应投入资金建设区域内矿山应急救援体系，对区域内矿山救援队伍的人员经费、基本装备的更新改造给予支持。

③ 矿山企业应保证对所属矿山救护队资金的投入，确保救护队伍的稳定和装备的落实。

④ 设立矿山应急救援基金，以应对矿山重大灾变事故，支付矿山救护队跨区域调动及救援费用，并对矿山抢险救灾有功的单位和个人实行奖励。矿山应急救援基金主要来自国家财政，辅之以工伤保险基金支持和社会捐赠。

（2）应急救援工作机制

矿山救护队必须接受国家矿山救援指挥中心、省级矿山救援指挥中心或市、县应急救援管理部门的业务指导和管理。

① 矿山救护队必须经过资质认定，达到标准的方可从事矿山应急救援工作。

② 矿山救护队必须接受各级矿山救援指挥中心（部门）的监督管理和监察。

③ 建立矿山救援人员的培训制度。国家级培训机构负责救护中队长以上的指挥员的培训，省级培训部门负责救护小队长和矿山救护队员的培训。

④ 建立矿山救援竞赛机制。国家及各省（市、自治区）每两年组织 1 次矿山救护比武。

⑤ 建立奖励机制。国家对矿山事故抢险救灾有功的矿山救护队和人员实行奖励制度。

同时,对矿山救护队引入优胜劣汰机制,战斗力强、战术素养高、符合条件的矿山救护队,可以确定为区域性矿山救护队,国家将予以重点扶持,委以更多的任务;对于战斗力下降、战术素质低的矿山救护队可降低资质,直至取消矿山救护资格。

⑥ 建立应急响应机制。以分级响应、属地为主的原则组织实施矿山应急救援。矿山发生事故后,企业救护队在进行自救的同时,应报上一级矿山救援指挥中心(部门)及政府。救护能力不足以有效地抢险救灾时,应立即向上级矿山救援指挥中心明确要求增援。各级矿山救援指挥中心对事故情况迅速向上一级汇报,并根据事故的大小、处理的难易程度等决定调集相应的救援力量进行救援。

四、事故应急救援响应

为了有效处置各种矿山事故,依据矿山事故可能造成的危害程度、事故的性质、井下人员伤亡及企业财产的直接损失等情况进行响应机制分级,从机制的响应上,可把响应级别设为四级,即从高到低可把响应机制级别设为特别重大(一级响应)、重大(二级响应)、较大(三级响应)、一般(四级响应)4 个级别。特别重大矿山事故,由事故单位报请国家矿山救援指挥中心主要领导批准后启动应急预案;特大矿山事故,由事故单位报请事故所在的省级矿山救援指挥中心主要领导批准后启动应急预案;重大矿山事故,由事故单位报请事故所在的地区矿山救援指挥部门主要领导批准后启动应急预案;一般矿山事故,由事故单位负责启动应急预案(图 8-2)。

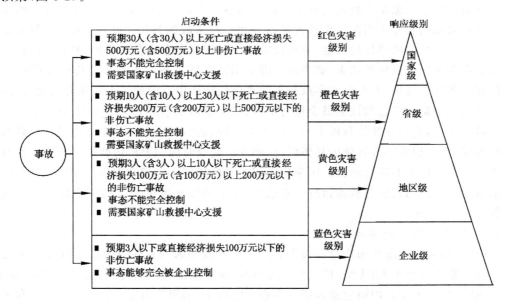

图 8-2 矿山事故应急救援等级响应图

1. 四级响应(企业级启动)

当矿山发生四级灾变事故时,以企业自救为主。企业救护队和医院在进行救助的同时,应及时向当地政府和矿山救援指挥部门汇报。发生该级别事故,通过本企业的救援力量就能够有效地抢险救灾,无需上级救援部门的支援。

2. 三级响应 (地区级启动)

当矿山发生三级灾变事故时,以地区自救为主。必要时矿山企业可能需要省级矿山救援指挥中心和国家矿山救援指挥中心力量的增援。

在三级响应中,国家矿山应急救援指挥中心和事故发生区域的省级矿山应急救援指挥中心进入预备状态,国家矿山救援指挥中心与事故现场和发生事故区域的省级矿山应急救援指挥中心的联系要保持畅通,并密切关注事故发展的态势,必要时要通知事故相邻省份的矿山应急救援指挥中心和向国家矿山应急救援委员会进行汇报;发生事故区域的省级矿山救援指挥中心立即指派出现场观察协调员和专家组前往事故现场指导事故的应急救援,发生事故区域的省级矿山救援指挥中心要迅速通知该中心各部门的人员全部立即就位,随时整装待发,事故区域的省级矿山救援指挥中心要指派有关人员加强值班并与事故现场保持联络,密切关注事故现场的发展趋势,根据事故的具体情况或矿山企业应急机构的请求,必要时立即派出该事故区域的省级矿山救援指挥中心应急队伍和装备进行救援。

3. 二级响应 (省级启动)

二级响应,必要时可能需要国家矿山应急救援指挥中心和有关事故相邻区域的省级矿山应急救援指挥中心救援力量的增援。

发生重大 (Ⅱ级) 矿山事故灾难时,省级人民政府立即启动应急预案,组织实施应急救援。

二级响应要求国家矿山救援指挥中心进入预备状态,国家矿山应急救援中心立即指派出现场观察协调员和专家组前往事故现场指导和参与事故的救援工作,国家矿山救援指挥中心应与事故现场的联系保持畅通,并密切关注事故现场事态的发展趋势,根据事故的具体情况或矿山企业应急机构的请求,必要时立即派出该事故区域的省救援指挥中心的应急救援队伍和装备进行救援,并要通知事故相邻的省救援指挥中心的救援力量随时听命待发,同时要及时向国家矿山应急救援委员会进行汇报;发生事故的省矿山应急救援指挥中心要立即进入启动状态,迅速通知该救援中心全体人员立即到位,并立刻派往事故现场指导和参与事故的救援工作,根据事故现场的具体情况,必要时应及时向国家矿山救援指挥中心和有关事故相邻的省救援中心进行求救。国家矿山应急救援指挥中心和有关事故相邻的省救援中心根据所发生事故的省应急救援指挥中心请求,立即调配和派遣一定的应急救援力量前去参加救援。

4. 一级响应 (国家级启动)

一级响应,需要国家矿山应急救援中心与多个事故相邻的省应急救援指挥中心救援力量的支援。发生特别重大 (Ⅰ级) 矿山事故灾难时,国家安全生产监督管理总局启动本预案。

一级响应时,国家矿山应急救援指挥中心全面启动,国家矿山应急救援指挥中心和事故区域的省级矿山救援指挥中心的救援力量立刻到达事故现场指导和参加事故救援,各相邻地区的省级矿山救援指挥中心的救援力量处于随时待命状态。根据事故的发展情况,当需要得到国家矿山救援指挥中心技术支持时,国家矿山救援指挥中心可协调全国救援力量,协助制定救援方案,提出技术意见,并对复杂事故的调查分析提供足够的技术支持。国家矿山应急救援中心要及时向国家矿山应急救援委员会进行汇报。当此类事故发生时,国家矿山应急救援中心要立即上报国家安全生产监督管理总局,国家安全生产监督管理总局并迅速向国务院及其他相关部门汇报。

第二节　煤矿重大危险源的辨识、评价与监控

一、重大危险源的概念

1. 危险源的定义

危险源,也就是危险的根源,是指可能造成人员伤害、财产损失、环境破坏或其组合的根源,它可以是存在危险的一件设备、一处设施或一个系统,也可以是系统中存在危险的一部分。生产系统中具有潜在能量和物质释放危险的、在一定触发因素作用下可能转化为事故的部位、区域、场所、空间、岗位、设备等都可称为危险源。这里所指的触发因素是危险源转化为事故的外因,它包括人的失误、作业环境等。同时,这些触发因素本身就是危险源。

危险源与事故隐患不同。安全工作中存在的事故隐患,通常是指在生产、经营过程中有可能造成人员伤亡、经济损失或环境破坏的不安全因素,它包含人的不安全因素、物的不安全状态和管理上的缺陷。事故隐患本质上是危险(危害)因素的一部分,属于危险源的范畴。

事故隐患特指出现明显防范缺陷(人的不安全行为、物的不安全状态、具有一定引发频度或存在管理缺陷)的危险源。从系统工程的角度看,各危险源不可能孤立于社会,更不可能孤立于物质环境。事实上,它们往往处于不同的管理状态或监控状态。

2. 煤矿危险源的特征

(1) 危险源具有客观存在性。生产活动中的危险源,是客观存在的,不以人的主观意志为转移。不论人们是否愿意承认它,它都会实实在在地存在,而一旦主观条件具备,它就会由潜在的危险变为现实,引发事故。

(2) 危险源具有潜在性。这种潜在性,一是指存在于即将进行的作业过程中,不容易被人们意识到或及时发觉而又存在一定危险性的因素;二是指存在于作业过程中的危险源虽然明确地暴露出来,但没有变为现实的危害。应该指出,并不是所有的危险源都必然会转变为现实的危害,导致事故的发生,但是,只要有危险源存在,就有可能危及安全。

(3) 危险源具有复杂多变性。危险源的复杂性是由于作业实际情况的复杂性决定的。每次作业尽管任务相同,但由于参加作业的人员、作业的地点、使用的工具以及所采取的作业方式各异,可能存在的危险源也会不同。相同的危险源也有可能存在于不同的作业过程中。

(4) 危险源具有可知可预防性。日常工作中存在的危险源具有一定的隐蔽性,它常常隐藏在作业环境、机器设备或作业人员的行为之中。按照辩证的观点来看,一切客观事物都是可知的。只要思想重视,认真分析每一项具体施工及维护工作,采取的措施得力可靠,危险源可以在日常作业中预先得到识别和预防,这也是危险源辨识的基础和前提。

二、矿井重大危险源的辨识

认识系统中存在的危险源并确定其特征的过程称为危险源辨识。辨识是危险源研究的第一步,是有效控制事故发生的基础,包括给出恰当的危险源定义及用合理的辨识标准来确认系统中存在的危险源。

1. 矿井危险源的产生及其结构

(1) 矿井危险源的产生

煤矿井下生产系统的功能和结构组成可用图 8-3 来表示。整个系统实现两个主要功能：一是把井下煤炭资源转化为原煤的生产功能；二是限制危险能量不得随意释放的约束功能。系统内的五个组成要素相互联系、相互制约，它们既是系统生产功能的实施者，也是系统安全运行的执行者。专用安全设备、部分生产设备和设施及外部系统构成了系统安全运行的硬件保障系统，人员素质及管理因素构成了系统安全运行的软件保障系统。系统安全保障体系的运行状态在一定程度上反映了系统的安全状态。

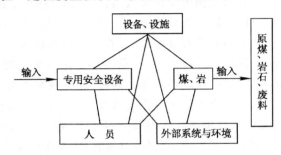

图 8-3　煤矿生产系统功能结构示意图

（2）矿井危险源系统的结构

井下生产系统中的设备设施、危险物质、外部环境等都是能量的积聚处，当其正常存在的条件发生恶化时，就成为造成灾害能量的释放体。从系统论的角度看，危险源系统的结构涉及 4 个方面（图 8-4）：危险物质和危险状态（结构）、安全硬支撑（技术及装备）、安全软支撑（组织因素）、环境因素。

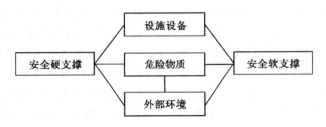

图 8-4　危险源系统结构示意图

由此可见，系统存在的危险及发生的事故，其产生的能量来自于危险物质或危险结构。导致事故发生的因素，或是由于外部环境的干扰，或是系统软硬件系统故障所致。此外，危险物质或其结构自身性质的突变也是导致事故发生的重要因素。

2. 煤矿重大危险源的特点

煤矿企业的生产过程中，生产场所存在的诸如瓦斯、煤尘、矿山压力、自燃性煤层、矿井水等危险源，从引发事故的角度看，它们具有如下特点：

（1）煤矿重大危险源属性有物质类型的，也有能量类型的。如可以引发爆炸事故的瓦斯、煤尘，造成透水事故的矿井水，属于物质类型；可以引发煤与瓦斯突出事故、大面积来压顶板事故的冲击地压，属于能量类型。

（2）煤矿重大危险源的指标量值随着生产的进展是动态变化的。如采掘工作面的瓦斯浓度按照《煤矿安全规程》要求,一般不大于1.0%,但如果某一时刻通风系统出现问题,瓦斯浓度可能很快超限,达到爆炸浓度。

（3）煤矿重大危险源辨识标准难以静态、单独定量描述,适于定性、定量结合描述。

鉴于上述特点,原国家安全生产监督管理总局2004年发布了《关于开展重大危险源监督管理工作的指导意见》,文件对煤矿类（井工开采）重大危险源申报范围作出了以下明确的规定：

① 高瓦斯矿井;

② 煤与瓦斯突出矿井;

③ 有煤尘爆炸危险的矿井;

④ 水文地质条件复杂的矿井;

⑤ 煤层自然发火期≤6个月的矿井;

⑥ 煤层冲击倾向为中等及以上的矿井。

符合上述条件之一的矿井,即视为应按重大危险源管理的矿井。

3. 矿井重大危险源辨识的指标

矿井重大危险源的辨识依据《重大危险源辨识》（GB 18218—2000）进行。该标准规定：当单元内存在危险物质的数量等于或超过上述标准中规定的临界量,该单元即被定为重大危险源。辨识单元内存在危险物质的数量是否超过临界量需根据处理物质种类的多少区分为以下两种情况。

① 单元内存在的危险物质为单一品种,则物质的数量即为单元内危险物质的总量,若等于或超过相应的临界量,则定为重大危险源。

② 单元内存在的危险物质为多品种时,按下式计算,若满足下式,则定为重大危险源：

$$q_1/Q_1 + q_2/Q_2 + \cdots + q_n/Q_n \geqslant 1$$

式中　$q_1, q_2, \cdots, q_n$——每一种危险物品的实际储存量,t;

$Q_1, Q_2, \cdots, Q_n$——对应危险物品的临界量,t。

4. 煤矿危险源分析

确定了危险源辨识的依据后,参照该依据确定危险源。对每一处危险源进行确定的同时要按照以下两个方面进行。

（1）事故触发因素的分析

触发因素可分为人为因素和外界自然因素,在煤矿企业中井下生产涉及的自然因素较少,人为因素较多。

（2）危险物质（能量）存在条件的分析

由于危险物质存在的条件不同,所显现的危险性也不同,被触发转化为事故的可能性大小也不同,存在条件的分析主要包括：① 存在方式,如矿山压力显现、瓦斯释放方式等;② 物理状态参数,如温度、压力、浓度、强度等;③ 设备状况,如维修完好程度、设计缺陷等;④ 防护条件,如防护程度、故障处理措施、安全标志等;⑤ 操作条件,如操作水平、操作失误率等;⑥ 管理条件,如职工教育情况、操作规程完善情况等。

三、重大危险源的危险性评价

重大危险源评价是对危险源可能发生事故的后果严重程度和可能性的综合描述,通过风险评价,可以明确应急对象,使应急预案能够具有针对性地对重大事故进行处置。

1．重大危险源评价的步骤

重大危险源评价主要包括 5 个步骤：

（1）资料收集：明确评价的对象和范围，收集相关法规和标准，了解本行业生产工艺、设备、设施及生产和事故情况。

（2）危险有害因素辨识与分析：根据所评价的工艺流程、设备、设施或生产场所的条件，辨识和分析可能发生的事故类型、事故发生的原因和机制。

（3）危险因素评价：在危险因素辨识和分析的基础上，对重大危险源划分评价单元；根据评价目的和评价对象度选择一种或多种评价方法；对事故发生的可能性和严重程度进行定性或定量评价；在此基础上对重大危险源进行危险分级，以确定管理的重点。风险评价是重大危险源控制的重要内容，可用的风险评价方法很多，煤矿重大危险源评价常用事故树分析法、预先危险分析法等。

（4）风险等级评估：风险评估是对危险源可能发生事故的后果严重程度和可能性的综合描述。由安全工程学的一般原理得知，某一具体灾害事故的危险性可由下式表达：

$$R = f(P,C)$$

式中　R——事故的风险度；

　　　P——事故发生的概率或可能性；

　　　C——事故的实际后果或后果严重程度。

为了明确地表征风险，通过选取一定方法的危险源评价，需要得到能够反映评价对象发生事故危险性大小的一个相对数值，然后根据危险程度分级方法和分级标准，把评价结果转换成危险等级，以明确该重大危险源是否需要采取措施进行整改，来控制风险。另外，根据煤矿重大危险源分级管理的需要，必须按煤矿重大危险源危险性的大小分成不同的危险级别，以利于不同层次的管理部门分别进行重点管理。

（5）提出降低或控制重大危险源危险性的安全措施：根据评价和分级结果，对发生概率值较高的重大危险源必须采取特殊的工程技术或组织管理措施，降低或控制其危险。

2．风险评价报告

风险评价结束后要做出重大危险源的风险评价报告，包括以下内容：

（1）风险评价报告的目的。它包括：① 鉴别及确定设施内危险物质的特性和数量。② 识别可能发生重大事故的类型、可能性和事故后果。③ 阐明设施安全操作安排，以及控制那些可能导致重大事故的严重偏离正常操作的情况，并在现场采取应急措施。④ 说明已辨识出来的重大事故隐患和为此采取的安全措施。

为了达到这些目的，风险评价报告具有两个基本任务：一是对现场、生产过程和周围环境给出真实信息；二是完成风险评价，判断可能发生的重大事故的性质、可能性和事故后果，以及控制这类危险的方法。

（2）风险评价报告的内容，它包括：① 对现场和生产过程的描述。② 对危险物质的描述。③ 危险辨识。根据所评价的设备、设施或场所的地理、气象条件，工程建设方案，工艺流程，装备布置，主要设备和仪表，原材料，中间体，产品的理化性质等，辨识和分析可能发生的事故类型、事故发生的原因和机制。④ 对安全系统相关部分的描述。⑤ 风险评价。⑥ 组织与管理。⑦ 对重大事故后果的评价。⑧ 安全管理与应急计划。该计划主要用于报警系统、紧急计划和紧急措施。

（3）风险评价报告的评审。一般情况下,风险评价报告应每隔 3～5 年进行评审和修改。在出现下列情况时,需要修改风险评价报告:① 生产过程有重大改变。② 对危险物质出现新的信息。③ 在安全技术上有重要改进。

四、重大危险源的监控

1. 政府部门对于重大危险源的宏观监控

政府部门通过对重大危险源宏观监控,建立安全监督管理部门对重大危险源的分级管理体系及重大危险源宏观监控信息网络,以加强对重大危险源的管理和监督,最终建立和健全重大危险源的管理制度。

安全监督部门在重大危险源监控中的主要职责为:① 接受重大危险源申报,并进行登记。② 接受重大危险源安全评价报告,并审核。③ 按重大危险源危险级别,实行分级监察和管理,建立所辖范围的重大危险源信息管理网络系统和安全管理责任制。

2. 企业对重大危险源的监控

企业对重大危险源可建立实时监控预警系统。该系统是应用系统论、控制论、信息论的原理和方法,结合自动检测与传感器技术、计算机仿真、计算机通信等现代高新技术,对重大危险源的安全状况进行实时监控,把重大危险源的各种参数及时监测出来,一旦出现事故征兆,及时给出报警信号或采取自动应急措施,把事故消灭在萌芽状态。

重大危险源所在企业的法定代表人为重大危险源申报和管理的责任人,由其指定专门的人员和机构负责重大危险源的管理,主要应履行以下职责:

（1）掌握企业重大危险源的分布情况,了解发生事故的可能性及其严重度,负责现场安全管理。

（2）对职工进行安全教育和培训,提高安全意识,对重大危险源所在区域进行安全标识。

（3）对重大危险源进行定期检查和巡检,随时掌握重大危险源的动态变化情况。

（4）当重大危险源发生变化时,及时变更管理制度,如在生产工艺、设备、材料、生产过程等因素发生变化之前应进行危险分析和安全评价。

（5）编制企业事故应急救援处理预案,配备充足和必需的应急救援器材与工具,每年至少进行一次预案演习。企业应根据重大危险源的具体情况,建立可靠、有效的安全监控系统,以便及时采取措施,保证安全。

第三节　煤矿重大事故应急预案的编制与实施

一、应急救援预案概述

1. 应急救援预案概念

应急救援预案,又名"事故预防预案"、"应急处理预案"或"事故应急处理预案",是指政府和企业为减轻事故后果而预先制定的抢险救灾方案,是进行事故救援活动的行动向导。应急救援预案包括三方面的内容:

（1）事故预防。通过危险辨识和事故后果分析,及时采用管理手段降低事故发生的可能性,并将可能要发生的事故控制在局部,防止其蔓延。

（2）应急处理。万一发生故障或事故,有应急处理程序和方法,能快速反应并处理故障,将事故消灭在萌芽状态。

（3）抢险救援。采用预定现场抢险和抢救的方式,控制或减少事故造成的损失。

应急救援预案的总目标是控制紧急事件的发展并尽可能消除,将事故对人、财产和环境的损失和影响减小到最低限度。在《安全生产法》《消防法》《职业病防治法》和《危险化学品安全管理条例》等多部法律法规中,对组织编制和实施重大事故应急救援预案有明确规定。例如,《安全生产法》要求:生产经营单位对重大危险源应当登记建档,进行定期检测、评估、监控,并制订应急预案,告知从业人员和相关人员在紧急情况下应当采取的应急措施。

2. 应急救援预案的分类

煤矿企业的应急救援预案从功能上可以划分为3个层次:综合预案、专项预案和现场预案。

综合预案是总体、全面的预案,以场外指挥与集中指挥为主,侧重于应急救援活动的组织协调。专项预案主要针对某种特有和具体的事故、灾难风险(灾害种类),如煤矿企业发生的冒顶片帮、水灾事故、火灾、瓦斯事故等,需采取综合性与专业性的减灾、防灾、救灾和灾后恢复行动。现场预案则以现场设施或活动为具体目标而制定和实施的应急预案,如针对某一重大危险源,特大工程项目的施工现场,预案要具体、细致、严密。

二、煤矿重大事故应急预案的编制

（一）煤矿重大事故应急预案编制的目的与作用

事故应急救援预案是针对可能发生的事故,为降低其严重后果而预先制定的应急救援方案。它是应急救援活动的指导性文件,是应急救援体系的重要组成部分。制订应急预案的目的是,发生事故时,能以最快的速度发挥最大的效能,有序地实施救援。

为了有效预防事故的发生,事故发生时最大限度地避免事故扩大,减少事故造成的人员伤亡和财产损失,编制和完善事故应急预案具有十分重要的意义。

事故应急预案在应急救援中的重要作用体现在如下四个方面。

（1）应急预案确定了应急救援的范围和体系,使应急管理有据可依、有章可循。

（2）应急预案有利于做出及时的应急响应,降低事故后果。应急行动对时间要求十分敏感,不允许有任何拖延。应急预案预先明确了应急各方的职责和响应程序,在应急力量和应急资源等方面做了大量准备,可以指导应急救援迅速、高效、有序地开展,将事故的人员伤亡、财产损失和环境破坏降到最低限度。

（3）应急预案是各类突发重大事故的应急基础。应急预案中建立了与上级单位和部门应急预案的衔接,可以确保当发生超过应急能力的重大事故时与上级应急单位和部门的联系和协调。

（4）应急预案有利于提高风险防范意识。应急预案的编制,实际上是辨识重大风险和防御决策的过程,强调各方的共同参与。因此,预案的编制、评审以及发布和宣传,有利于社会各方了解可能面临的重大风险及其相应的应急措施,有利于促进社会各方提高风险意识和能力。

（二）煤矿重大事故应急预案编制的原则

事故应急救援工作应当在预防为主的前提下,遵循"安全第一,积极稳妥,科学高效,首先救人"的原则,实行分级报告、统一指挥、分块负责,防止事故扩大,减少人员伤亡和财产损失,确保矿区稳定。

（三）煤矿重大事故应急预案编制的依据

依据《安全生产法》《矿山安全法》《煤矿安全规程》等法律法规,结合矿井实际,制定《煤矿重特大生产安全事故应急救援预案》。

（四）煤矿重大事故应急预案编制的内容

煤矿事故应急救援预案是针对可能发生的重大事故所需的应急准备和响应行动而制定的指导性文件,其重要内容包括方针与原则、应急策划、应急准备、应急响应、现场恢复、预案管理与评审改进和附件这7大要素。

1. 方针与原则

应急救援预案应有明确的方针和原则作为指导应急救援工作的纲领,体现保护人员安全优先、防止和控制事故蔓延优先、保护环境优先。同时,体现事故损失控制、预防为主,常备不懈,统一指挥,高效协调以及持续改进的思想。

2. 应急策划

应急策划是煤矿事故应急救援预案编制的基础,是应急准备、响应的前提条件,同时它又是一个完整预案文件体系的一项重要内容。在煤矿事故应急救援预案中,应明确煤矿的基本情况,以及危险分析与风险评价、资源分析、法律法规要求等内容。

（1）基本情况。主要包括煤矿的地址、经济性质、从业人数、隶属关系、主要产品、产量等内容,周边区域的单位、社区、重要基础设施、道路等情况。

（2）危险分析、危险特性和对周围的影响。危险分析结果应提供:地理、人文、地质、气象等信息;煤矿功能布局及交通情况;重大危险源分布情况;重大事故类别;特定时段、季节影响;可能影响应急救援的不利因素。对于危险目标可选择对重大危险装置、设施现状的安全的评价报告,健康、安全、环境管理体系文件,职业安全健康管理体系文件,重大危险源辨识、评价结果等材料来确定事故类别、综合分析危害程度。

（3）资源分析。根据确定的危险目标,明确其危险特性和对周边的影响以及应急救援所需的资源;危险目标周围可利用的安全、消防、个体防护的设备、器材及其分布;上级救援机构或相邻救援机构可利用的资源。

（4）法律法规要求。法律法规是开展应急救援工作的重要前提保障。列出国家、省、市级应急各部门职责要求以及应急预案、应急准备、应急救援有关的法律法规文件,作为编制预案的依据。

3. 应急准备

在煤矿事故应急救援预案中应明确下列应急准备方面的内容:

（1）应急救援组织机构设置、组成人员和职责划分。依据煤矿重大事故危害程度的级别设置分级应急救援组织机构。组成人员应包括主要负责人、有关管理人员及现场指挥人。明确职责,主要职责为:组织制定煤矿重大事故应急救援预案;负责人员、资源配置,应急队伍调动;确定现场指挥人员;协调事故现场有关工作;批准本预案的启动与终止;事故状态下各级人员的职责;煤矿事故信息的上报工作;接受集团公司的指令和调动;组织应急预案的演练;负责保护事故现场及相关数据。

（2）在煤矿事故应急救援预案中应明确预案的资源配备情况,包括应急救援保障、救援需要的技术资料、应急设备和物资等,并确保其有效使用。

应急救援保障分为内部保障和外部保障。依据现有资源的评估结果,确定内部保障的内容包括:确定应急队伍,包括抢修、现场救护、医疗、治安、消防、交通管理、通讯、供应、运输、后勤等人员;消防设施配置图、工艺流程图、现场平面布置图和周围地区图、气象资料、煤矿安全技术说明书等资料;应急电源、照明;应急救援装备、物资、药品等存放地点、保管人;煤矿运输车辆的安全、消防设备、器材及人员防护装备以及保障制度目录、责任制、值班制度和其他有关制度。依据对外部应急救援能力的分析结果,确定外部救援的内容,包括:互助的方式,请求政府、集团公司协调应急救援力量,应急救援信息咨询专家信息。

矿井事故应急救援应提供的必要资料,通常包括:矿井平面图、矿井立体图、巷道布置图、采掘工程平面图、井下运输系统图、矿井通风系统图、矿井系统图,以及排水、防尘、防火注浆、压风、充填、抽放瓦斯等管路系统图,井下避灾路线图,安全监测装备布置图,瓦斯、煤尘、顶板、水、通风等数据、程序、作业说明书和联络电话号码和井下通信系统图等。

预案应确定所需的应急设备,并保证充足提供。要定期对这些应急设备进行测试,以保证其能够有效使用。应急设备一般包括:报警通讯系统,井下应急照明和动力,自救器、呼吸器,安全避难场所,紧急隔离栅、开关和切断阀,消防设施,急救设施和通讯设备。

(3)教育、训练与演练。煤矿事故应急救援预案中应确定应急培训计划,演练计划,教育、训练、演练的实施与效果评估等内容。应急培训计划的内容包括:应急救援人员的培训、员工应急响应的培训、社区或周边人员应急响应知识的宣传。演练计划的内容包括:演练准备、演练范围与频次和演练组织。实施与效果评估的内容为:实施的方式、效果评估方式、效果评估人员、预案改进和完善。

(4)互助协议。当有关的应急力量与资源相对薄弱时,应事先寻求与外部救援力量建立正式互助关系,做好相应安排,签订互助协议,做出互救的规定。

4. 应急响应

(1)报警、接警、通知、通讯联络方式。依据现有资源的评估结果,确定24小时有效的报警装置,24小时有效的内部、外部通讯联络手段,事故通报程序。

(2)预案分级响应条件。依据煤矿事故的类别、危害程度和级别、从业人员的评估结果,可能发生的事故现场情况,分析、设定预案分级响应的启动条件。

(3)指挥与控制。建立分级响应、统一指挥、协调和决策的程序。

(4)事故发生后应采取的应急救援措施。根据煤矿安全技术要求,确定采取的紧急处理措施、应急方案;确认危险物料的使用或存放地点,以及应急处理措施、方案;重要记录资料和重要设备的保护;根据其他有关信息确定采取的现场应急处理措施。

(5)警戒与治安。预案中应规定警戒区域划分、交通管制、维护现场治安秩序的程序。

(6)人员紧急疏散、安置。依据对可能发生煤矿事故场所、设施及周围情况的分析结果,确定事故现场人员清点、撤离的方式、方法;非事故现场人员紧急疏散的方式、方法;抢救人员在撤离前、撤离后的报告;周边区域的单位、社区人员疏散的方式、方法。

(7)危险区的隔离。依据可能发生的煤矿事故危害类别、危害程度级别,确定危险区的设定;事故现场隔离区的划定方式、方法;事故现场隔离方法;事故现场周边区域的道路隔离或交通疏导办法。

(8)检测、抢险、救援、消防、泄漏物控制及事故措施。依据有关国家标准和现有资源的评估结果,确定检测的方式、方法及检测人员防护、监护措施;抢险、救援方式、方法及人员的防护、监护措施;现场实时监测及异常情况下抢险人员的撤离条件、方法;应急救援队伍的调度;控制事故扩大的措施;事故可能扩大后的应急措施。

(9)受伤人员现场救护、救治与医院救治。

(10)公共关系。依据事故信息、影响、救援情况等信息发布要求,明确事故信息发布批准程序;媒体、公众信息发布程序;公众咨询、接待、安抚受害人员家属的规定。

(11)应急人员安全。预案中应明确应急人员安全防护措施、个体防护等级、现场安全监测的规定;应急人员进出现场的程序;应急人员紧急撤离的条件和程序。

5. 现场恢复

事故救援结束,应立即着手现场的恢复工作,有些需要立即实现恢复,有些是短期恢复或长期恢复。煤矿事故应急救援预案中应明确:现场保护与现场清理;事故现场的保护措施;明确事故现场处理工作的负责人和专业队伍;事故应急救援终止程序;确定事故应急救援工作结束的程序;通知本单位相关部门、周边社区及人员事故危险已解除的程序;恢复正常状态程序;现场清理和受影响区域连续监测程序;事故调查与后果评价程序。

6. 预案管理与评审改进

煤矿事故应急救援预案应定期应急演练或应急救援后对预案进行评审,以完善预案。预案中应明确预案制定、修改、更新、批准和发布的规定;应急演练、应急救援后以及定期对预案评审规定,应急行动记录要求等内容。

7. 附件

煤矿事故应急救援预案的附件部分包括:组织机构名单;值班联系电话;煤矿事故应急救援有关人员联系电话;煤矿生产单位应急咨询服务电话;外部救援单位联系电话;政府有关部门联系电话;煤矿平面布置图;消防设施配置图;周边区域道路交通示意图和疏散路线、交通管制示意图;周边区域的单位、社区、重要基础设施分布图及有关联系方式,供水、供电单位的联系方式;组织保障制度等。

(五)煤矿重大事故应急预案编制格式及注意事项

通常煤矿事故应急救援预案的格式为:封面(包括标题、单位名称、预案编号、实施日期、签发人、签字公章),目录,引言,概况,术语、符号和代号,预案内容,附录、附加说明等。

预案编制是一项专业性和系统性很强的工作,预案质量的好坏直接关系到实施的效果,以及事故控制和降低事故损失的程度。在编制应急预案时应注意以下事项。

① 编制应急预案时按照企业事故应急救援预案的文件体系、应急响应程序、预案的内容以及预案的级别(三级)和层次(综合、专项、现场)要求进行编写。

② 企业应认真分析以往发生过的事故,找出带有共性和倾向性的问题,找出事故多发部位或环节,有针对性地建立切实可行的事故应急预案。

③ 编制应急预案须基于重大事故风险的分析评价结果、应急资源的需求和现状以及有关的法律法规要求,同时要与其他应急预案保持协调一致,避免交叉和重复。

④ 编制事故应急预案时应注意对每一个重大危险源都编制一个现场事故应急处置预案。对所有生产装置、要害部位、重大危险设施、重大变更项目、重大危险作业和可能发生环境污染事故的场所,都应编制相应的事故应急处理预案。

⑤ 对有复杂设施的重大危险源,事故应急处置预案应详细具体,应充分考虑每一个可能发生的重大危险,以及它们之间的相互影响和可能引起的连锁反应。

⑥ 在存在危险设施的危险源内外,应制定事故现场工人应采取的紧急补救措施。特别应包括在突发事故发生初期能采取的紧急措施,如紧急停车等。

⑦ 预案应包含召集危险源其他部位或非现场的主要人员到达现场的规定。一旦发生事故,企业应保证有足够的人员和应急物资以执行应急处置方案。

⑧ 预案要充分考虑意外情况,如操作人员擅自离开岗位或生病、节日休息、应急设施停运等,应配备足够的备用人员预防和处理紧急事故。

⑨ 编制应急预案不是单独、短期的行为,它是整个应急准备期中的一个环节。有效的应急预案应该不断进行评价、演练和修改,持续改进。

三、煤矿重大事故应急预案的实施

应急救援预案的修订与完善是实现煤矿事故应急救援预案持续改进的重要步骤。应急救援预案是企业事故应急救援工作的指导文件,同时又具有法规权威性,通过定期或在应急演练、应急救援后对之进行评审,针对企业实际情况的变化以及预案中暴露出的缺陷,不断更新、完善和改进应急预案文件体系。

（一）事故应急救援预案的完善和修订

（1）事故应急救援预案的完善

① 建立相应的规章制度。为了能在矿井事故发生后,迅速、准确、有效地进行抢险救灾工作,必须制定应急救援预案的规章制度,做好各项准备工作。对全企业职工进行经常性的应急救援常识教育,落实岗位责任制。

② 加强对救援队伍的培训。应急救援指挥中心要从本企业的实际出发,针对矿井事故的突发性等特点,每年至少组织一次模拟救援训练演习。一旦发生事故,指挥机构能正确指挥,各救援队伍能根据各自任务及时有效地排除险情,控制并消灭事故,抢救伤员,做好应急救援工作。

③ 政府应制订应急救援预案。当地政府要对管辖区域内的煤矿企业重大危险源进行评价,划分其重大危险源区域,制订应急救援预案。一旦发生重特大事故,应按应急救援预案实施救援,提供必要的帮助,使煤矿事故能较顺利地得到控制。

（2）事故应急救援预案的修订

① 企业应对在演练中出现的问题及时提出解决方案,对事故应急预案进行修订完善;

② 企业应在现场危险设施和危险物发生变化时及时修改事故应急处理预案;

③ 把事故应急处理预案的修改情况及时通知所有与事故应急处理预案的有关人员。

（二）煤矿重大事故应急预案的实施

应急预案经批准发布后,应急预案的实施变成了煤矿应急管理工作的重要环节。应急预案的实施应包括:

1. 应急救援预案宣传、教育和培训

煤矿各应急机构应广泛宣传应急预案,使矿工了解应急预案中的有关内容。同时,积极组织应急预案的培训工作,使各类应急人员掌握、熟悉或了解在应急救援预案中所承担的职责和任务,以及相关的工作程序、标准等内容。

2. 应急资源的定期检查落实

各应急机构应根据应急预案的要求,定期检查落实部门应急人员、设施、设备、物资等应急资源的准备状况,识别额外的应急资源需求,保持所有应急资源的可用状态。

3. 应急培训和演练

各应急机构应积极参加各类重大事故的应急培训和演练工作,及时发现应急预案、工作程序和应急资源准备中的缺陷与不足,澄清相关机构和人员的职责,改善不同机构和人员之间的协调问题,检验应急人员对应急预案、程序的了解程度和操作技能,评估应急培训效果,分析应急培训需求,并促进公众、媒体对应急预案的理解,争取他们对重大事故应急工作的支持,使应急救援预案有机地融入煤矿应急救援预案的日常管理工作之中,真正将预案的要求落到实处。

4. 应急救援预案的实践

各应急机构应在重大事故应急的实际工作中,积极运用应急救援预案,开展应急决策,指挥和控制相关机构和人员的应急行动,从实践中检验应急救援预案的实用性,检验各应急救援预案、工作程序、应急资源准备中的缺陷和不足,以便修订、更新相关的应急预案和工作程序。

5. 应急救援预案的电子化

应急救援预案的电子化将使预案更易于管理和查询。在预案的实施过程中,应充分考虑利用现代计算机及信息技术,实现应急救援预案的电子化。尤其是预案的附件包含了大量的信息和数据,是应急救援预案电子化的主体内容。

6. 事故回顾

应急预案管理部门应积极收集本矿井及同类矿井重大事故灾害应急救援的有关信息,积极开展事故回顾工作,评估应急过程的不足和缺陷,吸取经验和教训,为预案的修订和更新工作提供参考依据,实现预案的持续改进。

第四节　矿井灾害预防和处理计划的编制与实施

一、矿井灾害预防和处理计划的编制

矿井灾害预防和处理计划,是把预防和处理矿井灾害的工作计划化。根据矿井的具体情况,对可能发生的灾害,拟定出切合矿井实际的预防措施和阻止灾害蔓延扩大、通知撤退抢救灾区人员及处理灾害的措施。在灾害发生前做到防患于未然,在抢救人员和处理灾害的过程中做到"从容不迫,指挥有序,撤退有路,抢救正确,减少伤亡"。每一生产矿井和在建矿井,都必须遵照《煤矿安全规程》的规定,编制年度《矿井灾害预防和处理计划》。

（一）编制矿井灾害预防和处理计划的基本要求

（1）贯彻执行预防为主和防治结合的原则,采取预防措施,防止可能发生的灾害,保障矿井安全生产。

（2）预先做好防备,一旦发生事故,能及时采取措施,消除已经发生的事故,有效地控制事故扩大蔓延,迅速抢救受灾遇险人员,把事故损害程度降到最低。

编制灾害预防和处理计划,是对"安全第一、预防为主,综合治理"方针的具体贯彻,是坚持"以人为本"原则的具体表现,是煤矿实现安全生产的一项重要措施。落实企业法定代表人和管理人员下井带班制度的规定。

矿井灾害预防与处理计划报上级主管部门批准后,由矿长组织实施,各职能部门及工队认真组织学习,熟悉本计划的具体技术组织要求,并对存在的问题提出要求和建议。

（二）编制矿井灾害预防和处理计划的原则

1. 预防为主的原则

在矿井生产过程中,任何灾害在发生之前,都会显现某些预兆和迹象,也可通过仪表检测得到比较准确的结果。根据呈现的预兆或检测结果,采取相应有效的预防措施。如果检测准确,措施切合实际,就能防止灾害发生。

2. 防治并重的原则

由于矿井生产过程及生产环境的复杂性,在编制《矿井灾害预防和处理计划》时除了有预防灾害的措施外,还要有抢救人员和处理灾害的措施。

3. 实事求是、慎重对待的原则

《矿井灾害预防和处理计划》中规定的预防和处理措施能否达到预期的效果,主要取决于对灾害的发生地点、性质和波及范围的分析判断是否准确,采取措施中的工程设计是否正确,工程设施的强度是否满足,安全系数是否合适,抢救处理工作的组织领导是否得力等。只有对矿井灾害进行实事求是的调查研究,对措施的具体细节慎重对待,才能搞好灾害的预防和处理工作。

（三）编制矿井灾害预防和处理计划的方法

《矿井灾害预防和处理计划》由矿总工程师负责组织采掘、地质、机电、通风、技术等部门的相关人员编制。编好的《矿井灾害预防和处理计划》,必须在每年开始前1个月上报局(公司)总工程师审批。经局(公司)总工程师批准的《矿井灾害预防和处理计划》,在每季度开始前15天,矿总工程师还要根据矿井自然条件和采掘工程的实际变动情况,组织有关部门进行修改和补充。已批准的《矿井灾害预防和处理计划》由矿长负责组织实施。

（四）编制矿井灾害预防和处理计划的依据

依据《安全生产法》、《矿山安全法》、《煤炭法》、《国务院关于预防煤矿生产安全事故的特别规定》、《煤矿安全规程》等有关规定,制定该计划。

（五）编制矿井灾害预防和处理计划的基本内容

《矿井灾害预防和处理计划》的内容包括矿井可能发生的各种重大灾害、预防各种重大灾害的措施、灾区人员自救和撤离的措施、发生重大灾害时的处理措施、处理灾害所必备的技术资料以及各部门有关人员在预防和处理灾害过程中的任务和职责。

1. 确定矿井可能发生的重大灾害

根据本矿井的地质条件和自然因素,查明可能发生的重大灾害的种类、发生地点、波及范围以及出现的征兆。

2. 预防各种重大灾害的措施

根据查明的重大灾害,有针对性地分别提出预防灾害发生和限制灾害扩大的措施。此外,还要提出各种措施的技术设计、措施要求的工程项目、实施措施所需的设备和材料、检查仪表以及实施的负责人等。《矿井灾害预防和处理计划》所提出的措施,必须限期完成。

3. 灾区人员自救和撤离的措施

矿井发生事故后,首要任务是组织灾区人员撤离和自救,其措施包括:

（1）规定命令灾害区域或受灾害威胁区域人员撤退的通知方法(如电话、音响、汽笛等)。

（2）明确规定发生事故时,必须撤出人员的区域和避灾路线。当发生瓦斯爆炸、煤尘爆炸或煤与瓦斯突出事故时,所有井下人员都必须撤到安全地点。当发生井下火灾、水灾、大面积冒顶等事故时,凡受到灾害威胁的所有地区的人员都必须撤离危险区域。为确保撤出工作顺利进行,在撤离路线上必须设置路标、扶手或梯道。

（3）规定事故区域内的人员撤离和避难待救的条件。根据《煤矿安全规程》规定,每位入井人员必须随身携带自救器。在自救器的有效作用时间内不能安全撤出时,应根据矿井具体条件,在适当地点设置避难硐室,使所有避灾人员在换用自救器后能安全撤到新鲜风流中,在人员不能由事故区域撤出时,应规定利用硐室或独头巷道作为临时避难硐室的方法。

（4）规定发生事故时统计井下人员的方法。

4．发生重大灾害时的处理措施

矿井发生重大灾害时,随着时间的推移,情况不断发生变化。这种变化受多种因素的影响,所以在处理各种重大事故采取措施时应遵循以下要求:

（1）发生重大事故时,首先要采取措施撤离灾区和受威胁区域的人员,组织力量抢救遇险人员。

（2）查明事故地点、原因、性质和波及范围,采取措施防止事故蔓延。

（3）切断通向事故区域的电源。

（4）采取措施尽快消灭已发生的灾害。

（5）修复被破坏的巷道和通风设施,恢复通风系统。

5．处理灾害必备的技术资料

（1）矿井通风系统示意图和通风网络图（标明设施的位置、风向、风量）,全矿井反风区域或局部反风试验报告以及反风时保证反风设施完好可靠的检查报告。

（2）矿井供电系统图和井下通讯系统图。

（3）采掘工程平面图和井上下对照图,后者必须标明井口位置和标高、地面铁路、公路、钻孔、水井、水管、储水池、泵房,以及存放供处理事故用的材料、设备和工具的地点。

（4）井下消防洒水管路、排水管路、压风管路、运输系统、灌浆管路和充填管路系统图。

（5）井上下消防材料库的位置及其所储备的材料、设备、工具的品名和数量登记表。

6．各部门有关人员在预防和处理灾害过程中的任务和职责

（1）矿长。矿长是处理灾害事故的指挥者。在矿总工程师和矿山救护队队长协助下,制定营救遇险人员和处理事故的计划。

（2）矿总工程师。矿总工程师是矿长处理灾害事故的第一助手,在矿长领导下组织制定营救遇险人员和处理事故的计划。

（3）矿安全副总工程师。协助总工程师处理灾害事故,并根据总工程师命令负责指挥某一方面的救灾工作。

（4）各有关副矿长。根据矿长命令,负责组织人员,调集设备材料,签发抢救事故用的入井特别许可证等。

（5）矿山救护队队长。对矿山救护队的行动具体负责,完成对灾区人员的抢救和事故处理。如果与外部矿山救护队联合作战,应成立矿山救护队联合作战部,由事故所在地的救护队长担任指挥,协调各救护队的作战行动。

（6）局（公司）总工程师。在不妨碍矿长有效工作的原则下,参加抢救事故的指挥工作。并根据需要代表局长采取措施,从所辖各矿调度人员、设备和器材。

（7）驻矿安全监察站站长。对抢险救灾的各项安全措施实行有效的监督，并对入井人员进行控制。

（8）通风科长。按照矿长命令负责保证和恢复矿井通风系统，执行与通风有关的救灾措施。

（9）生产科长。按照矿长命令负责协调工作，协助矿长进行抢救和处理灾害。

（10）有关的区、队、班长。根据矿长命令执行相关的抢救和灾害处理任务。

（11）矿值班调度员。负责事故时间、地点和情况的记录和报告，传达矿长命令，通知人员，调度井下抢险救灾工作，统计掌握出入井人数和留在井下各地区的人数。

（12）考勤和矿灯、自救器发放室负责人。负责查清在井下的人数及其姓名，并迅速报告调度室；在井上进行严格检查，禁止没有入井特别许可证的人员入井。

（13）材料供应科长。准备、运送抢救器材。

（14）机电科长。根据矿长命令，负责保证主要通风机正常运转，控制矿井电力供应，抢修或安装机电设备等。

（15）运输科长。运送救灾人员和设备器材。

（16）地测科长。准备图纸、资料，并根据矿长的命令完成测量打钻工作。

（17）医院院长。负责组织对受伤人员的治疗、护理和药物供应。

（18）行政科长。保证对遇险人员的妥善安置和救灾人员的食宿以及其他生活事宜。

（19）保卫科长。负责事故抢救和处理过程中的治安保卫工作，维持矿区的正常秩序，在井口附近设警戒区。

（20）值班电话员。接到矿调度室的事故通知后，立即切断与事故没有直接关系的一切通话，开放事故信号，及时通知相关人员到矿调度室报到待命；协助矿调度室值班调度员及时传达矿长命令。

二、矿井灾害预防和处理计划的实施

（一）矿井灾害预防和处理计划的执行

已经局（或公司）总工程师批准的《矿井灾害预防和处理计划》由矿长负责贯彻实施。各基层单位领导负责组织本单位职工学习，并进行考试。没有学习或考试不合格人员不准下井。《矿井灾害预防和处理计划》如有修改补充，还应及时组织职工重新学习。

（二）矿井灾害预防与处理计划的改进完善

为了使职工熟悉规定的避灾路线和适应处理灾害的要求，检查实施《矿井灾害预防和处理计划》的能力和发现存在的问题，必须按照《煤矿安全规程》的规定，每年至少组织一次矿井救灾演习，对演习中发现的问题必须及时研究，制定相应的措施予以解决。

第五节　煤矿重大灾害事故抢险救灾决策

凡是能给矿山造成严重危害的事故统称为重大灾害事故。煤矿中常见的重大灾害事故有：瓦斯、煤尘爆炸事故，矿井火灾事故，煤与瓦斯突出事故，矿井突水事故，冲击地压或大面积冒顶事故。

值得注意的是，煤矿五大灾害中虽然不包括全矿井突然停电事故，但这类事故如不及时、正确地处理，往往会酿成重大灾害。因为停电会使主要通风机停转，井下无风造成瓦斯积聚，一旦送电，可能引起瓦斯爆炸；一旦停电，水泵不能排水，时间长了，可能造成淹井事故。有封闭火区的矿井，全矿停电后可能出现一氧化碳和瓦斯外泄，造成中毒或窒息事故等。因此，必须把全矿井突然停电视为可能产生重大事故的潜在因素，或者作为重大隐患。

一、煤矿重大灾害事故抢险救灾的决策程序

（一）成立抢险救灾指挥组织机构

《煤矿安全规程》规定：矿井发生重大事故后，必须立即成立抢险救灾指挥部并设立地面基地。矿山救护队长为指挥部成员。井下基地指挥由指挥部选派具有救护知识的人员担任。矿山救护队队长对矿山救护队抢救工作具体负责。灾情突然发生变化时，井下基地指挥员应采取应急措施，并及时向指挥部报告。如与其他矿山救护队联合作战时，应成立矿山救护联合作战部，由服务于发生事故的煤矿企业的矿山救护队队长担任作战部指挥，协调各矿山救护队战斗行动。

《煤矿救护规程》中规定：如果矿井领导不在场（或抢救指挥部未成立），率领小队到达矿井的指挥员，应根据《矿井灾害预防和处理计划》着手处理事故。

（二）抢险救灾指挥步骤

处理重大灾害事故，必须有一套正确的指挥程序和步骤。

（1）立即成立以矿长为总指挥的抢救指挥部，有关矿级领导、科室负责人及救护队长为指挥部成员。

（2）通知有关区队、矿灯房、自救器发放室准确统计当班井下人数及其姓名，以便分析灾区人员数量及分布。

（3）指定一名副职领导负责签发下井许可证，并通知矿灯房、自救器发放室和副井口，没有下井许可证不准发放矿灯、自救器，不准下井。

（4）选定井下救护基地，指定具有救护知识的领导担任井下救护基地指挥。同时明确基地指挥只起"上传下达"作用，不得自行发布命令，以免形成多头指挥。

（5）命令救护队进入灾区引导人员撤退，将伤员救到井下救护基地或其他安全地点进行现场急救后，送到地面甚至医院。

（6）抢救指挥部根据井下灾情报告，将抢险人员组成二线、三线力量。当抢救人员不足时应及时报告上级机关和兄弟单位请求支援。

（7）总指挥应根据灾区情况适时投入二线或三线力量，命令救护队进行侦察工作，救护队长应具体负责指挥救护队按《矿山救护规程》的要求完成侦察任务，提出测定数据、灾区示意图至灾区处理建议，供指挥部制定救灾方案。侦察结束后，安排救护队在安全地点监视灾情变化，具体位置由井下救护基地负责提出建议，报总指挥部确定。

（8）总指挥部组织指挥部成员听取侦察情况汇报后，命令矿总工程师组织人员依据《矿井灾害预防和处理计划》尽快提出事故处理方案，对总工程师提出的事故处理方案要慎重研究讨论，在安全系数上应留有余地。总指挥批准处理方案后，应及时报告局（公司）领导，争取得到支持。

（9）根据掌握的灾情及处理方案的要求，对救护队员做好战前动员，确保方案顺利进行。

（10）事故处理结束后，总指挥指定有关部门和人员对事故发生原因、抢救处理过程、重要的经验教训以及今后应采取的预防措施等进行分析和整理，形成事故调查报告后上报并存档。

二、瓦斯(煤尘)爆炸事故的抢险救灾

瓦斯(煤尘)爆炸事故是煤矿中极其严重的灾害,它不但会造成大量人员伤亡,还因破坏了通风系统,可能引起火灾,甚至发生连续爆炸,增加了救灾的难度,造成灾情扩大。因此,当爆炸事故发生后,如何采取正确措施积极抢救遇险遇难人员和处理事故、防止出现连续爆炸,显得十分重要。

(一)瓦斯爆炸事故的决策要点

当获悉井下发生爆炸后,矿长(或矿级领导)应利用一切可能的手段了解灾情,判断灾情的发展趋势,及时果断地做出决定,下达救灾命令。

1. 必须了解(询问)的内容

(1)爆炸地点及其波及范围。

(2)人员分布及其伤亡情况。

(3)通风情况,如风量大小、风流方向、风门等通风构筑物的损坏情况等。

(4)灾区瓦斯情况,如瓦斯浓度、烟雾大小、CO浓度及其流向等。

(5)是否发生了火灾。

(6)主要通风机的工作情况,如通风机是否正常运转,防爆门是否被吹开,通风机房水柱计读数是否有变化等。

2. 必须分析判断的内容

(1)通风系统的破坏程度,可根据灾区通风情况和主要通风机房水柱计读值 h 的变化情况做出判断。h 比正常通风时数值增大,说明灾区内巷道冒顶,通风系统被堵塞。h 比正常通风时数值减小,说明灾区风流短路。其产生原因可能是:① 风门被摧毁;② 人员撤退时未关闭风门;③ 回风井口防爆门(盖)被冲击波冲开;④ 反风进风闸门被冲击波击落下堵塞了风硐,风流从反风进风口进入风硐,然后由通风机排出;⑤ 可能是爆炸后引起明火火灾,高温烟气在上行风流中产生火风压,使主要通风机风压降低。

(2)是否会产生连续爆炸。若爆炸后产生冒顶,风道被堵塞,风量减少,继续有瓦斯涌出,并存在高温热源,则能产生连续爆炸。

(3)是否会诱发火灾。

(4)可能的影响范围。

3. 必须做出的决定并下达的命令

(1)切断灾区电源。

(2)撤出灾区和可能影响区的人员。

(3)向矿务局汇报并召请救护队。

(4)成立抢救指挥部,并制定救灾方案。

(5)保证主要通风机和空气压缩机正常运转。

(6)保证升降人员的井筒正常提升。

(7)清点井下人员、控制入井人员。

(8)矿山救护队到矿后,按照救灾方案布置救护队抢救遇险人员,侦察灾情,扑灭火灾,恢复通风系统,防止再次爆炸。

（9）命令有关单位准备救灾物资,医院准备抢救伤员。

矿井发生瓦斯爆炸事故后,灾区内充满了爆炸烟雾和有毒有害气体,这时,只有佩用氧气呼吸器的救护队员才能进入灾区工作。

（二）低浓度瓦斯爆炸的处理

所谓低浓度瓦斯爆炸是指在正常涌出瓦斯的情况下,因微风或无风造成瓦斯积聚到爆炸下限以上,遇火源引起的瓦斯爆炸。其特点是瓦斯有一个积聚的过程。当发生第一次瓦斯爆炸后,需一定时间积聚,才可能发生第二次爆炸。爆炸间隔时间的长短取决于绝对瓦斯涌出量和风量。大量瓦斯连续爆炸的案例表明,爆炸间隔时间不一,分布也无规律,有时间隔几分钟,有时间隔1～2 h,甚至几小时。处理此类瓦斯爆炸,应尽快恢复灾区通风,利用风流带走涌出的瓦斯,不让瓦斯浓度达到爆炸界限。若通风系统破坏严重（如多处风门被摧毁、冒顶堵塞严重）,一时无法恢复时,应千方百计查明灾区内是否存在火源。无火源存在时应集中力量抢救人员,然后在严密监视瓦斯情况下,逐段恢复通风。若有火源存在,则应根据火源位置、火势大小、灾区通风情况和瓦斯情况,慎重决定灭火方案。

对瓦斯爆炸引起的采煤工作面火源,如果行动迅速、灭火器材充足、火势不大时,可利用灭火器材或水进行直接灭火。当火源为工作面上隅角的瓦斯燃烧,灭火时要注意严防把火苗赶到采空区内,以免发生瓦斯爆炸。上隅角的瓦斯燃烧的扑灭,危险性较大,因为瓦斯燃烧时的火源可能在巷道上部到处乱窜,甚至进入采空区内,引起采空区瓦斯燃烧或爆炸。当灭火器材（干粉灭火器）和水量不足、瓦斯涌出量较大时,要在短时间内扑灭上隅角的瓦斯燃烧是相当不易和危险的,最安全有效的方法是果断封闭采煤工作面。1995 年 9 月 16 日,贵州某矿11128采煤工作面上隅角瓦斯燃烧,救护队用干粉灭火器直接灭火,结果发生瓦斯爆炸,造成 9 人死亡（其中救护队 5 人）,只好封闭灾区。

如果火源在采煤工作面回风巷,灭火时要防止工作面和采空区大量瓦斯涌出和流向火源,引起二次爆炸。对于供氧充足的火源（如采煤工作面进风巷或采煤工作面入口附近的火源）且为低浓度的瓦斯爆炸,唯一有效措施就是果断封闭灾区,断绝供氧,避免引起再次爆炸,扩大灾情。

掘进巷道发生瓦斯爆炸后,除造成人员伤亡外,还会造成灾区影响范围内巷道垮落、通风设施和通风设备的破坏,引燃全风压通风的巷道内不阻燃输送带、电缆等。在掘进供风停止的情况下,一般而言（正常涌出瓦斯）,瓦斯爆炸只发生一次,即使爆炸后掘进巷道内有火源出现（爆炸后高温引燃遇难者衣服、不阻燃风筒或其他易燃物）,其存在的时间也是短暂的,这是因为供风停止,巷道中氧浓度很低所致。同理,即使巷道中瓦斯再次积聚,也不具备爆炸的条件。如果掘进巷道与老巷或采空区之间存在漏风通道,或局部通风机仍在供风,同时存在阴燃火源或者爆炸火源为巷道中高冒处的火点,就存在二次爆炸的可能。

处理掘进巷道的瓦斯爆炸时,在专人严密监测（视）瓦斯情况下,全力以赴抢救遇险遇难人员,扑灭或杜绝火源,防止再次爆炸,清理堵塞物,处理冒顶区,在确定灾区无火源时,及时恢复灾区通风（启动局部通风机）;如不能确认灾区内有无火源,应慎重考虑是否启动局部通风机,以免再次爆炸。

掘进巷道瓦斯爆炸后,若出现火源,如果易于直接灭火,可利用灭火器材和灭火设备,及时扑灭,但要时刻注视瓦斯情况,并防止水煤气爆炸伤人。灭火后,还需认真清查有无阴燃火源。若火势很大,或火源在高冒处,尤其是该巷道与老巷、采空区沟通,短时间内不能扑灭火源,或灭火时存在二次爆炸危险,应指派救护队集中力量迅速救出人员,再按独头巷道火灾事故处理方法采取相应措施(如封闭爆炸巷道)进行处理。对爆炸后产生的外围明火(全风压通风巷道中输送带、电缆等的燃烧),应首先防止火势蔓延,然后扑灭。若爆炸后,引燃了距爆源较近盲巷中的瓦斯,要采取慎之又慎的方法处理(如及时封闭巷道),避免盲巷中瓦斯爆炸。

(三)高浓度瓦斯爆炸的处理

高浓度瓦斯爆炸是指瓦斯喷出或煤与瓦斯突出后,高浓度瓦斯被风流稀释到爆炸界限以内引起的瓦斯爆炸。其特点是在第一次瓦斯爆炸后,灾区内仍存在大量高浓度瓦斯,这些瓦斯被风流冲淡后遇火源即可再次爆炸。处理这类瓦斯爆炸应该首先查明灾区内有无火源。若有火源存在,严禁启动局部通风机供风,否则,风流既冲淡了高浓度的瓦斯,又提供了瓦斯爆炸所需的氧气。此时,应在不供风的条件下集中力量救人和灭火,无法灭火或灭火无效时,应及时予以封闭。若无火源,则在集中力量救人后,按排放瓦斯的要求处理积存的瓦斯。

(四)煤尘爆炸事故的处理

煤尘爆炸事故的处理方法与处理瓦斯爆炸事故基本相同。但要注意:灾害发生时首先切断灾区(甚至灾区周围区域)电源,而且停电操作应在灾区以外的地点进行,以免再次引起瓦斯或煤尘爆炸。对灾区进行侦察过程中,发现火源立即扑灭,防止二次爆炸。若火势较大,暂时不能消灭时,应立即局部封闭,再研究灭火方案,防止再次引爆瓦斯或煤尘。救灾过程中要注意寻找煤尘爆炸的痕迹(黏焦)和判断起爆源。煤尘连续爆炸的可能性很大,在思想上和物质上应有准备,以免措手不及,避免出现难以控制的局面。

三、矿井明火火灾的抢险救灾

明火火灾的特点是突然发生、来势迅猛,发生的时间与地点出人意料。正是由于这种突发性和意外性,常会使人们惊慌失措而酿成恶性事故。因此,从领导到群众对每一场明火火灾都要从思想上予以足够重视,决不能麻痹大意。在灭火行动上要果断迅速,不能犹豫不决,更不允许迟疑拖拉,坐失良机。面对一场火灾,领导在接到报警通知后,要按照《矿井灾害预防和处理计划》及火灾实情行事,实施紧急应变措施(停电撤人),立即召请救护队,建立抢救指挥部,在制定对策时,要注意避免火风压引起风流紊乱和产生瓦斯煤尘爆炸造成事故扩大。

(一)正确调度风流

实践证明,火灾时风流调度正确与否,对灭火救灾的效果起着决定性的作用。因此,在处理明火火灾事故时,在弄清火灾性质、发火位置、火势大小、火灾蔓延方向和速度、遇险人员的分布及其伤亡情况、灾区风流(风量大小及其流向)及瓦斯等情况后,要正确地选择通风方法。

处理火灾时常用的通风方法有正常通风、增减风量、反风、火烟短路、停止主要通风机运转等。无论采用何种通风方法,都必须满足下列基本要求:

(1)保证灾区和受威胁区人员的安全撤退。

(2)防止火灾扩大,创造接近火源直接灭火的条件。

(3)避免火灾气体达到爆炸浓度,避免瓦斯通过火区,避免瓦斯、煤尘爆炸。

(4)防止出现再生火源和火烟逆退。

（5）防止产生火风压造成风流逆转。

扑灭井下火灾时，抢救指挥部应根据火源位置、火灾波及范围、遇险或受威胁人员的分布，迅速而慎重地决定通风方法。

1. 维持正常通风

保持火灾时期正常通风是以抢救遇险人员，防止发生爆炸事故和创造直接灭火条件为前提的，每一个救灾指挥员在没有理由对矿井通风系统进行调整的情况下，一般都应采取正常通风，特别是在以下情况下更应如此。

（1）当矿井火灾的具体位置、范围、火势、受威胁地区等在没有完全了解清楚时，要保持正常通风。在火区情况不清楚的情况下，盲目地实施控风措施，很有可能造成火灾气体向其他区域扩散，使那些本不应受到火灾威胁的区域出现有害气体甚至出现火患。因此，必须在保持正常通风的情况下尽快查明火源，以便科学地组织抢救遇险人员和组织灭火。

（2）当火源的下风侧有遇险人员尚未撤出或不能确认遇险人员是否已牺牲，且矿井又不具备反风和改变烟流流向的条件时，应保持正常通风。

矿井火灾尽管发展迅速，但也有一个变化过程。在此过程中，火源点下风侧 CO 气体、烟雾浓度逐渐增大，氧浓度逐渐下降。单纯从灭火角度讲，减少向火区的供风量可以起到抑制火势的作用，但不可避免地将造成火源下风侧有害气体浓度增高、氧浓度降低。因此，在火源下风侧人员尚未完全撤出或者还没有确认该区域人员是否已牺牲的情况下，至少应保证正常通风，以确保在一定时间内火源下风侧有一个温度、有害气体、氧气都能满足遇险人员生存或佩用自救器生存的环境。以便于其自行撤出，或救护人员进入回风侧抢救。

（3）当火灾发生在矿井总回风巷或者发生在比较复杂的通风网络中，改变通风方法可能会造成风流紊乱、增加人员撤退的困难、出现瓦斯积聚等后果时，应采取正常通风。

矿井通风系统是由各种不同巷道连接成的复杂网络，各用风地点的配风量都是按冲淡有毒有害气体，供人员呼吸等来设计的。在矿井总回风巷和复杂的通风网络中发生火灾，如随意改变通风方法，必然会导致系统中有些巷道风量增加，有些巷道风量减少，特别是在火区内附加热风压的作用下极有可能使火区以外的其他支路发生烟流逆转，使受灾范围扩大。在高瓦斯矿井更有可能引起瓦斯局部积聚，引发瓦斯爆炸事故。因此，在这种情况下也应保持正常通风。

（4）当采煤、掘进工作面发生火灾，并且实施直接灭火时要采取正常通风。其目的是维持工作面通风系统的稳定性，以确保工作面内的瓦斯正常排放，并使灭火过程中所产生的水蒸气和火灾气体得以顺利排除，为直接灭火人员创造安全的工作环境。

（5）当减少火区供风量有可能造成火灾从富氧燃烧向富燃料燃烧转化时，应保持正常通风。

2. 减少风量

当采用正常通风方法会使火势扩大，而隔断风流又会使火区瓦斯浓度上升时，应采取减少风量的办法。这样既有利于控制火势，又不使瓦斯浓度很快达到爆炸界限。在使用此法进行救灾时，灾区范围内要停产撤人，并严密监视瓦斯情况。而且要注意，在灾区内人员尚未撤出的情况下，为了避免出现缺氧现象，或瓦斯上升到爆炸界限、不利于人员撤退时，不能减少灾区风量。在减少灾区风量的救灾过程中，若发现瓦斯浓度在上升，特别是瓦斯浓度上升到 2% 左右时，应立即停止使用此法，恢复正常通风，甚至增加灾区风量，以冲淡和排出瓦斯。

3. 增加风量

在处理火灾过程中,如发现火区内及其回风侧瓦斯浓度升高,则应增风,使瓦斯浓度降至1%以下;若火区出现火风压、风流可能发生逆转现象时,应立即增加火区风量,避免风流逆转;在处理火灾过程中,若发生瓦斯爆炸后,灾区内遇险人员尚未撤出时,也应增加灾区风量,及时吹散爆炸产物、火灾气体及烟雾,以利人员撤退。

4. 火烟短路

火烟短路是利用现有的通风设施(如打开进回风之间的风门)进行风量调节,把烟雾和CO直接引入回风,减少人员伤亡。例如,河南某矿北翼六采区输送带下发生明火火灾,滚滚浓烟随着风流涌向采掘工作面,威胁着65名工人的生命安全。这一情况被检查人员发现后,冒着烟雾打开正副下山之间的4道风门,让烟雾直接进入回风,使采掘工作面人员安全脱险。又如,淮南某高瓦斯矿井,进风井口发生明火火灾,淮南救护队打开了该井与回风井之间的风门,使火烟短路,同时直接灭火,避免了井下人员的伤亡。

5. 反风

反风分全矿性反风和局部反风。由于矿井通风网络的复杂性、火源出现的偶然性、火势发展的不均衡性,采用什么方式反风,应根据具体情况确定。最好平时做好反风的演习工作,通过演习观测瓦斯涌出、煤尘飞扬情况,以判断在火灾时期是否有发生爆炸的危险。通过演习摸清在什么地点发火应采取何种反风方式。一般而言,矿井进风井口、井筒、井底车场及其硐室、中央石门发生火灾时,一定要采取全矿性反风措施,以免全矿或一翼直接受到烟侵而造成重大恶性事故。采区内部发生火灾,若有条件利用风门的启闭实现局部反风,则应进行局部反风。如果决定反风,应首先撤出原进风系统内的人员,并让指挥部成员、救护队长、全体救灾人员知道;其次,设法通知井下人员。井口要设安全岗哨,控制入井人员。

主要通风机的反风措施只有当火灾发生在矿井的总进风区段(包括进风井口、进风井筒及井底车场)时才能采用。因为,只有在这种情况下实施反风,火灾气体才能迅速排出地面,缩小影响范围,确保井下工人的安全。对于多井口入风、多水平同时生产的复杂通风系统来说,如果火灾发生在深部水平的入风暗井或深部井底车场,采用主要通风机反风必须十分慎重。因为在此种情况下反风,火灾烟流的蔓延区域一般来说都比较大,尤其是当火源点接近多个入风井口风流的汇合点时,若反风控制不严,反风后的火灾气体将会蔓延到多个入风井的进风系统,使灾害范围扩大。为此,在平时就应做好矿井通风网络的分析,确定每个火源点的烟流是来自一个井口还是多个井口,以便判断反风后的影响范围。

多台通风机联合运转的矿井,在总进风区域发生火灾时,应力求采用多台通风机同时反风,这样才能确保矿井总进风道的风流反向。如果只对某一台通风机实施反风,其余正常运行,则总进风道风流未必能反向。

此外,在实施多台通风机同时反风时,如果两台通风机能力差别较大,则操作顺序必须是在两台通风机都停运后,先启动能力较小的通风机实施反风,然后再启动能力较大的通风机反风;如果相反,小通风机可能开不起来。

反转反风时,通风机的反风风压比正常通风时的风压要小得多,此时,某区段的自然风压占优势时就达不到反风目的。因此,分析时要考虑自然风压的影响。例如,抚顺胜利矿东、西风井各自一停一反的反风演习都不能使立井入风井的风流反向,其主要原因就是自然风压的作用。据当时的测算,立井的风温比中央斜井的风温低得多,使立井向中央斜井的自然风压达 108 Pa;而反风时,作用于立井的风压很小,故立井达不到风流反向的目的。

当火灾发生在采区内部时,一般来说不宜采用主要通风机反风,因为采区的通风系统太复杂,通风设施过多,依靠主要通风机反风很难达到反风目的,所以,常用的方法有局部反风、风流短路和封闭火区。实际操作时,应根据火灾的部位和具体条件来确定采用哪种方法,其一般原则如下:

(1)当采区(或采煤工作面)主要进风道发生火灾时,由于火灾气体将顺风流直接威胁采煤工作面,因此采取局部反风是十分必要的。

(2)当矿井的某些进风道在风网中处于角联位置时,这些风道的反风能否实现,需要进行实际的演习或仔细的风网分析才能证实。

6. 停止主要通风机运转

停止主要通风机运转的方法适用条件是:火灾发生在回风井筒及其车场时,可停主要通风机,同时打开井口防爆盖,依靠火风压和自然风压排烟;火源发生在进风井筒内或进风井底,限于条件限制不能反风(如无反风设备或反风设备动作不灵),又不能让火灾气体短路进入回风时,可尽快停止主要通风机运转,并打开回风井口防爆盖(门),使风流在火风压作用下自动反向。即使在上述情况下使用,还有可能造成人员伤亡。因为主要通风机停转后,井下风量减少,高浓度的瓦斯可能由自然通风风流带入火源引起瓦斯爆炸。何况,火源发生在进风井内或进风井底,在主要通风机停转前早已有毒气进入采区造成人员伤亡。为此,此种调风方法的采用,应慎之又慎。

(二)避免火风压造成风流逆转

在发生明火火灾时,必须全面考虑火灾的发生地点及其在整个通风系统中的位置,预计火风压的影响范围,及早撤出受威胁地区的人员,并采取稳定风流的措施,防止风流逆转。具体措施有以下几种:

1. 积极灭火,控制火势

火灾发生后,应尽一切可能创造条件积极灭火。直接灭火失效时,当灾区人员已撤出的情况下,应在火源的进风侧建筑临时密闭,适当控制火区进风量,减少火烟生成。但需注意火灾发生在上行风流中时,主要密闭应建在火源所在的主干风路中(密闭与火源之间无旁侧风道)。如果这种要求难以达到,则应首先把旁侧风流封闭起来,然后再封闭主干风路,以免在旁侧风路产生风流逆转和引起瓦斯爆炸。在下行风路中发火时,应首先封闭旁侧风道,暂时加大火源所在风流的风量,防止风流逆转,需要时再在火源所在风道中建造密闭。

2. 正确调度风流,避免事故扩大

当火灾发生在分支风流中时,应维持主要通风机原来的工作状态,特别是在救人、灭火阶段,不能采取减风或停止主要通风机运转的措施。在多台通风机抽出式通风矿井,不能把承担排烟任务的那台通风机停运。如果火灾发生在上行风流时,在有些情况下,把其他的无火烟的通风机停转,可能更有利些。当出现风流逆转的征兆时(出现火烟滚退、逆退、风量减少),应增大火区风量,避免风流逆转。

3. 减少排烟风路风阻,加大排烟能力

在可能的排烟风路上,应迅速打开风窗或已有的防火风门、甚至密闭墙,消除阻碍风流和火烟流动的障碍物,使回风线路畅通和扩大排烟能力,迅速将火烟直接导入总回风道排走。

(三) 正确处理掘进煤巷火灾

1. 处理掘进巷道火灾必须注意的问题

(1) 局部通风机的控制是关键。首先,无论是瓦斯矿井,还是高瓦斯矿井,或煤与瓦斯突出矿井,掘进巷道发生火灾后,不准下命令停止局部通风机运转。同时还要教育工人和救护队员,在掘进巷道发火后不能停止局部通风机运转。救灾过程中应派专人(一般为救护队员)守住局部通风机,保证其正常运转。如果局部通风机已经停转,则应派队员(佩戴呼吸器)进入巷内侦察,然后根据瓦斯浓度和烟雾多少、温度高低,决定是否启动通风机。当瓦斯浓度小于 2% 时,可启动通风机,以排烟降温,创造良好的救护环境。当瓦斯浓度高于 16% 时,不论烟雾多少和气温高低,均不准启动通风机,以免供氧引起瓦斯爆炸。这就是"保持独头巷道通风原状"的原则。

(2) 掘进巷道发生火灾时,要注意发生火灾的巷道周围是不是一个实的煤体(即与任何采空区、任何巷道都没有透气的煤体),如果是实体煤着火及局部冒顶发生火灾,可直接灭火。假如这个巷道由于局部冒落造成与采空区及其他巷道沟道,采用直接灭火就要更加慎重,防止灭火过程中发生瓦斯爆炸或者火灾烧到邻近地区。

(3) 注意查清发火巷道入口处进、回风侧有无积存瓦斯的地点(如盲巷)。若有,应先行封闭,避免引起瓦斯爆炸。特别是在发火巷道回风侧有积存瓦斯的地点时,产生爆炸的可能性较大,应先予封闭。

(4) 查清火源在发火巷道的部位。因为不同部位的火灾,有不同的特点,处理措施不尽相同。

2. 独头掘进水平巷中发生火灾后的处理方法

(1) 火灾发生在巷道迎头时的处理方法。一般来讲,这类火灾的处理比较简单,处理过程中也比较安全。此类火灾的特点是:① 火灾往往是由于放炮或电火花引起的,在初起阶段抓住时机直接灭火,成功率较高。② 工人易于发现,也易于撤退。在没有发生瓦斯爆炸的情况下,几乎没有人员伤亡。③ 在发火初始没有引起爆炸的情况下,若正常涌出瓦斯,只要保持正常通风(工人撤退时不要停掉局部通风机),是不易构成爆炸条件的。这是因为迎头的瓦斯涌出后,随着火焰的燃烧而耗失,不易达到爆炸浓度。但迎头附近有积存瓦斯的断层或旧巷时,因火灾烧毁支架造成冒顶,沟通了断层或旧巷,瓦斯大量涌入发火迎头,还是有发生瓦斯爆炸的可能。

救护队到达事故地点时,若局部通风机正常运转,爆炸性气体浓度不高,只是浓烟高温。这时,只要救护队员敢于冲破高温浓烟,使用工作面的洒水设备和轻型灭火装备(灭火器等)就能很容易扑灭火灾。万一扑灭不了(因消防材料不足等原因),只有封闭。

当局部通风机已经停转,救护队应首先测定瓦斯浓度和氧浓度,然后根据有无爆炸可能确定行动对策。

(2) 火灾发生在巷道中部时的处理方法。这类火灾的特点是:① 火灾发生后最易烧断风筒,火焰点以里容易造成瓦斯积聚。② 难于测定火焰点以里巷道中的瓦斯浓度,难以掌握其变化情况。③ 火焰的燃烧最易发生冒顶,既堵塞了人员通道,又堵塞了风流回路。④ 发生火灾后,工人不易发现,也难以撤出。

由于上述原因,给救灾工作带来了很大的困难。其处理措施有:① 设法直接灭火。采用水灭火时,水量要充足,要防止水蒸气伤人和水煤气爆炸。② 火焰点以里有遇险人员待救时,在灭火的同时,可打开压气管阀门加大压气量或将水管改送压气,以延长遇险人员待救时间,降低瓦斯浓度。但供气量不能过大,以免把高浓度瓦斯吹向火焰点引爆。③ 在救人灭火过程中要严密监视瓦斯情况,并分析判断发生爆炸的可能性。④ 如有可能(如火势不大、未产生冒顶等),救护队员可穿过火区救人,同时在火源以里打上风障,阻止瓦斯向外涌向火源;也可打开水幕,甚至拆除几架木支架,以阻止火灾蔓延。⑤ 火源以里无人时,可用惰气灭火。⑥ 因人力、物力不足或火势太大,在短期内不能扑灭火灾时;或火区瓦斯浓度已超过 2% 并继续上升,火源以里瓦斯情况不明时,应在巷道口附近封闭火区。⑦ 在救灾过程中,严禁用局部通风机和风筒把火源以里的瓦斯经过火点排出,以免产生瓦斯爆炸。但火源点至巷道口之间可用风流吹散烟雾、排除瓦斯、降低气温,以创造良好的救灾条件。为确保安全和避免火势增大,风筒的出风口距火源点应保持一段距离。

(3)火灾发生在巷道入口部位时的处理方法。此处的火灾引起瓦斯爆炸的可能性低于巷道中部火灾,而又高于迎头火灾。此处火灾的特点是:① 距贯穿风流近,供氧充足,火焰迎进风蔓延燃烧,易酿成大火。② 烧断了风筒,断绝了掘进巷道的正常通风。但向巷内涌入的烟气和高温少(靠扩散和热传导作用),火焰靠热对流供氧,只能向里扩展 $20 \sim 30$ m。此后的巷道内缺氧,火焰不可能无限制地向内燃烧,烟气也不会扩散很远。因此,发生这类火灾人员被困在巷内时,加强灭火,保证人员不受威胁是可能的。例如,某瓦斯矿井,掘进巷道口发生火灾。风筒被烧断,当时掘进巷道中有 8 人工作,其中一名工人发现后自己慌忙跑出,因迷失方向,在沿回风撤退途中死亡。其余 7 人在巷道里面待命。救护队经十几个小时的直接灭火,将火势压下,然后进入巷内,给遇险者佩戴 2 h 呼吸器后安全撤出。而实测火焰燃烧巷道深度只有 $4 \sim 5$ m,烟雾和热量导入距离只有 $40 \sim 50$ m。

(四)正确设置井下救护基地

井下救护基地是井下抢险救灾的前线指挥所,是救灾人员与物资的集中地,是救护队员进入灾区的出发点,也是遇险人员的临时救护站。因此,正确选择救护基地常常关系着救灾工作的成败。井下救护基地的选择应由矿井救灾总指挥根据灾区位置、灾变范围、类别以及通风、运输条件等予以确定,但须满足以下要求:

(1)设在不受灾变威胁,或不因灾变进一步扩大而波及的地区,但距灾区要尽可能的近,以便于救护队员进出灾区,执行任务。

(2)在扑灭火灾、处理瓦斯、煤尘燃烧、爆炸事故及突出事故时,基地应选在风流稳定的新风地区。对冒顶、水灾等其他灾变,应选在贯穿风流地区。

(3)要有一定的空间与面积,以保证救灾活动和救灾器材的储备。

(4)要方便运输,保证通风与照明。

井下救护基地勿选在与灾区毫无联系的大巷、角联通风支路以及风速过大的巷道内。在处理灾变过程中,不要求基地自始至终地固定在一个地点,需视灾变的情况向灾区推移,也可以退离灾区。为此,指挥员要多考虑几个备用基地以便选择。

井下救护基地应有矿山救护队指挥员、待机小队和急救医生值班,并设有通往地面抢救指挥部和灾区的电话,备有必要的救护装备和器材,同时设有明显的灯光标志。在井下救护基地负责的指挥员应经常同抢救指挥部和正在灾区工作的救护小队保持联系,注视基地通风和有害气体情况。需要改变井下基地位置时,必须取得矿山救护队指挥员的同意,并通知抢救指挥部和在灾区工作的小队。与救灾无关人员,一律不得进入基地。

四、煤与瓦斯突出事故的抢险救灾

1. 发生煤与瓦斯突出事故的条件

煤与瓦斯突出事故发生后,会喷出大量的瓦斯和煤岩。突出的瓦斯由突出点瞬间形成冲击气浪,向回风和进风巷道蔓延扩展,可破坏通风系统,改变风流方向,使井巷中充满高浓度的瓦斯。在通风不正常的情况下,可使灾区和受影响区内人员因缺氧而窒息。突出的瓦斯在蔓延过程中可能产生瓦斯爆炸,冲到井口时遇火源会引起燃烧事故。突出的大量煤岩会堵塞井巷。在突出点附近的人员,可能被突出的煤岩流卷走、掩埋。因此,煤和瓦斯突出对矿井安全生产威胁很大。与其他瓦斯事故相比,有如下不同条件:

(1) 瓦斯来源充足,并且瞬间涌出量很大、浓度很高。不但能顺风流向回风方向蔓延,而且能逆风流向进风方向蔓延,甚至逆流到进风井。

(2) 突出的瓦斯能形成冲击气浪破坏通风系统,突出的煤岩能堵塞巷道。因而,造成通风混乱,不利于人员的撤退和救灾。

(3) 突出的高浓度瓦斯,开始时不会立即发生爆炸,但在一定供氧条件下可能遇火源引起燃烧或爆炸。这就要求在处理事故过程中严格火源管理。

(4) 在处理事故过程中,如果需要在突出煤层中掘进巷道用于救人或恢复通风,仍必须采取防治突出措施。

(5) 突出后,有可能在同一地点发生第二次、第三次突出。因此,在处理事故过程中,必须严密监视,注意突出预兆,防止再次突出扩大事故。

2. 突出事故发生后,指挥人员应做出的决策

(1) 切断灾区和受影响区的电源,但必须在远距离断电,防止产生电火花引起爆炸。当瓦斯影响区遍及全矿井时,要慎重考虑停电后会不会造成全矿被水淹,若不会被水淹,则应在灾区以外切断电源。若有被水淹的危险时,应加强通风,特别是加强电器设备处的通风,做到"送电的设备不停电,停电的设备不送电"。

(2) 撤出灾区和受威胁区的人员。

(3) 派人到进、回风井口及其 50 m 范围内检查瓦斯,设置警戒,熄灭警戒内的一切火源,严禁一切机动车辆进入警戒区。

(4) 派遣救护队(救护队员应佩戴呼吸器、携带灭火器等)下井侦察情况,抢救遇险人员,恢复通风系统等。

(5) 要求灾区内不准随意启闭电器开关,不要扭动矿灯开关和灯盏,严密监视原有的火区,查清突出后是否出现新火源,防止引爆瓦斯。

(6) 发生突出事故后不得停风和反风,防止风流紊乱扩大灾情,并制定恢复通风的措施,尽快恢复灾区通风,并将高浓度瓦斯绕过火区和人员集中区直接引入总回风道。

(7) 组织力量抢救遇险人员。安排救护队员在灾区救人,非救护队员(佩有隔离式自救器)在新鲜风流中配合救灾。救人时本着先明(在巷道中可以看见的)后暗(被煤岩堵埋的),先活后死的原则进行。

(8) 制定并实施预防再次突出的措施。必要时撤出救灾人员。

(9) 当突出后破坏范围很大,巷道恢复困难时,应在抢救遇险人员后对灾区进行封闭。

(10) 保证压缩空气机正常运转,以利避灾人员利用压风自救装置进行自救。保证副井

正常提升,以利井下人员升井和救灾人员下井。

(11)若突出后造成火灾或爆炸,则按处理火灾或爆炸事故进行救灾。

五、矿井突水时的抢险救灾

1. 矿井突水时抢险救灾的决策要点

(1)迅速判定水灾的性质,了解突水地点、影响范围、静止水位,估计突出水量、补给水源及有影响的地面水体。

(2)掌握灾区范围,搞清事故前人员分布,分析被困人员可能躲避的地点,根据事故地点和可能波及的地区撤出人员。

(3)关闭有关地区的防水闸门,切断灾区电源。

(4)根据突水量的大小和矿井排水能力,积极采取排、堵、截水的技术措施。启动全部排水设备加速排水,防止整个矿井被淹,注意水位的变化。

(5)加强通风,防止瓦斯和其他有害气体的积聚和发生熏人事故。

(6)若排水时间较长,不能及时解救出遇险人员时,应利用洒水管道改为压缩空气管道,向井下避灾人员输送压缩空气,以延长其生存时间。如有可能时,应请求海军部队派潜水员支援,让潜水员给避灾人员运送瓶装氧气、食品和药品。

(7)排水后进行侦察、抢险时,要防止冒顶、掉底和二次突水。

(8)抢救和运送长期被困井下的人员时,要防止突然改变他们已适应的环境和生存条件,造成不应有的伤亡。

2. 正确判断遇险人员的生存条件

发生突水后常常有人被困在井下,指挥者应本着"积极抢救"的原则,及时采取有效措施。但是,有时排水时间较长,人员未被救出,有的指挥者便认为他们不能活着被救出,从而抢救决心不大,信心不足。或者,外部水位超过遇险人员所在地的标高时,便误认为遇险者已失去生存条件,从而抢救行动缓慢,甚至放弃抢救。在抢救过程中出现这些问题往往会贻误战机,使遇险人员遭受更大痛苦,甚至失去生命。作为指挥者,在突水事故发生后,应正确判断遇险人员可能躲避的地点,科学地分析该地点是否具有人员生存的条件,然后积极组织力量进行抢救。当躲避地点比外部水位高时,大家都坚信该处有空气存在,遇险人员有生存可能,对于这些地点的人员,应利用一切可能的方法(如打钻或掘进一段巷道等)向他们输送新鲜空气、饮料和食物。当积水不能排除,且不具备打钻的条件时,为保障其生命安全,可考虑进行潜水救护。当避难地点比外部最高水位的标高低时,会有以下两种情况:

(1)突水时洪水能直接涌入位于突水点下部的巷道(如平巷、下山等),并把它们淹没。一般情况下,这些地点不会有空气存在,也就不具备人员生存条件,误入这些地点避灾的人员,将无生还可能。然而多次出现过人员躲在水位下平巷或下山高冒处获救的案例。例如,1987年10月27日,徐州某矿发生突水,在下山掘进工作面的10人遇险,其中两人躲入距下山迎头2 m的独头平巷中高冒处,6 h后被救出,其他8人死亡。又如,1991年6月11日,江西某矿在平巷掘进时发生突水,一名瓦斯检查员躲入水位下平巷中的高冒处,11 h后被救出。

(2)当突水点下部巷道全断面被水淹没后,与该巷道相通的独头上山等上部独头巷道,若不漏气,即使低于外部最高洪水位时,也不会全部被水淹没,仍有空气存在。在这些地点躲避的人员具备生存的首要条件,如果避灾方法正确(如心情平静、适量喝水、躺卧待救等)

是能生还的。这在矿井水灾实例中并不罕见。例如,1981 年 12 月 19 日,山西某矿两名人员,在井下被困 16 天被救出,其避难地点比外部水位低 8.32 m。1998 年 5 月 20 日,内蒙古某矿区地面暴雨水冲入巴彦乌素煤矿井下,13 人被困井下,其中一人于 6 月 23 日生还出井,在井下避灾 34 天,避灾地点气压达 0.5 MPa。

这些事实都说明,突水事故发生后,有些地点具有人员生存条件的,即使躲避较长时间也不致生存无望。对于那些低于外部水位的避难地点,则严禁打钻,防止独头空气外泄、水位上升、淹没遇险人员。最好的办法是迅速排水,及早营救。

发生透水事故后,在分析遇险人员生存条件时,要认真分析避难场所的空气质量,并以此估算遇险人员在该空间中能生存的最长时间。

六、冒顶事故抢险救灾决策要点

处理冒顶事故的主要任务是抢救遇险人员及恢复通风等。抢救遇险人员时,首先应直接与遇险人员联络(呼叫、敲打、使用地音探听器等),来确定遇险人员所在的位置和人数。如果遇险人员所在地点通风不好,必须设法加强通风。若因冒顶遇险人员被堵在里面,应利用压风管、水管及开掘巷道、打钻孔等方法,向遇险人员输送新鲜空气、饮料和食物。在抢救中,必须时刻注意救护人员的安全。如果觉察到有再次冒顶危险时,首先应加强支护,有准备地做好安全退路。在冒落区工作时,要派专人观察周围顶板变化,注意检查瓦斯变化情况。在消除冒落矸石时,要小心地使用工具,以免伤害遇险人员。在处理时,应根据冒顶事故的范围大小、地压情况等,采取不同的抢救方法,如掏小洞、撞楔法等。

第六节　现场急救基本知识

一、避灾方法

(一)行动原则

1. 及时报告

发生灾情后,事故点附近的人员应尽量了解和判断事故的性质、地点和灾害程度,利用最近处的电话或其他方式迅速地向矿调度室汇报,并向事故可能波及的区域发出警报,使其他工作人员尽快知道灾情。

2. 积极抢救

根据灾情和现场条件,在保证自身安全的前提下,采取积极的方法和措施,及时进行现场抢救,将事故消灭在初始阶段或控制在最小范围。

3. 安全撤离

当受灾现场不具备事故抢救的条件,或抢救事故可能危及自身安全时,应按规定的避灾路线和当时的实际情况,尽量选择安全条件最好且距离最短的路线,迅速撤离危险区域。

4. 妥善避灾

在灾变现场无法撤退时,如矿井冒顶堵塞、火焰或有害气体浓度过高无法通过以及在自救器有效工作时间内不能到达安全地点时,应迅速进入预先筑好的或就近快速建造的临时避难硐室,妥善避灾,等待矿山救护队的救援。在避灾时要注意给外面的救援人员留有信号。

（二）避难硐室

避难硐室是矿井的重要安全设施，是发生事故后人员无法撤出灾区时的避难场所。如撤退路线被堵塞无法通过或在自救器有效工作时间内不能到达安全地点时，均应进入避难硐室避难。避难硐室可分为永久避难硐室和临时避难硐室两种。

1. 永久避难硐室

永久避难硐室预先设在井底车场附近或采区工作地点安全出口的路线上，距工作地点不能太远（即不能超过自救器的有效工作时间）。避难硐室的容积原则上应能容纳采区的全体人员。硐室内应备有供避灾人员呼吸用的供气装置（如压风自救装置）、通讯设备、自救器、药品、食物等。需要注意两个问题：一是硐室内的供气装置要有保障，即空气气源能长时间供气，遇险人员使用的呼吸装置要佩戴方便、迅速，呼吸自如舒畅。二是硐室内要存放一定数量的自救器，其防护时间要长一些（如 30 min 以上的化学氧和压缩氧自救器），确保遇险人员在条件允许时，佩戴自救器从避难硐室撤到安全地点或井上。

2. 临时避难硐室

临时避难硐室，是利用工作地点的独头巷道、硐室或两道风门之间的巷道，在事故发生后临时修建的。为此，应事先在上述地点准备所需的木板、木柱、黏土、沙子或砖等材料，在有压气条件下，还应装有带阀门的压气管。临时避难硐室修筑方便，正确地利用它，能对遇险人员发挥很好的救护作用。

3. 避难硐室内避难时的注意事项

（1）进入避难硐室前，应在硐室外留有衣物、矿灯等明显标志，以便救护队发现。

（2）待避时应保持安静，不急躁，尽量俯卧于巷道底部，以保持体力、减少氧气消耗，并避免吸入更多的有毒气体。

（3）硐室内只留一盏矿灯照明，其余矿灯全部关闭，以备再次撤退时使用。

（4）间断敲打铁器或岩石等以发出呼救信号。

（5）全体避灾人员要团结互助、坚定信心。

（6）被水堵在上山时，不要向下跑出探望。水被排走露出棚顶时，也不要急于出来以防 SO_2、H_2S 等气体中毒。

（7）看到救护人员后，不要过分激动，以防血管破裂。

（8）待避时间过长遇救后，不要过分饮用食品和见到强光，以防损伤消化系统和眼睛。

（三）避灾路线

避灾路线，就是矿井一旦发生事故后人员的撤退路线。在制定矿井灾害预防和处理计划时，应预计到矿井存在的自然灾害因素及可能发生各种事故的地点、情况，从而规定一旦发生某种事故后人员的撤退路线。而且，撤退路线上的路标要明显，方向要标明，并使全矿人员熟悉掌握，使大家都知道何地发生何种事故后，人员从哪条路线上撤退是安全的。

二、自救器

（一）概述

《煤矿安全规程》第十条规定：入井人员必须随身携带自救器。自救器是入井人员在井下发生火灾、瓦斯煤尘爆炸、煤与瓦斯突出时防止有害气体中毒或缺氧窒息的一种随身携带的呼吸保护器具。自救器是一种体积小、重量轻、便于携带的防护个人呼吸器官的装备。

自救器有过滤式和隔离式两类。过滤式自救器因为仅能防护一氧化碳一种气体，对其他有毒气体不起防护作用,而且不能提供人呼吸的氧气。根据国家安全生产监督管理总局和国家煤矿安全监察局制定的《禁止井工煤矿使用的设备及工艺目录(第三批)》的规定,一氧化碳过滤式自救器自 2012 年 1 月 27 日后禁止使用,ZH15 隔绝式化学氧自救器自 2013 年 6 月底后禁止使用,所以目前我国煤矿不采用过滤式自救器而采用隔离式自救器。

隔离式自救器能提供人呼吸所需的氧气,人的呼吸在人体与自救器之间循环进行,与外界空气成分无关,所以它能防护各种毒气。根据隔离式自救器中氧气的来源不同又分为化学氧隔离式自救器和压缩氧隔离式自救器两种。煤矿常用自救器如图 8-5 所示。

图 8-5　煤矿常用自救器

(二)化学氧隔离式自救器

化学氧隔离式自救器利用化学生氧物质产生氧气,供人员从火灾、爆炸、突出灾区撤退脱险用。

(1)防护特点

① 提供人员逃生时所需的氧气。

② 整个呼吸在人体与自救器之间循环进行,与外界空气成分无关,能防护各种毒气。

③ 用于从火灾、爆炸、突出的灾区中逃生。

(2)使用程序

自救器的使用方法如图 8-6 所示。

图 8-6　自救器的使用

① 佩用位置。将腰带穿入自救器的腰带环内,并固定在背部后侧腰间。

② 开启扳手。使用时,先将自救器沿腰带转到右侧腹前,左手托底,右手下拉护罩胶片,使护罩挂钩脱离壳体丢掉;再用右手掰锁扣带扳手至封条断开后,丢开锁门带。

③ 去掉上外壳。左手抓住下外壳,右手将上外壳用力拔下丢掉。

④ 套上挎带。将挎带套在脖子上。

⑤ 提起口具并立即戴好。用力提起口具,靠拴在口具与启动环间的尼龙绳的张力将启动针拔出,此时气囊逐渐鼓起口具塞并同时将口具放入口中,口具片置于唇齿之间,牙齿紧紧咬住牙垫,紧闭嘴唇。若尼龙绳被拉断,气囊未鼓,可以直接拉起启动环。

⑥ 夹好鼻夹。两手同时抓住两个鼻夹垫的圆柱形把柄,将弹簧拉开,憋住一口气,使鼻夹垫准确夹住鼻子。

⑦ 调整挎带,去掉外壳。如果挎带过长,抬不起头,可以拉动挎带上的大圆环,使挎带缩短,系在小圆环上,然后抓住下外壳两侧,向下用力将外壳丢掉。

⑧ 系好腰带。将腰带上头绕过后腰插入腰带另一头的圆环内系好。

⑨ 退出灾区。上述操作完毕后,开始撤离灾区。若感到吸气不足,应放慢脚步,做深呼吸,待气量充足后再快步行走。

（3）注意事项

① 在井下工作,当发现有火灾或瓦斯爆炸现象时,必须立即佩戴自救器,撤离现场。

② 使用自救器时,应注意观察漏气指示器的变化情况,如发现指示器变红,则仪器需要维护,应停止使用。

③ 携带自救器时,应尽量减少碰撞,严禁当坐垫或用其他工具敲砸自救器,特别是内罐。

④ 佩戴自救器撤离时,要求匀速行走,保持呼吸均匀;禁止狂奔和取下鼻夹、口具或通过口具说话。

⑤ 自救器长期存放处应避免日光照射和热源直接影响,不要与易燃和有强腐蚀性的物质同放一室,存放地点应尽量保持干燥。

⑥ 过期和不能使用的自救器,可以打开外壳,拧开启动器盖,用水冲洗内部的生氧药品,然后才能处理,切不可乱丢内罐和药品,以免引起火灾事故。

（三）压缩氧隔离式自救器

压缩氧隔离式自救器是利用装在氧气瓶中的压缩氧气供氧的隔离式呼吸保护器,是一种可反复多次使用的自救器。每次使用后,只需要更换吸收二氧化碳的氢氧化钙吸收剂和重新充装氧气即可重复使用。煤矿常用压缩氧隔离式自救器如图 8-7 所示。

（1）防护特点

① 提供人员逃生时所需的氧气,能防护各种毒气。

② 可反复多次使用。

③ 用于有毒气或缺氧的环境条件下。

④ 可用于压风自救系统的配套装备。

（2）使用程序

压缩氧隔离式自救器的使用如图 8-8 所示。

① 携带时挎在肩膀上。

② 使用时,先打开外壳封口的扳把。

③ 打开上盖,然后左手抓住氧气瓶,右手用力提上盖,氧气瓶开关即自动打开,最后将主机从下壳中拖出。

④ 摘下帽子,套上挎带。

图 8-7　煤矿常用压缩氧隔离式自救器　　　　图 8-8　煤矿常用压缩氧隔离式自救器的使用

⑤ 拔开口具塞，将口具放入嘴内，牙齿咬住牙垫。

⑥ 将鼻夹夹在鼻子上，开始呼吸。

⑦ 在呼吸的同时，按动补给按钮，大约 1～2 s 气囊充满，立即停止。

（3）注意事项

① 高压氧瓶储装有 20 MPa 的氧气，携带过程中要防止撞击磕碰或当坐垫使用。

② 携带过程中严禁开启扳把。

③ 佩戴这种自救器撤离时，严禁摘掉口具、鼻夹或通过口具讲话。

三、创伤急救

现场急救的关键在于及时。对于心跳呼吸骤停的伤病员在 2 min 内进行急救的成功率可达 70%，4～5 min 内进行急救的成功率可达 43%，15 min 以后进行急救的成功率则较低。据统计，现场创伤急救搞得好可减少 20% 的伤员死亡。

（一）现场急救原则

1. 井下长期被困人员的现场急救

发生冒顶、爆炸、透水事故时，都可能将人员困于井下几个小时、几天甚至几十天。

（1）发现井下被困人员时，禁止用矿灯照射其眼睛，抢救搬运过程中用深色衣物或毛巾将伤员眼睛蒙住，以防伤员失明。

（2）井下长期被困人员脱险后，宜进流食，少吃多餐，不可暴饮暴食。

（3）在医院治疗期间，劝阻亲属探望，避免过于兴奋、激动而发生意外。

2. 对冒顶埋压人员的现场急救

（1）扒刨伤员时不可伤及人体。若被压煤岩块太大搬不动，可用千斤顶抬起煤岩块救人。绝不可用工具，只能用手扒，更不可爆破崩。

（2）救出伤员后，应尽快清除伤员口、鼻中的污物，使其呼吸畅通。

（3）若伤员呼吸停止，应做人工呼吸抢救。

（4）若伤员有外伤，应先止血后包扎，防止伤员因失血过多死亡。

（5）若伤员有骨折，应用夹板固定，防止加重伤情。

3. 对中毒人员的急救

（1）立即将伤员从危险区抢运到新鲜风流中，并安置在顶板完好、无淋水和通风正常的地点。

（2）立即将伤员口、鼻内的唾液、血块和碎煤（岩）除去，并解开上衣和腰带，脱掉胶靴。

（3）用衣物覆盖伤员身体以保暖。

（4）根据心跳、呼吸、瞳孔以及伤员神志等情况,初步判断伤员伤情的轻重。对呼吸困难或停止者及时进行人工呼吸。对心脏停止跳动的伤员(心音、脉搏、血压消失,瞳孔散大)进行心脏按压急救。

（5）如果伤员出现眼红肿、流泪、畏光、喉痛、咳嗽和胸闷呼吸困难等现象,说明是 SO_2 中毒所致。当伤员出现流泪、喉痛和手指、头发呈黄褐色时,说明是 NO_2 中毒所致。对这两类伤员只能做口对口人工呼吸,不能做压胸或压背人工呼吸,否则将加重伤情。

4. 对受外伤人员的急救

（1）对烧伤人员的急救措施

① 灭:扑灭伤员身上的火,使其尽快脱离热源,控制烧伤范围。

② 查:检查伤员呼吸、心跳情况,看有无其他外伤和有毒气体中毒。

③ 防:防止烧伤人员休克、窒息和创面污染。

④ 包:用较干净的衣物把伤面包裹起来,防止感染,尽量不要弄破水泡以保持表皮完整。

⑤ 送:把严重烧伤人员迅速送往医院抢救。

（2）对出血人员的急救措施

对这类伤员,要争分夺秒、准确、有效地止血,然后再进行其他急救处理。对于因内伤而咯血的伤员,先使其呈半躺半坐姿势,以利于呼吸和预防窒息,然后劝慰伤员平稳呼吸,不得惊慌,以免血压升高,呼吸加快,出血增多。等待医护人员下井急救或护送出井急救。

5. 对骨折人员的急救

对骨折人员,首先用毛巾或衣物作衬垫,然后就地取木棍、木板、竹笆片等材料做成临时夹板,将受伤肢体固定后抬送医院。对受伤的肢体不得伸屈、按摩、热敷,以免加重伤情。

6. 对溺水人员的急救

（1）转送。把溺水者从水中救出后,要立即送到比较温暖、空气流通的地方,松开腰带,脱掉湿衣服,盖上干衣服,以保持体温。

（2）检查。以最快的速度检查溺水者的口鼻,如果有泥沙等污物堵塞,应迅速清除干净,以保持呼吸道畅通。

（3）控水。使溺水者呈俯卧位,用木料、衣物等垫在肚下,或跪下一条腿,让溺水者趴在另一条腿上,使其头朝下,并压其背部,迫使其体内的水流出,如图 8-9 所示。

图 8-9　伏膝控水法

（4）人工呼吸。对无心跳、呼吸者,应立即做俯卧压背式人工呼吸或口对口吹气式人工呼吸,同时做胸外心脏按压。

7. 对触电者的急救

（1）立即切断电源,或使触电者脱离电源。

（2）迅速观察伤员有无呼吸和心脏跳动。如发现已停止呼吸或心音微弱,应立即进行人工呼吸或胸外心脏按压术。

（3）若呼吸和心脏跳动都已停止,应同时进行人工呼吸和胸外心脏按压术。

（4）对遭受电击者,如有其他损伤,如跌伤、出血等,应进行相应的急救处理。

（二）止血术

成年人血量约为 4 500～5 000 mL，为体重的 8% 左右，人体若失血超过 1 000 mL 便会有生命危险。因此，止血术对于抢救伤员是非常重要的。出血分动脉出血、静脉出血和毛细血管出血三种。对于毛细血管出血，一般用干净布条包扎伤口即可；对于静脉出血，可用加压包扎法止血；而对于动脉出血，由于喷流太快，抓紧止血是救人生命的关键，可采用以下几种暂时性止血术。

1. 手压止血法

在伤口的上端（近心端）用手指压住出血的血管，以阻止血流，如图 8-10 所示。此法是用于四肢大出血的暂时性止血措施。

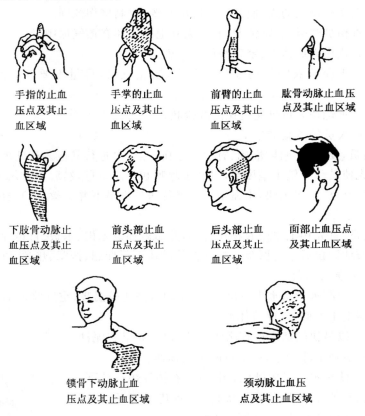

手指的止血压点及其止血区域　　手掌的止血压点及其止血区域　　前臂的止血压点及其止血区域　　肱骨动脉止血压点及其止血区域

下肢骨动脉止血压点及其止血区域　　前头部止血压点及其止血区域　　后头部止血压点及其止血区域　　面部止血压点及其止血区域

锁骨下动脉止血压点及其止血区域　　颈动脉止血压点及其止血区域

图 8-10　手压止血法

2. 加压包扎止血法

这是最常用、最有效的止血术，适用于全身各部位。用干净毛巾（或消毒纱布）盖住伤口，再用布带（绷带、三角巾、工作服布条等）加压缠紧，并将肢体抬高，也可在肢体的弯曲处加垫并用布条缠紧，如图 8-11 所示。

3. 加垫屈肢止血法

利用关节的极度屈曲，压迫血管达到止血的目的，如图 8-12 所示。

4. 止血带止血法

止血带有很强的弹性，止血效果明显，如图 8-13 所示。橡皮止血带压迫出血伤口的近

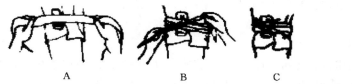

　　图 8-11　加压包扎止血法　　　　　　　　图 8-12　加垫屈肢止血法

心端进行止血。在井下可就地取材,利用胶管或电缆皮等充当止血带进行止血。

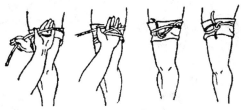

图 8-13　止血带止血法

（三）包扎

　　对伤口进行及时正确的包扎,有助于保护伤口,减少感染,减少出血,减轻疼痛,避免伤情加重。因此,急救过程中必须对伤员进行及时正确的伤口包扎。

　　1. 绷带包扎

　　（1）环形包扎法。重叠缠绕肢体数圈,常用在包扎的开始,如图 8-14(a)所示。

　　（2）"8"字形包扎法,此法适用于关节部位。在关节的中部开始环形包扎两圈后,再一圈向上、一圈向下缠绕,两圈在关节曲侧交叉,并压住前圈的 1/2,如图 8-14(b)所示。

　　（3）螺旋包扎法。按环形包扎法固定后,再斜形缠绕,每圈盖住前圈的 1/3 至 2/3,多用于包扎上臂、手指等,如图 8-14(c)所示。

　　（4）螺旋反折包扎法。此法与螺旋法大体相同,但每圈必须反折,反折时用一手拇指压

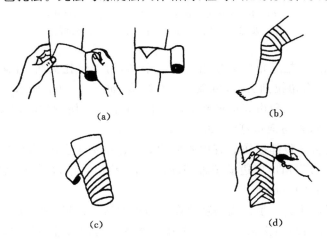

(a)　　　　　　　　　　　　　　(b)

(c)　　　　　　　　　　　　　　(d)

图 8-14　绷带包扎法

(a) 环形包扎法;(b) "8"字形包扎法;(c) 螺旋包扎法;(d) 螺旋反折包扎法

在回反处,另一手将绷带反折向下,再包绕肢体拉紧,如图 8-14(d)所示。

(5)回返包扎。

2.三角巾包扎

(1)头部包扎法。先沿三角巾的长边折叠两层(约二指宽),从前额包起,把顶角和左右两角拉到脑后,先打一个结,将顶角塞到结里,再将左右两角包到前额打结,如图 8-15(a)所示。

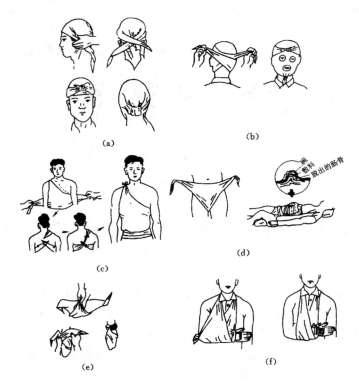

图 8-15　三角巾包扎法

(a)头部包扎法;(b)面部包扎法;(c)胸部包扎法;
(d)腹部包扎法;(e)手足包扎法;(f)悬臂带包扎法

(2)面部包扎法。把三角巾的顶角先打一个结,用于包扎头面,在眼睛、鼻子和嘴的地方剪几个小洞;把左右角拉到头后,再绕到前额打结,如图 8-15(b)所示。

(3)胸部包扎法。三角巾底边横在胸前,顶角向上包住伤侧胸部,两底角经腋下拉向背后,在背部中间打结,再与顶角打结,如图 8-15(c)所示。

(4)腹部包扎法。腹部损伤如有内脏脱出,应先用敷料盖好,再用碗或腰带、敷料盘做成杯状保护内脏。将三角巾底边横于腹部,两底角在腰后打结,再与从大腿中间向后拉紧的顶角打结固定,如图 8-15(d)所示。

(5)手(足)部包扎法。手指或脚趾放在三角巾的顶角位置,把顶角向上折,包在手背或足背上面,然后把左右两角交叉上拉到手腕或脚腕的左右两边缠绕打结,如图 8-15(e)所示。

(6)悬臂带包扎法。将三角巾顶角打结,前臂屈曲 90°用三角巾兜住吊于胸前,两底角在颈后打结,可分为大悬带、小悬带两种包扎法,如图 8-15(f)所示。

3. 毛巾包扎

当需要包扎的伤员多，又来不及准备足够数量的干净三角巾时，可以用毛巾代替三角巾使用。不同部位的毛巾包扎方法如图 8-16 所示。

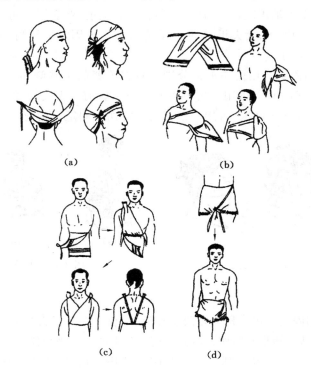

图 8-16　毛巾包扎法

(a) 头顶部包扎法；(b) 单肩包扎法；(c) 全胸包扎法；(d) 腹部包扎法

4. 四头带包扎

用较宽的长条白布或毛巾，从两端的中间顺向剪开，中间留约 1/3 长不剪开。四头带包扎法适用于鼻、下颌、前额及头后等部位的包扎，如图 8-17 所示。

5. 包扎时的注意事项

(1) 包扎时动作要迅速敏捷，不可碰触伤口，以免引起出血、疼痛和感染。

(2) 不能用井下的污水冲洗伤口，伤口表面的异物（如煤碴、矸石末等）应除去，但深部异物需等运至医院后取出，防止重复感染。

(3) 包扎动作要轻柔，松紧要适宜，不可过松或过紧，结头不要打在伤口上，应使伤员体位舒适。

(4) 脱出的内脏不可纳回伤口，以免造成体腔内感染。

(5) 包扎范围应超出伤口边缘 5～10 cm。

（四）骨折的临时固定

骨折是一种严重创伤，可能会给伤者造成各种危害。为了避免骨折断端在搬运时损伤周围的血管、神经、肌肉、内脏或刺破皮肤，减轻伤员疼痛，防止休克，并便于将伤员运送到医院去彻底治疗，应及时对骨折部位进行临时固定。临时固定的具体方法，应根据骨折的不同部位来决定。

1. 上肢骨折

（1）上肢肱骨骨折的固定。肘关节屈曲90°，在伤臂的外侧放好衬垫，在伤臂外侧放一块夹板，用绷带将骨折上下端固定，用三角巾将前臂吊于胸前，然后用三角巾（或布带）将上臂固定在胸部，如图8-18（a）所示；无夹板时，可用宽布带将上臂固定于胸侧，再用三角巾将前臂吊于胸前，如图8-18（b）所示。

（2）前臂骨折的固定。用两块夹板分别放置在前臂的手掌侧和背侧，加垫后用三角带或布带固定，肘关节屈曲90°，再用三角巾将前臂吊于胸前。无夹板时，可将伤侧前臂屈曲，手端略高，用三角巾悬挂于胸前，再用一条三角巾将伤臂固定于胸前。

(a)　　　　　(b)　　　　　(c)

图 8-17　四头带包扎法　　　　　　　　图 8-18　上肢骨折固定法

2. 下肢骨折

（1）大腿骨折的固定。用一长一短两块夹板，一块放在骨折大腿外侧，从腋窝到脚跟，另一块放置在腿内侧，从大腿根到脚跟；加垫后，用三角巾或宽布带分段固定，如图8-19所示。

（2）小腿骨折的固定。从大腿中部至脚跟用两块夹板，置于小腿内、外两侧，加垫后分段固定，如图8-20所示。

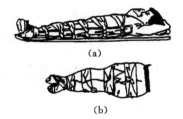

(a)

(b)

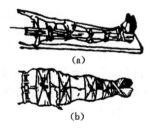

(a)

(b)

图 8-19　大腿骨折固定法　　　　　　　图 8-20　小腿骨折固定法
（a）夹板固定法；（b）无夹板固定法　　（a）夹板固定法；（b）无夹板固定法

3. 骨盆骨折

用床单或衣物将骨盆包扎住，并将伤员两下肢互相捆绑在一起，膝、踝间加上软垫，曲髋、屈膝，由多人将伤员仰卧平托在木板担架上。骨盆骨折者还应注意检查有无内脏损伤及内出血等。

4. 脊柱骨折

确定伤员脊柱骨折后，应按伤员伤后的姿势固定，不能轻易搬动。固定方法是：用三块夹板组成"工"字形，其中一块长约75 cm，另两块长约60 cm；把长的一块顺着人体放在贴近脊柱处，在板和背部之间用毛巾或布垫好；把短的两块板横放在竖板的两端，分别放在两肩后和腰骶部,然后用绷带或三角巾固定在两肩和腰骶部,先固定上端的横板,再固定下端的横板[图 8-21(a)]。如无夹板时,可使用硬板担架固定与搬运脊柱骨折伤员[图 8-21(b)]。

(五)伤员搬运时的注意事项

井下伤员经过现场急救处理后,要迅速向地方医院转移。在转移过程中,如果搬运不当,可能使伤情加重,严重时还可能造成神经、血管损伤,甚至瘫痪或死亡。因此,正确安全地搬运伤员是一个非常重要的环节,必须对不同的伤员采用不同的搬运方法。一般伤员搬运方法如图 8-22 所示。

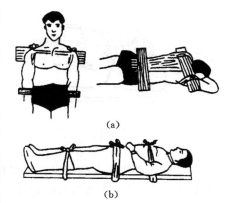

图 8-21 脊柱骨折固定法

(a)用夹板组成的"工"字形固定法;

(b)用硬板担架固定法

(1)搬运伤员一般可用担架、木板、风筒、刮板输送机槽、绳网或衣物等做成的临时担架运送。

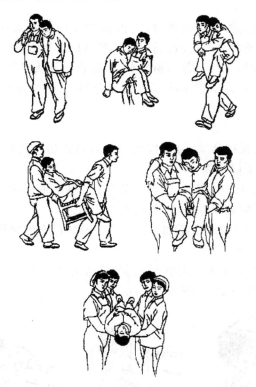

图 8-22 伤员搬运

(2)在搬运颈椎受伤的伤员时,要有专人抱住伤员头部,轻轻向水平方向牵引,并固定在中立位置,不使颈椎弯曲,严禁左右扭转,如图 8-23 所示。

(3)对脊椎损伤的伤员,严禁让其坐起、站立和行走,也不能采用一人抬头、一人抱腿或人背的方法搬运,以防损伤脊髓,造成截瘫或死亡,所以必须十分小心,如图 8-24 所示。

(4)搬运胸、腰椎损伤的伤员时,先把硬板担架放在伤员旁边,由专人照顾患处,另由两

图 8-23　颈椎骨折伤员的头部固定　　　　图 8-24　脊椎骨折伤员的搬运

三人在保持其脊柱伸直的同时轻轻将伤员推滚到担架上。伤员在硬板担架上仰卧,受伤部位垫上薄垫或衣物,严禁伤员坐起或采用肩背式搬运。

(5) 受一般外伤的伤员,可平卧在担架上,伤腿抬高;胸部有外伤的伤员可半坐半卧。腹腔部内脏损伤的伤员可平卧,用宽布带将腹腔部捆在担架上,以减轻痛苦和减少出血。骨盆骨折的伤员可仰卧在硬板担架上,曲髋、屈膝、膝下垫软枕或衣物,用布带将骨盆捆在担架上。

(6) 搬运伤员时应让其头部在后面,随行的救护人员要时刻注意观察伤员的面色、呼吸、脉搏、瞳孔,必要时要及时进行抢救;随时注意观察伤员是否继续出血、固定是否牢靠,出现问题及时处理;上下山时,应尽量保持担架平衡,防止伤员从担架上掉下。

(7) 将伤员搬运到井上后,应向接收医生详细介绍受伤、检查和抢救经过。

(六) 人工呼吸

1. 人工呼吸前的准备工作

(1) 伤员的呼吸道要保持通畅无阻,以使气体容易进出。要检查口、鼻内有无泥草、痰涕或其他分泌物,如有应予以清除。

(2) 松开伤员的衣领、内衣、裤带,使外界没有阻碍胸廓的影响因素,让肺脏伸缩自如。

(3) 如有活动的假牙应立即取出,以免坠入气管。

(4) 要求在操作方法上,原则上不加重或无害于身体已有的损伤。

2. 口对口或(鼻)吹气法

此法操作简便容易掌握,而且气体的交换量大,接近或等于正常人呼吸的气体量。对大人、小孩效果都很好。操作方法(如图 8-25 所示):

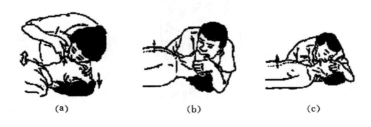

　　　　(a)　　　　　　　　(b)　　　　　　　　(c)

图 8-25　口对口人工呼吸

(1) 病人取仰卧位,即胸腹朝上。

(2) 救护人站在其头部的一侧,自己深吸一口气,然后对着伤病人的口(两嘴要对紧不要漏气)将气吹入,造成吸气。

（3）为使空气不从鼻孔漏出,此时可用一只手将其鼻孔捏住。

（4）然后救护人把嘴移开,将捏住鼻孔的手放开,并用一只手压其胸部,以帮助病人呼气。

（5）这样反复进行,每分钟进行 14～16 次。

（6）如果病人口腔有严重外伤或牙关紧闭时,可对其鼻孔吹气(必须堵住口)即为口对鼻吹气法。

（7）救护人吹气力量的大小,依病人的具体情况而定。一般以吹进气后,病人的胸廓稍微隆起为最合适。

3. 俯卧压背法

此法应用较普遍,是一种较古老的方法。由于病人取俯卧位,舌头能略向外坠出,不会堵塞呼吸道,救护人不必专门来处理病人的舌头,节省了时间,能及时进行人工呼吸。具体操作方法如下(如图 8-26 所示)。

（1）伤病人取俯卧位,即胸腹贴地,腹部可微微垫高,头偏向一侧,两臂伸过头,一臂枕于头下,另一臂向外伸开,以使胸廓扩张。

（2）救护人面向其头,两腿屈膝跪地于伤病人大腿两旁,把两手平放在其背部肩胛骨下角(大约相当于第七对肋骨处)、脊柱骨左右,大拇指靠近脊柱骨,其余四指稍微张开并弯曲。

（3）救护人俯身向前,慢慢用力向下压缩,用力的方向是向下、稍向前推压;当救护人的肩膀与病人的肩膀将成一直线时,不再用力;在这个向下、向前推压的过程中,即将肺内的空气压出,形成呼气;然后慢慢放松回身,使外界空气进入肺内,形成吸气。

（4）按上述步骤,反复有规律地进行,每分钟进行 14～16 次。

4. 仰卧压胸法

此法便于观察病人的表情,而且气体交换量也接近于正常人的呼吸量;最大的缺点是,伤员的舌头由于仰卧而后坠,容易阻碍空气的出入;所以采用本法时要将病人的舌头按出。这种姿势,对于淹溺及胸部创伤、肋骨骨折的伤员不宜使用。操作方法(如图 8-27所示)：

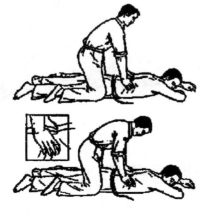

图 8-26　俯卧压背法人工呼吸

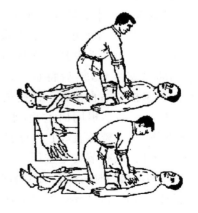

图 8-27　仰卧压胸法人工呼吸

（1）病人取仰卧位，背部可稍加垫，使胸部凸起。

（2）救护人屈膝跪地于病人大腿两侧，把双手分别放于乳房下面（相当于第六七对肋骨处），大拇指向内，靠近胸骨下端，其余四指向外，放于胸廓肋骨之上。

（3）向下同时稍向前压，其方向、力量、操作要领等与俯卧压背法相同。

（4）按上述动作，反复有节律地进行，每分钟进行 16～20 次。

（七）心肺复苏

1. 心肺复苏概述

心肺复苏适用于由急性心肌梗死、脑卒中、严重创伤、电击伤、溺水、挤压伤、踩踏伤、中毒等多种原因引起的呼吸、心跳骤停的伤病员。

对于心跳呼吸骤停的伤病员，心肺复苏成功与否的关键是时间。在心跳呼吸骤停后 4 min 之内开始正确的心肺复苏，8 min 内开始高级生命支持者，生存希望较大。

2. 心肺复苏操作程序

（1）安全确认。

（2）判断意识。

（3）高声呼救。

（4）将伤病员翻转成仰卧姿势，放在坚硬的平面上。

（5）判断颈动脉搏动与呼吸。看胸部有无起伏；听有无呼吸声；感觉有无呼出气流拂面。

（6）胸外心脏按压。

（7）打开气道。

（8）口对口人工呼吸。

（9）重复做五个循环，判断意识，无意识，从第 6 部重新开始下个五循环。

（10）复原（侧卧）位。心肺复苏成功后或无意识但恢复呼吸及心跳的伤病员，将其翻转为复原（侧卧）位。

3. 心脏复苏方法

进行胸外心脏按压使心脏复苏。

按压部位：胸部正中两乳连接水平。

按压方法如图 8-28 所示。具体步骤如下：

（1）救护员用一只手中指沿伤病员一侧肋弓向上滑行至两侧肋弓交界处，然后将食指、中指并拢排列，同时另一只手掌根紧贴食指置于伤病员胸部。

（2）救护员双手掌根同向重叠，十指相扣，掌心翘起，手指离开胸壁，双臂伸直，上半身前倾，以髋关节为支点，垂直向下用力，有节奏地按压 30 次。

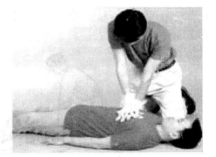

图 8-28　心脏复苏按压方法

（3）按压与放松的时间相等，下压深度 4～5 cm，放松时保证胸壁完全复位，按压频率 100 次/min。正常成人脉搏每分钟 60～100 次。

（4）按压与通气之比为 30：2，做 5 个循环后可以观察一下伤病员的呼吸和脉搏。

第九章　煤矿职业卫生

职业健康安全管理体系 OHSAS18000 是 20 世纪 80 年代后期在国际上兴起的现代安全生产管理模式,它与 ISO9000 和 ISO14000 等一样被称为后工业化时代的管理方法,其产生的一个主要原因是企业自身发展的要求,随着企业的发展壮大,企业必须采取更为现代化的管理模式,使生产经营活动科学化、标准化和法律化。一些企业在大力加强质量管理工作的同时,已经建立了自律性的和比较完善的职业健康安全管理体系,较好地提升了自身的社会形象且大大有效地控制和减少了职业伤害给企业带来的损失。职业健康安全管理体系产生的另一个重要原因是国际一体化进程的加速进行,由于与生产过程密切相关的职业健康安全问题正日益受到国际社会的关注,与此相关的立法更加严格,相关的经济政策和措施也不断出台和完善。

第一节　煤矿主要职业危害及防治措施

一、粉尘

在煤矿生产和建设过程中所产生的各种岩矿微粒统称为煤矿粉尘,它是污染作业环境、损害劳动者健康的重要职业性有害因素。煤矿粉尘主要是岩尘和煤尘,它是在矿井生产(如钻眼、爆破、切割、装载、落煤及运输和提升)过程中,因煤岩被破碎而产生的。不同的矿井由于煤、岩地质条件和物理性质及采掘方法、作业方式、通风状况和机械化程度不同,粉尘的生成量有很大的差异。所有粉尘对身体都是有害的,不同特性,特别是不同化学性质的生产性粉尘,可能引起机体的不同损害,其中以呼吸系统损害最为主要。职业卫生标准均是以浮尘为规定对象的。

（一）粉尘的主要危害

1. 对呼吸系统的影响

粉尘对机体影响最大的是呼吸系统损害,包括尘肺、粉尘沉着症、呼吸系统炎症和呼吸系统肿瘤等疾病。粉尘的粒径越小,越容易通过人体的呼吸道而进入肺泡,并沉积于其中。

尘肺是由于长期吸入生产性粉尘而引起的以肺组织纤维化为主的全身性疾病。它是职业性疾病中影响面最广、危害最严重的一类疾病。粉尘中游离二氧化硅导致肺组织纤维化,最终导致尘肺病。确诊为尘肺病的职工,不得继续从事接触粉尘的工作。

影响煤矿工人尘肺病的因素有:粉尘的浓度和游离二氧化硅含量、接尘工龄、个体防护、粉尘的分散度。消除尘肺病,预防是根本,综合防治是关键。按照《煤矿安全规程》的相关规定,Ⅰ期尘肺病患者每年复查 1 次。根据《职业病分类和目录》我国的法定尘肺病有矽肺、煤工尘肺、石棉尘肺、水泥尘肺、滑石尘肺、石墨尘肺、炭黑尘肺、陶工尘肺、铸工尘肺、电焊工尘肺、铝尘肺、云母尘肺及其他尘肺,共十三种。各种尘肺的病变轻重程度主要与生产性粉尘中游离二氧化硅含量有关,以矽肺最严重,石棉肺次之。煤矿尘肺因吸入矿尘成分的不同分为矽肺、煤矽肺、煤肺。

2. 局部作用

吸入的粉尘颗粒作用于呼吸道黏膜,早期引起其功能亢进、黏膜下毛细血管扩张、充血,黏液腺分泌增加,以阻留更多的粉尘,长期则形成黏膜肥大性病变,然后由于黏膜上皮细胞营养不足,造成萎缩性病变,呼吸道抵御功能下降。皮肤长期接触粉尘可导致阻塞性皮脂炎、粉刺、毛囊炎、脓皮病等;作用于眼角膜的硬度较大的粉尘颗粒,可引起角膜外伤及角膜炎等。

3. 中毒作用

含有可溶性有毒物质如铅、砷、锰的粉尘,可在呼吸道黏膜很快溶解吸收,导致中毒。呈现出相应毒物的急性中毒症状。

(二)粉尘的主要防治措施

职业病防治工作坚持预防为主、防治结合的方针,实行分类管理、综合治理。按具体功能的不同,可将煤矿防尘技术措施分为减尘措施、降尘措施、通风除尘措施、个体防护措施。

1. 法律措施

新中国成立以来,我国政府颁布了一系列旨在防止粉尘危害、保护工人健康的法令和条例。1987年2月颁布的《中华人民共和国尘肺防治条例》和经过修订的《粉尘作业工人医疗预防措施实施办法》,使尘肺防治工作逐步纳入了法制管理的轨道;1995年颁布了《中华人民共和国劳动法》,2002年颁布并于2011年修正的《中华人民共和国职业病防治法》和2012年公布的《工作场所职业卫生监督管理规定》将控制职业病危害的责任赋予企业的每一个人,明确用人单位、劳动者和政府行政管理部门在职业病防治工作中的责任和权益,是促进企业搞好尘肺防治工作的法律保证。我国还从卫生标准上逐步制定和完善了生产场所粉尘的职业接触限值,确立了防尘工作的基本目标。矿井每年应制定综合防尘措施、预防和隔绝煤尘爆炸措施及管理制度,并组织实施。

2. 技术措施

煤矿行业根据其粉尘的产生特点形成了各具特色的控制粉尘浓度的技术措施,主要体现在如下几个方面。

(1)改革工艺与设备

这是消除粉尘危害的主要途径,如用安全无害的工艺或原材料来代替有害的工艺或原材料;使用遥控操纵、计算机控制、隔室监控等措施避免工人接触粉尘;尽可能采用不含或含游离二氧化硅低的材料代替含游离二氧化硅高的材料;寻找石棉的替代品等。

(2)湿式作业

这是一种非常经济实用的技术措施,如湿式凿岩,井下爆破后冲洗岩帮,高压注水采煤等。掘进井巷和硐室时,采取湿式钻眼、冲洗井壁巷帮、水泡泥、爆破喷雾装(煤)洒水和净化风流等综合防尘措施。除水采矿井和水采区外,矿井建立完善的防尘供水系统。没有防尘供水管路的采掘工作面不得生产。炮采工作面采取湿式打眼,使用水炮泥;爆破前、后应冲洗煤壁,爆破时应喷雾降尘,出煤时洒水。井下煤仓放煤口、溜煤眼放煤口、运输机转载点和卸载点,以及地面筛分厂、破碎车间、带式输送机走廊、转载点等地点,都必须安装喷雾装置或除尘器,作业时进行喷雾降尘或用除尘器除尘。

（3）密闭抽风除尘

对不能采取湿式作业的场所,可使用密闭抽风除尘的方法。如采用密闭尘源和局部抽风相结合,可防止粉尘外溢,抽出的空气经过除尘处理后排入大气。

3. 个体防护措施

个体防护是对技术防尘措施的必要补救,在作业现场,当工程控制无法将作业场所中职业危害因素的强度或者浓度降低到国家规定的职业卫生接触限值以下时,工人就必须使用合适的个体防护用品。工人防尘防护用品包括:防尘口罩、送风口罩、防尘眼镜、防尘安全帽、防尘服、防尘鞋等。个人防尘要求作业人员佩戴防尘口罩和防尘安全帽。

此外,粉尘接触作业人员还应注意个人卫生,作业点不吸烟,杜绝将粉尘污染的工作服带回家;经常进行体育锻炼,加强营养,增强个人体质,提高防病能力。有严重的上呼吸道或支气管疾病、心血管器质性疾病、活动性肺结核及肺外结核病症的人员,不得从事接尘作业。

4. 卫生保健措施

职业健康监护共分为上岗前检查、在岗期间定期健康检查、离岗时健康检查、离岗后医学随访检查和应急检查。对从事接触职业危害作业的劳动者,煤矿企业应当按照《煤矿作业场所职业危害防治规定(试行)》的规定组织上岗前、在岗期间和离岗时的职业健康检查和医学随访,并将检查结果如实告知从业人员。

（二）煤矿粉尘浓度监测

为做好煤矿粉尘监测工作,煤矿企业应设立测尘组织机构,建立测尘管理制度和测尘数据报告制度,制定职业危害防治措施,并配备专职测尘人员。《煤矿安全规程》规定,粉尘监测的项目是作业场所的粉尘浓度、呼吸性粉尘浓度、粉尘中游离二氧化硅含量、粉尘分散度。粉尘中游离二氧化硅含量,每6个月测定一次,在变更工作面时也必须测定一次。工班个体呼吸性粉尘监测,采、掘(剥)工作面每3个月测定一次。井下作业场所的总粉尘浓度每月测定2次。用人单位违反职业病防治的规定,造成重大职业病危害事故或者其他严重后果,构成犯罪的,对直接负责的主管人员和其他直接责任人员,依法追究刑事责任。

煤矿作业场所粉尘接触浓度管理限值判定标准见表9-1。

表 9-1

粉尘种类	游离 SiO_2 含量/%	呼吸性粉尘浓度/(mg/m³)
煤尘	≤5	5.0
岩尘	5～10	2.5
	10～30	1.0
	30～50	0.5
	≥50	0.2
水泥尘	<10	1.5

粉尘监测采样点的选择和布置要求见表9-2。

表 9-2

类别	生产工艺	测尘点布置
回采工作面	采煤机落煤、工作面多工序同时作业	回风侧 10～15 m 处
	司机操作采煤机、液压支架工移架、回柱放顶移刮板输送机、司机操作刨煤机、工作面爆破处	在工人作业的地点
	风镐、手工落煤及人工攉煤、工作面顺槽钻机钻孔、煤电钻打眼、薄煤层刨煤机落煤	在回风侧 3～5 m 处
掘进工作面	掘进机作业、机械装岩、人工装岩、刷帮、挑顶、拉底	距作业地点回风侧 4～5 m 处
	掘进机司机操作掘进机、砌碹、切割联络眼、工作面爆破作业	在工人作业地点
	风钻、电煤钻打眼、打眼与装岩机同时作业	距作业地点 3～5 m 处巷道中部
锚喷	打眼、打锚杆、喷浆、搅拌上料、装卸料	距作业地点回风侧 5～10 m 处
转载点	刮板输送机作业、带式输送机作业、装煤（岩）点及翻罐笼	回风侧 5～10 m 处
	翻罐笼司机和放煤工人作业、人工装卸料作业人员作业地点	
井下其他场所	地质刻槽、维修巷道	作业人员回风侧 3～5 m 处
	材料库、配电室、水泵房、机修硐室等处工人作业	作业人员活动范围内
露天煤矿	钻机穿孔、电铲作业	下风侧 3～5 m 处
	钻机司机操作钻机、电铲司机操作电铲	司机室内
地面作业场所	地面煤仓等处进行生产作业	作业人员活动范围内

二、化学毒物

煤矿生产中接触到的化学毒物主要有氮氧化物、碳氧化物和硫化氢等有毒有害气体。

（一）氮氧化物的危害及防治

煤矿中的氮氧化物以二氧化氮为主，二氧化氮为刺激性气体，比空气重，较难溶于水，可随呼吸进入到肺的深部，对肺组织产生强烈的刺激和腐蚀作用，可引起支气管炎和肺水肿等。其次是一氧化氮，在空气中和体内均容易被氧化为二氧化氮，可随呼吸进入到肺的深部，对肺组织产生强烈的刺激和腐蚀作用，可引起支气管炎和肺水肿等。吸入高浓度一氧化氮可产生毒性反应，使血红蛋白氧化成高铁血红蛋白，使组织缺氧，引起呼吸困难和窒息，导致中枢神经损害。可能接触氮氧化物的工种：岩巷爆破、煤巷爆破、爆破采煤等。

氮氧化物危害的预防措施：

（1）进行职业卫生知识培训，增强工人的安全意识和自我防护意识。

（2）建立完善的应急救援措施，当事故发生后能使伤员及时得到现场救治，争取抢救时间。

（3）建立健全职工健康档案，对作业者开展全面健康监护工作。从事氮化氧化物作业应做上岗前体检，上岗后每 1～2 年体检一次。

（二）碳氧化物的危害及防治

1. 碳氧化物的危害

煤矿中碳氧化物主要有一氧化碳与二氧化碳。一氧化碳是无色、无味、无臭的气体，比空气轻,易燃易爆,一氧化碳进入人体之后会和血液中的血红蛋白结合,进而使血红蛋白不能与氧气结合,从而引起机体组织出现缺氧,导致人体窒息死亡。因此一氧化碳具有毒性,对心脏和大脑的影响最为显著。一氧化碳接触工种有:井下通风、岩巷爆破、煤巷爆破、采煤打眼、水力采煤、采煤支护、机械采煤各工种等。煤尘爆炸后要产生大量有害气体,尤其 CO 浓度一般为 $2\%\sim3\%$,最高可达 $8\%\sim10\%$,造成人员中毒。二氧化碳密度大,比空气重,一般多积聚于巷道低处及通风不良的废巷中。高浓度时有显著毒性,主要是对呼吸中枢的毒性作用。接触途径:煤层逸出(或突出)、坑木腐烂、人员呼吸、煤自然发火、爆破等。在生产过程中,煤矿井下作业场所空气中二氧化碳的来源有煤、岩层涌出,煤自燃,爆破,人员呼吸等。抽放容易自燃和自燃煤层的采空区瓦斯时,必须经常检查一氧化碳浓度和气体温度等有关参数的变化,发现有自然发火征兆时,应立即采取措施。

2. 碳氧化物危害的防治

(1) 加强通风

加强通风,将碳氧化物冲淡到《煤矿安全规程》规定的浓度以下。如果碳氧化物产生量较大,可采用抽放措施。

(2) 加强检查

应用各种仪器或煤矿安全集中监测系统监视井下各种有害气体的动态,以便及时地采取相应的措施。

(3) 警示危险

需要进入闲置时间较长的巷道进行作业的,必须先通风、后作业。盲道或废弃巷道应及时予以密闭或用栅栏隔断,并设立警示牌。

(4) 喷雾洒水

当工作面有二氧化碳放出时,可使用喷雾洒水的办法使其溶于水中。

(5) 急救措施

若有人缺氧窒息时,应移至空气新鲜的地方进行急救。

(6) 个人防护

① 进入高浓度一氧化碳的环境工作时,在通风的同时,要戴好特制的一氧化碳防毒面具,两人同时工作,以便监护和互助。

② 二氧化碳的防护与一氧化碳类似,包括环境通风,对于皮肤的防护,可佩戴保温手套,穿防护服,对于眼睛的防护,可佩戴安全护目镜或面罩。

(三) 硫化氢的危害及防治

1. 硫化氢的危害

硫化氢为无色、带有臭鸡蛋气味的气体,且易燃易爆,爆炸浓度界限为 $4.3\%\sim46\%$。比空气重,易积聚于低洼处。易溶于水,扰动溶有硫化氢的积水即可逸出硫化氢气体。当空气中硫化氢浓度为 1 ppm 时,就能闻出臭鸡蛋味。吸入后对人体有剧毒,主要作用于中枢神经系统。当接触浓度较高时,由于迷走神经反射,会立即发生昏迷或呼吸麻痹而呈"闪电式"的死亡,严重的会使人立即产生喉头痉挛、咽喉水肿而窒息。可能接触硫化氢的工种或机会:井下通风、爆破采煤、采煤支护、机械采煤、采煤运输、采煤装载、井下积水的老塘和老空区等。

2. 硫化氢的预防措施

《煤矿安全规程》规定,矿井内硫化氢的含量不得超过 0.000 66％。接触硫化氢的作业人员应佩戴防毒口罩、安全护目镜、防毒面具和空气呼吸器,佩戴硫化氢报警设施。完善硫化氢检测系统。

三、物理因素

煤矿井下高温高湿的作业生产环境十分恶劣,噪声与振动又是煤矿生产中很常见的有害因素。为保障煤矿工人的安全,防止职业病的发生,煤矿企业必须做好井下噪声、高温及振动等职业性有害因素的防治。

（一）噪声的危害及主要防治措施

1. 噪声的分类

按声源性质可将噪声分为以下 3 类。

① 机械性噪声。机械性噪声是由于机械的撞击、摩擦、转动等所产生的声音,即由于固体振动产生的声音,如凿岩机噪声。

② 流体动力性噪声。流体动力性噪声是由于气体的压力或体积的突然变化,即气体与其他物体之间做变速相对运动时,由于黏滞作用引起其他骚动而产生的声音,如通风机噪声。

③ 电磁性噪声。电磁性噪声是由电磁场交替变化而引起某些机械部件或空间容积振动而产生的噪声,如变压器噪声。

按噪声的频率分布,可将其分为低频(低于 500 Hz)噪声、中频(500 Hz～1 kHz)噪声、高频(高于 1 kHz)噪声 3 种。

2. 噪声对人体的危害

根据作用的系统不同可把噪声的危害分为听觉系统(特异性)危害和听觉外系统(非特异性)危害。

（1）听觉系统危害

工人若长时间在 85 dB(A)的强噪声下工作,会感到刺耳难受,长时间接触就会造成职业性耳聋。

在某些生产条件下,如进行爆破,由于防护不当或缺乏必要的防护设备,可因强烈爆炸所产生的振动波造成急性听觉系统的严重外伤,引起听力丧失,称为爆震性耳聋。根据损伤程度不同可出现鼓膜破裂,听骨破坏,内耳组织出血,甚至同时伴有脑震荡。

（2）听觉外系统危害

噪声还可引起听觉外系统的损害。主要表现在神经系统、心血管系统等,如易疲劳、头痛、头晕、睡眠障碍、注意力不集中、记忆力减退等一系列神经症状。高频噪声可引起血管痉挛、心率加快、血压增高等心血管系统的变化。长期接触噪声还可引起食欲不振、胃液分泌减少、肠蠕动减慢等胃肠功能紊乱的症状。

3. 噪声的主要控制措施

（1）消除、控制噪声源

消除、控制噪声源是噪声危害控制的根本措施。采用无噪声或低噪声设备代替高噪声设备,如无声液压机的应用;减低设备运行的负荷;提高机器的精密度,减少设备部件的摩擦和撞击。

（2）控制噪声的传播

采用吸声、隔声、消声、减振的材料和装置，阻止噪声的传播。如采用隔声室、隔声带、用吸声材料装修工作间等措施。

（3）个人防护

对生产现场的噪声控制不理想或特殊情况下高噪声作业，个人防护用品是保护听觉器官的有效措施，如佩戴防护耳塞、防护耳罩、头盔等。

（4）健康监护

对上岗前的职工进行体格检查，检出职业禁忌证，如听觉系统疾患、中枢神经系统疾患、心血管系统疾患等。对在岗职工则进行定期的体检，以早期发现听力损伤，及时采取有效的防护措施。

（5）合理安排劳动和休息

噪声作业应避免加班或连续工作时间过长，否则容易加重听觉疲劳，故应适当安排工间休息，休息时应尽量离开噪声环境，使听觉疲劳得以恢复。

《煤矿安全规程》规定：煤矿作业场所的噪声不得超过 85 dB(A)，大于 85 dB(A)时，需配备个体防护用品；大于或等于 90 dB(A)时，还应采取降低作业场所噪声的措施。

（二）高温的危害及主要防治措施

1. 高温作业及分类

高温作业是指生产劳动过程中作业地点平均温度大于 25 ℃的作业。

高温作业可分为高温强热辐射作业、高温高湿作业和夏季露天作业三种基本类型。

2. 高温作业对人体的危害

高温作业时，人体可出现一系列生理功能改变，这些变化在一定程度内是适应性反应，但若超过一定的限度，则可能会对机体产生不良影响。

（1）对体温调节的影响

人体的体温调节能力是有一定限度的，当人体受热、产热量持续大于散热量时，易发生机体蓄热过度而导致中暑性疾病的发生。

（2）对水和电解质平衡与代谢的影响

高温作业人员大量出汗时，损失的水分远远高于损失的盐分，因此可能导致高渗性脱水，使血浆渗透压升高，尿量减少。如不能及时补充水分，机体将发生严重脱水。大量出汗时会损失氯化钠，加重心脏和肾脏负担。大量水盐损失可导致循环衰竭和热痉挛。

（3）对循环系统的影响

在高温下体力劳动时间过长或劳动强度过大时，将会导致体温过度升高、血压下降。长期在高温环境下作业，心血管系统经常处于紧张状态，能使心肌发生生理性肥大。

（4）对消化系统的影响

高温可导致消化液减少，消化酶活性和胃液酸度降低，同时肠液分泌增加而对胃功能产生抑制作用引起消化不良、食欲减退。

（5）对神经系统的影响

高温作业时，神经系统可受到抑制，使得作业人员的注意力、肌肉工作能力、动作准确性和协调性以及反应速度降低，易发生工伤事故。

（6）对泌尿系统的影响

高温作业时,大量的水分经汗腺排出,如不及时补充水分,可能导致肾功能不全,尿中出现蛋白、红细胞等。

3. 高温的主要控制措施

（1）作业管理措施

首先是建设项目在新建、扩建、改建阶段,其防暑降温措施必须与主体工程同时设计、同时施工、同时建成投产;建设项目在竣工验收前,建设单位应当进行职业病危害控制效果评价。建设项目竣工验收时,其职业病防护设施经卫生行政部门验收合格后,方可投入正式生产和使用。

（2）个体防护

高温场所作业,个人防护极为重要。企业应及时向作业人员发放符合国家标准的高温作业个人防护用品,包括工作服、工作帽、防护眼镜、面罩、手套、鞋盖、护膝等,并为职工提供保存防护用品的设施。

（3）加强医疗预防

企业做好高温职业危害健康管理,主要应注意职工高温危害的职业健康检查、危害档案管理和职业卫生教育。

对高温作业工人必须进行上岗的和入职前体格检查。凡发现有心血管和肺的器质性疾病、持久性高血压、胃及十二指肠溃疡、活动性肺结核、肝脏疾患、肾脏病、内分泌疾病（如甲亢）、肥胖病、贫血、皮肤病、中枢神经系统器质性疾病及急性传染病后身体衰弱者等职业禁忌症者,均不宜安排在高温作业岗位上。

《煤矿安全规程》规定:生产矿井采掘工作面空气温度不得超过 26 ℃,机电设备硐室的空气温度不得超过 30 ℃;当空气温度超过时,必须缩短超温地点工作人员的工作时间,并给予高温保健待遇。采掘工作面的空气温度超过 30 ℃,机电设备硐室的空气温度超过 34℃时,必须停止作业。

（三）振动的危害及主要防治措施

1. 振动对人体的危害

生产过程中的一切振动统称为生产性振动。长期接触生产性振动可对机体产生不良影响。低强度振动主要引起组织和器官的位移、挤压,易引起不适感、疲劳、头晕、注意力分散等;高强振动易引起组织和器官的撞伤、压伤等机械性损伤,出现耳鸣、胸腹痛、注意力难集中等。

2. 振动的主要控制措施

（1）减少扰动

其主要指减少或消除振动源的影响,如改善机器的平衡,减少构件加工误差,提高安装质量,对薄壁结构做阻尼等。

（2）防止共振

防止共振是指防止或减少设备、结构对振动源的响应。如改变振动系统固有频率,改变振动系统扰动源频率。

（3）隔振措施

采取措施减小或隔离振动的传递,常在振源与需要防振的设备间安装弹性隔振装置,使振源的大部分振动被隔振装置吸收,减小振源对设备或场所的干扰。

（4）限制作业时间

当振动工具的振动强度控制暂时达不到标准时限值时，可适当缩短工人接触振动的时间，这是预防振动危害的重要措施。

（5）改善作业环境，加强个人防护

坚持就业前体检，凡患有就业禁忌症者，不能从事该种作业；定期对工作人员进行体检，尽早发现受振动损伤的作业人员，采取适当预防措施及时治疗振动病患者。

第二节　煤矿职业卫生健康监护基本要求

一、用人单位的责任和义务

《中华人民共和国职业病防治法》规定劳动者依法享有职业卫生保护的权利包括知情权，依法拒绝作业权，接受职业卫生教育、培训的权利，获得职业健康检查、职业病诊疗、康复等职业病防治服务的权利。

为规范用人单位职业健康监护工作，加强职业卫生监督管理，保护劳动者生命安全和健康权益，国家安全生产监督管理总局在深入调研、广泛征求各方面意见的基础上研究制定了《用人单位职业健康监护监督管理办法》。

用人单位应当实施由专人负责的职业病健康危害因素日常监测，并确保监测系统处于正常运行状态；煤矿企业未实施由专人负责的职业病危害因素日常监测，或者监测系统不能正常监测的，由煤矿安全监察机构责令限期改正，给予警告，可以并处 5 万元以上 10 万元以下的罚款；煤矿企业工作场所职业病危害因素的强度或者浓度超过国家职业卫生标准的，由煤矿安全监察机构给予警告，责令限期改正，逾期不改正的，处 5 万元以上 20 万以下的罚款；用人单位必须采用有效的职业病防护措施，并为劳动者提供符合职业病防治要求的个人使用的职业病防护用品；发现工作场所职业病危害因素不符合国家卫生标准和卫生要求时，用人单位应当立即采取相应治理措施，仍然达不到国家职业卫生标准和卫生要求的必须停止存在职业病危害因素的作业。

用人单位应当依照《用人单位职业健康监护监督管理办法》、《职业健康监护技术规范》（GBZ 188）、《放射工作人员职业健康监护技术规范》（GBZ 235）等国家职业卫生标准的要求，制定、落实本单位职业健康检查年度计划，并将防治和治理职业病危害、工作场所职业病危害因素检测、健康监护和职业卫生培训等所需要的专项经费在生产成本中据实列支。用人单位与劳动者订立劳动合同时，应当将工作过程中可能产生的职业病危害及其后果、职业病防护措施和待遇等如实告知劳动者，并在劳动合同中写明，不得隐瞒或者欺骗。产生职业病危害的用人单位，应当在醒目的位置设置公告栏，公布有关职业病防治的规章制度、操作规程、职业病危害事故应急救援措施和工作场所职业病危害因素检测结果。

用人单位应当采取的职业病防治管理措施包括：① 制定职业病防治计划实施方案；② 建立、健全职业卫生档案和劳动者健康监护档案；③ 建立、健全工作场所职业病危害因素监测及评价制度；④ 建立、健全职业病危害事故应急救援预案。

二、职业健康监护的主要内容

职业健康监护是对从业人员的一项预防性措施，是法律赋予从业人员的权利。职业健康监护主要内容包括：一是职业健康检查，包括上岗前健康检查、在岗期间的健康检查、离岗时的健康检查和应急检查；二是职业健康监护档案，用人单位应建立职业健康档案，每人 1 份，并妥善保存。

（1）职业健康监护档案内容包括：① 劳动者职业史、既往史和职业病危害接触史；② 相应工作场所职业病危害因素监测结果；③ 职业健康检查结果及处理情况；④ 职业病诊疗等健康资料。

（2）档案管理人员必须维护劳动者的职业健康隐私权、保密权。相关的卫生监督检查人员、劳动者或其近亲属、劳动者委托代理人有权查阅、复印劳动者的职业健康监护档案，其他人员不得私自查阅职业健康监护档案。

（3）劳动者离开单位时，本人有权索取健康监护档案复印件，档案管理人员应如实、无偿提供，并在所提供的复印件上签章。

（4）对已离职人员的职业健康监护档案，应在离职后三个月后进行封存，并保存 10 年以上，以备上级部门查阅。

（5）档案管理人员应将职业健康监护档案妥善保管，防虫蛀、防霉、防丢失，保证档案安全。

（6）所有档案应有专柜存放、加锁，定期清理通风，防湿。

（7）所有档案不得随意查阅、复印，不得置于公共场所。

三、职业健康监护的种类

1. 上岗前检查

上岗前健康检查的主要目的是发现有无职业禁忌证，建立接触职业病危害因素人员的基础健康档案。上岗前健康检查均为强制性职业健康检查，应在开始从事有害作业前完成。下列人员应进行上岗前健康检查：拟从事接触职业病危害因素作业的新录用人员，包括转岗到该种作业岗位的人员。

2. 在岗期间体检

根据年度体检计划组织安排职业危害因素作业人员到指定医疗机构参加在岗期间职业健康定期体检。对在体检期间因各种原因不能参加体检的，应在补检时间内组织安排体检。对检查出职业禁忌症的应通知所在部门将其调离原工作岗位并妥善安置。对检查出可疑职业病的应组织诊断资料报市疾控中心。确诊的职业病人纳入职业病管理，进行康复治疗。

3. 离岗时健康检查

劳动者在准备调离或脱离所从事的职业病危害的作业或岗位前，应进行离岗时健康检查；主要目的是确定其在停止接触职业病危害因素时的健康状况。如最后一次在岗期间的健康检查是在离岗前的 90 日内，可视为离岗时检查。

4. 离岗后医学随访检查

（1）如接触的职业病危害因素具有慢性健康影响，或发病有较长的潜伏期，在脱离接触后仍有可能发生职业病，需进行医学随访检查。

（2）尘肺病患者在离岗后需进行医学随访检查。

（3）随访时间的长短应根据有害因素致病的流行病学及临床特点、劳动者从事该作业的时间长短、工作场所有害因素的浓度等因素综合考虑确定。

5. 应急情况下的检查

应向体检机构及时提出申请,组织对紧急接触人员进行相应项目的体检。如因事故接触某种毒物或放射线后,应立即组织有关人员到相关体检机构进行应急性体检。

四、煤矿职业病的管理、统计和上报

1. 煤矿职业病的管理

煤矿企业应当及时安排对疑似职业病病人到经批准的医疗卫生机构进行诊断。经诊断为职业病的,煤矿企业职业卫生主管部门应填写职业病登记表,按国家规定向有关部门进行职业病报告。

2. 煤矿职业病的统计

(1)在煤矿企业职业卫生工作领导小组的领导下,各矿人力资源及医疗单位要认真做好矿区职业病危害因素的流行病学调查工作,掌握职业病危害因素的性质、种类、分布、强度和危害等。

(2)认真做好煤矿职业病统计报告的管理工作。

(3)根据煤矿职业病危害因素的流行病学调查结果,组织检测和组织职业病诊断。

(4)职业病危害因素检测与职业病诊断应当委托有资质的单位进行。

(5)职业病危害与职业病统计数据应当真实准确。

(6)职业病危害与职业病统计报告必须设有专职人员负责。

(7)对于职业病危害与职业病统计工作人员实行奖惩制度。

3. 煤矿职业病的上报

煤矿企业对检查出的职业病患者,必须按国家规定及时给予治疗、疗养和调离有害作业岗位,并做好健康监护及职业病报告工作。地方各级卫生行政部门指定相应的职业病防治机构或卫生防疫机构负责职业病报告工作。职业病报告实行以地方为主,逐级上报的办法。一切企、事业单位发生的职业病,都应报告当地卫生监督机构,由卫生监督机构统一汇总上报。

五、煤矿接触职业病危害因素人员职业健康检查的内容周期及职业禁忌

煤矿企业必须加强职业病危害的防治与管理,做好作业场所的职业卫生和劳动保护工作,采取有效措施控制尘、毒危害,保证作业场所符合国家职业卫生标准。

(一)职业健康检查项目

根据原卫生部发布的《职业健康监护管理办法》的要求,职业性健康检查项目包括:一般检查项目、特殊检查项目和选检项目。其中选检应根据医疗卫生机构仪器设备条件和用人单位职业病危害程度和劳动者健康损害程度确定。检查项目疑似职业病病人在诊断、医学观察期间的费用,由用人单位承担。用人单位对不适宜继续从事原工作的职业病病人,应当调离原岗位,并妥善安置。

1. 一般情况

职业健康检查应注意受检者从事职业病危害作业的工作时间、既往病史、个人生活史、家庭史、传染病史、药物过敏史等情况,掌握这些信息对于了解受检者身体状况、生活嗜好、个体差异,判断职业病危害的影响,具有十分重要的意义。

2. 职业接触史

调查接触职业病危害因素作业人员的职业史,是职业性健康检查的最大特点,也是各种

职业病诊断的重要依据。它包括受检者接触有害作业的时间、地点、单位、工种、岗位、作业方式及变动情况,还包括作业场所的有害物质浓度(强度)及防护措施,这些情况必须由接触有害作业人员或所在单位提供。

职业性健康体检项目应执行卫生部《职业健康监护管理办法》中的上岗前和在岗期间检查项目的规定。如果用人单位有特殊要求时,可以协商增加。

（二）职业健康检查周期

体检周期,即职业性健康体检的间隔时间(周期),应执行原卫生部《职业健康监护管理办法》中的在岗期间检查周期的规定。但是,由于生产环境中的职业性有害因素种类繁杂,还有许多有害因素未列入《职业健康监护管理办法》规定中,对于这类有害因素,用人单位应根据生产环境监测结果及作业人员的健康状况来确定体检周期。

六、职业健康监护工作程序及监护资料的应用

（一）职业健康监护的工作程序

首先用人单位制订职业健康检查年度计划,11月底前向本辖区疾控中心提交年度职业健康监护计划并报当地县级卫生监督机构备案,向疾控中心提交职业健康检查委托书。疾控中心审查资料合格以后双方签订委托协议书以确定职业健康检查方案。随之开展职业健康检查工作汇总体检结果、分析资料(检查结果的报告书,用人单位以及职业卫生技术服务机构都需存档)。疑似职业病要求用人单位送有诊断资质机构明确诊断,同时将疑似职业病、职业禁忌证名单报告当地监督机构,并通知用人单位及受检者。

（二）职业健康监护资料应用

（1）职业健康监护过程中收集到的资料只能用于保护劳动者或集体健康为目的的相关活动,应防止资料滥用和扩散。

（2）职业健康监护资料应遵循医学资料的保密性和安全性的原则,应注意资料的完整和准确并及时更新。

（3）职业健康检查机构应以适当的方式向用人单位、劳动者提供和解释个体和群体的健康信息,以促进他们能从保护劳动者健康和维护就业方面提出切实可行的改善措施。

（4）在应有健康监护资料评价劳动者对某一特定作业或某类型工作是否合适时,应首先建议改善作业条件和加强个体防护,在此前提下才能评价劳动者是否适合该工作。同时劳动者健康状况和工作环境都在随时发生变化,所以判定是否适合应该结合工作环境的改善一并考虑。

第十章　煤矿安全生产管理能力

第一节　煤矿组织安全生产的程序和要点

一、煤矿企业生产过程组织的基本原则

煤矿企业最主要的生产过程是回采和掘进工作,也是煤矿企业基本的生产环节。因此,采掘工作的好坏,不仅直接影响采掘区队的经济效果,而且影响其他工作环节的正常进行,进而影响整个煤矿企业的生产及经济效益。

煤矿企业生产过程组织的根本目的,是使煤矿企业生产过程在各环节、各工序之间,在时间、空间、能力的配合上达到紧密衔接,协调配合,从而保证人力、物力、财力得到充分合理的使用,获得良好的经济效果。因此,煤矿企业生产过程的组织应遵循以下原则。

（一）连续性原则

连续性是指生产过程中各环节、各阶段、各工序在时间上紧密衔接,不发生或少发生不必要的停顿和等待。保证和提高生产过程的连续性,对提高工时效率和设备利用率、产量和劳动生产率都有重大意义。对煤矿企业生产过程来说,主要是回采和掘进工作。所以,在回采和掘进工作中,一定要贯彻执行煤矿的有关法律、法规、"三大规程"、各种安全技术措施及各种岗位责任制等。同时要全面落实"采掘并举,掘进先行,以采促掘,以掘保采"的生产方针。

提高煤矿企业生产机械化和集中生产程度是提高生产过程连续性的物质基础。在此基础上做好生产过程各环节的能力平衡,采用先进合理的生产组织形式,以合理的工序安排劳动组织,做好生产准备工作和辅助服务性工作,都有利于提高生产过程的连续性。

（二）均衡性原则

均衡性是指生产的均衡程度,即指企业各生产环节、产品的投入、加工和出产都按计划有节奏地进行,在相等时间内生产出相等或递增的产品,使各工作负荷均匀,不出现时松时紧的状况。对煤矿企业来说,在相同的时间内（月、旬、日、班、小时）,按照生产计划进度的规定,均衡地完成生产计划任务。充分利用人力和设备,保证设备负荷均匀,故障率低,有利于建立正常的生产秩序,实现安全生产。

（三）比例性原则

比例性是指生产过程的各环节、各阶段、各工序之间的生产能力要保持适当的比例关系。各个生产环节的工人人数、设备数量应相互协调适应。

在矿井和采区设计中,虽已考虑到这种比例性,在年度计划中也进行了综合平衡,但因在实际中受诸多因素的影响,仍会出现各环节、各阶段、各工序之间比例不协调的现象,生产组织工作就是要及时发现、调整、修改这种不协调现象,采取有力措施加以解决。

（四）适应性原则

适应性是指生产过程组织形式的灵活性，具有适应本矿客观条件的要求和市场经济需求变化的特点。

（五）讲究经济效益原则

讲究经济效益就是指用尽可能少的人力、物资消耗和资金占用，生产出尽可能多的适销对路的产品。煤炭生产要十分注意节约人力、物力、财力，提高煤炭资源回收率。根据市场需要，生产出品种多、煤质好的产品，满足用户的各种需要。

（六）实现安全生产原则

煤矿生产环境恶劣，危险性较大，安全生产对煤矿企业具有特殊重要的意义。我们要严格按《煤矿安全规程》办事，坚决、长期、不懈地杜绝"三违"，真正落实"安全生产"的方针。

二、煤矿企业正规循环作业及标准

煤矿企业正规循环作业是指工作面在规定的时间内，按质、按量、安全地完成作业规程中循环图表所规定的全部工序和工作量，并周而复始地完成规定的循环次数。

坚持正规循环作业有五大优点：第一，每昼夜空顶距离和空顶时间一致，呈周期性变化，容易控制顶板，保证安全生产；第二，每昼夜生产、准备时间一致，有利于组织生产，保证均衡生产；第三，工作有条不紊，有利于充分、合理地利用工时，提高工效；第四，工作计划周密、科学，工作要求明确、具体，有利于提高工作面质量和工程质量；第五，有利于建设标准化工作面和标准化矿井。

煤矿企业正规循环作业包括回采工作面正规循环作业和掘进工作面正规循环作业两部分。

（一）回采工作面正规循环作业

1. 回采工作面正规循环作业

回采工作面正规循环作业是指回采工作面在规定的时间内，保质、保量、安全地完成作业规程的循环图表中所规定的全部工序和工作量，并完成规定的循环次数。

2. 回采工作面正规循环作业标准

回采工作面正规循环作业标准包括：

（1）有一个科学的、切实可行的作业规程和循环图表，完成规定的正规循环率。

（2）完成作业规程中规定的产量、进度、效率、煤质和主要材料消耗以及工作面煤炭回收率等技术经济指标。

（3）工作面工程质量合格，机电设备完好率不低于80%，事故率不超过2%。

（4）安全生产，消除死亡和重大事故。

（二）掘进工作面正规循环作业

1. 掘进工作面正规循环作业

掘进工作面正规循环作业是指掘进工作面在规定时间内，按质、按量、安全地完成作业规程中循环图表所规定的全部工序和工作量，达到一次成巷的标准并完成规定的循环次数。

2. 掘进工作面循环作业标准

掘进工作面循环作业的标准包括：

（1）有科学的、切实可行的作业规程和循环图表，完成规定的正规循环率。

（2）完成掘进作业规程规定的进尺、效率、材料消耗等技术经济指标。

（3）掘进工作面工程质量合格，达到一次成巷，机电设备完好率不低于80％，事故率不超过2％。

（4）安全生产，消除死亡和重大事故。

三、矿井生产调度工作

（一）矿井生产调度工作的任务和内容

矿井的生产调度工作是指对矿井的生产过程进行必要的监督、协调、控制和指挥。

矿井生产调度工作的主要任务是：按照矿井生产的客观规律和生产经营计划，对矿井的日常生产活动实行统一的指挥、检查和监督，协调各生产环节之间的配合，确保整个矿井均衡有序的生产。

矿井生产调度工作的主要内容包括：

（1）负责日常的生产组织与指挥工作，检查分析各基层生产单位的作业计划执行情况，发现问题找出原因，及时采取措施加以纠正。

（2）抓好采掘工作面的正规循环作业，出现打破循环危险时，及时组织力量进行调整。

（3）组织和检查新工作面及新采区的生产准备工作的进展情况。

（4）检查生产设备的运行情况。设备发生故障时，组织力量进行修理；检查督促机电部门严格执行设备修理计划。

（5）检查、监督和指挥井上、下的运输工作，保证运输工作的正常运行及生产的连续性。

（6）发生自然灾害和生产事故时，发挥统一集中指挥的强有力作用，调动一切力量进行救治，减少损失。

（7）做好生产情况的统计分析工作，当好矿领导的参谋和助手。

（二）矿井生产调度工作的基本原则

矿井生产调度工作的基本原则由矿井生产的特点及均衡生产的要求所决定。

（1）矿井生产过程和生产条件复杂，往往难以全部预料，工作地点分散，生产过程容易出现脱节和不平衡现象，需要有强有力的协调和指挥机构，使各生产环节和各部门之间密切协作。

（2）发生自然灾害时，需要及时采取果断有力的措施进行处理，因此，需要有一个强有力的统一指挥机构。

（3）矿井生产调度实行三班值班交接制度，做到不间断掌握采掘情况，认真掌握各采掘班组长和质量验收及安全检查人员的汇报，并填写各种台账和有关生产日志及日常记录。

（4）根据领导给班组长布置的任务，进行检查落实，发现问题及时解决，解决不了的要请示领导，待决定后立即落实。

（5）对上级的通知和指示，要认真做好记录和传达，不得延误。值班时遇到重大事故要冷静，做到忙而不乱，一面组织抢救，一面向领导汇报情况。情况不清时先做预报，等情况搞清后再向领导作详细汇报。

（6）矿井调度人员在值班结束前，将当班生产情况及存在问题系统地分析总结，交下一班掌握，使问题做到不遗漏。

（7）矿井调度交接班要严肃认真。未完成的工作，下一班继续进行，不能有半点马虎，严格执行制度。

（8）要填写各种日报（瓦斯、生产日报等），报值班领导审阅和批示。

（三）矿井调度工作组织形式

建立适合的调度组织形式是实现矿井统一生产指挥和完成调度工作任务的必要条件。

调度组织机构按行政领导关系分为一级调度和二级调度；按调度工作的业务性质可以分为专业调度和综合调度。

一级调度是指矿井只设一个调度室，统管全矿生产过程各环节、各部门之间和生产环节内部的调度组织工作。

二级调度是指除矿总调度室集中处理各生产环节、各部门之间的调度业务外，各独立坑口和主要生产部门还需设坑口调度站和车间调度站，处理各部门内部的协调平衡，坑口和车间调度站受矿总调度室领导。

专业调度指专门业务调度，如运输、运销、供应等专业调度。

综合调度是由一个总调度室负责全矿各部门的全部调度业务，如矿总调度室就属于综合调度。

（四）矿井生产调度工作制度

完善的调度制度，有利于调度工作的正常开展和加强调度的管理工作，矿井生产调度制度主要有以下四种。

1. 领导调度值班制

为了及时而有效地解决生产过程中所出现的重大问题，需要建立矿级领导（包括正副矿长、正副总工程师、调度室主任）轮流 24 h 调度值班的制度，负责组织当天的生产，处理发生的重大问题，听取基层生产系统汇报，作出指示，布置工作。值班领导遇有特殊情况需要离开时，要与调度室保持联系。

2. 调度会议制

定期召开调度会议是调度工作的重要方法。会议由调度室组织，值班领导或调度主任主持，参加会议的人员根据会议内容而定，若为日常生产调度会议，则可包括各采掘区队长、各职能科室负责人及有关工程技术人员。会议内容主要是听取生产和工作情况简要汇报，分析总结经验教训，处理和解决各种问题，协调各单位之间的配合，布置下一阶段的生产和工作任务。

3. 班中三汇报制

各采掘区队的跟班区（队）长，班前到矿调度室接受任务后，到现场要把工作面当时的情况立即向调度室进行汇报；班中应向调度室汇报一次生产进展情况；下班后到调度室汇报当班生产任务完成情况、存在问题及下班应注意的问题。遇有重大问题，应随时向调度室汇报。

4. 分析总结制

定期进行经济活动分析总结（每旬或每个月进行一次），分析内容主要是计划完成情况。针对分析出的问题，研究解决的办法，以便采取措施，加以克服。

四、煤矿生产现场组织管理

良好的生产环境和优越的设备质量是搞好生产的基础，但在实际生产中，如果工种配合不好、管理制度不健全或执行不严，也不会取得好的经济指标。综采是煤矿最先进的采煤工艺，更要求有良好的组织管理。

（一）合理组织生产

（1）加强工种、工序之间的配合。合理的工作面劳动组织,应尽量减少窝工现象。在综采工作面的全部生产工艺中,包含了若干由不同工种的工序,应恰当地安排好他们之间地先后顺序和衔接关系,以尽量避免工序之间相互干扰。在保证生产的前提下,为提高采煤机的开机率,应尽可能安排某些工序平行作业,以充分利用工作面的时间和工作空间。例如,生产中,当移架速度跟不上采煤机的牵引速度时,为了保证主要工序进行,在顶板条件许可情况下,可改变移架方式,由顺序移架改为交错式移架。

前后顺序进行的工序应符合采煤工艺的要求,前道工序必须按时完成,不能影响后道工序的顺利进行。例如工作面的缺口必须在采煤机运行到端头前作好,以防采煤机被迫等待。

大煤块、矸石堵塞造成的工艺性停机也是采煤机开机率低的一个原因。为此可以在机巷安设破碎机,把大块煤破碎;另外,把打击煤块或矸石的任务交给运输机司机,充分利用了运输机司机的工时,又不影响其他工种的工作;对于特别大的煤块或矸石,例如采煤工作面片帮造成的矸石,可以让采煤机司机、运输机司机立即停机,进行处理,这样可以把影响时间减低到最低限度。

（2）减少事故时间。根据统计,我国综采工作面设备事故影响时间占工作面事故影响时间的三分之二,顶板事故占工作面事故的将近三分之一,因此要提高开机率,必须严格设备管理和顶板管理。减少设备事故,要严格设备检修、保养制度,把责任落实到每一个人,交接班必须交接设备的运转情况,采煤班要保持设备的正确使用,不得超负荷工作,采煤班要有1～2名懂设备故障处理的设备能手,一旦设备发生故障,可以把事故影响时间降低到最小的限度。顶板管理工作要严格执行作业规程和措施的要求,措施要有针对性,特殊条件要有专门的补充措施,例如顶板破碎的地方,要及时铺网,对网的搭接要在措施中有具体的规定。

（二）完善各种规章制度

综采工作面生产管理制度包括工种岗位责任制、现场交接班制度、生产汇报制等。岗位责任制依据岗位不同而制定不同的内容,大体上各种岗位责任制包括以下内容:

（1）严格执行三大规程,坚守工作岗位,对设备精心维护,精心保养,使设备经常保持在完好的状态下。

（2）要熟练掌握本岗位范围的设备,做到"三懂""四会"。

（3）工作中要精神集中,要巡回检查设备的运转情况,发现问题及时汇报和处理。

（4）搞好文明生产,工作场所不得有杂物堆积,注意设备的清洁和润滑。

现场交接班制度内容大体如下:

（1）必须在规定时间到达岗位,在接班人员没有到来之前,不得离开岗位。

（2）交接班时,交接班人员必须将设备的运转情况、遇到的问题及处理情况、配件及消耗情况和接班后必须注意的问题交代清楚。

（3）凡是能通过试运转交接的设备,必须进行运转验收。发现问题共同处理。

（4）接班人员必须在交班人员在场的情况下,按照设备与工程质量标准对分管的范围内的设备和工程进行认真检查。

生产汇报制主要包括接班汇报、班中汇报、班末汇报和事故汇报等。

（1）接班汇报。跟班干部及工人到达工作地点首先进行交接班,经过对工作面检查、交接班并分配任务后,向调度室汇报。主要汇报接班时的条件、设备状况、本班生产任务和可能发生的问题。

(2)班中汇报。主要汇报前半班的生产情况,后半班的打算及要求调度室协助解决的问题。

(3)班末汇报。是在下班前对本班的工作情况的汇报。汇报本班实际生产任务完成情况、本班遇到的问题、遗留的问题等。

(4)事故汇报。当工作面发生人身或大的设备、工程事故时,跟班干部要积极组织处理事故的同时,向调度室及时汇报所发生事故的时间、地点、经过和抢救措施。

第二节　煤矿生产计划管理

一、煤矿企业生产计划及其指标确定

(一)煤矿企业生产计划的概念及作用

煤矿企业生产计划是企业在计划期内应完成的产品生产任务和进度的计划。煤矿企业生产计划主要是规定企业在计划期(年、季、月)内应当完成的产品数量(原煤产量、掘进进尺)、质量、品种、产值等一系列生产指标。它不仅规定企业内部各部门的生产任务和进度,还规定了企业内部各部门之间的协作关系及任务。

煤矿企业生产计划是企业生产经营计划的重要组成部分,是编制其他各项经营计划的基础,也是其他各项经营计划任务完成的保证。其主要作用是充分挖掘、合理利用企业内部资源,保证企业生产出合格产品,保证企业经营计划的完成,提高企业的经济效益。

(二)煤矿企业生产计划指标的确定

1. 生产计划的主要指标

(1)产品品种指标。产品品种指标是企业在计划期内应生产出的产品品种和数量。煤矿企业一般以生产原煤为主。为了保证正常的生产接续,掘进进尺指标一般也列入生产计划的指标体系中,随着煤矿企业生产经营范围的多样化,产品品种的数目也会发生相应变化。

(2)产品质量指标。产品质量指标是指企业在计划期内产品质量应达到的标准。质量指标有两类,一类是反映产品本身质量的指标,如产品的技术性能、使用寿命、安全性、可靠性、经济性等指标;另一类是反映企业工作质量的指标,如产品合格率,废品率,返修率。煤矿企业的原煤产品质量指标主要是原煤的灰分、挥发分、水分、发热量、含矸率以及硫分、磷分等指标。这些指标一般以合同约定的指标为标准,保证其质量指标符合合同约定。

(3)产品产量指标。主要是计划期内各类产品的实物数量指标。煤矿企业的产品数量指标不仅反映企业在计划期内向社会提供实物数量的多少,同时也是企业安排采掘平衡、产销平衡、劳动力平衡、物资供应平衡的基础。

(4)产值指标。产值是产量的货币表现形式。采用现行价格计算的产值指标,反映企业向社会提供商品价值的多少,是计算税金、利润、成本的基础。采用不变价格计算的产值指标,用以反映企业在不同时期的产值比较,进行动态分析。

2. 确定生产指标时要注意的问题

(1)要做好调查研究,做好产需平衡。

（2）通过定量分析,力求各品种产品的最佳组合。使企业的内部资源得到最充分的利用,使各种产品的组合取得最佳的经济效益。

（3）组织好企业内部各方面的平衡,如企业的生产能力、物资供应、劳动力供应等方面的综合平衡,为实现计划指标的全面完成提供保障。

二、煤矿生产计划执行情况控制

（一）煤矿企业计划的执行

企业编制计划,仅仅是计划工作的开始,而做好计划的执行工作是计划管理工作的关键。对企业计划的贯彻执行有两条基本的要求,一是全面贯彻执行计划,完成计划的全部技术经济指标;二是要均衡地组织生产,完成计划指标,不能出现前松后紧、时松时紧的现象。为此,企业在贯彻执行计划过程中,要注意做好以下几个方面的工作。

1.层层落实计划

企业要把已经确定的计划由上而下层层分解,层层落实。即把全矿性的指标分解到区队、班组,甚至使每一个人都明确自己的任务。在对任务指标进行层层分解落实的过程中,要向职工交任务、定措施。基层各单位不仅要做到任务明,而且要做到措施清。通过符合实际的强有力的措施保证计划落到实处。

2.做好生产调度工作

矿井生产调度工作是对矿井整个生产过程进行的集中统一的指挥工作。由于煤矿企业生产过程环节多、过程长,各环节容易出现相互脱节或不协调的现象。生产调度工作可调节各环节之间的关系,解决生产中出现的问题,保证矿井生产过程的正常进行和每天工作任务的完成,保证有节奏均衡地生产,使执行得以落实。

3.编制切实可行的执行计划的技术组织措施

煤矿企业在执行计划过程中,要对执行中可能出现的各种问题、各种不协调现象进行科学的预测,要先制定出执行计划的各项技术组织措施。在制定计划过程中,要坚决杜绝凭主观臆断创造计划指标,也要避免出现只有计划任务,没有保证计划指标落实的措施,这样的计划是不完整的计划,是很难保证计划指标落实的。

4.将执行计划和落实经济责任制结合起来

把执行计划与落实经济责任制结合起来,通过推行经济责任制的奖罚措施,调动广大职工完成计划任务的积极性和主动性,保证计划执行。

（二）计划执行情况的检查分析

为了保证计划完成,除做好上述组织工作之外,还要做好计划执行情况的检查分析。通过检查,及时发现计划执行过程中出现的问题,通过对问题的分析研究,制定出解决问题的措施办法,促使计划实现。

对计划执行情况检查分析,就是把实际完成的指标与计划指标进行对比,发现差距寻找原因,制定措施,保证计划目标实现。计划检查的组织形式主要有以下几种。

1.日常检查

日常检查是生产班组所进行的经常性的检查,主要是逐班逐日地利用统计报表资料对原煤产量、掘进进尺以及劳动生产率、产品直接成本进行对比检查。日常检查主要是督促计划任务的逐日落实。

2.定期检查

定期检查是分阶段(旬、月、季、年)、按区队、矿井进行全面检查,检查的范围包括全部计划指标。通过定期检查要发现问题及时解决,总结经验改善工作。

3.专题检查

专题检查是根据计划执行中存在的问题或为研究某一特定的问题而专门组织的检查。专题检查要对某个特定方面的问题作深入的调查研究分析,制定出具有指导意义的措施。

在实际工作中,要将经常检查、定期检查和专题检查结合起来使用,发挥不同检查形式的优越性,同时要对检查结果进行分析。分析的具体方法有以下几种:

(1)指标对比分析法。将实际完成指标与计划指标对比、分析计划完成程度。将本期实际完成指标与上期实际指标对比,分析矿井实际完成相关任务指标的变化情况。

(2)指数比较法。就是将不同时期完成的指标进行纵向比较,用以反映产量及其他指标的动态变化情况。

(3)因素分析法。就是从不同的角度分析各种因素对计划指标完成情况的影响方向和影响程度。如回采产量的影响因素有工作面长度、工作面推进度、煤层生产能力以及回采率等因素,各因素对回采产量完成情况的影响方向和影响程度是不相同的,可利用因素分析法分析各因素的影响结果,从而在众多的影响因素中,寻找主要因素,以便采取重点措施。

对计划执行情况的检查分析是保证计划执行的重要措施,也是发现问题、寻找原因、总结经验、提高计划管理水平的有效办法,企业在计划管理工作中应长期坚持。

第三节　安全生产技术措施经费的管理和使用

(1)要保证安全生产,必须有一定的物质基础。没有一定的资金保证,提高劳动者的安全意识和安全操作技能,改善劳动者的劳动条件,为劳动者提供必要的劳动防护用品,生产经营单位的安全生产将很难实现。要求生产经营单位安排一定的经费用于安全生产工作,也是实践中的一贯做法。如根据《矿山安全法》及其实施细则的规定,矿山企业必须安排一部分资金,用于下列改善矿山安全生产条件的项目:

① 预防矿山事故的安全技术措施。

② 预防职业危害的劳动卫生技术措施。

③ 职工的安全培训。

④ 改善矿山安全生产条件的其他技术措施。这部分资金由矿山企业按矿山维简费的20%的比例据实列支;没有矿山维简费的矿山企业,按固定资产折旧费的20%的比例据实列支。

(2)生产经营单位应当对从业人员进行安全生产教育和培训,必须为从业人员提供符合国家标准或者行业标准的劳动防护用品,对于提高从业人员的安全知识和安全操作技能,防止或者减轻从业人员在生产过程遭受事故伤害,保证从业人员的劳动安全,具有重要意义。为了保证从业人员的利益,生产经营单位应当安排必要的经费用于配备劳动防护用品和进行安全生产培训。

一、安全技术措施计划的资金来源

(1)安全设备的大修理费用,生产设备因不合安全要求进行的重大修理而不增加固定资产的,由大修理费用开支。

（2）生产成本费用,凡不增加固定资产的安全技术措施项目,由生产维修费开支,摊入生产成本中,数额大都可分期摊销。

（3）安全奖励,未列入以上项目或未列入年度计划的临时项目的,由企业奖励基金开支。

（4）安全技术措施专用经费应根据国家有关规定,每年从固定资产更新和技术改造资金中提取 10%~20% 的资金支用。

二、安全费用管理

安全费用包括安全项目投入、安全自筹资金、安全基金三类。

安全项目投入计划来源是吨煤提取费用（见前文规定）,包括安全专项工程、国债工程（自筹部分）、吨煤费用、工伤与职业病（企业缴纳保险、工资、用工损失、企业承担部分）、事故与损失、培训与教育等,但国债工程的补助、工伤与职业病费用保险赔付不在计提内,需要进行单列。

（1）安全项目投入使用范围。更新改造矿井主要安全系统、重要安全设备;完善和改造矿井瓦斯监测系统、抽放系统、防突装备;完善和改造矿井防灭火系统;完善和改造矿井防治水系统;完善和改造矿井机电设备、矿井供配电系统、运输提升系统的安全防护设备设施;完善和改造矿井综合防尘系统;矿井重特大安全事故、重大自然灾害救灾抢险补助;矿井重大安全技术措施项目补助;矿井安全生产重大科研项目补助;矿井安全救护设备、设施购置补助;集中性生产安全培训费用;矿井安全、质量标准化表彰,安全举报奖励;其他与煤矿安全生产直接相关内容。

（2）安全自筹资金来源于生产成本,使用范围:"一通三防"、安全管理、矿山救护等安全设施和材料投入、加工费、人工费等。

（3）安全基金来源于安全质量罚款、上级奖励、吨煤按比例注入。使用范围:安全奖励、安全活动开展等。

第四节　组织检查和隐患整改的程序和要点

一、煤矿安全检查

为规范安全检查行为,做到依法行政、规范管理,严格执法,有效提高矿井防灾抗灾能力、遏制各类事故发生,必须制定煤矿安全检查制度。

（一）检查内容

《煤矿安全规程》中涉及到的所有内容,《安全生产法》《煤炭法》中的有关规定,国家、省、市人民政府及行政机关有关文件规定要求检查的内容。着重检查证照、规章制度、图纸,现场检查等几项内容。

1. 证照

三证一照一书,即采矿许可证、矿长资格证、矿井安全资格证、工商营业执照、煤矿安全评价核准书。

2. 规章制度

（1）是否有健全的安全责任制。

（2）各工种是否有岗位责任和操作规程。

（3）"一通三防"安全管理制度是否齐全。

（4）各采掘工作面是否有符合实际的作业规程。

（5）有无灾害预防和处理计划，有无安全事故应急救援预案，是否与救护队签订救护协议。

（6）安全、通风瓦斯管理机构是否健全，重大隐患排查制度是否落实，配备人员是否充足。

3. 图纸

井上、下对照图、采掘工程平面图、矿井通风系统图、避灾路线图、供电系统图。

4. 作业现场

重点检查矿井采煤、掘进、机电、提升运输、"一通三防"、矿井防治水、矿井通讯。

（1）开采。掘进、采煤工作面至少有两个安全出口，严禁空顶作业，巷道和采煤工作面必须有可靠的支护措施；按批准的采掘计划进行施工作业，要求无越层越界开采现象。发现越层越界开采按有关规定进行处罚。

（2）"一通三防"。矿井通风系统合理、通风能力满足安全生产要求，生产水平和采区实行分区通风；矿井必须配备安装同等能力或能满足生产要求的备用通风机，且具备反风功能；矿井通风设施、局部通风机安装、采空区盲巷管理必须符合《煤矿安全规程》要求；矿井必须建立完善可靠的安全监控系统、系统运行合理并联网，高瓦斯矿井必须设置专用回风巷。

（3）机电。要求按照煤矿安全生产基本条件二十条实行双回路供电或备用电源；高瓦斯矿井或高瓦斯区域必须实行"三专"供电；矿用设备有产品合格证，防爆合格证，并有煤矿安全标志；机电设备保护装置齐全，井下电气设备无失爆的可能。

（4）提升运输。矿井必须至少有两个独立行人直通地面的安全出口，竖井必须安装安全可靠的梯子间；安装使用矿井提升绞车，各种提升保护装置齐全并符合《煤矿安全规程》要求。运输信号齐全，灵敏可靠，倾斜巷道运输必须有断绳、脱钩、跑车防护和挡车装置，矿用钢丝绳按规定定期检查、更换。

（5）矿井防治水。井口工业广场的标高必须高于当地最高洪水位；对采空区、老窑积水区域及废弃巷道积水区域要及时填图，圈定出积水水体边界、水量、标高，确定安全带，并有确实可行的保安措施，配备排水设备，探水设备，按设计要求检查水仓和副水仓容量是否满足矿井涌水量需要，同时检查地面防洪防水设施。

（6）矿井通讯。矿井井上下及矿内外通讯设施完善、可靠、畅通。

（二）检查要求

（1）执法检查人员要熟练掌握煤矿安全生产法律法规，规范执法行为，严格执法程序、依法行政，严惩煤矿安全生产违法行为。

（2）执法检查人员要公正无私、秉公执法、不循私情、廉洁自律。

（3）执法检查人员要认真负责，深入一线，深入基层，深入井下对煤矿各环节、各系统进行全面检查，检查完后要与检查单位进行交流座谈，反馈意见，并认真填写有关表格，必要时还要进行回头查。

（4）按照行政管理规定，执法人员检查必须亮证执法检查，人员不能少于2人。

（5）执法检查人员建立检查档案，执法人员每次检查要求填写有关表格，对查出的问题责令限期整改,情节严重者责令停产整顿;对存在重大隐患而屡教不改者,执法人员申请发证机关吊销其有关证照,同时列入关闭对象,各检查组人员每次检查后应建立完善资料的统计汇总工作,建立检查档案,并在局安全生产例会进行通报、分析、交流经验。

（三）检查时间

1. 定期检查

根据煤矿安全生产监督管理相关规定,每年组织两次以上煤矿安全生产联合执法检查;每季度召开一次以上安全生产例会,协调解决煤矿安全生产中存在的重大问题。

2. 不定期检查

不定期检查指执行上级有关安全生产检查文件精神、指令性执行检查、突查,针对性地检查煤矿企业违法行为。

二、煤矿安全隐患排查

事故隐患分为一般事故隐患和重大事故隐患。一般事故隐患,是指危害和整改难度较小,发现后能够立即整改排除的隐患。重大事故隐患,是指危害和整改难度较大,应当全部或者局部停产停业,并经过一定时间整改治理方能排除的隐患,或者因外部因素影响致使生产经营单位自身难以排除的隐患。

（1）生产经营单位应当建立健全事故隐患排查治理制度。生产经营单位主要负责人对本单位事故隐患排查治理工作全面负责。

（2）任何单位和个人发现事故隐患,均有权向安全监管监察部门和有关部门报告。安全监管监察部门接到事故隐患报告后,应当按照职责分工立即组织核实并予以查处;发现所报告事故隐患应当由其他有关部门处理的,应当立即移送有关部门并记录备查。

（3）生产经营单位是事故隐患排查、治理和防控的责任主体。

生产经营单位应当建立健全事故隐患排查治理和建档监控等制度,逐级建立并落实从主要负责人到每个从业人员的隐患排查治理和监控责任制。

（4）生产经营单位应当保证事故隐患排查治理所需的资金,建立资金使用专项制度。

（5）生产经营单位应当定期组织安全生产管理人员、工程技术人员和其他相关人员排查本单位的事故隐患。对排查出的事故隐患,应当按照事故隐患的等级进行登记,建立事故隐患信息档案,并按照职责分工实施监控治理。

（6）生产经营单位应当建立事故隐患报告和举报奖励制度,鼓励、发动职工发现和排除事故隐患,鼓励社会公众举报。对发现、排除和举报事故隐患的有功人员,应当给予物质奖励和表彰。

（7）生产经营单位将生产经营项目、场所、设备发包、出租的,应当与承包、承租单位签订安全生产管理协议,并在协议中明确各方对事故隐患排查、治理和防控的管理职责。生产经营单位对承包、承租单位的事故隐患排查治理负有统一协调和监督管理的职责。

（8）生产经营单位应当每季、每年对本单位事故隐患排查治理情况进行统计分析,并分别于下一季度 15 日前和下一年 1 月 1 日前向安全监管监察部门和有关部门报送书面统计分析表。统计分析表应当由生产经营单位主要负责人签字。

对于重大事故隐患,生产经营单位除依照前款规定报送外,应当及时向安全监管监察部门和有关部门报告。重大事故隐患报告内容应当包括:① 隐患的现状及其产生原因。② 隐患的危害程度和整改难易程度分析。③ 隐患的治理方案。

（9）对于一般事故隐患，由生产经营单位（车间、分厂、区队等）负责人或者有关人员立即组织整改。

对于重大事故隐患，由生产经营单位主要负责人组织制定并实施事故隐患治理方案。重大事故隐患治理方案应当包括：① 治理的目标和任务。② 采取的方法和措施。③ 经费和物资的落实。④ 负责治理的机构和人员。⑤ 治理的时限和要求。⑥ 安全措施和应急预案。

（10）生产经营单位在事故隐患治理过程中，应当采取相应的安全防范措施，防止事故发生。事故隐患排除前或者排除过程中无法保证安全的，应当从危险区域内撤出作业人员，并疏散可能危及的其他人员，设置警戒标志，暂时停产停业或者停止使用；对暂时难以停产或者停止使用的相关生产储存装置、设施、设备，应当加强维护和保养，防止事故发生。

（11）生产经营单位应当加强对自然灾害的预防。对于因自然灾害可能导致事故灾难的隐患，应当按照有关法律、法规、标准和规定的要求排查治理，采取可靠的预防措施，制定应急预案。在接到有关自然灾害预报时，应当及时向下属单位发出预警通知；发生自然灾害可能危及生产经营单位和人员安全时，应当采取撤离人员、停止作业、加强监测等安全措施，并及时向当地人民政府及其有关部门报告。

（12）生产经营单位及其主要负责人未履行事故隐患排查治理职责，导致发生生产安全事故的，依法给予行政处罚。

（13）生产经营单位有下列行为之一的，由安全监管监察部门给予警告，并处三万元以下的罚款：① 未建立安全生产事故隐患排查治理等各项制度的。② 未按规定上报事故隐患排查治理统计分析表的。③ 未制定事故隐患治理方案的。④ 重大事故隐患不报或者未及时报告的。⑤ 未对事故隐患进行排查治理擅自生产经营的。⑥ 整改不合格或者未经安全监管监察部门审查同意擅自恢复生产经营的。

第五节　伤亡事故调查处理的程序、方法和要求

一、事故报告

（1）事故发生后，事故现场有关人员应当立即向本单位负责人报告；单位负责人接到报告后，应当于1 h内向事故发生地县级以上人民政府安全生产监督管理部门和负有安全生产监督管理职责的有关部门报告。

情况紧急时，事故现场有关人员可以直接向事故发生地县级以上人民政府安全生产监督管理部门和负有安全生产监督管理职责的有关部门报告。

（2）安全生产监督管理部门和负有安全生产监督管理职责的有关部门接到事故报告后，应当依照下列规定上报事故情况，并通知公安机关、劳动保障行政部门、工会和人民检察院：① 特别重大事故、重大事故逐级上报至国务院安全生产监督管理部门和负有安全生产监督管理职责的有关部门。② 较大事故逐级上报至省、自治区、直辖市人民政府安全生产监督管理部门和负有安全生产监督管理职责的有关部门。③ 一般事故上报至设区的市级人民政府安全生产监督管理部门和负有安全生产监督管理职责的有关部门。

安全生产监督管理部门和负有安全生产监督管理职责的有关部门依照有关规定上报事故情况，应当同时报告本级人民政府。国务院安全生产监督管理部门和负有安全生产监督管理职责的有关部门以及省级人民政府接到发生特别重大事故、重大事故的报告后，应当立

即报告国务院。必要时,安全生产监督管理部门和负有安全生产监督管理职责的有关部门可以越级上报事故情况。

(3)安全生产监督管理部门和负有安全生产监督管理职责的有关部门逐级上报事故情况,每级上报的时间间隔不得超过 2 h。

(4)报告事故应当包括下列内容:① 事故发生单位概况。② 事故发生的时间、地点以及事故现场情况。③ 事故的简要经过。④ 事故已经造成或者可能造成的伤亡人数(包括下落不明的人数)和初步估计的直接经济损失。⑤ 已经采取的措施。⑥ 其他应当报告的情况。

(5)事故报告后出现新情况的,应当及时补报。自事故发生之日起 30 日内,事故造成的伤亡人数发生变化的,应当及时补报。道路交通事故、火灾事故自发生之日起 7 日内,事故造成的伤亡人数发生变化的,应当及时补报。

(6)事故发生单位负责人接到事故报告后,应当立即启动事故应急预案,或者采取有效措施,组织抢救,防止事故扩大,减少人员伤亡和财产损失。

(7)事故发生地有关地方人民政府、安全生产监督管理部门和负有安全生产监督管理职责的有关部门接到事故报告后,其负责人应当立即赶赴事故现场,组织事故救援。

(8)事故发生后,有关单位和人员应当妥善保护事故现场以及相关证据,任何单位和个人不得破坏事故现场、毁灭相关证据。

因抢救人员、防止事故扩大以及疏通交通等原因,需要移动事故现场物件的,应当做出标志,绘制现场简图并做出书面记录,妥善保存现场重要痕迹、物证。

(9)事故发生地公安机关根据事故的情况,对涉嫌犯罪的,应当依法立案侦查,采取强制措施和侦查措施。犯罪嫌疑人逃匿的,公安机关应当迅速追捕归案。

(10)安全生产监督管理部门和负有安全生产监督管理职责的有关部门应当建立值班制度,并向社会公布值班电话,受理事故报告和举报。

二、事故调查

(1)特别重大事故由国务院或者国务院授权有关部门组织事故调查组进行调查。

重大事故、较大事故、一般事故分别由事故发生地省级人民政府、设区的市级人民政府、县级人民政府负责调查。省级人民政府、设区的市级人民政府、县级人民政府可以直接组织事故调查组进行调查,也可以授权或者委托有关部门组织事故调查组进行调查。

未造成人员伤亡的一般事故,县级人民政府也可以委托事故发生单位组织事故调查组进行调查。

(2)上级人民政府认为必要时,可以调查由下级人民政府负责调查的事故。

自事故发生之日起 30 日内(道路交通事故、火灾事故自发生之日起 7 日内),因事故伤亡人数变化导致事故等级发生变化,依照有关规定应当由上级人民政府负责调查的,上级人民政府可以另行组织事故调查组进行调查。

(3)特别重大事故以下等级事故,事故发生地与事故发生单位不在同一个县级以上行政区域的,由事故发生地人民政府负责调查,事故发生单位所在地人民政府应当派人参加。

(4)事故调查组的人员组成应当遵循精简、效能的原则。

根据事故的具体情况,事故调查组由有关人民政府、安全生产监督管理部门、负有安全生产监督管理职责的有关部门、监察机关、公安机关以及工会派人组成,并应当邀请人民检察院派人参加。事故调查组可以聘请有关专家参与调查。

（5）事故调查组成员应当具有事故调查所需要的知识和专长，并与所调查的事故没有直接利害关系。

（6）事故调查组组长由负责事故调查的人民政府指定。事故调查组组长主持事故调查组的工作。

（7）事故调查组履行下列职责：① 查明事故发生的经过、原因、人员伤亡情况及直接经济损失。② 认定事故的性质和事故责任。③ 提出对事故责任者的处理建议。④ 总结事故教训，提出防范和整改措施。⑤ 提交事故调查报告。

（8）事故调查组有权向有关单位和个人了解与事故有关的情况，并要求其提供相关文件、资料，有关单位和个人不得拒绝。

事故发生单位的负责人和有关人员在事故调查期间不得擅离职守，并应当随时接受事故调查组的询问，如实提供有关情况。

事故调查中发现涉嫌犯罪的，事故调查组应当及时将有关材料或者其复印件移交司法机关处理。

（9）事故调查中需要进行技术鉴定的，事故调查组应当委托具有国家规定资质的单位进行技术鉴定。必要时，事故调查组可以直接组织专家进行技术鉴定。技术鉴定所需时间不计入事故调查期限。

（10）事故调查组成员在事故调查工作中应当诚信公正、恪尽职守，遵守事故调查组的纪律，保守事故调查的秘密。

未经事故调查组组长允许，事故调查组成员不得擅自发布有关事故的信息。

（11）事故调查组应当自事故发生之日起 60 日内提交事故调查报告；特殊情况下，经负责事故调查的人民政府批准，提交事故调查报告的期限可以适当延长，但延长的期限最长不超过 60 日。

（12）事故调查报告应当包括下列内容：① 事故发生单位概况。② 事故发生经过和事故救援情况。③ 事故造成的人员伤亡和直接经济损失。④ 事故发生的原因和事故性质。⑤ 事故责任的认定以及对事故责任者的处理建议。⑥ 事故防范和整改措施。

事故调查报告应当附有关证据材料。事故调查组成员应当在事故调查报告上签名。

（13）事故调查报告报送负责事故调查的人民政府后，事故调查工作即告结束。事故调查的有关资料应当归档保存。

三、事故处理

（1）重大事故、较大事故、一般事故，负责事故调查的人民政府应当自收到事故调查报告之日起 15 日内做出批复；特别重大事故 30 日内做出批复，特殊情况一下，批复时间可以适当延长，但延长的时间最长不超过 30 日。

有关机关应当按照人民政府的批复，依照法律、行政法规规定的权限和程序，对事故发生单位和有关人员进行行政处罚，对负有事故责任的国家工作人员进行处分。

事故发生单位应当按照负责事故调查的人民政府的批复，对本单位负有事故责任的人员进行处理。

负有事故责任的人员涉嫌犯罪的，依法追究刑事责任。

（2）事故发生单位应当认真吸取事故教训，落实防范和整改措施，防止事故再次发生。防范和整改措施的落实情况应当接受工会和职工的监督。

安全生产监督管理部门和负有安全生产监督管理职责的有关部门应当对事故发生单位落实防范和整改措施的情况进行监督检查。

（3）事故处理的情况由负责事故调查的人民政府或者其授权的有关部门、机构向社会公布，依法应当保密的除外。

四、法律责任

（1）事故发生单位主要负责人有下列行为之一的，处上年年收入40%～80%的罚款；属于国家工作人员的，并依法给予处分；构成犯罪的，依法追究刑事责任：① 不立即组织事故抢救的。② 迟报或者漏报事故的。③ 在事故调查处理期间擅离职守的。

（2）事故发生单位及其有关人员有下列行为之一的，对事故发生单位处100万元以上500万元以下的罚款；对主要负责人、直接负责的主管人员和其他直接责任人员处上一年年收入60%～100%的罚款；属于国家工作人员的，并依法给予处分；构成违反治安管理行为的，由公安机关依法给予治安管理处罚；构成犯罪的，依法追究刑事责任：① 谎报或者瞒报事故的。② 伪造或者故意破坏事故现场的。③ 转移、隐匿资金、财产，或者销毁有关证据、资料的。④ 拒绝接受调查或者拒绝提供有关情况和资料的。⑤ 在事故调查中作伪证或者指使他人作伪证的。⑥ 事故发生后逃匿的。

（3）事故发生单位对事故发生负有责任的，依照下列规定处以罚款：① 发生一般事故的，处10万元以上20万元以下的罚款。② 发生较大事故的，处20万元以上50万元以下的罚款。③ 发生重大事故的，处50万元以上200万元以下的罚款。④ 发生特别重大事故的，处200万元以上500万元以下的罚款。

（4）事故发生单位主要负责人未依法履行安全生产管理职责，导致事故发生的，依照下列规定处以罚款；属于国家工作人员的，并依法给予处分；构成犯罪的，依法追究刑事责任：① 发生一般事故的，处上一年年收入30%的罚款。② 发生较大事故的，处上一年年收入40%的罚款。③ 发生重大事故的，处上一年年收入60%的罚款。④ 发生特别重大事故的，处上一年年收入80%的罚款。

（5）有关地方人民政府、安全生产监督管理部门和负有安全生产监督管理职责的有关部门有下列行为之一的，对直接负责的主管人员和其他直接责任人员依法给予处分；构成犯罪的，依法追究刑事责任：① 不立即组织事故抢救的。② 迟报、漏报、谎报或者瞒报事故的。③ 阻碍、干涉事故调查工作的。④ 在事故调查中作伪证或者指使他人作伪证的。

（6）事故发生单位对事故发生负有责任的，由有关部门依法暂扣或者吊销其有关证照；对事故发生单位负有事故责任的有关人员，依法暂停或者撤销其与安全生产有关的执业资格、岗位证书；事故发生单位主要负责人受到刑事处罚或者撤职处分的，自刑罚执行完毕或者受处分之日起，5年内不得担任任何生产经营单位的主要负责人。

为发生事故的单位提供虚假证明的中介机构，由有关部门依法暂扣或者吊销其有关证照及其相关人员的执业资格；构成犯罪的，依法追究刑事责任。

（7）参与事故调查的人员在事故调查中有下列行为之一的，依法给予处分；构成犯罪的，依法追究刑事责任：① 对事故调查工作不负责任，致使事故调查工作有重大疏漏的。② 包庇、袒护负有事故责任的人员或者借机打击报复的。

（8）违反有关规定，有关地方人民政府或者有关部门故意拖延或者拒绝落实经批复的对事故责任人的处理意见的，由监察机关对有关责任人员依法给予处分。

参 考 文 献

[1] 国家安全生产监督管理总局培训中心.煤矿安全生产管理人员安全资格培训教材[M].
徐州:中国矿业大学出版社,2008.

[2] 国家安全生产监督管理总局宣传教育中心.煤矿安全生产管理人员安全资格培训考核
教材[M].徐州:中国矿业大学出版社,2011.

[3] 国家煤矿安全监察局.煤矿企业安全生产管理人员考试题库(2012版)[M].徐州:中国
矿业大学出版社,2012.

[4] 景国勋,李德海.中国煤矿安全生产技术与管理[M].徐州:中国矿业大学出版社,2010.

[5] 景国勋,李德海.中国煤矿矿长(安全)资格培训教材[M].徐州:中国矿业大学出版
社,2011.

[6] 宁廷全.煤矿安全管理人员[M].北京:煤炭工业出版社,2006.

[7] 徐景德.煤矿安全生产管理人员安全培训教材[M].徐州:中国矿业大学出版社,2004.

[8] 周心权.煤矿企业主要负责人、煤矿安全生产管理人员(复训教材)[M].北京:煤炭工业
出版社,2005.